概率论与数理统计

（第二版）

范大茵　陈永华　编

浙江大學出版社

内容提要

本书共十章。前四章为概率论。主要内容有概率论的基本概念、一维与多维随机变量及其分布、数字特征和极限定理。后六章为数理统计部分。主要内容有数理统计的基本概念、参数估计、假设检验、方差分析、回归分析、正交试验设计法。

本书叙述通俗易懂，注重应用，并有较多的例子介绍概率论与数理统计的思想和方法。

本书可作为高等院校工科、理科（非数学专业）概率论与数理统计课程的教材，同时可作为各类专业人员学习概率论与数理统计的参考读物。

第二版说明

本书自 1996 年第一版出版后,得到许多院校和任课教师的广泛使用,发行量超过 5 万册。为了适应教学的需要,我们对该书进行了修订,对第一版中的一些疏漏和不足之处作了修改或补充,同时对书中的插图、版式都作了进一步的调整,旨在提高教材质量。

限于作者水平,书中不足和错误之处敬请读者批评指正。

编者

2003 年 6 月

前　言

概率论与数理统计是研究随机现象数量规律性的一门学科。它是数学中与现实世界联系最密切、应用最广泛的学科之一。随着科学技术的进步，过去用确定性的数学形式描述的一些现象，为了得到更精确的描述，就需要使用概率论与数理统计的方法。

概率论与数理统计和其他的数学分支有着密切的联系，同时又有自己的特点。它与其他的数学分支一样有严格的数学形式，又有它独特的"概率思想"与"统计思想"。随着电子计算机技术的发展，概率论与数理统计的方法已在理、工、农、医、林等自然科学领域，以及社会、经济的各个部分都得到了卓有成效的应用。数理统计学与其他学科相结合形成了许多边缘性学科，如统计物理学、地质数学、数量经济学、医学统计、生物统计学、数量遗传学等。这些都充分说明了数理统计学的重要性。现有的概率论与数理统计教材，由于学时的限制，在数理统计部分主要讲述了参数估计和假设检验，没有介绍试验设计方法的内容，对回归分析的内容也介绍得比较少。这些实用性较强的基本内容来不及为学生所掌握，不能不说是一个缺陷。为改变这种状况，我们在不增加篇幅与学时的前提下，增加了数理统计部分实用性内容的比重，同时对概率论部分的内容进行提炼，这就是编写本书的出发点。

本书共分十章。概率论部分(第1章至第4章)，主要内容为概率论的基本概念、一维与多维随机变量及其分布、数字特征和极限定理。数理统计部分(第5章至第10章)介绍了数理统计中的基本概念、参数估计、假设检验、方差分析、一元及多元线性回归分析、逐步回归分析和正交试验设计等内容。为了帮助读者加深理解基本内容，提高学以致用的能力，各章均配有习题，并在书末附有答案。

为便于读者理解和运用，本书在选材和叙述上力求将概念写得清晰易懂，详细介绍概率论与数理统计的思想和方法，注重应用的前提和步骤的说明。书中一部分内容能直接应用于解决实际问题，另一部分内容将为读者今后进一步学习有关课程或在实际应用方面奠定一定的基础。

本书可作为各类高等院校工科、理科(非数学专业)概率论与数理统计课程的教材，同时可供各类专业技术人员进行生产和科学研究时参考。

在确定本书的内容时，基本上假定读者具有微积分学及线性代数的基础知识。标有"＊"号的小段或用小字编排的定理证明等内容，初学时可以跳过，跳过它们并不损害全书的连贯性。本书的后三章具有相对独立性，通过适当的取舍可以适应不同学时数的教学需要。

本书的概率论部分(第1,2,3,4章)由范大茵编写，数理统计部分(第5,6,7,8,9,10章)由陈永华编写。华东师范大学茆诗松教授对全书作了认真、负责、细致的审阅，提出了许多宝贵的意见，对本书的最后形成起了重要的作用，在此特向茆诗松教授致以诚挚的感谢。同时，浙江大学盛骤教授及许多老师对本书提出了宝贵的意见，对此一并表示衷心的感谢。书中个别例题是编者在解决企业实际课题中遇到的问题，同时也引用了国内外有关书籍中的一些例题和习题，恕不一一指明出处，在此一并向有关人员致谢。

书中的不足之处，尚请读者不吝指正。

编者

1994 年 12 月

目　录

第1章

概率论的基本概念

概率论与数理统计是研究随机现象的统计规律性的一门学科. 人们在实践中经常会遇到各种随机现象, 例如丢一枚硬币, 可能是正面朝上也可能是反面朝上, 事先无法断言; 又如观察某机床加工出来的零件, 可能是正品也可能是次品, 在观察之前无法肯定哪个结果会出现; 又如观察某地区 1 月份的最高温度及最低温度, 在观察之前也无法断言最高温度及最低温度一定是多少; 又如观察某车站在某一时间区间内的候车人数, 可能 0 个, 可能 1 个……事先无法肯定; 又如观察某一工厂生产的灯泡的寿命, 可能大于 1000 小时, 也可能小于 1000 小时, 事先无法确定其寿命一定是多少等, 这一类现象, 尽管我们在每次试验之前无法断言将得到哪一种结果, 但是如果进行大量的重复的观察, 我们会发现其出现的结果还是有一定的规律可循. 如丢钱币的问题, 如果钱币确实均匀的话, 那么当投掷次数很多时, 将会发现大约有一半的次数出现正面. 又如测量某物体的长度, 如果测量多次的话, 一般来说测量值会在某一数值附近较为集中, 而离该数值较远的数据往往较少. 我们将这种规律称为统计规律性.

随着科学技术的不断发展以及设计及测量精度的不断提高, 随机现象受到人们越来越多的重视, 概率论与数理统计的理论和方法得到了越来越广泛的应用. 概率论与数理统计的应用几乎遍及所有科学技术领域以及工农业生产和国民经济各个部门. 例如气象预报、水文、地震预报、元件和系统可靠性评估、产品抽样验收方案的制订、寻求最佳生产条件的试验设计、产品寿命预测等. 概率论与数理统计与其他数学分支也有着密切的联系,概率论与数理统计的方法正向许多基础学科、工程学科渗透.概率论与其他学科相结合发展了许多边缘学科,如生物统计、统计物理、地质、数学等.概率论与数理统计也是可靠性理论、信息论、控制论等重要学科的理论基础.

1.1 随机试验、样本空间、随机事件

1.1.1 随机试验、样本空间

所谓随机试验是指具有以下三个特点的试验:

(1)试验可以在相同的条件下大量重复进行.

(2)每次试验的可能结果不止一个,且在试验之前已知试验的所有可能结果.

(3)在每次试验之前无法断言哪一个结果会出现,但若进行大量重复试验的话,其可能结果出现又有一定的统计规律性.

下面列举一些随机试验的例子.

E_1:丢一颗骰子[①],观察所得点数.

E_2:从一副扑克牌(52 张)中任选 13 张牌,观察得牌情况.

E_3:向平面上某目标射击,观察子弹弹着点的位置.

E_4:观察某电话交换台,在某时间区间内接到的呼叫次数.

E_5:从一批灯泡中任取一只,观察其寿命.

E_6:丢两颗骰子,观察所得点数.

大家也可以自己列举一些随机试验的例子.本书以后提到的试验都指随机试验.

对于随机试验,虽然在试验之前我们无法断言哪一个结果会出现,但是对于所有可能出现的试验结果我们是预先知道的,我们就将试验 E 的所有可能结果组成的集合称为试验 E 的**样本空间**,记为 S.样本空间的每个元素,即试验的每个可能结果,称为**样本点**.

---

① 骰子为正六面体,其各面分别标有数字 $1,2,3,4,5,6$.

若记上面列举的例子中随机试验 E_k 的样本空间为 $S_k(k=1,2,3,4,5,6)$,那么容易得到:

$S_1 = \{1,2,3,4,5,6\}$.

$S_2 = 52$ 张牌中选 13 张牌的各种组合的全体,共有 $\binom{52}{13}$ 个元素.

$S_3 = \{(x,y) \mid -\infty < x < +\infty, -\infty < y < +\infty\}$.

$S_4 = \{0,1,2,3,\cdots\}$.

$S_5 = \{t \mid 0 \leqslant t < +\infty\}$.

$S_6 = \{(x,y) \mid x = 1,2,\cdots,6, y = 1,2,\cdots,6\}$.

1.1.2 随机事件

有了样本空间的概念就可以定义事件.先看如下例子.

例 1 将一颗骰子连掷两次,依次记录所得点数,则所有可能出现的结果是:

$(1,1)$, $(1,2)$, $(1,3)$, $(1,4)$, $(1,5)$, $(1,6)$,

$(2,1)$, $(2,2)$, $(2,3)$, $(2,4)$, $(2,5)$, $(2,6)$,

$(3,1)$, $(3,2)$, $(3,3)$, $(3,4)$, $(3,5)$, $(3,6)$,

$(4,1)$, $(4,2)$, $(4,3)$, $(4,4)$, $(4,5)$, $(4,6)$,

$(5,1)$, $(5,2)$, $(5,3)$, $(5,4)$, $(5,5)$, $(5,6)$,

$(6,1)$, $(6,2)$, $(6,3)$, $(6,4)$, $(6,5)$, $(6,6)$.

把这 36 个可能结果作为样本点,其全体构成了样本空间,每做一次试验这 36 个样本点中必有一个出现且仅有一个出现.在许多场合,我们常常对 S 的某些子集感兴趣,并将这些子集称之为事件.如

A:两次投掷所得点数之和为 8.

B:两次投掷所得点数相等.

显然事件 A 发生等价于下列样本点之一出现:$(2,6)$,$(3,5)$,$(4,4)$,$(5,3)$,$(6,2)$.记为

$$A = \{(2,6),(3,5),(4,4),(5,3),(6,2)\},$$

A 是样本空间 S 的子集.

易知事件 B 的发生等价于下列样本点之一出现:$(1,1),(2,2),$ $(3,3),(4,4),(5,5),(6,6)$.记为:

$$B = \{(1,1),(2,2),(3,3),(4,4),(5,5),(6,6)\},$$

B 是样本空间的子集.

一般,我们称随机试验 E 的样本空间的子集为 E 的**随机事件**,简称**事件**.在每次试验中,当且仅当这一子集中的某一个样本点出现时就称这一**事件发生**.

特别,仅由一个样本点组成的单点集称为**基本事件**.

样本空间 S 包含所有的样本点,它是 S 自身的子集,在每次试验中它总是发生的,称为**必然事件**.空集 $\varnothing$ 不包含任何样本点,它也是 S 的子集,它在每次试验中总不发生,称为**不可能事件**.

下面讲述事件的关系和运算.

设试验 E 的样本空间是 S,而 $A,B,A_k(k=1,2,3,\cdots)$ 都是 S 的子集.

1° 若 $A \subset B$,则称事件 B **包含**事件 A,亦称事件 A 是事件 B 的**子事件**,亦即事件 A 的发生必导致事件 B 的发生.

2° 若 $A \subset B$ 且 $B \subset A$,则称事件 A 与事件 B **相等**,记为 $A=B$.

3° 事件 $A \cup B = \{x \mid x \in A \text{ 或 } x \in B\}$,称为事件 A 与事件 B 的**和事件**,当且仅当事件 A 或事件 B 至少有一个发生时,和事件 $A \cup B$ 发生.

类似地,对于 n 个事件 $A_1,A_2,\cdots,A_n$,定义 $\bigcup\limits_{i=1}^{n} A_i$ 为这 n 个事件的和事件,即当且仅当 $A_1,A_2,\cdots,A_n$ 中至少有一个发生时,和事件 $\bigcup\limits_{i=1}^{n} A_i$ 发生.

对于事件列 $A_1,A_2,\cdots,A_n,\cdots$,可类似定义这一列事件的和事件 $\bigcup\limits_{n=1}^{+\infty} A_n$.

4° 事件 $A \cap B = \{x \mid x \in A \text{ 且 } x \in B\}$,称为事件 A 与事件 B 的**积事件**,即当且仅当事件 A 和事件 B 都发生时,积事件 $A \cap B$ 发

生. 积事件 $A \bigcap B$ 也可简记为 AB.

类似地, 可以定义有限个事件 $A_1, A_2, \cdots, A_n$ 的积事件 $\bigcap\limits_{i=1}^{n} A_i$, 以及定义事件列 $A_1, A_2, \cdots, A_n, \cdots$ 的积事件 $\bigcap\limits_{n=1}^{+\infty} A_n$.

5° $A - B = \{x \mid x \in A \text{ 且 } x \notin B\}$, 即当且仅当 A 发生而 B 不发生时事件 $A - B$ 发生, 称 $A - B$ 为事件 A 与事件 B 的**差事件**.

6° 若 $A \bigcap B = \varnothing$, 则称事件 A 与事件 B **互不相容**, 或称为**互斥**的, 即若 A, B 两事件互不相容, 则在每次试验中事件 A 与事件 B 决不会同时发生.

7° 若 $A \bigcup B = S$ 且 $A \bigcap B = \varnothing$, 则称事件 A 与事件 B 互为**逆事件**. 亦称 A, B 互为**对立事件**, 记为 $A = \bar{B}$ 或 $B = \bar{A}$. 若 A, B 互为对立事件, 则每做一次试验, 事件 A 或事件 B 中总有一个且仅有一个事件要发生.

用图 1-1 至图 1-6 可较直观地表示事件之间的关系及运算.

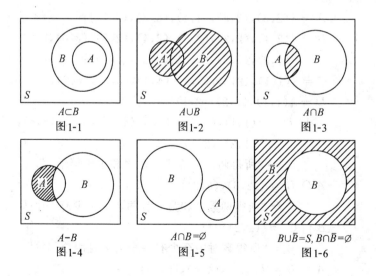

图 1-1 $A \subset B$

图 1-2 $A \cup B$

图 1-3 $A \cap B$

图 1-4 $A - B$

图 1-5 $A \cap B = \varnothing$

图 1-6 $B \cup \bar{B} = S, B \cap \bar{B} = \varnothing$

例如图 1-3 中,长方形表示样本空间 S,小圆表示事件 A,大圆表示事件 B,则两圆的公共部分,即图 1-3 的阴影部分表示积事件 $A \bigcap B$.

在进行事件运算时经常要用到下面的定律:

设 A,B,C 是事件,则有

交换律:$A \bigcup B = B \bigcup A$, $A \bigcap B = B \bigcap A$;

结合律:$A \bigcup (B \bigcup C) = (A \bigcup B) \bigcup C$,

$\qquad A \bigcap (B \bigcap C) = (A \bigcap B) \bigcap C$;

分配律:$A \bigcup (B \bigcap C) = (A \bigcup B) \bigcap (A \bigcup C)$,

$\qquad A \bigcap (B \bigcup C) = (A \bigcap B) \bigcup (A \bigcap C)$;

德·摩根律:$\overline{A \bigcup B} = \overline{A} \bigcap \overline{B}$,

$\qquad\qquad \overline{A \bigcap B} = \overline{A} \bigcup \overline{B}$.

例 2 将一颗骰子投掷两次,依次记录所得点数,设 A 为"所得点数之和为 8"的事件,B 为"所得数对中至少有一个为 2 点"的事件,C 为"所得数对中两数相等"的事件,D 为"两数之和小于或等于 3"的事件,则

$$A = \{(2,6),(3,5),(4,4),(5,3),(6,2)\};$$
$$B = \{(2,1),(2,2),(2,3),(2,4),(2,5),(2,6),$$
$$(1,2),(3,2),(4,2),(5,2),(6,2)\};$$
$$C = \{(1,1),(2,2),(3,3),(4,4),(5,5),(6,6)\};$$
$$D = \{(1,1),(1,2),(2,1)\}.$$

且 $\quad C \bigcup D = \{(1,1),(2,2),(3,3),(4,4),(5,5),(6,6),$
$$(1,2),(2,1)\}$$
$$= \text{"所得两数相等或两数之和小于等于 3".}$$

$A \bigcap B = \{(2,6),(6,2)\}$
$$= \text{"所得两数之和为 8 且两数中至少有一个为 2".}$$

$B \bigcap C = \{(2,2)\}$
$$= \text{"所得数对中至少有一个为 2 且两数相等".}$$

$A - B = \{(3,5),(4,4),(5,3)\}$
$$= \text{"所得数对两数之和为 8 但两数中没有一个为 2".}$$

$$AD = \varnothing$$
= "所得数对中两数之和为8且两数之和小于或等于3".

例 3 设某系统由元件 1,2,3,4,5,6 按图 1-7 所示连接而成,用 A_i 表示第 i 个元件正常工作的事件($i = 1,2,3,4,5,6$),用 B 表示系统正常工作的事件,则

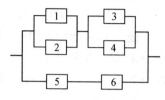

图 1-7

$$B = \left[(A_1 \bigcup A_2) \bigcap (A_3 \bigcup A_4)\right]$$
$$\bigcup (A_5 \bigcap A_6).$$

例 4 设有随机事件 A,B,C,则

(1)B 发生但 A 不发生的事件为 $B - A = B\overline{A}$.

(2)A 与 B 至少发生其一的事件为 $A \bigcup B$.

(3)A 与 B 至少有一个不发生的事件为 $\overline{A} \bigcup \overline{B} = \overline{AB}$.

(4)A 发生,B 与 C 都不发生的事件为 $A\overline{B}\,\overline{C}$ 或 $A(\overline{B \bigcup C})$.

(5)A,B,C 中至少有两个发生的事件为
$$AB \bigcup AC \bigcup BC,$$
或
$$AB\overline{C} \bigcup A\overline{B}C \bigcup \overline{A}BC \bigcup ABC.$$

(6)A,B,C 中恰有一个发生的事件为
$$A\overline{B}\,\overline{C} \bigcup \overline{A}B\overline{C} \bigcup \overline{A}\,\overline{B}C.$$

(7)A 发生但 B 与 C 中至少有一个不发生的事件为
$$A(\overline{B} \bigcup \overline{C}) = A\,\overline{BC}.$$

1.2 频率与概率

1.2.1 频率

设随机事件 A 在 n 次试验中发生了 n_A 次,则称 n_A 是 A 在这 n 次试验中发生的**频数**,称比值 n_A/n 为 A 在这 n 次试验中发生的**频率**,记作 $f_n(A) = n_A/n$. 频率 $f_n(A)$ 有如下性质:

(1)$0 \leqslant f_n(A) \leqslant 1$;

(2) $f_n(S) = 1$;

(3) 若 A 与 B 互不相容，则
$$f_n(A \bigcup B) = f_n(A) + f_n(B).$$

证　(1),(2) 显然成立. 现证(3). 我们用 $n_{A \bigcup B}$ 表示在 n 次试验中 $A \bigcup B$ 发生的频数，n_A 表示在 n 次试验中 A 发生的频数，n_B 表示在 n 次试验中 B 发生的频数，因 A 与 B 互不相容，故必有 $n_{A \bigcup B} = n_A + n_B$，从而必有
$$f_n(A \bigcup B) = \frac{n_{A \bigcup B}}{n} = \frac{n_A + n_B}{n} = \frac{n_A}{n} + \frac{n_B}{n}$$
$$= f_n(A) + f_n(B).$$

先看下面的例子.

将一枚硬币抛 20 次，200 次，2000 次，各做 15 遍，得到如表 1.1 的数据(其中 n_H 表示正面出现的次数).

表 1.1

试验序号	$n = 20$		$n = 200$		$n = 2000$	
	n_H	$f_n(H)$	n_H	$f_n(H)$	n_H	$f_n(H)$
1	14	0.7	104	0.520	1010	0.5050
2	11	0.55	91	0.455	990	0.4950
3	13	0.65	99	0.495	1012	0.5060
4	7	0.35	96	0.480	986	0.4930
5	14	0.70	99	0.495	991	0.4955
6	10	0.50	108	0.540	988	0.4940
7	11	0.55	101	0.505	1004	0.5020
8	6	0.30	101	0.505	1002	0.5010
9	9	0.45	101	0.505	976	0.4880
10	9	0.45	110	0.550	1018	0.5090
11	9	0.45	108	0.540	1021	0.5105
12	6	0.30	103	0.515	1009	0.5045
13	6	0.30	98	0.490	1000	0.5000
14	10	0.50	101	0.505	998	0.4990
15	13	0.65	109	0.545	988	0.4940

对于固定的 n，具体进行 n 次试验叫做一轮试验.

以 A 表示事件"出现 H"，从表 1.1 的数据可以看出如下两点：

（1）对于事件 A，即使试验次数 n 相同，事件 A 在 n 次试验中所发生的频数也会有波动，从而使 A 发生的频率也有波动.

（2）当试验次数 n 较小时，对于不同的试验轮次，频率波动的幅度往往较大，而随着 n 的增加，对不同的试验轮次，A 发生的频率呈现出一定的稳定性. 即当 n 逐渐增大时，$f_n(H)$ 逐渐稳定于 0.5.

大量实验表明，随机事件 A 的频率，当试验次数逐渐增多时，将逐渐稳定于某个数的附近. 这是随机现象固有的性质，这就是频率的稳定性，也就是我们所说的随机现象的统计规律性. 由于事件的频率反映了它在一定条件下发生的频繁程度，亦即反应了事件发生的可能性的大小，虽然事件的频率随着次数 n 和试验轮次而变化，但是随着试验次数的无限增大，随机事件的频率将逐渐稳定于某一个常数，这个数既不依赖于试验次数，也不依赖于试验轮次，它是客观存在的一个数. 对于每一个随机事件 A，都有一个这样的客观存在的常数与之相对应. 因此，我们很自然地应该用这个数来衡量事件发生的可能性的大小，并称之为事件的概率.

但是，在实际问题中，若对于每个随机事件都要通过大量的试验而得到频率的稳定值并由此获得其概率是不现实的. 于是，受频率的性质的启发，以及为了理论研究的需要，我们给出如下度量事件发生可能性大小的概率的定义.

1.2.2 概率

定义 1.1 设 E 是随机试验，S 是它的样本空间，对于 E 的每一个事件 A，赋予一个实数 $P(A)$ 与之对应，如果集合函数 $P(\cdot)$ 具有如下性质：

1° 对于每一个事件 A，均有 $P(A) \geqslant 0$；

2° $P(S) = 1$；

3° 若 $A_1, A_2, \cdots, A_n, \cdots$ 是两两互不相容的事件序列，即 $A_i A_j = \varnothing\ (i \neq j; i, j = 1, 2, 3, \cdots)$，则

$$P(A_1 \bigcup A_2 \bigcup \cdots \bigcup A_n \bigcup \cdots)$$
$$= P(A_1) + P(A_2) + \cdots + P(A_n) + \cdots, \tag{1.1}$$

则称 $P(A)$ 为事件 A 的**概率**.

其中 3° 称为概率的**可列可加性**.

在第 4 章中将证明,当 $n \to +\infty$ 时,频率 $f_n(A)$ 在一定的意义下接近于概率 $P(A)$. 基于这一事实,我们就有理由将概率 $P(A)$ 用来度量事件 A 在一次试验中发生的可能性的大小.

从概率 $P(A)$ 的上述三条基本性质,可以导出概率的另外一些重要性质:

性质 1　$P(\varnothing) = 0.$ \hfill (1.2)

证　因 $\varnothing = \varnothing \bigcup \varnothing \bigcup \varnothing \bigcup \cdots,$
由概率的可列可加性有
$$P(\varnothing) = P(\varnothing) + P(\varnothing) + P(\varnothing) + \cdots,$$
由于 $P(\varnothing)$ 为实数,即得
$$P(\varnothing) = 0.$$

性质 2　概率具有**有限可加性**,即若 $A_1, A_2, \cdots, A_n$ 两两互不相容,则必有
$$P(A_1 \bigcup A_2 \bigcup A_3 \bigcup \cdots \bigcup A_n) = P(A_1) + P(A_2) + \cdots + P(A_n). \tag{1.3}$$

证　因 $A_1 \bigcup A_2 \bigcup A_3 \bigcup \cdots \bigcup A_n = A_1 \bigcup A_2 \bigcup \cdots \bigcup A_n \bigcup \varnothing \bigcup \varnothing \bigcup \cdots$,由概率之可列可加性及 $P(\varnothing) = 0$,有
$$P(A_1 \bigcup A_2 \bigcup \cdots \bigcup A_n)$$
$$= P(A_1 \bigcup A_2 \bigcup \cdots \bigcup A_n \bigcup \varnothing \bigcup \varnothing \bigcup \cdots)$$
$$= P(A_1) + P(A_2) + \cdots + P(A_n) + P(\varnothing) + P(\varnothing) + \cdots$$
$$= P(A_1) + P(A_2) + \cdots + P(A_n) + 0 + 0 + \cdots$$
$$= P(A_1) + P(A_2) + \cdots + P(A_n).$$

性质 3　设 A, B 是两事件,则
$$P(A - B) = P(A) - P(AB). \tag{1.4}$$

证　因 $A = (A - B) \bigcup AB$,且 $A - B$ 与 AB 互不相容,由概率之

有限可加性,就有

$$P(A)=P(A-B)+P(AB),$$

移项即得

$$P(A-B)=P(A)-P(AB).$$

特别地,若 $A \supset B$,由于此时 $AB=B$,于是此时

$$P(A-B)=P(A)-P(B),$$

再由 $P(A-B)$ 的非负性,可得当 $A \supset B$ 时必有

$$P(A) \geqslant P(B). \tag{1.5}$$

性质 4 对任一事件 A,有

$$P(\overline{A})=1-P(A). \tag{1.6}$$

证 因 $A \cup \overline{A}=S$,且 $A \cap \overline{A}=\varnothing$,由概率之有限可加性有

$$P(A)+P(\overline{A})=1,$$

移项得

$$P(\overline{A})=1-P(A).$$

性质 5 对于任意两个随机事件 A,B,有

$$P(A \cup B)=P(A)+P(B)-P(AB). \tag{1.7}$$

证 因 $A \cup B=A \cup (B-A)$,且 A 与 $B-A$ 互不相容,由概率的有限可加性得

$$\begin{aligned}P(A \cup B)&=P(A)+P(B-A)\\&=P(A)+P(B)-P(AB).\end{aligned}$$

此性质不难推广到多于两个事件的和事件的情况。例如对于任意四个事件 A,B,C,D 有

$$\begin{aligned}P(A \cup B \cup C)=P(A)+P(B)+P(C)-P(AB)\\-P(AC)-P(BC)+P(ABC).\end{aligned} \tag{1.8}$$

$$\begin{aligned}P(A \cup B \cup C \cup D)=&P(A)+P(B)+P(C)+P(D)\\&-P(AB)-P(AC)-P(AD)\\&-P(BC)-P(BD)-P(CD)\\&+P(ABC)+P(ABD)\end{aligned}$$

$$+P(ACD)+P(BCD)$$
$$-P(ABCD). \tag{1.9}$$

用数学归纳法可证明,对任意 n 个事件 $A_1, A_2, \cdots, A_n$,有

$$P(A_1 \bigcup A_2 \bigcup \cdots \bigcup A_n) = \sum_{i=1}^{n} P(A_i) - \sum_{1 \leqslant i < j \leqslant n} P(A_i A_j)$$
$$+ \sum_{1 \leqslant i < j < k \leqslant n} P(A_i A_j A_k) + \cdots + (-1)^{n-1} P(A_1 A_2 \cdots A_n).$$
$$\tag{1.10}$$

1.3 等可能概型(古典概型)

将一骰子投掷两次,观察所得数对,或丢一枚钱币观察所得正、反面的情况,或从一副扑克牌(52 张)中任取 13 张牌,观察得牌情况,这一类试验有如下两个特点:

(1)所有可能的试验结果仅有有限种.

(2)由于某种对称性,每个结果出现的可能性都相同.

这是一类特殊的随机试验,这类随机试验称为**等可能概型**.由于它是概率论发展初期的主要研究对象,因此亦称为**古典概型**.

即若某试验具有如下两个特点:

(1)样本空间 S 仅有有限个样本点,$S = \{e_1, e_2, e_3, \cdots, e_n\}$.

(2)每个样本点出现的概率都一样,即

$$P(\{e_1\}) = P(\{e_2\}) = \cdots = P(\{e_n\}),$$

则称此概率问题为等可能概型或古典概型.

下面讨论等可能概型中事件概率的计算公式.

设试验 E 的样本空间为 $S = \{e_1, e_2, \cdots, e_n\}$,且每个样本点出现的概率都相同,于是有

$$P(\{e_1\}) = P(\{e_2\}) = \cdots = P(\{e_n\}),$$

由于　　　$S = \{e_1, e_2, \cdots, e_n\} = \{e_1\} \bigcup \{e_2\} \bigcup \cdots \bigcup \{e_n\},$

因此有

$$1 = P(S) = P(\{e_1\}) + P(\{e_2\}) + \cdots + P(\{e_n\})$$
$$= nP(\{e_1\}).$$

从而得

$$P(\{e_i\}) = \frac{1}{n}, \qquad i = 1, 2, 3, \cdots, n.$$

对于任一随机事件 A,若 A 包含 k 个样本点,即设 $A = \{e_{i_1}, e_{i_2}, \cdots, e_{i_k}\}$ $(1 \leqslant i_1 < i_1 < \cdots < i_k \leqslant n)$,则有

$$P(A) = P(\{e_{i_1}\}) + P(\{e_{i_2}\}) + \cdots + P(\{e_{i_k}\})$$
$$= \frac{1}{n} + \frac{1}{n} + \cdots + \frac{1}{n} = \frac{k}{n},$$

即

$$P(A) = \frac{A \text{ 所包含的样本点的个数}}{S \text{ 中样本点的个数}}. \tag{1.11}$$

这表明在古典概型中,任何事件 A 的概率的计算公式为 A 中所包含的样本点的个数除以样本空间 S 中所含样本点的个数. 即事件 A 的概率只与 A 中所含的样本点的个数有关,而与 A 包含的是哪几个具体的样本点是无关的.

例 1 将一枚硬币抛掷三次,依次观察正反面出现的情况.

(1)写出样本空间.

(2)设 A 为"恰有一次出现正面",B 为"恰有两次出现正面",C 为"至少有一次出现正面",求 $P(A), P(B), P(C)$.

解 用 H 表示出现正面,用 T 表示出现反面.

(1)样本空间

$$S = \{(H,H,H), (H,H,T), (H,T,H), (T,H,H),$$
$$(H,T,T), (T,H,T), (T,T,H), (T,T,T)\}.$$

共 8 个样本点,且由于对称性,每个结果出现的可能性都相同,因此属古典概型问题.

(2) $A = \{(H,T,T), (T,H,T), (T,T,H)\}$,

$P(A) = 3/8.$

$B = \{(H,H,T), (H,T,H), (T,H,H)\}$,

$P(B) = 3/8.$

$C = \{(H,H,H),(H,H,T),(H,T,H),(T,H,H),$
$\quad (H,T,T),(T,H,T),(T,T,H)\},$

$P(C) = 7/8.$

本题亦可以先求 C 的逆事件 $\overline{C}$ 的概率,因 $\overline{C} = \{(T,T,T)\}$,只含一个样本点,故 $P(\overline{C}) = \dfrac{1}{8}$,再由 $P(C) = 1 - P(\overline{C}) = 1 - \dfrac{1}{8} = \dfrac{7}{8}$.

例 2 某袋中有 $a+b$ 只球,其中 a 只白球,b 只黑球,今有 $a+b$ 个人依次从袋中取出一球. 设每人取球并观察所取球的颜色后仍将球放回袋中,求第 k 个人取到白球的概率 $(1 \leqslant k \leqslant a+b)$.

解 记 A_k 为"第 k 个人取到白球",$k = 1,2,3,\cdots,a+b$.

先计算样本空间 S 所包含的样本点的总数.

第一个人从袋中取球有 $a+b$ 只球可供选取,因为是有放回地取球,因而第 2 个人,第 3 个人……第 $a+b$ 个人均有 $a+b$ 只球可供选取,每人均从中任取一只球,因此每个人均有 $a+b$ 种取球方法,而 $a+b$ 个人每种取球方法为一基本事件,即为一个样本点. 因此 S 中样本点的总数为:

$$\underbrace{(a+b) \times (a+b) \times \cdots \times (a+b)}_{a+b \text{ 个}} = (a+b)^{a+b}.$$

下面计算 A_k——"第 k 个人取到白球"所包含的样本点的个数.

对于事件 A_k:"第 k 个人取到白球",只要求第 k 个人取到的是白球,而未指定必须是哪一只白球,于是第 k 个人可取 a 只白球中的任何一只,因此,对第 k 个人而言有 a 种取法,而其余的 $a+b-1$ 个人,每人仍可选 $a+b$ 只球中的任何一只,因而 A_k 所包含的样本点总数为:

$$a \times \underbrace{(a+b) \times (a+b) \times \cdots \times (a+b)}_{a+b-1 \text{ 个}} = a \times (a+b)^{a+b-1}.$$

于是

$$P(A_k) = \frac{A_k \text{ 所包含的样本点总数}}{S \text{ 中样本点总数}}$$

$$= \frac{a \times (a+b)^{a+b-1}}{(a+b)^{a+b}}$$

$$= \frac{a}{a+b}, \qquad k = 1, 2, \cdots, a+b.$$

从上述计算可知,每个人抽到白球的概率都等于袋中白球数的比例.

例 3 将 n 只不同的球随机地放入编号为 $1, 2, 3, \cdots, k$ 的 k 只盒子中去,试求:(1)第一只盒子是空盒(事件 A)的概率.(2)设 $k \geqslant n$,求 n 只球落入 n 只不同的盒子(事件 B)的概率.(3)第一盒或第二盒两盒中至少有一只是空盒(事件 C)的概率.

解 先求样本空间 S 所包含的样本点总数.因第一只球可放入编号为 $1, 2, 3, \cdots, k$ 的任何一只盒子中,第二只球亦可放入编号为 $1, 2, 3, \cdots, k$ 的盒子中的任何一只盒子中······第 n 只球亦然,而 n 只球落入 k 只盒子中的每一种情况为一基本事件,即为一个样本点,因而 S 中所含样本点总数为

$$\underbrace{k \times k \times \cdots \times k}_{n \text{ 个}} = k^n.$$

(1)事件 A:"第一只盒子为空盒",即第一只盒子不能放球,因而 n 只球中的每一只球可以并且只可以放入编号为 $2, 3, \cdots, k$ 的任何一只盒子中去,因而 A 所包含的样本点总数为 $(k-1)^n$. 于是

$$P(A) = (k-1)^n / k^n.$$

(2)事件 B:"n 只球落入 n 只不同的盒子",第一只球可落入编号为 $1, 2, 3, \cdots, k$ 的任何一只盒子中去,有 k 种选择,而第二只球只能落入剩下的 $k-1$ 只盒子中去,仅有 $k-1$ 种选择,第三只球只能落入所剩下的 $k-2$ 只盒子中去······第 n 只球只能落入所剩下的 $k-(n-1)$ 只盒子中去,因此 B 所包含的样本点个数为:

$$k(k-1)(k-2)\cdots(k-n+1) = P_k^n.$$

于是

$$P(B) = P_k^n / k^n.$$

(3) $P(C) = P($第一盒空或第二盒空$)$

$\qquad = P($第一盒空$) + P($第二盒空$)$

$\qquad - P($第一盒和第二盒两盒均空$).$

类似于(1),我们可有

$$P(第二盒空) = P(第一盒空) = \frac{(k-1)^n}{k^n},$$

以及

$$P(第一盒和第二盒两盒均空) = \frac{(k-2)^n}{k^n}.$$

于是

$$P(C) = \frac{(k-1)^n}{k^n} + \frac{(k-1)^n}{k^n} - \frac{(k-2)^n}{k^n}$$

$$= \frac{2(k-1)^n - (k-2)^n}{k^n}.$$

例 4 设有某工厂生产的产品 N 件,其中 M 件为次品,$N-M$ 件为正品.现从中随机地抽取 n 件,试求其中恰有 k 件次品的概率($k \leqslant M$).

解 记 A_k 为"所选 n 件产品中恰有 k 件次品".

S 中样本点总数为 $\binom{N}{n}$. A_k 所包含的样本点总数为 $\binom{M}{k} \cdot$ $\binom{N-M}{n-k}$,从而得 A_k 的概率

$$P(A_k) = \frac{\binom{M}{k} \cdot \binom{N-M}{n-k}}{\binom{N}{n}},$$

(其中 k 满足 $0 \leqslant k \leqslant M$,且 $0 \leqslant n-k \leqslant N-M$). (1.12)

上式称为**超几何分布**的概率公式.

例 5 从一副扑克牌(52 张)中任选 13 张牌,试求下列事件的概率.

A——"恰有 2 张红桃,3 张方块".

B——"至少有 2 张红桃".

C——"缺红桃".

D——"缺红桃但不缺方块".

解　$P(A) = \binom{13}{2}\binom{13}{3}\binom{26}{8} / \binom{52}{13}$.

为计算 $P(B)$,我们记 B_k 为"恰有 k 张红桃"$(k=0,1,2,\cdots,$ 13),则 $B = B_2 \bigcup B_3 \bigcup B_4 \bigcup \cdots \bigcup B_{13}$,且 $B_i B_j = \varnothing$ $(i \neq j)$,于是

$$P(B) = \sum_{k=2}^{13} P(B_k) = \sum_{k=2}^{13} \binom{13}{k}\binom{39}{13-k} / \binom{52}{13}.$$

但是,若利用 $\overline{B} = B_0 \bigcup B_1$,及

$$P(\overline{B}) = \frac{\binom{39}{13} + \binom{13}{1}\binom{39}{12}}{\binom{52}{13}},$$

即得　$P(B) = 1 - P(\overline{B}) = 1 - \dfrac{\binom{39}{13} + \binom{13}{1}\binom{39}{12}}{\binom{52}{13}}$,

就方便得多.

$$P(C) = \binom{39}{13} / \binom{52}{13}.$$

$$P(D) = P(缺红桃) - P(既缺方块又缺红桃)$$

$$= \frac{\binom{39}{13}}{\binom{52}{13}} - \frac{\binom{26}{13}}{\binom{52}{13}}.$$

例 6　对例 2 的情况,如每个人取出的球不再放入袋中(称不放回取球),试求第 k 个人取到白球的概率,$k=1,2,3,\cdots,a+b$.

先计算样本空间 S 所包含的样本点的个数:

第一个人有 $a+b$ 只球可供选取,有 $a+b$ 种取球方法,因为是不

放回抽样,第二个人只能在第一个人抽球后剩下的 $a+b-1$ 只球中任抽一只,第三个人只能在第一、第二两个人抽球后所剩下的 $a+b-2$ 只球中任抽一只球……最后的第 $a+b$ 个人只能抽剩下的一只球,于是,$a+b$ 个人的所有取球方法,即样本空间 S 中样本点的总数为:

$$(a+b)\times(a+b-1)\times(a+b-2)\times\cdots\times3\times2\times1$$
$$=(a+b)!$$

对于事件 A_k:"第 k 个人取到白球",由于白球有 a 只,即对第 k 个人而言有 a 种取球方法,而对于第 k 个人的每种取法,剩下的 $a+b-1$ 个人可以在剩下的 $a+b-1$ 只球中各取一只,即对这 $a+b-1$ 个人而言,可有 $(a+b-1)!$ 种取球方法,因此,"第 k 个人取到白球"的总的取球方法,即 A_k 所包含的样本点的个数为:

$$a\times(a+b-1)!.$$

于是, $$P(A_k)=\frac{a\times(a+b-1)!}{(a+b)!}=\frac{a}{a+b},$$

$$k=1,2,3,\cdots,a+b.$$

从例 2 及本例可以看出,不论是有放回抽签,还是不放回抽签,无论是第一个抽,还是第二个抽……甚至最后一个抽,抽到有效签的概率都相等,都等于所有签中有效签的比例. 这与人们的日常生活的经验是一致的,在许多场合为达到机会均等的目的,常常采取抽签的方法就是这个道理.

1.4 条件概率

设试验 E 的样本空间是 S. A,B 是随机事件,我们有时要知道在 A 已经发生的条件下 B 发生的可能性有多大,这就是本节所要研究的条件概率.

条件概率是概率论中的一个重要而实用的概念.

例如考虑无放回抽球问题. 袋中有 n 只球,其中有 m 只白球. 设

有 n 个人依次从中不放回地任取一只球. 设 A 为"第一个人抽到的是白球", B 为"第二个人抽到的是白球". 在上节例 6 中我们已证 $P(A)=P(B)=\dfrac{m}{n}$. 但是, 若已知事件 A 已经发生, 即已知第一个人已经抽去了一只白球, 在此基础上, 第二个人去抽球时, 袋中仅有 $n-1$ 只球, 其中白球数为 $m-1$ 只, 因此第二个人抽到白球的概率为 $(m-1)/(n-1)$. 这一概率记为 $P(B|A)$, 有

$$P(B|A)=\frac{m-1}{n-1},$$

称为在事件 A 发生的条件下, 事件 B 发生的**条件概率**.

又如对于将一颗骰子投掷两次, 观察所得数对的问题, 设 A 为"两数之和为 8", B 为"两数中至少有一个为 3 点". 试求在 A 已发生的条件下 B 发生的条件概率 $P(B|A)$, 以及求在 B 已发生的条件下 A 发生的条件概率 $P(A|B)$.

解 (1) 先求 $P(B|A)$, 因 $A=\{(2,6),(3,5),(4,4),(5,3),(6,2)\}$, 共有 5 个样本点.

已知 A 已发生, 那么试验所得到的样本点必是 A 所包含的 5 个样本点之一, 且由于对称性, 这 5 个样本点发生的可能性是一样的. 在此基础上要 B 发生, 那么其中只有样本点 $(3,5),(5,3)$ 能使 B 发生, 从而可得条件概率

$$P(B|A)=\frac{2}{5}.$$

(2) 再求 $P(A|B)$, 因 $B=\{(1,3),(2,3),(3,3),(4,3),(5,3),(6,3),(3,1),(3,2),(3,4),(3,5),(3,6)\}$, 有 11 个样本点.

已知 B 已发生, 那么试验所得样本点必为 B 所包含的 11 个样本点之一, 且此 11 个样本点发生的可能性是一样的. 在此基础上要发生事件 A, 这 11 个样本点中只有 $(5,3),(3,5)$ 两个样本点能使事件 A 发生, 从而得

$$P(A|B)=\frac{2}{11}.$$

上述两例中条件概率的计算我们都是从某事件发生以后的基础

上进行分析计算,那么有没有一般的公式呢? 为此,我们先推导在古典概型中条件概率的计算公式.

设试验 E 属古典概型,且

$$S = \{e_1, e_2, \cdots, e_n\},$$

$$P(\{e_i\}) = \frac{1}{n}, \qquad i = 1, 2, 3, \cdots, n.$$

假设事件 A 包含 n_A 个样本点,事件 B 包含 n_B 个样本点,事件 AB 包含 n_{AB} 个样本点,如图 1-8 所示,则在事件 A 已经发生的条件下,试验所得的样本点只可能是 A 所

图 1-8

包含的 n_A 个样本点中的一个,即共有 n_A 个可能结果,且其中每一个样本点出现的可能性都相同. 在此基础上,要事件 B 发生,那么只有试验所得的样本点是 AB 所包含的 n_{AB} 个样本点中的某一个,于是得到

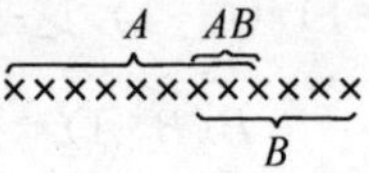

$$P(B|A) = \frac{n_{AB}}{n_A} = \frac{n_{AB}/n}{n_A/n} = \frac{P(AB)}{P(A)}. \tag{1.13}$$

这就是古典概型中条件概率的计算公式.

受上式的启发,我们给出条件概率的一般定义.

定义 1.2 设 A, B 是两个随机事件,$P(A) > 0$,称

$$P(B|A) = \frac{P(AB)}{P(A)} \tag{1.14}$$

为事件 A 发生的条件下事件 B 发生的**条件概率**.

不难验证,条件概率 $P(\cdot|A)$ 符合概率所需满足的三个基本条件,即

(1)对于任何事件 B,均有

$$0 \leqslant P(B|A) \leqslant 1; \tag{1.15}$$

(2) $P(S|A) = 1;$ \hfill (1.16)

(3)若 $B_1, B_2, \cdots, B_n, \cdots$ 两两互不相容,则有

$$P(\bigcup_{n=1}^{+\infty} B_n | A) = \sum_{n=1}^{+\infty} P(B_n | A). \tag{1.17}$$

证 (1) 由 $P(B|A) = P(AB)/P(A)$，因为 $0 \leqslant P(AB) \leqslant P(A), P(A) > 0$，从而得 $0 \leqslant P(B|A) \leqslant 1$.

(2) $P(S|A) = \dfrac{P(SA)}{P(A)} = \dfrac{P(A)}{P(A)} = 1$.

(3) 由 $B_1, B_2, \cdots, B_n, \cdots$ 两两互不相容，可得 $B_1A, B_2A, \cdots, B_nA, \cdots$ 两两互不相容，于是

$$P(\bigcup_{n=1}^{+\infty} B_n|A) = \frac{P((\bigcup_{n=1}^{+\infty} B_n)A)}{P(A)} = \frac{P(\bigcup_{n=1}^{+\infty}(B_nA))}{P(A)}$$

$$= \frac{\sum_{n=1}^{+\infty} P(B_nA)}{P(A)} = \sum_{n=1}^{+\infty} \frac{P(B_nA)}{P(A)}$$

$$= \sum_{n=1}^{+\infty} P(B_n|A).$$

由条件概率所满足的上述三条基本性质，可类似证得条件概率满足 1.2 节中所示概率的另外一些基本性质. 例如：

(1) $P(\varnothing|A) = 0$；　　　　　　　　　　　　　　　(1.18)

(2) 设 $B_1, B_2, \cdots, B_n$ 两两互不相容，则

$$P(\bigcup_{i=1}^{n} B_i|A) = \sum_{i=1}^{n} P(B_i|A)；\qquad\qquad (1.19)$$

(3) $P(\overline{B}|A) = 1 - P(B|A)$；　　　　　　　　　(1.20)

(4) $P(B \bigcup C|A) = P(B|A) + P(C|A) - P(BC|A)$

(1.21)

等等.

综上，我们可以看到，计算条件概率有如下两种方法.

设 $P(A) > 0$，求 $P(B|A)$.

(1) 根据 A 发生以后的情况直接计算 A 发生的条件下 B 发生的条件概率.

(2) 先计算 $P(A)$，$P(AB)$，然后再按公式

$$P(B|A) = P(AB)/P(A)$$

计算之.

例 1 设某人从一副扑克牌(52 张)中任取 13 张牌,设 A 为"至少有一张红桃",B 为"恰有 2 张红桃",C 为"恰有 5 张方块"之事件,试求条件概率 $P(B|A)$ 及 $P(B|C)$.

解 $P(B|A)=\dfrac{P(AB)}{P(A)}=\dfrac{P(AB)}{1-P(\overline{A})}$

$$=\dfrac{\dbinom{13}{2}\dbinom{39}{11}}{\dbinom{52}{13}}\bigg/\left[1-\dfrac{\dbinom{39}{13}}{\dbinom{52}{13}}\right]=\dfrac{\dbinom{13}{2}\dbinom{39}{11}}{\dbinom{52}{13}-\dbinom{39}{13}}.$$

$$P(B|C)=\dfrac{P(BC)}{P(C)}=\dfrac{\dbinom{13}{2}\dbinom{13}{5}\dbinom{26}{6}}{\dbinom{52}{13}}\bigg/\dfrac{\dbinom{13}{5}\dbinom{39}{8}}{\dbinom{52}{13}}$$

$$=\dfrac{\dbinom{13}{2}\dbinom{26}{6}}{\dbinom{39}{8}}.$$

例 2 设 M 件产品中包含 m 件废品,今从中任取两件,求:(1)所取两件中至少有一件是废品的概率.(2)已知两件中至少有一件是废品的条件下两件都是废品的条件概率.

解 记 A 为"两件中至少有一件是废品",B 为"两件均为废品"的事件,按题意即求 $P(A),P(B|A)$.

$$P(A)=\dfrac{\dbinom{m}{1}\dbinom{M-m}{1}+\dbinom{m}{2}}{\dbinom{M}{2}}=\dfrac{m(2M-m-1)}{M(M-1)}.$$

$$P(B|A)=\dfrac{P(AB)}{P(A)}=\dfrac{P(B)}{P(A)}$$

$$=\dfrac{\dbinom{m}{2}}{\dbinom{M}{2}}\bigg/\dfrac{\dbinom{m}{1}\dbinom{M-m}{1}+\dbinom{m}{2}}{\dbinom{M}{2}}$$

$$= \frac{\dbinom{m}{2}}{\dbinom{m}{1}\dbinom{M-m}{1}+\dbinom{m}{2}}=\frac{m-1}{2M-m-1}.$$

下面介绍三个用来计算事件概率的重要公式.

1. 概率的乘法公式

设 A,B,C 为随机事件,则有乘法公式:

$$P(AB)=P(A)P(B\,|\,A), \quad (\text{当 } P(A)>0 \text{ 时}). \tag{1.22}$$

$$P(ABC)=P(A)P(B\,|\,A)P(C\,|\,AB),$$

$$(\text{当 } P(AB)>0 \text{ 时}). \tag{1.23}$$

证 由条件概率公式 $P(B\,|\,A)=P(AB)/P(A)$,即得

$$P(AB)=P(A)P(B\,|\,A),$$

且由条件 $P(AB)>0$,可得

$$P(A)\geqslant P(AB)>0.$$

于是

$$P(ABC)=P(AB)P(C\,|\,AB)=P(A)P(B\,|\,A)P(C\,|\,AB).$$

一般,若有 n 个事件 $A_1,A_2,\cdots,A_n$,且设 $P(A_1A_2\cdots A_{n-1})>0$,则有**乘法公式**:

$$P(A_1A_2\cdots A_n)=P(A_1)P(A_2\,|\,A_1)P(A_3\,|\,A_1A_2)\cdot\cdots$$

$$\cdot P(A_n\,|\,A_1A_2\cdots A_{n-1}). \tag{1.24}$$

例 3 设已知甲地下雨的概率是 α,在甲地下雨的条件下乙地下雨的条件概率是 β,在甲、乙两地都下雨的条件下丙地下雨的条件概率是 γ.试求:(1)甲、乙、丙三地同时下雨的概率.(2)甲、乙两地下雨而丙地未下雨的概率.

解 设 A 为"甲地下雨",B 为"乙地下雨",C 为"丙地下雨".

已知 $P(A)=\alpha,P(B\,|\,A)=\beta,P(C\,|\,AB)=\gamma$,按题意要求 $P(ABC)$ 及 $P(AB\bar{C})$.

由乘法公式有

$$P(ABC)=P(A)P(B\,|\,A)P(C\,|\,AB)=\alpha\beta\gamma$$

及 $\qquad P(AB\overline{C})=P(A)P(B|A)P(\overline{C}|AB)=\alpha\beta(1-\gamma).$

例 4 一袋中原有 a 只红球，b 只白球，每次自袋中任取一球，观察其颜色后放回袋中，并加进与所取出的球同样颜色的球 r 只，如此共进行了 4 次. 试求第一、第二两次均取到红球，第三、第四两次均取到白球的概率.

解 记 A_i 为"第 i 次取球时取到的是红球"($i=1,2,3,4$)，则所求概率为 $P(A_1A_2\overline{A}_3\overline{A}_4)$.

由乘法公式可得

$$P(A_1A_2\overline{A}_3\overline{A}_4)=P(A_1)\cdot P(A_2|A_1)$$
$$\cdot P(\overline{A}_3|A_1A_2)\cdot P(\overline{A}_4|A_1A_2\overline{A}_3)$$
$$=\frac{a}{a+b}\times\frac{a+r}{a+b+r}\times\frac{b}{a+b+2r}$$
$$\times\frac{b+r}{a+b+3r}.$$

2. 全概率公式和贝叶斯公式

下面先介绍样本空间的划分定义.

定义 1.3 设 S 是试验 E 的样本空间，$B_1,B_2,\cdots,B_n$ 是试验 E 的一组事件. 若 $B_1,B_2,\cdots,B_n$ 满足如下两个条件：

1° $B_1\bigcup B_2\bigcup\cdots\bigcup B_n=S$；

2° $B_1,B_2,\cdots,B_n$ 两两互不相容；

则称事件组 $B_1,B_2,\cdots,B_n$ 组成样本空间 S 的一个划分.

由上述定义可以看到，若 $B_1,B_2,\cdots,B_n$ 组成样本空间的一个划分，那么每做一次试验，事件 $B_1,B_2,\cdots,B_n$ 中必有一个且仅有一个事件要发生.

例如丢一颗骰子，观察所得点数，$S=\{1,2,3,4,5,6\}$，则事件组 $B_1=\{2,4\}$，$B_2=\{1,3\}$，$B_3=\{5,6\}$ 组成 S 的一个划分. 而事件组 $C_1=\{1,2,3\}$，$C_2=\{3,4,5,6\}$ 就不是 S 的一个划分.

定理 1.1 设试验 E 的样本空间是 S，A 为 E 的事件，设事件组 $B_1,B_2,\cdots,B_n$ 组成样本空间 S 的一个划分，且设 $P(B_k)>0(k=1,2,\cdots,n)$，则

$$P(A) = \sum_{k=1}^{n} P(B_k) \cdot P(A|B_k). \qquad (1.25)$$

此公式称为**全概率公式**.

证 因 $A = AS = A(B_1 \bigcup B_2 \bigcup \cdots \bigcup B_n)$,

即 $A = AB_1 \bigcup AB_2 \bigcup \cdots \bigcup AB_n$,

且 $(AB_k) \bigcap (AB_j) = \varnothing$, $k \neq j; k, j = 1, 2, \cdots, n$.

由概率之有限可加性及概率乘法公式,即得

$$P(A) = \sum_{k=1}^{n} P(AB_k) = \sum_{k=1}^{n} P(B_k) \cdot P(A|B_k).$$

在许多实际问题中, $P(A)$ 不易直接求得,但容易找到 S 的一个划分 $B_1, B_2, \cdots, B_n$, 且 $P(B_k)$ 及 $P(A|B_k)(k = 1, 2, \cdots, n)$ 或为已知或较容易求得,此时就可以根据此全概率公式计算事件 A 的概率 $P(A)$.

下面再介绍另一个重要公式:贝叶斯公式.

定理1.2 设试验 E 的样本空间为 S, A 为 E 的事件,事件组 B_1, $B_2, \cdots, B_n$ 是 S 的一个划分,且 $P(B_k) > 0(k = 1, 2, \cdots, n)$, 及 $P(A) > 0$,则

$$P(B_k|A) = \frac{P(B_k) \cdot P(A|B_k)}{\sum\limits_{i=1}^{n} P(B_i) \cdot P(A|B_i)}, \qquad k = 1, 2, \cdots, n.$$

$$(1.26)$$

此公式称为**贝叶斯公式**.

证 由条件概率的定义及全概率公式,有

$$P(B_k|A) = \frac{P(AB_k)}{P(A)} = \frac{P(B_k) \cdot P(A|B_k)}{P(A)}$$

$$= \frac{P(B_k) \cdot P(A|B_k)}{\sum\limits_{i=1}^{n} P(B_i) \cdot P(A|B_i)}.$$

例5 无线电通讯中,由于随机干扰,当发出信号"·"时,收到信号"·","不清","——"的概率分别为 $\alpha_1, \alpha_2, \alpha_3(\alpha_i \geqslant 0, \alpha_1 + \alpha_2 + \alpha_3 =$

1);发出信号"——"时,收到"——","不清","·"的概率分别为 β_1, $\beta_2,\beta_3(\beta_i \geqslant 0,\beta_1 + \beta_2 + \beta_3 = 1)$. 如果整个发报过程只发"·"和"——"两种信号,且发"·"和发"——"的概率分别为 $r_1,r_2(r_1 \geqslant 0,r_2 \geqslant 0,r_1 + r_2 = 1)$. 试求:(1)收到信号"不清"的概率.(2)收到信号"不清"时,原发信号是"·"的条件概率.

解　记 A 为"收到'不清'",B_1 为"原发信号为·",B_2 为"原发信号为 ——",则 B_1,B_2 组成样本空间的一个划分,且已知

$$P(B_1) = r_1,P(B_2) = r_2,P(A|B_1) = \alpha_2,P(A|B_2) = \beta_2.$$

于是,由全概率公式,可得

$$P(A) = P(B_1)P(A|B_1) + P(B_2)P(A|B_2)$$
$$= r_1\alpha_2 + r_2\beta_2.$$

由贝叶斯公式可得

$$P(B_1|A) = \frac{P(B_1)P(A|B_1)}{P(B_1)P(A|B_1) + P(B_2)P(A|B_2)}$$
$$= \frac{r_1\alpha_2}{r_1\alpha_2 + r_2\beta_2}.$$

例 6　根据以往的临床记录,某种诊断是否患有癌症的检查有如下效果:若以 A 表示事件"试验反应为阳性",以 C 表示事件"被检查者确实患有癌症",则有 $P(A|C)=0.95,P(\overline{A}|\overline{C})=0.95$. 现对一大批人进行癌症普查,设被普查的人确实患有癌症的概率是 $P(C)=0.005$. 试求当一个被检查者其检查结果为阳性时,那么他确实患癌症的条件概率是多少,即求条件概率 $P(C|A)$.

解　已知 $P(C)=0.005,P(A|C)=0.95,P(\overline{A}|\overline{C})=0.95$,由全概率公式及贝叶斯公式,可得

$$P(C|A)=\frac{P(C)P(A|C)}{P(C)P(A|C)+P(\overline{C})P(A|\overline{C})}$$
$$=\frac{0.005 \times 0.95}{0.005 \times 0.95+0.995 \times (1-0.95)}$$
$$=0.087.$$

本题计算结果表明,虽然 $P(A|C)=0.95,P(\overline{A}|\overline{C})=0.95$,这两

个条件概率均比较高,但若将此检验方法用于普查发病率仅有0.005的某种疾病,则有 $P(C|A)=0.087$,即平均1000个具有阳性反应的人中只有87人确实患有该种疾病,如果不注意到这一点,将会得出错误的诊断.这也说明若将条件概率 $P(A|C)$ 与条件概率 $P(C|A)$ 两者相混淆会造成不良的后果.

1.5 独立性

本节我们将引入事件独立性的概念.

设 A,B 是试验 E 的两个随机事件,若 $P(A)>0$,则我们可以定义在 A 发生的条件下 B 发生的条件概率 $P(B|A)$.一般来说,此条件概率 $P(B|A)$ 与事件 B 发生的概率 $P(B)$ 是不一样的,即一般来说有 $P(B|A)\neq P(B)$.即事件 A 的发生对事件 B 的发生的概率是有影响的.只有在这种影响不存在时,才会有 $P(B|A)=P(B)$,这时就有

$$P(B|A)=\frac{P(AB)}{P(A)}=P(B),$$

从而有

$$P(AB)=P(A)\cdot P(B).$$

为了给出事件独立性的概念,先看如下例子.

设袋中有 a 只红球,b 只白球,$b\neq 0$,今从此袋中取两次球,每次各取一只球,分有放回与无放回两种情况.记

 A 为"第一次所取的球是红色的球",

 B 为"第二次所取的球是红色的球",

则 (1)在有放回取球的情况:

$$P(A)=\frac{a}{a+b}, \qquad P(B)=\frac{a}{a+b},$$

$$P(B|A)=\frac{a}{a+b}=P(B).$$

即事件 A 的发生不影响事件 B 发生的概率,且此时

$$P(AB) = \frac{a^2}{(a+b)^2} = P(A) \cdot P(B),$$

即此时 A,B 之积事件的概率等于概率之积.

(2)在无放回取球的情况:

$$P(A) = \frac{a}{a+b}, \quad P(B) = \frac{a}{a+b},$$

$$P(B|A) = \frac{a-1}{a+b-1} \neq P(B),$$

即事件 A 的发生影响了事件 B 发生的概率. 此时

$$P(AB) = \frac{a(a-1)}{(a+b)(a+b-1)} \neq P(A) \cdot P(B),$$

即此时事件 A,B 之积事件的概率不等于概率之积.

定义 1.4 设 A,B 是两个事件, 若满足等式

$$P(AB) = P(A) \cdot P(B), \tag{1.27}$$

则称事件 A 与事件 B 是**相互独立的事件**.

容易证明, 若事件 A 与事件 B 相互独立, 则 A 与 $\overline{B}$, $\overline{A}$ 与 B, $\overline{A}$ 与 $\overline{B}$ 亦相互独立. 例如对于 A 与 $\overline{B}$ 而言, 已知 A,B 相互独立, 从而有

$$P(AB) = P(A) \cdot P(B),$$

于是

$$\begin{aligned} P(A\overline{B}) &= P(A) - P(AB) = P(A) - P(A) \cdot P(B) \\ &= P(A)[1 - P(B)] = P(A) \cdot P(\overline{B}), \end{aligned}$$

即证得 A 与 $\overline{B}$ 相互独立.

定理 1.3 设 A,B 是两事件, 且 $P(A) > 0$, 则 A,B 相互独立的充分必要条件是 $P(B|A) = P(B)$.

定理的正确性是显然的.

下面我们将独立性的概念推广到多于两个事件的情况.

定义 1.5 设 A,B,C 是三个事件, 如果满足如下四个等式:

$$P(AB)=P(A) \cdot P(B)$$
$$P(AC)=P(A) \cdot P(C)$$
$$P(BC)=P(B) \cdot P(C)$$
$$P(ABC)=P(A) \cdot P(B) \cdot P(C)$$

(1.28)

则称三事件 A,B,C 为**相互独立的事件**.

一般若有 n 个事件 $A_1,A_2,\cdots,A_n$, 如果对于任意的正整数 $k(2 \leqslant k \leqslant n)$, 以及从 $A_1,A_2,\cdots,A_n$ 中任意取出的 k 个事件, 均有此 k 个事件的积事件的概率等于此 k 个事件的概率之积, 则称事件 $A_1,A_2,\cdots,A_n$ 是**相互独立的事件**.

在许多实际问题中, 对于事件的独立性, 往往不是根据定义来判断, 而是根据实际意义加以判断的.

根据事件独立性的定义, 不难证得如下结论: 设有 $n+m$ 个事件 $A_1,A_2,\cdots,A_n,B_1,B_2,\cdots,B_m$ 相互独立. 设事件 C 仅与 $A_1,A_2,\cdots,A_n$ 有关, 事件 D 仅与 $B_1,B_2,\cdots,B_m$ 有关, 则事件 C 与事件 D 相互独立.

例 1 设有 8 个相互独立的元件组成的系统, 每个元件的可靠性均为 p(元件的可靠性是指元件能正常工作的概率), 今对 8 个元件按如下两种方式组成系统, 试比较两个系统可靠性的大小.

系统一: (先串联后并联, 如图 1-9)

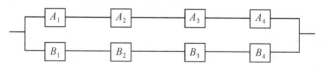

图 1-9

系统二: (先并联后串联, 如图 1-10)

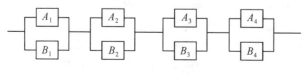

图 1-10

解 以 A_i 和 $B_i(i=1,2,3,4)$ 分别表示事件 A_i 和 B_i 正常工作，以 C_1 和 C_2 分别表示事件系统一和系统二正常工作，则

$$C_1=(A_1A_2A_3A_4)\bigcup(B_1B_2B_3B_4),$$
$$C_2=(A_1\bigcup B_1)(A_2\bigcup B_2)(A_3\bigcup B_3)(A_4\bigcup B_4).$$

于是

$$\begin{aligned}P(C_1)&=P(A_1A_2A_3A_4)+P(B_1B_2B_3B_4)\\&\quad-P(A_1A_2A_3A_4B_1B_2B_3B_4)\\&=P(A_1)P(A_2)P(A_3)P(A_4)\\&\quad+P(B_1)P(B_2)P(B_3)P(B_4)\\&\quad-P(A_1)P(A_2)P(A_3)P(A_4)\\&\quad\cdot P(B_1)P(B_2)P(B_3)P(B_4)\\&=p^4+p^4-p^8=p^4(2-p^4).\end{aligned}$$

$$\begin{aligned}P(C_2)&=P(A_1\bigcup B_1)\cdot P(A_2\bigcup B_2)\cdot P(A_3\bigcup B_3)\\&\quad\cdot P(A_4\bigcup B_4)\\&=\prod_{i=1}^{4}[P(A_i)+P(B_i)-P(A_iB_i)]\\&=\prod_{i=1}^{4}(p+p-p^2)=(2p-p^2)^4\\&=p^4(2-p)^4.\end{aligned}$$

易知，当 $0<p<1$ 时，有 $P(C_2)>P(C_1)$，即两者相比，以后者的可靠性为高。

例 2 设甲、乙、丙三人进行独立射击，每人的命中率为 p，每人射击一次。(1)求三人中至少有两人命中的概率。(2)已知三人中至少有两人命中的条件下，求甲命中的概率。

解 用 A,B,C 分别表示甲，乙，丙命中的事件，用 D 表示三人中至少有两人命中的事件，则

(1) $\quad P(D)=P(AB\overline{C}\bigcup A\overline{B}C\bigcup \overline{A}BC\bigcup ABC)$
$$=P(AB\overline{C})+P(A\overline{B}C)+P(\overline{A}BC)+P(ABC).$$

由题意知 A,B,C 相互独立，于是 $A,B,\overline{C}$ 亦相互独立，$A,\overline{B},C$ 亦独

立, 且 $\overline{A}, B, C$ 亦独立, 即得

$$P(D) = P(A)P(B)P(\overline{C}) + P(A)P(\overline{B})P(C)$$
$$+ P(\overline{A})P(B)P(C) + P(A)P(B)P(C)$$
$$= p^2(1-p) + p^2(1-p) + p^2(1-p) + p^3$$
$$= 3p^2 - 2p^3.$$

(2) 所求条件概率为 $P(A|D)$, 由条件概率公式

$$P(A|D) = \frac{P(AD)}{P(D)} = \frac{P(AB\overline{C}) + P(A\overline{B}C) + P(ABC)}{P(D)}$$
$$= \frac{2p^2 - p^3}{3p^2 - 2p^3} = \frac{2-p}{3-2p}.$$

习　题　1

1. 写出下列试验的样本空间:

   (1) 随机抽查 10 户居民, 记录已安装空调机的户数;

   (2) 记录某一车站某一时间区间内的候车人数;

   (3) 同时掷 10 个钱币, 记录正面朝上的钱币的个数;

   (4) 从某工厂生产的产品中依次抽取 3 件进行检查, 记录正、次品的情况;

   (5) 在单位球内随机地取一点, 记录其直角坐标;

   (6) 某人进行射击, 射击进行到命中目标为止, 记录射击的情况;

   (7) 对某工厂的产品进行检查, 每次抽查 1 个产品, 若查得的次品数达到 2 个就停止检查或总的检查数达到 4 个也停止检查, 记录检查情况.

2. 设 A, B, C 为三个事件, 用 A, B, C 的运算表示下列各事件:

   (1) A, B, C 都发生;

   (2) A, B 发生, C 不发生;

   (3) A, B, C 都不发生;

   (4) A, B 中至少有一个发生而 C 不发生;

   (5) A, B, C 中至少有一个发生;

   (6) A, B, C 中至多有一个发生;

   (7) A, B, C 中至多有两个发生;

   (8) A, B, C 中恰有两个发生.

3. 将一颗骰子投掷两次, 依次记录所得点数, 记

A 为"两数之和为 5",B 为"两数之差的绝对值为 3",C 为"两数之积小于等于 4". 试用样本点的集合表达事件 $A,B,C,A\cup B,A\bar{C},BC$.

4. (1)设 A,B,C 为三个事件,已知:
$$P(A)=0.3, P(B)=0.8, P(C)=0.6,$$
$$P(AB)=0.2, P(AC)=0, P(BC)=0.6.$$
试求①$P(A\cup B)$;②$P(A\bar{B})$;③$P(A\cup B\cup C)$.

(2)设 $P(A)=\alpha, P(B)=\beta$,试问 $P(A\cup B)$ 的所有可能取值的最大值、最小值各为多少?

5. 将一颗骰子投掷两次,依次记录所得点数,试求:

(1)两骰子点数相同的概率;

(2)两数之差的绝对值为 1 的概率;

(3)两数之乘积小于等于 12 的概率.

6. 一袋中装有红球 5 只、黄球 6 只、蓝球 7 只,某人从中任取 6 只球,试求:

(1)恰好取到 1 只红球、2 只黄球、3 只蓝球的概率;

(2)取到红球只数与黄球只数相等的概率.

7. 设一袋中有编号为 $1,2,3,\cdots,9$ 的球共 9 只,某人从中任取 3 只球,试求:

(1)取到 1 号球的概率;

(2)最小号码为 5 的概率;

(3)所取号码从小到大排序中间一只恰为 5 的概率;

(4)2 号球或 3 号球中至少有一只没有取到的概率.

8. 从数字 $0,1,\cdots,9$ 十个数字中不放回地依次选取 3 个数字,组成一个三位数(或二位数),试问:

(1)此数个位数是 5 的概率是多少?

(2)此数能被 5 整除的概率是多少?

(3)依次所取三数恰为从小到大排列的概率是多少?

9. 从一副扑克牌(52 张)中任取 13 张牌,试求下列事件的概率.

(1)至少有一张"红桃"的概率;

(2)缺"方块"的概率;

(3)"方块"或"红桃"中至少缺一种花色的概率;

(4)缺"方块"且缺"梅花"但不缺"红桃"的概率.

10. 已知 $P(A)=0.3, P(B)=0.4, P(AB)=0.2$,试求:

(1)$P(B|A)$;　　　　(2)$P(A|B)$;

(3)$P(B|A\cup B)$;　　　(4)$P(\overline{A}\cup B|A\cup B)$.

11. 已知 $P(A)=0.7,P(\overline{B})=0.6,P(A\overline{B})=0.5$,求:
(1)$P(A|A\cup B)$;　　(2)$P(AB|A\cup B)$;　　(3)$P(A|\overline{A}\cup B)$.

12. 设甲地下雨的概率是0.5,乙地下雨的概率是0.3,甲、乙两地同时下雨的概率是0.10,试求:
(1)已知甲地下雨的条件下,乙地下雨的概率;
(2)已知甲、乙两地中至少有一地下雨的条件下,甲地下雨的概率.

13. 设有甲、乙、丙三个小朋友,甲得病的概率是0.05,在甲得病的条件下乙得病的概率是0.40,在甲、乙两人均得病的条件下丙得病的条件概率是0.80,试求甲、乙、丙三人均得病的概率.

14. 丢两骰子,观察所得数对,试计算下列条件的概率:
(1)已知两颗骰子点数之和为8的条件下,两颗骰子点数相等的概率;
(2)已知两颗骰子点数之差的绝对值为1的条件下,两颗骰子点数之和大于等于5的概率.

15. 设某人按如下原则决定某日的活动:如该天下雨则以0.2的概率外出购物,以0.8的概率去探访朋友;如该天不下雨,则以0.9的概率外出购物,以0.1的概率去探访朋友.设某地下雨的概率是0.3.
(1)试求那天他外出购物的概率;
(2)若已知他那天外出购物,试求那天下雨的概率.

16. 设在某一男、女人数相等的人群中,已知5%的男人和0.25%的女人患有色盲.今从该人群中随机地选择一人,试问:
(1)该人患有色盲的概率是多少?
(2)若已知该人患有色盲,那么他是男性的概率是多少?

17. 设某地区应届初中毕业生有70%报考普通高中,20%报考中专,10%报考职业高中,录取率分别为90%,75%,85%.试求:
(1)随机调查一名学生,他如愿以偿的概率;
(2)若某位学生按志愿被录取了,那么他报考普通高中的概率.

18. 设有甲、乙两个旅行团,旅行团甲有中国旅游者n人,外国旅游者m人;旅行团乙有中国旅游者a人,外国旅游者b人.今从旅行团甲中随机地挑选两人编入旅行团乙,然后再从旅行团乙中随机地选择一人,试问他是中国人的概率是多少?

19. 有两箱同种类的零件,第一箱装50个,其中10个一等品;第二箱装30个,

其中18个一等品.今从两箱中任选一箱,然后从该箱中取零件两次,每次任取1个,作不放回抽样,试求:

(1)第一次取到的零件是一等品的概率;

(2)第一次取到的零件是一等品的条件下,第二次取到的也是一等品的概率.

20. 设 A,B 是相互独立的事件,$P(A)=0.5,P(B)=0.8$.试求:

(1)$P(AB)$;　　　　　(2)$P(A\bigcup B)$;

(3)$P(A-B)$;　　　　(4)$P(A|A\bigcup B)$.

21. 试证明:若 $P(A)=1$,则 A 与任何事件独立.

22. 甲、乙、丙三门大炮对某敌机进行独立射击,设每门炮的命中率依次为 0.7,0.8,0.9.若敌机被命中两弹或两弹以上则被击落,设三门炮同时射击一次,试求敌机被击落的概率.

23. 如图 1-11 所示,A,B,C,D,E 表示继电器接点.假设每一个继电器闭合的概率均为 p,且继电器闭合与否相互独立,试求 L 到 R 是通路的概率.

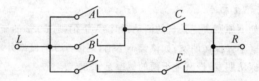

图 1-11

24. 设甲、乙、丙三人在某地钓鱼,每人能钓到鱼的概率分别为 0.4,0.6,0.9,且三人之间能否钓到鱼相互独立,试求:

(1)三人中恰有一人钓到鱼的概率;

(2)三人中至少有一人钓到鱼的概率.

*25. 甲、乙两人做游戏,规则为轮流丢一颗骰子,先掷得 6 点者为优胜者.

(1)甲先掷,求甲、乙两人获胜的概率分别是多少?

(2)若有 k 个人进行该游戏,那么第一个掷,第二个掷……第 k 个掷的人获胜的概率各为多少?

*26. 某班有 N 个士兵,每人各有一枝枪,这些枪外形完全一样,在一次夜间紧急集合中,若每人随机地走走一枝枪,试求至少有一个人取到自己的枪的概率.

第2章

随机变量及其分布

2.1 随机变量

对随机试验而言,其结果未必是数量化的,如丢钱币得正面或反面,检查产品是正品或次品,等等,为了数学处理的方便以及理论研究的需要,我们引入随机变量的概念.

定义 2.1 设 E 是一随机试验,S 是其样本空间,$S=\{e\}$,如果对于 S 中的每一个样本点 e,有一个实数 $X(e)$ 与之对应,这个定义在 S 上的实值函数 $X(e)$ 就称为**随机变量**.

我们画出以下的示意图:

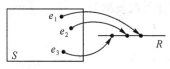

图 2-1

按定义,随机变量 $X(e)$ 是样本点的函数.于是在试验之前,我们可以知道 $X(e)$ 可能取值的范围,但是由于我们不能确切知道哪个样本点会出现,因此我们也不能确切知道随机变量 $X(e)$ 会取什么值.但是由于样本点的出现有一定的统计规律性,于是随机变量 $X(e)$ 的取值也有一定的统计规律性.

由于随机变量是一个实值函数,这将对下面的研究带来许多方便(但注意随机变量的定义域是样本空间 S,它未必是实轴上的某个集合).

例1 将一颗骰子投掷两次,观察所得点数.以 X 表示所得点数之和,则 X 的可能取值为 $2,3,4,\cdots,12$,且

$$\{X=2\}=\{(1,1)\},$$
$$\{X=3\}=\{(1,2),(2,1)\},$$
$$\{X=4\}=\{(1,3),(2,2),(3,1)\},$$
$$\cdots\cdots$$
$$\{X=12\}=\{(6,6)\}.$$

X 是随机变量,它取各个可能值的概率列于下表:

X	2	3	4	5	6	7	8	9	10	11	12
P	$\frac{1}{36}$	$\frac{2}{36}$	$\frac{3}{36}$	$\frac{4}{36}$	$\frac{5}{36}$	$\frac{6}{36}$	$\frac{5}{36}$	$\frac{4}{36}$	$\frac{3}{36}$	$\frac{2}{36}$	$\frac{1}{36}$

例2 一正整数 n 等可能地取 $1,2,3,\cdots,15$ 共十五个值,且设 $X=X(n)$ 是除得尽 n 的正整数的个数,则 X 是一个随机变量,且由下表:

n	1	2	3	4	5	6	7	8	9	10	11	12	13	14	15
$X(n)$	1	2	2	3	2	4	2	4	3	4	2	6	2	4	4

即可得 X 取各个可能值的概率为:

X	1	2	3	4	6
P	$\frac{1}{15}$	$\frac{6}{15}$	$\frac{2}{15}$	$\frac{5}{15}$	$\frac{1}{15}$

例3 在 $[0,1]$ 区间上随机地投一个点,设投在此区间内任一子区间内的概率与此子区间的长度成正比,而与子区间的位置无关,设 X 为所投点的坐标,则 X 是随机变量,其可能取值是 $[0,1]$ 区间上所有的数,且 X 的取值具有一定的统计规律性,如对任意实数 $x(0 \leqslant x \leqslant 1)$,有 $P(X \leqslant x)=x$.

2.2 离散型随机变量

设某随机变量的所有可能取值只有有限个或可列个,则称这种随机变量为**离散型随机变量**.例如 2.1 节中的例 1 和例 2 所给出的随机变量就是离散型随机变量,而例 3 中所给出的随机变量就不是离散型随机变量.

对离散型随机变量,我们可以用下述的分布律来描述.

设离散型随机变量 X,其所有可能取值为 $x_1, x_2, x_3, \cdots, x_n, \cdots$,且取各个可能值的概率分别为 $p_1, p_2, p_3, \cdots, p_n, \cdots$,即

$$P(X = x_k) = p_k, \qquad k = 1, 2, 3, \cdots, \qquad (2.1)$$

诸 p_k 满足

(1) $p_k \geqslant 0, \quad k = 1, 2, 3, \cdots$,

(2) $\displaystyle\sum_{k=1}^{+\infty} p_k = 1,$ $\qquad\qquad\qquad\qquad\qquad$ (2.2)

则我们称 $P(X = x_k) = p_k (k = 1, 2, 3, \cdots)$ 为随机变量 X 的**概率分布律**,简称**分布律**.

离散型随机变量的分布律亦可用表格形式表示:

X	x_1	x_2	x_3	$\cdots$	x_k	$\cdots$
p_k	p_1	p_2	p_3	$\cdots$	p_k	$\cdots$

下面介绍几种最常用的离散型随机变量的概率分布律.

1. 0-1 分布

设随机变量 X 只可能取 $0, 1$ 两个值,且取 1 的概率为 p,取 0 的概率为 $1 - p(0 < p < 1)$,即 $P(X = 1) = p, P(X = 0) = 1 - p$,则称随机变量 X 服从参数为 p 的 **0-1 分布**,记为 $X \sim B(1, p)$,其分布律为:

$$P(X = 1) = p, \quad P(X = 0) = 1 - p, \qquad (2.3)$$

其分布律也可用表格形式表示为:

$$\begin{array}{c|cc} X & 1 & 0 \\ \hline p_k & p & 1-p \end{array} \qquad (2.4)$$

也可用公式表示为：

$$P(X=k)=p^k(1-p)^{1-k}, \quad k=0,1. \qquad (2.5)$$

这一表达式在数理统计中颇有用.

若某随机试验 E 只有两个可能结果,或我们仅仅关心相互对立的两类结果(例如对某产品只关心它是正品还是次品,关心某电话交换台在某时间间隔内呼叫数是小于 100 还是大于等于 100,某产品的直径长度在 $[a,b]$ 内还是不在 $[a,b]$ 内,等等),那么只要将其中的一个(或一类)结果对应于数字 1,另外的结果对应于数字 0,于是就可以用 0-1 分布的随机变量来描述有关的随机事件.

2.二项分布

设试验 E 只有两个可能结果 A 与 $\bar{A}$,且 $P(A)=p$,今将试验 E 独立重复地进行 n 次,这样的试验我们称之为 **n 重贝努里试验**,我们关心的是在这 n 次试验中 A 发生的次数.

以随机变量 X 表示 n 次试验中 A 发生的次数,显然 X 的可能取值是 $0,1,2,\cdots,n$. 为计算 X 的概率分布律,我们考虑以 A_i 表示第 i 次试验中出现结果 A,以 $\bar{A}_i$ 表示第 i 次试验中出现 $\bar{A}$,并以 B_k 表示 n 重贝努里试验中 A 正好出现 k 次这一事件,$k=0,1,2,\cdots,n$.

为计算 $P(B_k)$,先考虑 $n=4$ 的情况,显然在 $n=4$ 时,

$B_0=\bar{A}_1\bar{A}_2\bar{A}_3\bar{A}_4$;

$B_1=A_1\bar{A}_2\bar{A}_3\bar{A}_4 \bigcup \bar{A}_1 A_2\bar{A}_3\bar{A}_4 \bigcup \bar{A}_1\bar{A}_2 A_3\bar{A}_4 \bigcup \bar{A}_1\bar{A}_2\bar{A}_3 A_4$;

$B_2=A_1 A_2\bar{A}_3\bar{A}_4 \bigcup A_1\bar{A}_2 A_3\bar{A}_4 \bigcup A_1\bar{A}_2\bar{A}_3 A_4 \bigcup \bar{A}_1 A_2 A_3\bar{A}_4$
$\qquad \bigcup \bar{A}_1 A_2\bar{A}_3 A_4 \bigcup \bar{A}_1\bar{A}_2 A_3 A_4$;

$B_3=A_1 A_2 A_3\bar{A}_4 \bigcup A_1 A_2\bar{A}_3 A_4 \bigcup A_1\bar{A}_2 A_3 A_4 \bigcup \bar{A}_1 A_2 A_3 A_4$;

$B_4=A_1 A_2 A_3 A_4$.

由于 A_1,A_2,A_3,A_4 相互独立,$P(A_i)=p(i=1,2,3,4)$,以及概率的有限可加性,易得

$$P(B_0)=q^4;$$

$$P(B_1) = 4p^3q = \binom{4}{1}p^3q;$$

$$P(B_2) = 6p^2q^2 = \binom{4}{2}p^2q^2;$$

$$P(B_3) = 4p^3q = \binom{4}{3}p^3q;$$

$$P(B_4) = p^4.$$

对一般的 n，则有

$$B_k = A_1A_2\cdots A_k\overline{A}_{k+1}\overline{A}_{k+2}\cdots\overline{A}_n \bigcup \cdots$$
$$\bigcup \overline{A}_1\overline{A}_2\cdots\overline{A}_{n-k}A_{n-k+1}\cdots A_n. \qquad (2.6)$$

(2.6)式右边的每一项表示在某 k 次试验中出现 A，而在另外的 $n-k$ 次试验中出现 $\overline{A}$，这种项共有 $\binom{n}{k}$ 个，而且两两互不相容. 由于试验的独立性，对于前面 k 次试验中 A 都发生而后面的 $n-k$ 次试验中 A 均不发生的事件之概率为:

$$P(A_1A_2\cdots A_k\overline{A}_{k+1}\overline{A}_{k+2}\cdots\overline{A}_n)$$
$$= P(A_1)P(A_2)P(A_3)\cdots P(A_k)P(\overline{A}_{k+1})P(\overline{A}_{k+2})\cdots P(\overline{A}_n)$$
$$= p^kq^{n-k},$$

其中，$q=1-p$. 同理可知(2.6)式右边和事件中各项所对应的积事件的概率均为 p^kq^{n-k}，于是由概率之有限可加性，即得

$$P(X=k) = P(B_k) = \binom{n}{k}p^kq^{n-k}, \quad k=0,1,2,\cdots,n.$$

我们记 $B(k;n,p) = \binom{n}{k}p^kq^{n-k}, \quad k=0,1,2,\cdots,n.$

显然 $B(k;n,p) \geqslant 0, \quad k=0,1,2,3,\cdots,n,$

且 $$\sum_{k=0}^{n}B(k;n,p) = \sum_{k=0}^{n}\binom{n}{k}p^kq^{n-k} = (p+q)^n = 1.$$

注意到 $B(k;n,p) = \binom{n}{k}p^kq^{n-k}$ 恰为二项式 $(q+px)^n$ 展开式中 x^k 项的系数，为此我们给出如下定义.

定义 2.2 设随机变量 X 具有概率分布律

$$P(X=k)=\binom{n}{k}p^k q^{n-k}, \quad k=0,1,2,\cdots,n, \tag{2.7}$$

则称随机变量 X 服从参数为 n,p 的**二项分布**,记为 $X\sim B(n,p)$.

特别,当 $n=1$ 时,$P(X=k)=p^k q^{1-k}(k=0,1)$,这就是 0-1 分布.

例 1 设有一大批产品,其次品率为 0.002. 今从这批产品中随机地抽查 100 件,试求所得次品件数的概率分布律.

解 这是不放回抽样,但因元件总数很大,所抽查的元件数与元件总数之比甚小,故可当作放回抽样处理,即抽查 100 件产品可看作每次抽查一件的 100 重贝努里试验. 以 X 记所抽查的 100 件产品中次品的件数,则 X 的可能取值是 $0,1,2,\cdots,100$,X 的概率分布律为

$$P(X=k)=\binom{100}{k}(0.002)^k(0.998)^{100-k},k=0,1,2,\cdots,100.$$

例 2 某厂长有 7 个顾问,假定每个顾问贡献正确意见的概率是 0.6,且设顾问与顾问之间是否贡献正确意见相互独立. 现对某事可行与否个别征求各顾问的意见,并按多数顾问的意见作出决策,试求作出正确决策的概率.

解 以 X 表示 7 个顾问中贡献正确意见的人数,则所求概率为

$$P(X\geqslant 4)=P(X=4)+P(X=5)+P(X=6)+P(X=7)$$

$$=\sum_{k=4}^{7}\binom{7}{k}(0.6)^k(0.4)^{7-k}$$

$$=0.7102.$$

例 3 设某人射击的命中率为 0.4,今进行 n 次独立射击,以 X 表示 n 次射击中命中的次数,求 X 的概率分布律.

解 X 服从参数为 $n,0.4$ 的二项分布,即 $X\sim B(n,0.4)$,于是

$$P(X=k)=\binom{n}{k}(0.4)^k(0.6)^{n-k}, \quad k=0,1,2,\cdots,n.$$

当 $n=15$ 时,可得 X 的分布律如表 2.1 所示,其中 $P(B_k)$ 表示 $B(k;15,0.4)=P(X=k)$.

表 2.1

k	$P(B_k)$	k	$P(B_k)$	k	$P(B_k)$	k	$P(B_k)$
0	0.0005	4	0.1268	8	0.1881	12	0.00165
1	0.0047	5	0.1859	9	0.0612	13	0.00025
2	0.0219	6	0.2066	10	0.0245	14	0.00002
3	0.0634	7	0.1771	11	0.0074	15	0.00001

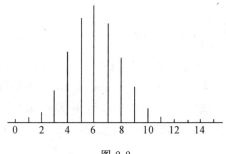

图 2-2

图 2-2 显示了当 k 变化时,概率 $B_k = P(X=k)$ 的变化特点.

例 4 设有 80 台机器,每台机器发生故障的概率都是 0.01,设机器之间发生故障与否相互独立,假设每个维修工人只能同时维修 1 台机器,试问配备 3 个维修工人共同维修 80 台与配备 4 个维修工人,每人承包 20 台,哪一种方式不能及时维修的概率较小.

解 (1)按第一种方式:以 X 表示这 80 台机器中需要维修的机器的台数,则不能及时维修的概率为

$$P(X \geqslant 4) = \sum_{k=4}^{80} \binom{80}{k} (0.01)^k (0.99)^{80-k} = 0.0087.$$

(2)按第二种方式:记 A_i 为"第 i 个人承包的 20 台机器不能及时维修"($i = 1,2,3,4$),则所求概率为 $P(A_1 \bigcup A_2 \bigcup A_3 \bigcup A_4)$. 因为

$$P(A_1 \bigcup A_2 \bigcup A_3 \bigcup A_4) \geqslant P(A_1) = \sum_{k=2}^{20} \binom{20}{k} (0.01)^k (0.99)^{20-k}$$
$$= 0.0169.$$

从上述计算结果可以看出,还是以第一种方式为好,按第一种方式 3 个人共同维修 80 台机器不能及时维修的概率较小.

例 5 设某汽车从甲地开往乙地,途中有 10 盏红绿灯,而每盏红绿灯独立地以 0.4 的概率禁止汽车通行,试求:

(1)10 盏红绿灯全都顺利通过的概率;

(2)该车在途中因红灯恰停 3 次的概率;

(3)该车在第 8 盏红绿灯处恰为第 4 次停车的概率.

解 (1)$P_1=(1-0.4)^{10}=(0.6)^{10}$;

(2)$P_2=\dbinom{10}{3}(0.4)^3(0.6)^7$;

(3)由于在第 8 盏灯处恰为第 4 次停车,那么第 8 盏灯处需停车,且前面 7 盏红绿灯处其中恰有 3 处停车,设 A 为"前面 7 盏红绿灯处恰有 3 处停车",B 为"第 8 盏灯处需停车",所求概率即为 $P(AB)$,由题意知 A,B 相互独立,故 $P(AB)=P(A)\cdot P(B)$,因此所求概率为

$$P_3=\dbinom{7}{3}(0.4)^3(0.6)^4\times(0.4)$$
$$=\dbinom{7}{3}(0.4)^4\times(0.6)^4.$$

3. 泊松分布

定义 2.3 设随机变量 X 的可能取值是 $0,1,2,\cdots,k,\cdots$,且

$$P(X=k)=\frac{\mathrm{e}^{-\lambda}\lambda^k}{k!}, \quad k=0,1,2,\cdots, \tag{2.8}$$

(其中 $\lambda>0$ 是常数)

则称随机变量 X 服从参数为 λ 的**泊松分布**,记为 $X\sim\pi(\lambda)$. 易知

$$p_k=\frac{\mathrm{e}^{-\lambda}\lambda^k}{k!}>0, \quad k=0,1,2,\cdots,$$

且 $$\sum_{k=0}^{+\infty}p_k=\mathrm{e}^{-\lambda}\sum_{k=0}^{+\infty}\frac{\lambda^k}{k!}=\mathrm{e}^{-\lambda}\cdot\mathrm{e}^{\lambda}=1.$$

具有泊松分布的随机变量在实际应用中是很多的,例如电话交

换台在指定的时间区间内收到的呼叫次数;纺纱车间纱绽在某时间间隔内的断头次数;某车站在某时间区间内的候车人数;在一个时间间隔内,放射物质发出的经过计数器的粒子数等都是服从或近似服从泊松分布的.

例 6 某商店每天的顾客数是随机变量,服从参数为 λ 的泊松分布.设每个进商店的顾客购买商品的概率是 p,顾客之间购买商品与否相互独立,试求该商店每天购买商品的顾客数的概率分布律.

解 记 X 为进入该商店的顾客数,Y 为购买商品的人数,则按题意有

$$P(X=k)=\frac{\mathrm{e}^{-\lambda}\lambda^k}{k!}, \quad k=0,1,2,\cdots,$$

且 $\quad P(Y=i\,|\,X=n)=\binom{n}{i}p^iq^{n-i}, \quad i=0,1,2,\cdots,n.$

于是,由概率的可列可加性及乘法公式,有

$$\begin{aligned}
P(Y=k) &= \sum_{n=k}^{+\infty}P(X=n,Y=k) \\
&= \sum_{n=k}^{+\infty}P(X=n)\cdot P(Y=k\,|\,X=n) \\
&= \sum_{n=k}^{+\infty}\frac{\mathrm{e}^{-\lambda}\lambda^n}{n!}\cdot\binom{n}{k}p^kq^{n-k} \\
&= \sum_{n=k}^{+\infty}\frac{\mathrm{e}^{-\lambda}\lambda^n}{n!}\cdot\frac{n!}{k!(n-k)!}p^kq^{n-k} \\
&= \frac{\mathrm{e}^{-\lambda}(\lambda p)^k}{k!}\cdot\sum_{n=k}^{+\infty}\frac{(\lambda q)^{n-k}}{(n-k)!} \\
&= \frac{\mathrm{e}^{-\lambda}(\lambda p)^k}{k!}\cdot\sum_{i=0}^{+\infty}\frac{(\lambda q)^i}{i!}=\frac{\mathrm{e}^{-\lambda}(\lambda p)^k}{k!}\cdot\mathrm{e}^{\lambda q} \\
&= \frac{\mathrm{e}^{-\lambda p}(\lambda p)^k}{k!}, \quad k=0,1,2\cdots,
\end{aligned}$$

即得每天购买商品的人数亦服从泊松分布,参数为 λp.

4. 几何分布

设某随机变量 X 的可能取值是 $1,2,3,\cdots$,且

$$P(X=k)=(1-p)^{k-1} \cdot p = q^{k-1} \cdot p, \quad k=1,2,3,\cdots, \qquad (2.9)$$

其中 $p \in (0,1)$ 是参数,则称随机变量 X 服从参数为 p 的**几何分布**.

若进行重复独立试验,每次试验的成功概率为 p,试验进行到首次成功为止,则所需的试验次数就服从参数为 p 的几何分布.

例 7 某人进行独立射击,每次的命中率为 $1/4$,射击进行到命中目标为止,试求所需的射击次数不多于 3 次的概率.

解 以 X 表示所需的射击次数,则 X 服从参数为 $1/4$ 的几何分布,按题意所求概率为:

$$P(X \leqslant 3) = P(X=1) + P(X=2) + P(X=3)$$
$$= \frac{1}{4} + \left(1-\frac{1}{4}\right) \times \frac{1}{4} + \left(1-\frac{1}{4}\right)^2 \times \frac{1}{4} = \frac{37}{64}.$$

例 8 同时投掷两颗骰子,观察所得点数.投掷进行到两数之和为 6 时为止,以 X 表示所需的投掷的次数,求 X 的概率分布律.

解 两颗骰子投掷一次,所得点数共有 36 种,其中点数为 $(1,5),(2,4),(3,3),(4,2),(5,1)$ 五种情况点数之和为 6,故点数之和为 6 的概率是 $\frac{5}{36}$,所需投掷次数 X 服从参数为 $\frac{5}{36}$ 的几何分布. 于是得 X 的分布律为

$$P(X=k) = \left(\frac{31}{36}\right)^{k-1} \times \frac{5}{36}, \quad k=1,2,3,\cdots.$$

2.3 随机变量的分布函数

在前一节中我们研究了离散型随机变量,对于离散型随机变量可用分布律来完整地描述,而对于非离散型随机变量,由于其所有可能取值不能一一列举,从而不能像离散型随机变量那样用分布律来描述. 而且在许多实际问题中,我们往往关心随机变量 X 取值落在某区间 $(a,b]$ 上的概率 $(a \leqslant b)$,由于 $\{a < X \leqslant b\} = \{X \leqslant b\} - \{X \leqslant a\}(a \leqslant b)$,于是只要知道对任意 $x \in \mathbf{R}$,事件 $\{X \leqslant x\}$ 发生的概率,那么 X 落在区间 $(a,b]$ 的概率就立即可得. 为此,我们引入本节所要讨论的随机变量的分布函数,

它完整地描述了随机变量取值的统计规律性.

定义 2.4 设 X 是一随机变量,考虑定义在实轴上的实值函数 $F(x)$:

$$F(x)=P(X\leqslant x), \qquad x\in(-\infty,+\infty), \qquad (2.10)$$

则称此实值函数 $F(x)$ 为随机变量 X 的**分布函数**.

例 1 设随机变量 X 仅取 $-2,1,5$ 三个值,且已知 $P(X=-2)=\dfrac{1}{8}$,$P(X=1)=\dfrac{3}{8}$,$P(X=5)=\dfrac{4}{8}$,则

当 $x<-2$ 时,$\{X\leqslant x\}=\varnothing$,故此时

$$F(x)=P(X\leqslant x)=P(\varnothing)=0;$$

当 $-2\leqslant x<1$ 时,$\{X\leqslant x\}=\{X=-2\}$,故此时

$$F(x)=P(X\leqslant x)=P(X=-2)=\frac{1}{8};$$

当 $1\leqslant x<5$ 时,$\{X\leqslant x\}=\{X=-2\}\bigcup\{X=1\}$,故此时,

$$F(x)=P(X\leqslant x)=P(X=-2)+P(X=1)=\frac{1}{8}+\frac{3}{8};$$

当 $x\geqslant 5$ 时,$\{X\leqslant x\}=S$,故此时

$$F(x)=P(X\leqslant x)=P(S)=1,$$

则 X 的分布函数为:

$$F(x)=\begin{cases}0, & x<-2,\\[2mm]\dfrac{1}{8}, & -2\leqslant x<1,\\[2mm]\dfrac{4}{8}, & 1\leqslant x<5,\\[2mm]1, & x\geqslant 5.\end{cases}$$

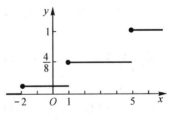

图 2-3

本例中 X 的分布函数 $F(x)$ 的图形(如图 2-3)是一个右连续

的阶梯函数,在 $x=-2,x=1,x=5$ 三点分别有跳跃值 $\dfrac{1}{8},\dfrac{3}{8},\dfrac{4}{8}$.

一般,若 X 是一个离散型随机变量,其概率分布律为:

$$P(X=x_k)=p_k, \qquad k=1,2,3,\cdots,$$

则由概率的可列可加性,可得 X 的分布函数 $F(x)$ 为:

$$F(x) = P(X \leqslant x) = \sum_{x_k \leqslant x} P(X = x_k) = \sum_{x_k \leqslant x} p_k.$$

上式求和是对所有满足 $x_k \leqslant x$ 的足标 k 求和.

$F(x)$ 的图形是非降,右连续的,且在 $x_1, x_2, \cdots, x_k, \cdots$ 处有跳跃,跳跃值分别为 $p_1, p_2, \cdots, p_k, \cdots$.

有了随机变量的分布函数 $F(x)$,那么对任意实数 $a, b(a \leqslant b)$,我们可以计算随机变量 X 落在区间 $(a, b]$ 上的概率.

$$P(a < X \leqslant b) = P(X \leqslant b) - P(X \leqslant a) = F(b) - F(a). \tag{2.11}$$

分布函数 $F(x)$ 有如下基本性质:

(1) $0 \leqslant F(x) \leqslant 1$, $x \in (-\infty, +\infty)$;

(2) $F(x)$ 是 x 的非降函数;

(3) $F(x)$ 是 x 的右连续函数,即 $F(x+0) = F(x)$;

(4) $F(+\infty) \overset{\triangle}{=} \lim_{x \to +\infty} F(x) = 1$,

$$F(-\infty) \overset{\triangle}{=} \lim_{x \to -\infty} F(x) = 0. \tag{2.12}$$

(证略)

2.4 连续型随机变量

设随机变量 X 的分布函数为 $F(x)$,若存在某非负可积函数 $f(x), x \in (-\infty, +\infty)$,使对一切实数 x,均有

$$F(x) = \int_{-\infty}^{x} f(t) \mathrm{d}t, \tag{2.13}$$

则称 X 为**连续型随机变量**,且称函数 $f(x)(x \in \mathbf{R})$ 为随机变量 X 的**概率密度函数**,简称**概率密度**或**密度函数**①.

若 X 为连续型随机变量,则 X 的分布函数必是连续函数,即连

---

① 由于改变概率密度 $f(x)$ 在个别点的函数值不影响分布函数 $F(x)$ 的取值. 因此改变概率密度 $f(x)$ 在个别点上的函数值并不在乎.

续型随机变量必具有连续的分布函数.

概率密度 $f(x)$ 具有如下重要性质:

(1) $f(x) \geqslant 0$; (2.14)

(2) 对任意实数 $a, b (a \leqslant b)$,

$$P(a < X \leqslant b) = \int_a^b f(x) \mathrm{d}x;$$ (2.15)

(3) $\int_{-\infty}^{+\infty} f(x) \mathrm{d}x = 1$; (2.16)

(4) 在 $f(x)$ 的连续点 x_0 处, 有

$$F'(x)|_{x_0} = f(x_0);$$ (2.17)

(5) 当概率密度 $f(x)$ 在 x_0 处连续且 Δh 充分小时 $(\Delta h > 0)$, 有

$$P(x_0 < X \leqslant x_0 + \Delta h) \approx f(x_0) \Delta h.$$ (2.18)

证 (1) 从定义可得.

(2) $P(a < X \leqslant b) = F(b) - F(a)$

$$= \int_{-\infty}^b f(x) \mathrm{d}x - \int_{-\infty}^a f(x) \mathrm{d}x = \int_a^b f(x) \mathrm{d}x.$$

(3) $\int_{-\infty}^{+\infty} f(x) \mathrm{d}x = \lim_{\substack{a \to -\infty \\ b \to +\infty}} \int_a^b f(x) \mathrm{d}x = \lim_{\substack{a \to -\infty \\ b \to +\infty}} [F(b) - F(a)] = 1.$

(4) 由于 $F(x) = \int_{-\infty}^x f(t) \mathrm{d}t$, 由数学分析的知识可得, 若 x_0 是 $f(x)$ 的连续点, 则 $F'(x_0) = f(x_0)$.

(5) $P(x_0 < X \leqslant x_0 + \Delta h) = \int_{x_0}^{x_0 + \Delta h} f(x) \mathrm{d}x \approx f(x_0) \Delta h,$

即 $\qquad f(x_0) \approx \dfrac{P(x_0 < X \leqslant x_0 + \Delta h)}{\Delta h} \qquad$ (Δh 充分小),

这也是 $f(x)$ 称为概率密度的由来.

连续型随机变量取任一固定值的概率为 0, 即若 X 为连续型随机变量, 概率密度为 $f(x)$, 则对任意实数 c, 有

$$P(X = c) = 0.$$ (2.19)

证 对于任意正数 h, 易知必有

$$0 \leqslant P(X = c) \leqslant P(c - h < X \leqslant c) = \int_{c-h}^{c} f(x)\mathrm{d}x,$$

对上式令 $h \to 0^+$，即得 $P(X = c) = 0$.

于是，对于任意实数 $a, b(a \leqslant b)$，连续型随机变量落在区间 $[a, b]$ 或 $(a, b]$ 或 $[a, b)$ 或 (a, b) 上的概率都相等，都等于概率密度在此区间上的积分，即

$$P(a < X < b) = P(a \leqslant X < b) = P(a < X \leqslant b)$$
$$= P(a \leqslant X \leqslant b) = \int_{a}^{b} f(x)\mathrm{d}x. \quad (2.20)$$

由于 $f(x) \geqslant 0$，知概率密度曲线位于 Ox 轴上方. 由 (2.16) 式知介于曲线 $y = f(x)$ 与 Ox 轴之间的面积等于 1. 对任一区间 $[a, b]$，随机变量 X 的取值落在区间 $[a, b]$ 上的概率等于区间 $[a, b]$ 之上，曲线 $y = f(x)$ 之下的曲边梯形的面积，如图 2-4 所示.

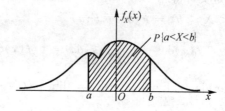

图 2-4

例 1 设随机变量 X 具有概率密度

$$f(x) = \begin{cases} Kx^2, & 0 \leqslant x < 2, \\ Kx, & 2 \leqslant x \leqslant 3, \\ 0, & \text{其他}. \end{cases}$$

(1) 求常数 K；

(2) 求 X 的分布函数；

(3) 求概率 $P\left(1 < X < \dfrac{5}{2}\right)$.

解 (1) 由 $\displaystyle\int_{-\infty}^{+\infty} f(x)\mathrm{d}x = 1$，得

$$\int_0^2 Kx^2 \mathrm{d}x + \int_2^3 Kx \mathrm{d}x = 1,$$

解之得

$$K = \frac{6}{31},$$

即 X 的概率密度为

$$f(x) = \begin{cases} \dfrac{6}{31}x^2, & 0 \leqslant x < 2, \\[2mm] \dfrac{6}{31}x, & 2 \leqslant x \leqslant 3, \\[2mm] 0, & 其他. \end{cases}$$

(2) X 的分布函数

$$F(x) = \int_{-\infty}^x f(t)\mathrm{d}t$$

$$= \begin{cases} \displaystyle\int_{-\infty}^x 0\mathrm{d}t, & x < 0, \\[2mm] \displaystyle\int_{-\infty}^0 0\mathrm{d}t + \int_0^x \frac{6}{31}t^2\mathrm{d}t, & 0 \leqslant x < 2, \\[2mm] \displaystyle\int_{-\infty}^0 0\mathrm{d}t + \int_0^2 \frac{6}{31}t^2\mathrm{d}t + \int_2^x \frac{6}{31}t\mathrm{d}t, & 2 \leqslant x < 3, \\[2mm] \displaystyle\int_{-\infty}^0 0\mathrm{d}t + \int_0^2 \frac{6}{31}t^2\mathrm{d}t + \int_2^3 \frac{6}{31}t\mathrm{d}t + \int_3^x 0\mathrm{d}t, & x \geqslant 3. \end{cases}$$

即得 X 的分布函数为

$$F(x) = \begin{cases} 0, & x < 0, \\[2mm] \dfrac{2}{31}x^3, & 0 \leqslant x < 2, \\[2mm] \dfrac{3}{31}x^2 + \dfrac{4}{31}, & 2 \leqslant x < 3, \\[2mm] 1, & x \geqslant 3. \end{cases}$$

(3) $P\left(1 < X < \dfrac{5}{2}\right) = \displaystyle\int_1^{\frac{5}{2}} f(x)\mathrm{d}x$

$$= \int_1^2 \frac{6}{31}x^2\mathrm{d}x + \int_2^{\frac{5}{2}} \frac{6}{31}x\mathrm{d}x = \frac{83}{124}.$$

例 2　设某种轮胎在损坏以前所能行驶的路程 X(以万公里计)是一个随机变量,已知其概率密度为

$$f(x) = \begin{cases} \dfrac{1}{10}e^{-\frac{x}{10}}, & x > 0, \\ 0, & x \leqslant 0. \end{cases}$$

今从中随机地抽取 5 只轮胎,试求至少有两只轮胎所能行驶的路程数不足 30 万公里的概率.

解　一只轮胎其所能行驶的路程不足 30 万公里的概率为:

$$P(X < 30) = \int_{-\infty}^{30} f(x)dx = \int_0^{30} \frac{1}{10}e^{-\frac{x}{10}}dx$$
$$= 1 - e^{-3} = 0.9502.$$

于是 5 只轮胎中至少有两只轮胎所能行驶的路程不足 30 万公里的概率为:

$$P = 1 - \binom{5}{0}(0.9502)^0(1 - 0.9502)^5$$
$$- \binom{5}{1}(0.9502)^1(1 - 0.9502)^4$$
$$= 1 - (0.0498)^5 - 5 \times 0.9502 \times (0.0498)^4$$
$$= 0.99997.$$

下面介绍几种重要的连续型随机变量的分布.

1. 均匀分布

设随机变量 X 在区间 $[a,b]$ 上取值,且概率密度为:

$$f(x) = \begin{cases} \dfrac{1}{b-a}, & a \leqslant x \leqslant b, \\ 0, & \text{其他,} \end{cases} \tag{2.21}$$

则称随机变量 X 在 $[a,b]$ 上服从**均匀分布**,记为 $X \sim \bigcup [a,b]$.

对于在区间 $[a,b]$ 上均匀分布的随机变量,它落在任一长度为 l 的子区间 $(c,d)(a \leqslant c \leqslant d \leqslant b)$ 上的概率为

$$\int_c^d f(x)dx = \int_c^d \frac{1}{b-a}dx = \frac{d-c}{b-a} = \frac{l}{b-a}.$$

此概率与子区间的长度成正比,而与子区间的起点无关,这也是均匀分布名称的由来. X 的分布函数为

$$F(x) = \begin{cases} 0, & x < a, \\ \dfrac{x-a}{b-a}, & a \leqslant x < b, \\ 1, & x \geqslant b. \end{cases} \tag{2.22}$$

$f(x), F(x)$ 的图形如图 2-5 和图 2-6 所示.

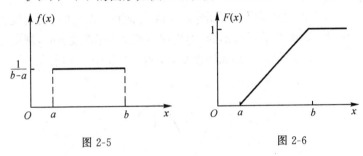

图 2-5 图 2-6

2. 正态分布

设连续型随机变量 X 具有概率密度函数

$$f(x) = \frac{1}{\sqrt{2\pi}\sigma} e^{-\frac{(x-\mu)^2}{2\sigma^2}}, \qquad x \in (-\infty, +\infty), \tag{2.23}$$

则称 X 服从参数为 μ, σ 的**正态分布**,记为 $X \sim N(\mu, \sigma^2)$(其中 μ, σ 是参数,$\mu \in \mathbf{R}, \sigma > 0$).

$f(x)$ 的图形如图 2-7 所示,它具有如下性质:

(1) 密度曲线关于直线 $x = \mu$ 对称,即

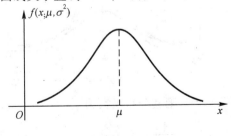

图 2-7

$$f(\mu + x) = f(\mu - x), \quad x \in (-\infty, +\infty);$$

(2)$f(x)$ 在 $x = \mu$ 处达到最大值 $\dfrac{1}{\sqrt{2\pi}\sigma}$；

(3)$f(x)$ 在 $x = \mu \pm \sigma$ 处有拐点；

(4) 当 σ^2 越大，$y = f(x)$ 曲线越低平，当 σ^2 越小 $y = f(x)$ 曲线越陡峭(参见图 2-9)；

(5) 曲线 $y = f(x)$ 以 x 轴为渐近线.

从 $f(x)$ 的表达式不难看出，如仅改变 μ 而 σ 不变时，则曲线将沿 x 轴平移，而曲线的形状不变；而当仅改变 σ 而不改变 μ 时，则曲线中心轴位置不变，但曲线形状要改变，如图 2-8 和图 2-9 所示.

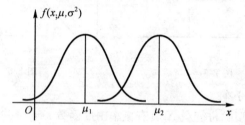

图 2-8

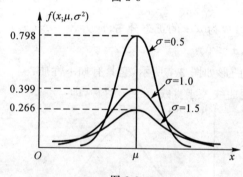

图 2-9

设 $X \sim N(\mu, \sigma^2)$，则其分布函数为

$$F(x) = \int_{-\infty}^{x} \frac{1}{\sqrt{2\pi}\sigma} e^{-\frac{(t-\mu)^2}{2\sigma^2}} \mathrm{d}t, \tag{2.24}$$

特别,当 $\mu = 0, \sigma = 1$ 时,我们称 X 服从**标准正态分布**也称 X 为**标准正态变量**,记为 $X \sim N(0,1)$. 其概率密度用 $\varphi(x)$ 表示,分布函数用 $\Phi(x)$ 表示,即有

$$\varphi(x) = \frac{1}{\sqrt{2\pi}} \mathrm{e}^{-\frac{x^2}{2}}, \qquad -\infty < x < +\infty. \qquad (2.25)$$

$$\Phi(x) = \int_{-\infty}^{x} \frac{1}{\sqrt{2\pi}} \mathrm{e}^{-\frac{t^2}{2}} \mathrm{d}t, \qquad -\infty < x < +\infty. \qquad (2.26)$$

$\varphi(x), \Phi(x)$ 的图形如图 2-10 和图 2-11 所示,$\varphi(x)$ 的图形关于 Oy 轴对称,因此,对于任意实数 x,必有

$$\varphi(x) = \varphi(-x), \qquad (2.27)$$
$$\Phi(x) + \Phi(-x) = 1,$$
$$\Phi(-x) = 1 - \Phi(x). \qquad (2.28)$$

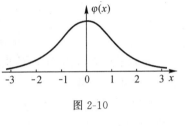

图 2-10

关系式 (2.28) 将给计算带来很大的方便. 人们已经编制了 $\Phi(x)$ 的数值表,可供查用(见书末附表一). 表中仅给出了 $x \geqslant 0$ 时 $\Phi(x)$ 的数值,而当 $x < 0$ 时,$\Phi(x)$ 的数值可利用 (2.28) 式计算.

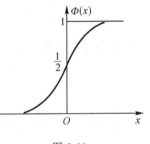

图 2-11

下面将说明对于一般的正态变量,$X \sim N(\mu, \sigma^2)$,其分布函数可以通过标准正态变量的分布函数 $\Phi(x)$ 来计算.

事实上,设 $X \sim N(\mu, \sigma^2)$,其分布函数为 $F_X(x)$,则我们有

$$F_X(x) = \Phi\left(\frac{x-\mu}{\sigma}\right), \qquad x \in \mathbf{R}. \qquad (2.29)$$

证 $F_X(x) = P(X \leqslant x) = \int_{-\infty}^{x} \frac{1}{\sqrt{2\pi}\sigma} \mathrm{e}^{-\frac{(t-\mu)^2}{2\sigma^2}} \mathrm{d}t$

$$= \int_{-\infty}^{\frac{x-\mu}{\sigma}} \frac{1}{\sqrt{2\pi}\sigma} \mathrm{e}^{-\frac{z^2}{2}} \cdot \sigma \mathrm{d}z$$

$$= \int_{-\infty}^{\frac{x-\mu}{\sigma}} \frac{1}{\sqrt{2\pi}} e^{-\frac{z^2}{2}} dz = \Phi\left(\frac{x-\mu}{\sigma}\right).$$

一般,若 $X \sim N(\mu, \sigma^2)$,则对于任意实数 $a, b(a \leqslant b)$,有

$$P(a \leqslant X \leqslant b) = \Phi\left(\frac{b-\mu}{\sigma}\right) - \Phi\left(\frac{a-\mu}{\sigma}\right). \qquad (2.30)$$

例如 $X \sim N(1, 4)$,则

$$P(5 < X \leqslant 7.2) = \Phi\left(\frac{7.2-1}{2}\right) - \Phi\left(\frac{5-1}{2}\right)$$
$$= \Phi(3.1) - \Phi(2) = 0.9990 - 0.9772$$
$$= 0.0218.$$

为便于今后应用,下面给出标准正态分布的分位数的定义.

设 $X \sim N(0, 1)$,$0 < p < 1$,若实数 u_p 满足条件

$$P(X < u_p) = p, \qquad (2.31)$$

则称点 u_p 为标准正态分布的与下侧

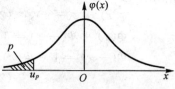

图 2-12

概率 p 对应的分位数.易知 $\Phi(u_p) = p$,如图 2-12 所示.

例 3 设某商店出售的白糖每包的标准重量是 500 克,每包的重量 X(以克计)是随机变量,服从正态分布,即 $X \sim N(500, 25)$,求:

(1)随机抽查一包,其重量大于 510 克的概率;

(2)随机抽查一包,其重量与标准重量之差的绝对值在 8 克以内的概率;

(3)求常数 C,使每包的重量小于 C 的概率为 0.05.

解 (1)所求概率为

$$P(X > 510) = 1 - P(X \leqslant 510) = 1 - \Phi\left(\frac{510-500}{5}\right)$$
$$= 1 - \Phi(2) = 1 - 0.9772 = 0.0228.$$

(2)所求概率为

$$P(|X - 500| < 8) = P(492 < X < 508)$$

$$= \Phi\left(\frac{508 - 500}{5}\right) - \Phi\left(\frac{492 - 500}{5}\right)$$

$$= \Phi(1.6) - \Phi(-1.6)$$

$$= \Phi(1.6) - [1 - \Phi(1.6)] = 2\Phi(1.6) - 1$$

$$= 2 \times 0.9452 - 1 = 0.8904.$$

（3）按题意，求常数 C，使之满足

$$P(X < C) = 0.05, \quad 即 \quad \Phi\left(\frac{C - 500}{5}\right) = 0.05,$$

即 $\qquad 1 - \Phi\left(\frac{C - 500}{5}\right) = 0.95.$

即得 $\qquad \Phi\left(-\frac{C - 500}{5}\right) = 0.95,$

查表得 $\qquad -\frac{C - 500}{5} = 1.645, \quad 解之 \quad C = 491.775.$

例 4 设某地区成年男子的体重 X（公斤）服从正态分布 $N(\mu,$ $\sigma^2)$，已知 $P(X \leqslant 65) = \frac{1}{2}$，$P(X < 60) = \frac{1}{4}$。（1）求 μ, σ^2；（2）从该地区任抽一名男子，其体重在 70 公斤到 75 公斤之间的概率为多少？

解 （1）由 $P(X \leqslant 65) = \frac{1}{2}$，得 $\Phi\left(\frac{65 - \mu}{\sigma}\right) = \frac{1}{2}$，从而 $\frac{65 - \mu}{\sigma}$ $= 0$，即得 $\mu = 65$。

再由 $P(X < 60) = \frac{1}{4}$，得 $\Phi\left(\frac{60 - \mu}{\sigma}\right) = \frac{1}{4}$，即 $1 - \Phi\left(\frac{60 - \mu}{\sigma}\right) =$ 0.75，亦即 $\Phi\left(-\frac{60 - \mu}{\sigma}\right) = 0.75$，查表得 $-\frac{60 - \mu}{\sigma} = 0.675$，于是得 $\sigma = 7.4074$。

综合，解得 $\quad \mu = 65, \sigma = 7.4074$。

（2） $P(70 < X < 75) = \Phi\left(\frac{75 - 65}{7.4074}\right) - \Phi\left(\frac{70 - 65}{7.4074}\right)$

$$= \Phi(1.35) - \Phi(0.675) = 0.9115 - 0.7501 = 0.1614.$$

下面给出正态随机变量的三个重要数据。

设 $X \sim N(\mu, \sigma^2)$，则

$$P(|X - \mu| < \sigma) = 2\Phi(1) - 1 = 0.6826,$$

$$P(|X - \mu| < 2\sigma) = 2\Phi(2) - 1 = 0.9544,$$

$$P(|X - \mu| < 3\sigma) = 2\Phi(3) - 1 = 0.9974, \tag{2.32}$$

如图 2-13 所示.

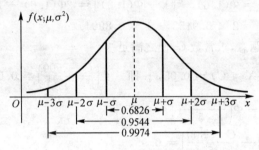

图 2-13

上面第三个数据, $P(\mu - 3\sigma < X < \mu + 3\sigma) = 0.9974$, 表示对正态随机变量而言, 其取值落在以 μ 为中心, 3 倍 σ 为半径的区间内的概率高达 0.9974, 因此, 对一次试验而言, 它是几乎总会发生的, 这就是所谓"3σ"规则.

正态分布是概率论中最重要的一种分布. 在自然现象和社会现象中, 大量随机变量都服从或近似服从正态分布, 因而它是自然界中最常见的分布. 例如测量的误差; 人的生理特征: 身长、体重等等; 海洋波浪的高度; 电子管或半导体器件中热噪声电流或电压等都近似服从正态分布. 一般说来, 若影响某一数量指标的随机因素很多, 而每个因素的随机影响所起的作用都不太大, 则这个指标近似服从正态分布; 另一方面, 正态分布又有许多良好的性质, 许多分布可用正态分布来近似, 并且某些分布又可从正态分布来导出. 因此无论在实际应用中, 还是在理论研究中, 正态分布都起到特别重要的作用.

3. 指数分布

设连续型随机变量 X 具有概率密度

$$f(x) = \begin{cases} \dfrac{1}{\theta} \mathrm{e}^{-\frac{x}{\theta}}, & x > 0, \\ 0, & x \leqslant 0, \end{cases} \tag{2.33}$$

则称 X 服从参数为 θ 的**指数分布**,其分布函数为

$$F(x) = P(X \leqslant x) = \int_{-\infty}^{x} f(t)\mathrm{d}t = \begin{cases} 1 - \mathrm{e}^{-\frac{x}{\theta}}, & x > 0, \\ 0, & x \leqslant 0. \end{cases}$$

(2.34)

指数分布在实际问题中有许多重要应用,如某种无线电元件的寿命,随机服务系统中的服务时间等都常服从或近似服从指数分布.

例 5 设某元件的寿命 X 服从参数为 θ 的指数分布.试证:已知元件的寿命大于 s 的条件下,元件的寿命大于 $s+t,(t>0)$ 的条件概率与 s 无关.

证 按题意,即求证:

对任意 $s>0,t>0$,条件概率 $P(X>s+t|X>s)$ 与 s 无关.

事实上

$$P(X>s+t\,|\,X>s) = \frac{P(X>s+t)}{P(X>s)}$$

$$= \frac{\int_{s+t}^{+\infty} \frac{1}{\theta}\mathrm{e}^{-\frac{x}{\theta}}\mathrm{d}x}{\int_{s}^{+\infty} \frac{1}{\theta}\mathrm{e}^{-\frac{x}{\theta}}\mathrm{d}x} = \frac{\mathrm{e}^{-\frac{s+t}{\theta}}}{\mathrm{e}^{-\frac{s}{\theta}}} = \mathrm{e}^{-\frac{t}{\theta}}, \quad t>0,$$

即得

$$P(X>s+t\,|\,X>s) = P(X>t).$$

(2.35)

指数分布的这一性质被戏称为指数分布是"永远年青"的.

例 6 设某电话交换台等候第一个呼叫来到的时间 X(以分计)是随机变量,服从参数为 θ 的指数分布,X 的概率密度为

$$f(x) = \begin{cases} \frac{1}{\theta}\mathrm{e}^{-\frac{x}{\theta}}, & x > 0, \\ 0, & x \leqslant 0. \end{cases}$$

设已知第一个呼叫在 5 分钟到 10 分钟之间来到的概率是 $\frac{1}{4}$,试求第一个呼叫在 20 分钟以后来到的概率.

解 由题意可得等式:

$$P(5 < X < 10) = \frac{1}{4},$$

即 $$\int_5^{10} \frac{1}{\theta} e^{-\frac{x}{\theta}} dx = \frac{1}{4},$$

从而得 $$e^{-\frac{5}{\theta}} - e^{-\frac{10}{\theta}} = \frac{1}{4},$$

即 $$e^{-\frac{5}{\theta}} (1 - e^{-\frac{5}{\theta}}) = \frac{1}{4},$$

解之, $$e^{-\frac{5}{\theta}} = \frac{1}{2}.$$

于是,第一个呼叫在 20 分钟以后才来到的概率为

$$P(X > 20) = \int_{20}^{+\infty} \frac{1}{\theta} e^{-\frac{x}{\theta}} dx$$

$$= e^{-\frac{20}{\theta}} = (e^{-\frac{5}{\theta}})^4 = \left(\frac{1}{2}\right)^4 = \frac{1}{16}.$$

2.5 随机变量的函数的分布

在许多实际问题中,我们有时将感兴趣于某随机变量的函数. 例如 某物体的运动速度是随机变量 V,那么该物体的动能 $\frac{1}{2}mV^2$ 就是随机变量 V 的函数(其中 m 为物体的质量). 在这一节中,我们将讨论如何由随机变量 X 的分布,去求得它的函数 $Y = g(X)$ 的分布(其中 $g(\cdot)$ 是已知的连续函数).

例 1 设离散型随机变量 X 具有如下的概率分布律,求 $Y = (X - 3)^2 + 1$ 的分布律.

X	1	3	5	7
p_k	0.5	0.1	0.15	0.25

解 Y 的所有可能取值为 $1, 5, 17$,且
$$P(Y = 1) = P(X = 3) = 0.1,$$
$$P(Y = 5) = P(X = 1) + P(X = 5) = 0.5 + 0.15$$
$$= 0.65,$$

$$P(Y = 17) = P(X = 7) = 0.25.$$

即得 Y 的分布律为

Y	1	5	17
p_k	0.1	0.65	0.25

例 2 设随机变量 X 具有概率密度

$$f_X(x) = \begin{cases} 2x, & 0 < x < 1, \\ 0, & \text{其他.} \end{cases}$$

试求 $Y = 3X + 5$ 的概率密度.

解 先求 Y 的分布函数 $F_Y(y)$.

$$F_Y(y) = P(Y \leqslant y) = P(3X + 5 \leqslant y)$$

$$= P(X \leqslant \frac{y - 5}{3}) = \int_{-\infty}^{\frac{y-5}{3}} f_X(x) \mathrm{d}x,$$

于是,可得 $Y = 3X + 5$ 的概率密度为:

$$f_Y(y) = F_Y'(y) = f_X\left(\frac{y - 5}{3}\right) \cdot \left(\frac{y - 5}{3}\right)' = \frac{1}{3} f_X\left(\frac{y - 5}{3}\right)$$

$$= \begin{cases} \frac{1}{3} \times 2 \times \frac{y - 5}{3}, & 0 < \frac{y - 5}{3} < 1, \\ 0, & \text{其他,} \end{cases}$$

即得 $$f_Y(y) = \begin{cases} \frac{2}{9}(y - 5), & 5 < y < 8, \\ 0, & \text{其他.} \end{cases}$$

例 3 设随机变量 X 具有概率密度 $f_X(x)$,求 $Y = X^2$ 的概率密度.

解 先求 Y 的分布函数 $F_Y(y)$.

因 $Y = X^2 \geqslant 0$,故当 $y \leqslant 0$ 时,$F_Y(y) = 0$;当 $y > 0$ 时,

$$F_Y(y) = P(Y \leqslant y) = P(X^2 \leqslant y)$$

$$= P(-\sqrt{y} \leqslant X \leqslant \sqrt{y})$$

$$= \int_{-\sqrt{y}}^{\sqrt{y}} f_X(x) \mathrm{d}x,$$

于是得 Y 的概率密度

$$f_Y(y) = \begin{cases} [f_X(\sqrt{y}) + f_X(-\sqrt{y})] \cdot \dfrac{1}{2\sqrt{y}}, & y > 0, \\ 0, & y \leqslant 0, \end{cases}$$

$$= \begin{cases} \dfrac{1}{2\sqrt{y}} [f_X(\sqrt{y}) + f_X(-\sqrt{y})], & y > 0, \\ 0, & y \leqslant 0. \end{cases}$$

$$(2.36)$$

例如,设 $X \sim N(0,1)$,其概率密度为

$$f_X(x) = \varphi(x) = \frac{1}{\sqrt{2\pi}} \mathrm{e}^{-\frac{x^2}{2}}, \quad -\infty < x < +\infty,$$

则 $Y = X^2$ 的概率密度为

$$f_Y(y) = \begin{cases} \dfrac{1}{2\sqrt{y}} \left[\dfrac{1}{\sqrt{2\pi}} \mathrm{e}^{-\frac{(\sqrt{y})^2}{2}} + \dfrac{1}{\sqrt{2\pi}} \mathrm{e}^{-\frac{(-\sqrt{y})^2}{2}} \right], & y > 0, \\ 0, & y \leqslant 0, \end{cases}$$

$$= \begin{cases} \dfrac{1}{\sqrt{2\pi}} y^{-\frac{1}{2}} \mathrm{e}^{-\frac{y}{2}}, & y > 0, \\ 0, & y \leqslant 0. \end{cases}$$

$$(2.37)$$

我们称 Y 服从自由度为 1 的 χ^2 分布,记为 $Y \sim \chi^2(1)$.

上述例 2、例 3 的具体做法具有普遍性. 一般来说,我们可以通过上述方法求出连续型随机变量的函数的分布函数及概率密度.

下面我们仅就 $Y = g(X)$,其中 $g(\cdot)$ 是严格单调函数的简单情况,给出求 $Y = g(X)$ 的概率密度的公式. 我们给出如下的定理.

定理 2.1 设 X 是连续型随机变量,具有概率密度 $f(x)$. 设 $y = g(x)$ 是 x 的严格单调函数,且反函数 $x = h(y)$ 具有连续的导函数.

当 $g(x)$ 严格增加时,记 $\alpha = g(-\infty), \beta = g(+\infty)$;

当 $g(x)$ 严格减少时,记 $\alpha = g(+\infty), \beta = g(-\infty)$,

则 $Y = g(X)$ 亦是连续型随机变量,且 Y 的概率密度为:

$$f_Y(y) = \begin{cases} f_X(h(y)) \cdot |h'(y)|, & \alpha < y < \beta, \\ 0, & \text{其他.} \end{cases}$$

$$(2.38)$$

（证略）

特别,若 $f(x)$ 仅在区间 (a,b) 上取非零值,而在区间 (a,b) 外全为 0,那么

当 $g(x)$ 严格单调增加时,有

$$f_Y(y) = \begin{cases} f_X(h(y)) \cdot |h'(y)|, & g(a) < y < g(b), \\ 0, & \text{其他;} \end{cases}$$

$$(2.39)$$

当 $g(x)$ 严格单调下降时,有

$$f_Y(y) = \begin{cases} f_X(h(y)) \cdot |h'(y)|, & g(b) < y < g(a), \\ 0, & \text{其他.} \end{cases}$$

$$(2.40)$$

例 4 设随机变量 X 具有概率密度函数为 $f_X(x)$,求 $Y = X^3$ 的概率密度.

解 函数 $y = x^3$ 是 x 的严格单调增加函数,反函数 $x = h(y) = y^{\frac{1}{3}}$ 有连续的导函数,$h'(y) = \frac{1}{3}y^{-\frac{2}{3}}$,于是,$Y = X^3$ 的概率密度为:

$$f_Y(y) = f_X(y^{\frac{1}{3}}) \cdot \left| \frac{1}{3}y^{-\frac{2}{3}} \right| = \frac{1}{3}f_X(y^{\frac{1}{3}}) \cdot y^{-\frac{2}{3}}, \quad y \neq 0.$$

例 5 设随机变量 X 服从正态分布,$X \sim N(\mu, \sigma^2)$,则可证 X 的线性函数 $Y = aX + b$ (a,b 为常数,且 $a \neq 0$)亦服从正态分布.

证 $X \sim N(\mu, \sigma^2)$,故 X 的概率密度为

$$f_X(x) = \frac{1}{\sqrt{2\pi}\sigma} e^{-\frac{(x-\mu)^2}{2\sigma^2}}, \quad -\infty < x < +\infty.$$

函数 $y = g(x) = ax + b$ 之反函数:$x = h(y) = \dfrac{y-b}{a}$,$|h'(y)| = \dfrac{1}{|a|}$.

由定理 2.1,即得 Y 的概率密度为:

$$f_Y(y) = f_X\left(\frac{y-b}{a}\right) \cdot \frac{1}{|a|} = \frac{1}{\sqrt{2\pi}\sigma}e^{-\frac{\left(\frac{y-b}{a}-\mu\right)^2}{2\sigma^2}} \cdot \frac{1}{|a|}$$

$$= \frac{1}{\sqrt{2\pi}|a|\sigma}e^{-\frac{[y-(a\mu+b)]^2}{2a^2\sigma^2}}, \quad -\infty < y < +\infty.$$

即证得 Y 亦为正态变量，$Y \sim N(a\mu+b, a^2\sigma^2)$.

习　题　2

1. 从编号为 $1,2,3,\cdots,9$ 的 9 个球中任取 3 个球,试求所取 3 个球的编号数依大小排列位于中间的编号数 X 的概率分布律.

2. 甲、乙、丙 3 人进行独立射击,每人的命中率依次为 $0.3, 0.4, 0.6$,设每人射击一次,试求 3 人命中总数之概率分布律.

3. 从一副扑克牌(52 张)中任取 13 张,试求"A"张数的概率分布律.

4. 设一出租车开往目的地要途径 10 个红绿灯,每个红绿灯独立地以 0.3 的概率令它停车,试求:

   (1)首次停车时顺利通过的红绿灯的个数的概率分布律.

   (2)在到达目的地之前恰好停车 4 次的概率.

5. 某汽车从起点驶出时有 30 名乘客,设沿途共有 4 个停靠站,且该车只下不上.每个乘客在每个站下车的概率相等,并且相互独立,试求:

   (1)全在终点站(即第 4 个停靠站)下车的概率;

   (2)至少有 2 个乘客在终点站下车的概率;

   (3)该车驶过 2 个停靠站后乘客人数降为 15 的概率;

   *(4)至少有 1 个站无人下车的概率.

6. 设对某批产品的验收方案为:从该批产品中随机地抽查 5 件产品,若次品数小于等于 1,则该批产品通过验收,否则不予通过.若某批产品的次品率为 0.05,试求该批产品通过验收的概率.

7. 某份试卷有 10 道选择题,每题共有 A,B,C,D 四个答案供选择,其中只有一个答案是正确的.设某人对每道题均随机地选择答案,试求该生 10 道题中恰好答对 6 道的概率是多少?

8. 设某次考试试题个数是随机的,其可能取值为 2,3,4,相应的概率分别为 α_1, $\alpha_2, \alpha_3 (\alpha_i > 0, \alpha_1 + \alpha_2 + \alpha_3 = 1)$.规定凡答对的题的个数多于总题数的一半,则通过该次考试.设某人答对每道题的概率均为 p,且诸题之间答对与否相互独立.

(1)试求他通过该次考试的概率.

(2)已知他已通过考试,试求该次考试恰有 3 道试题的概率.

9. 设甲、乙两人进行投篮比赛,甲的命中率为 0.6,乙的命中率为 0.7,规定每人投篮两次,谁投进的球数多谁就为优胜者,若投进的球数同样多,则每人再加投一次以决胜负,如仍为同样则为平局.试求:甲获胜,乙获胜,平局的概率各为多少?

10. 设某汽车站在某一时间区间内的候车人数服从参数为 5 的泊松分布,试求:

(1)候车人数不多于 2 人的概率;

(2)候车人数多于 10 人的概率.

11. 某一纺纱机在任一间隔为 t(单位:分)的时间区间内出现断头的次数 X 服从参数为 λt 的泊松分布,λ 为已知数.试求:

(1)首次断头在 10 分钟以后出现的概率;

(2)在 10 分钟内出现奇数次断头的概率;

(3)两次断头之间的间隔时间 Y(单位:分)的概率分布函数及概率密度.

12. 设随机变量 X 具有分布函数

$$F(x) = \begin{cases} 0, & x < 0, \\ x^3, & 0 \leqslant x < 1, \\ 1, & x \geqslant 1. \end{cases}$$

试求:$P(X \leqslant -3)$,$P\left(X \leqslant \dfrac{1}{2}\right)$,$P\left(\dfrac{1}{3} < X \leqslant \dfrac{1}{2}\right)$,$P\left(X > \dfrac{1}{2} \,\middle|\, X \leqslant \dfrac{2}{3}\right)$.

13. 设随机变量 X 具有分布律为:

X	1	2	3	4
p_k	0.3	0.2	0.4	0.1

求 X 的分布函数.

14. 设随机变量 X 具有分布函数

$$F(x) = \begin{cases} 0, & x < 2, \\ \dfrac{1}{8}(x-2)^3, & 2 \leqslant x < 4, \\ 1, & x \geqslant 4. \end{cases}$$

求 X 的概率密度.

15. 设随机变量 X 具有概率密度

$$f(x)=\begin{cases} Ax(1-x^2), & 0<x<1, \\ 0, & \text{其他.} \end{cases}$$

(1)求常数 A；

(2)求 X 的分布函数；

(3)求 X 的取值落在区间 $\left[\dfrac{1}{3},\dfrac{1}{2}\right]$ 内的概率.

16. 设随机变量 X 在 $[0,2]\cup[3,5]$ 上服从均匀分布,求 X 的分布函数.

17. 设随机变量 X 具有概率密度

$$f(x)=\begin{cases} Ax^2, & 0<x<2, \\ A(4-x), & 2\leqslant x<4, \\ 0, & \text{其他.} \end{cases}$$

(1)求常数 A；

(2)求 X 的分布函数；

(3)求 $P(1<X<3)$；

(4)求条件概率 $P(X>1|X<3)$.

18. 设随机变量 $X\sim N(5,4)$,试求：

$P(X>5),P(3<X<6),P(3<X<7),P(|X|>1)$ 以及常数 C 的范围,使 $P(|X-5|<C)\geqslant 0.99$.

19. 一工厂生产的电子管的寿命 X(以小时计)服从参数为 $\mu=160,\sigma(\sigma>0)$ 的正态分布,若要求 $P(120<X<200)\geqslant 0.80$,允许 σ 最大为多少？

20. 设某批鸡蛋每只的重量 X(以克计)服从正态分布,$X\sim N(50,25)$.

(1)求从该批鸡蛋中任抽一只,其重量不足 45 克的概率；

(2)从该批鸡蛋中任取一只,其重量介于 40 克到 60 克之间的概率；

(3)若从该批鸡蛋中任取 5 只,试求恰有 2 只鸡蛋不足 45 克的概率；

(4)从该批鸡蛋中任取一只其重量超过 60 克的概率；

(5)求最小的 n,使从中任选 n 只鸡蛋,其中至少有一只鸡蛋的重量超过 60 克的概率大于 0.99.

21. 某元件的寿命 X(以小时计)服从指数分布,概率密度为

$$f(x)=\begin{cases} \dfrac{1}{\theta}\mathrm{e}^{-\frac{x}{\theta}}, & x>0, \\ 0, & x\leqslant 0. \end{cases}$$

设对于该种元件,在已知寿命小于 2000 小时的条件下寿命小于 1000 小时

的概率为 $\dfrac{2}{3}$，试求该元件寿命大于 3000 小时的概率.

22. 设随机变量 K 在 $[0,10]$ 内均匀分布,试求二次方程

$$4x^2+4Kx+(8K-15)=0$$

有实根的概率.

23. 设随机变量 X 具有概率分布律：

X	-3	-2	-1	0	1	2	3	4	5
p_k	0.08	0.02	0.03	0.17	0.15	0.05	0.20	0.16	0.14

试求 $Y=X^2$ 的概率分布律.

24. 设某种产品的某项指标要求为 50,厂方规定凡完成一件该种产品则给予酬金 100 元,但若该指标不符合要求则要扣款,扣款金额为绝对误差的平方(元),设某人加工的产品,该指标 X 为随机变量,服从 $N(50,16)$ 分布.

(1)试求该人完成一件该种产品实得酬金 Y 的概率分布函数 $F_Y(y)$;

(2)试求该人完成一件该种产品后实得酬金为负值的概率.

25. 设随机变量 X 服从 $[0,1]$ 上均匀分布.

(1)求 $Y=e^X$ 的概率密度;

(2)求 $Z=-2\ln X$ 的概率密度.

26. 设某正方体的边长 X 在 $[a,b]$ 上均匀分布,试求：

(1)正方体表面积 Y 的概率密度函数;

(2)正方体体积 Z 的概率密度函数.

27. 设 $X\sim N(\mu,\sigma^2)$,称 $Y=e^X$ 所服从的分布为对数正态分布,试求 Y 的概率密度函数.

28. 设有两种鸡蛋混放在一起,其中甲种鸡蛋单只的重量(单位:克)服从 $N(50,25)$ 分布;乙种鸡蛋单只的重量(单位:克)服从 $N(45,16)$ 分布,设甲种蛋占总只数的 70%.

(1)今从该批鸡蛋中任选一只,试求其重量超过 55 克的概率;

(2)若已知所抽出的鸡蛋超过 55 克,问它是甲种蛋的概率是多少?

29. 设 $X\sim U(-1,1)$,求 $Y=X^2$ 的概率密度函数.

第 3 章

多维随机变量及其分布

3.1 二维随机变量

在许多实际问题中,需要我们同时考虑两个或多于两个的随机变量. 例如,为研究某一地区儿童的发育情况,对这一地区的儿童进行抽样调查,对每个抽查到的儿童同时观察其身高与体重;又如对工厂生产的某种零件,我们要同时观察其长度及直径;对每天的天气情况,我们要同时观察其最高温度及最低温度;对于炮弹的弹着点我们要同时观察它的纵坐标及横坐标,等等,以上各例中相应的两个变量都是定义在同一个样本空间上的随机变量.

一般,设 E 是一个随机试验,它的样本空间 $S=\{e\}$,$X=X(e)$,$Y=Y(e)$ 是定义在 S 上的两个随机变量,由这两者构成的向量 (X,Y) 称之为定义在 S 上的**二维随机向量**或**二维随机变量**.

二维随机向量 (X,Y) 的性质不仅仅与 X,Y 个别的性质有关,还依赖于两个随机变量的相互关系,因而我们要将 (X,Y) 作为一个整体来研究.

首先,类似一维的情况,我们定义二维随机变量的分布函数.

定义 3.1 设 (X,Y) 是二维随机变量,二元实值函数

$$F(x,y)=P(\{X\leqslant x\}\bigcap\{Y\leqslant y\})$$

$$\triangleq P(X\leqslant x,Y\leqslant y),\quad x\in \mathbf{R},y\in \mathbf{R} \qquad (3.1)$$

称为二维随机变量 (X,Y) 的**分布函数**,或称为 X 和 Y 的**联合分布函**

数.

若将二维随机变量(X,Y)看成平面上随机点的坐标,则分布函数$F(x,y)$在(x,y)处的函数值就是随机点(X,Y)落在如图3-1所示的,以点(x,y)为顶点位于左下方的无穷矩形域内的概率.

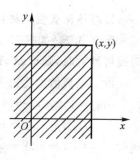

图 3-1

X和Y的联合分布函数$F(x,y)$有如下性质:

(1)$0 \leqslant F(x,y) \leqslant 1$,
$$-\infty < x < +\infty, \quad -\infty < y < +\infty; \tag{3.2}$$

(2)$F(x,y)$是x的非降函数,亦是y的非降函数;

(3)$F(x,-\infty) \triangleq \lim\limits_{y \to -\infty} F(x,y) = 0, \quad x \in (-\infty,+\infty)$;

$F(-\infty,y) \triangleq \lim\limits_{x \to -\infty} F(x,y) = 0, \quad y \in (-\infty,+\infty)$;

$F(+\infty,+\infty) \triangleq \lim\limits_{\substack{x \to +\infty \\ y \to +\infty}} F(x,y) = 1$;

$$F(-\infty,-\infty) \triangleq \lim\limits_{\substack{x \to -\infty \\ y \to -\infty}} F(x,y) = 0; \tag{3.3}$$

(4)$F(x+0,y) = F(x,y)$,$F(x,y+0) = F(x,y)$, $\qquad$ (3.4)

即$F(x,y)$是每个变量的右连续函数;((2),(3),(4)证略)

(5)对于任意实数$x_1, x_2, y_1, y_2 (x_1 \leqslant x_2, y_1 \leqslant y_2)$,下述不等式成立:
$$F(x_2,y_2) - F(x_1,y_2) - F(x_2,y_1) + F(x_1,y_1) \geqslant 0. \tag{3.5}$$

证 考虑二维随机变量(X,Y)的取值落在如图3-2所示的阴影区域的事件的概率

$$P(x_1 < X \leqslant x_2, y_1 < Y \leqslant y_2) \geqslant 0$$

即可证得.

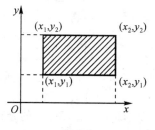

图 3-2

下面研究二维离散型随机变量及二维连续型随机变量.

1. 二维离散型随机变量

定义 3.2 如果二维随机变量 (X,Y) 的所有可能取值只有有限对或可列对时,则称 (X,Y) 为**二维离散型随机变量**.

设二维离散型随机变量 (X,Y) 的所有可能取值为 $(x_i,y_j)(i=1,2,3,\cdots;j=1,2,3,\cdots)$,且

$$P(X=x_i,Y=y_j)=p_{ij}, \quad i,j=1,2,3,\cdots,$$

则称 $\quad P(X=x_i,Y=y_j)=p_{ij}, \quad i,j=1,2,3,\cdots$

为二维随机变量 (X,Y) 的**分布律**,或称为 X 与 Y 的**联合分布律**.

易知,此分布律中诸 $p_{ij}(i,j=1,2,3,\cdots)$ 必须满足:

$$p_{ij} \geqslant 0, \quad i,j=1,2,3,\cdots, \tag{3.6}$$

$$\sum_{i=1}^{+\infty} \sum_{j=1}^{+\infty} p_{ij} = 1. \tag{3.7}$$

此分布律亦可用表格的形式表示为:

X \ Y	y_1	y_2	$\cdots$	y_j	$\cdots$
x_1	p_{11}	p_{12}	$\cdots$	p_{1j}	$\cdots$
x_2	p_{21}	p_{22}	$\cdots$	p_{2j}	$\cdots$
$\vdots$	$\vdots$	$\vdots$		$\vdots$	
x_i	p_{i1}	p_{i2}	$\cdots$	p_{ij}	$\cdots$
$\vdots$	$\vdots$	$\vdots$		$\vdots$	

$$\tag{3.8}$$

例 1 设袋中有 $a+b$ 个球,其中 a 只红球,b 只白球. 今从中任取一球,观察其颜色后将球放回袋中,并再加入与所取的球同样颜色的球 c 只,然后再从袋中任取一球,设

$$X=\begin{cases}1, & \text{第一次所取球为红球;} \\ 0, & \text{第一次所取球为白球.}\end{cases}$$

$$Y=\begin{cases}1, & \text{第二次所取球为红球;} \\ 0, & \text{第二次所取球为白球.}\end{cases}$$

求二维随机向量 (X,Y) 的分布律.

解 X 的可能取值为 $0,1$,Y 的可能取值也仅为 $0,1$,利用乘法公式有:

$$P(X=1,Y=1)=P(X=1) \cdot P(Y=1|X=1)$$
$$=\frac{a}{a+b} \cdot \frac{a+c}{a+b+c},$$
$$P(X=1,Y=0)=P(X=1) \cdot P(Y=0|X=1)$$
$$=\frac{a}{a+b} \cdot \frac{b}{a+b+c},$$
$$P(X=0,Y=1)=P(X=0) \cdot P(Y=1|X=0)$$
$$=\frac{b}{a+b} \cdot \frac{a}{a+b+c},$$
$$P(X=0,Y=0)=P(X=0) \cdot P(Y=0|X=0)$$
$$=\frac{b}{a+b} \cdot \frac{b+c}{a+b+c},$$

用表格表示即为

X＼Y	1	0
1	$\dfrac{a(a+c)}{(a+b)(a+b+c)}$	$\dfrac{ab}{(a+b)(a+b+c)}$
0	$\dfrac{ab}{(a+b)(a+b+c)}$	$\dfrac{b(b+c)}{(a+b)(a+b+c)}$

例 2 将一颗骰子投掷 3 次,记 X 为第一次、第二次投掷时得到 1 点的次数之差的绝对值,Y 表示第三次投掷时得到 1 点的次数,试求 X 和 Y 的联合分布律.

解 我们以 √ 表示投掷时得到 1 点,✕ 表示投掷时得到的不是 1 点,于是有

样本点	√√√	✕√√	√✕√	√√✕	✕✕√	✕√✕	√✕✕	✕✕✕
概率	$\dfrac{1}{216}$	$\dfrac{5}{216}$	$\dfrac{5}{216}$	$\dfrac{5}{216}$	$\dfrac{25}{216}$	$\dfrac{25}{216}$	$\dfrac{25}{216}$	$\dfrac{125}{216}$
X	0	1	1	0	0	1	1	0
Y	1	1	1	0	1	0	0	0

从而得 X 和 Y 的联合分布律为:

X \ Y	0	1
0	$\frac{130}{216}$	$\frac{26}{216}$
1	$\frac{50}{216}$	$\frac{10}{216}$

*例3 设参加高考的考生考出正常水平的概率为 α,超常发挥的概率为 β,未能考出水平的概率为 $\gamma(\alpha+\beta+\gamma=1)$,且设考生与考生之间水平发挥情况相互独立.今有 100 个考生参加考试,以 X 表示发挥正常水平的考生人数,以 Y 表示超常发挥的考生的人数.试求 (X,Y) 的分布律.

解 $P(X=x,Y=y)=\begin{pmatrix}100\\x\end{pmatrix}\cdot\begin{pmatrix}100-x\\y\end{pmatrix}\cdot\alpha^x\beta^y\gamma^{100-x-y}$

$$=\frac{100!}{x!\ y!\ (100-x-y)!}\alpha^x\beta^y(1-\alpha-\beta)^{100-x-y},$$

$$x=0,1,2,\cdots,100,\ y=0,1,2,\cdots,100-x.$$

此例 (X,Y) 的分布律称为三项分布,更具体的称 (X,Y) 服从参数为 $100,\alpha,\beta$ 的三项分布.

对二维离散型随机变量 (X,Y),其分布函数为

$$F(x,y)=\sum_{\substack{x_i\leqslant x\\y_j\leqslant y}}p_{ij},\quad x\in\mathbf{R},y\in\mathbf{R}. \tag{3.9}$$

(式中 $\sum$ 对那些满足 $x_i\leqslant x,y_j\leqslant y$ 的足标 (i,j) 求和.)

2. 二维连续型随机变量

定义 3.3 设二维随机变量 (X,Y) 的分布函数为 $F(x,y)$,若存在某一非负可积函数 $f(x,y)$,使对任意实数 x,y 均有

$$F(x,y)=\int_{-\infty}^x\int_{-\infty}^y f(u,v)\mathrm{d}u\mathrm{d}v, \tag{3.10}$$

则称 (X,Y) 为**二维连续型随机变量**,且称 $f(x,y)$ 为 (X,Y) 的**概率密度函数**或**概率密度**,或称为 X 和 Y 的**联合概率密度**.

易知,概率密度 $f(x,y)$ 有如下性质:

(1) $f(x,y) \geqslant 0$;　　　　　　　　　　　　　　　　　(3.11)

(2) $\int_{-\infty}^{+\infty}\int_{-\infty}^{+\infty} f(x,y)\mathrm{d}x\mathrm{d}y = 1$;　　　　　　　　　(3.12)

(3) 若 $f(x,y)$ 在 (x_0,y_0) 连续,则

$$\frac{\partial^2 F(x,y)}{\partial x \partial y}\bigg|_{(x_0,y_0)} = f(x_0,y_0);　　　　　　(3.13)$$

(4) 设 G 是平面上的一个区域,则二维连续型随机变量 (X,Y) 落在 G 内的概率是概率密度函数 $f(x,y)$ 在区域 G 上的积分,即

$$P((X,Y) \in G) = \iint\limits_{G} f(x,y)\mathrm{d}x\mathrm{d}y.　　　　(3.14)$$

例 4　设二元随机变量 (X,Y) 的概率密度函数为:

$$f(x,y) = \begin{cases} Kx^2y, & 0 < x < y < 1, \\ 0, & \text{其他.} \end{cases}$$

(1) 确定常数 K;

(2) 求概率 $P(X + Y \leqslant 1)$.

解　(1) 由 $\int_{-\infty}^{+\infty}\int_{-\infty}^{+\infty} f(x,y)\mathrm{d}x\mathrm{d}y = 1$,以及图 3-3 所示,得

$$\int_0^1 \left[\int_0^y Kx^2y\mathrm{d}x\right]\mathrm{d}y = \int_0^1 \frac{K}{3}y \cdot y^3\mathrm{d}y = \frac{K}{15},$$

从而得　　　$K = 15.$

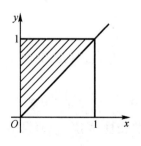

图 3-3

(2) $P(X+Y\leqslant 1) = \iint\limits_{x+y\leqslant 1} f(x,y)\mathrm{d}x\mathrm{d}y = \iint\limits_{\substack{x+y\leqslant 1 \\ 0<x<y<1}} 15x^2y\mathrm{d}x\mathrm{d}y$

$$= \int_0^{\frac{1}{2}} \left(\int_x^{1-x} 15x^2y\mathrm{d}y\right)\mathrm{d}x = \frac{15}{192} = \frac{5}{64}.$$

例 5 设二维随机变量 (X,Y) 具有概率密度

$$f(x,y) = \begin{cases} Cx^2y, & x^2 \leqslant y \leqslant 1, \\ 0, & 其他. \end{cases}$$

(1) 确定常数 C;

(2) 求概率 $P(X>Y)$.

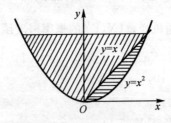

图 3-4

解 (1) 如图 3-4 所示,知 $f(x,y)$ 在图 3-4 的阴影部分 $f(x,y)$ $\geqslant 0$,其他均为 0,故有

$$1 = \int_{-\infty}^{+\infty}\int_{-\infty}^{+\infty} f(x,y)\mathrm{d}x\mathrm{d}y$$

$$= \int_{-1}^{1} \left(\int_{x^2}^{1} Cx^2y\mathrm{d}y\right)\mathrm{d}x = \frac{4}{21}C,$$

解之得 $C = \dfrac{21}{4}.$

(2) $P(X>Y) = \iint\limits_{x>y} f(x,y)\mathrm{d}x\mathrm{d}y$

$$= \int_0^1 \left(\int_{x^2}^{x} \frac{21}{4}x^2y\mathrm{d}y\right)\mathrm{d}x = \frac{3}{20}.$$

例 6 设二维随机变量 (X,Y) 具有概率密度

$$f(x,y) = \begin{cases} 2\mathrm{e}^{-(2x+y)}, & x \geqslant 0, y \geqslant 0, \\ 0, & \text{其他}. \end{cases}$$

求 X 和 Y 的联合分布函数.

解　显然 $x < 0$ 或 $y < 0$ 时，$F(x,y) = 0$；

当 $x \geqslant 0$ 且 $y \geqslant 0$ 时，

$$F(x,y) = \int_0^x \int_0^y 2\mathrm{e}^{-(2x+y)} \mathrm{d}x\mathrm{d}y = (1 - \mathrm{e}^{-2x}) \cdot (1 - \mathrm{e}^{-y}).$$

于是

$$F(x,y) = \begin{cases} (1 - \mathrm{e}^{-2x}) \cdot (1 - \mathrm{e}^{-y}), & x \geqslant 0, y \geqslant 0, \\ 0, & \text{其他}. \end{cases}$$

以上关于二维随机变量的讨论不难推广到 $n(n > 2)$ 维随机变量的情况. 设 E 是一随机试验，$S = \{e\}$ 是其样本空间. 设 $X_1 = X_1(e), X_2 = X_2(e), \cdots, X_n = X_n(e)$ 是定义在 S 上的 n 个随机变量，则称 $(X_1, X_2, \cdots, X_n)$ 是定义在 S 上的 **n 维随机变量**或 **n 维随机向量**. 类似可以定义 n 维随机变量的分布函数，概率分布律或概率密度函数，它们都具有类似于二维时的性质.

3.2　边缘分布

二维随机变量 (X,Y) 作为一个整体，前一节中我们讨论了 X 和 Y 的联合分布，而 X 和 Y 各自都是一维随机变量. 它们也有各自的分布函数，分别记为 $F_X(x)$ 和 $F_Y(y)$. 我们分别称其为二维随机变量 (X,Y) **关于 X 的边缘分布函数**和**关于 Y 的边缘分布函数**，亦简称为 **X 的边缘分布函数**和 **Y 的边缘分布函数**.

下面将看到由 X 和 Y 的联合分布函数可惟一确定边缘分布函数. 事实上

$$F_X(x) = P(X \leqslant x) = P(X \leqslant x, Y < +\infty)$$
$$= F(x, +\infty),$$

以及

$$F_Y(y) = P(Y \leqslant y) = P(X < +\infty, Y \leqslant y)$$

$$= F(+\infty, y).$$

上两式表示,我们只要在联合分布函数 $F(x,y)$ 中,固定 x,令 $y \to +\infty$,就可得到 X 的边缘分布函数;固定 y,令 $x \to +\infty$,就可得到 Y 的边缘分布函数.

设 (X,Y) 是二维离散型随机变量,分布律为:
$$P(X = x_i, Y = y_j) = p_{ij}, \qquad i,j = 1,2,3,\cdots,$$
则

$$P(X = x_i) = \sum_{j=1}^{+\infty} P(X = x_i, Y = y_j)$$
$$= \sum_{j=1}^{+\infty} p_{ij} \triangleq p_{i\cdot}, \quad i = 1,2,3,\cdots. \tag{3.15}$$

$$P(Y = y_j) = \sum_{i=1}^{+\infty} P(X = x_i, Y = y_j)$$
$$= \sum_{i=1}^{+\infty} p_{ij} \triangleq p_{\cdot j}, \quad j = 1,2,3,\cdots. \tag{3.16}$$

显然
$$\sum_{i=1}^{+\infty} p_{i\cdot} = \sum_{i=1}^{+\infty} \sum_{j=1}^{+\infty} p_{ij} = 1, \tag{3.17}$$

$$\sum_{j=1}^{+\infty} p_{\cdot j} = \sum_{j=1}^{+\infty} \sum_{i=1}^{+\infty} p_{ij} = 1. \tag{3.18}$$

我们称
$$P(X = x_i) = p_{i\cdot}, \quad i = 1,2,3,\cdots$$
为 **X 的边缘分布律**.并称
$$P(Y = y_j) = p_{\cdot j}, \quad j = 1,2,3,\cdots$$
为 **Y 的边缘分布律**.

若将 X 和 Y 的联合分布律,$P(X = x_i, Y = y_j) = p_{ij}(i,j = 1, 2,3,\cdots)$,用表格形式表示的话,则 $p_{i\cdot}$ 就是表格上第 i 行元素的和,$p_{\cdot j}$ 就是表格上第 j 列元素的和,我们分别将其记在表格的边上,这也是边缘分布名称的由来(见下表).

X \ Y	y_1	y_2	$\cdots$	y_j	$\cdots$	$P(X = x_i)$
x_1	p_{11}	p_{12}	$\cdots$	p_{1j}	$\cdots$	$p_1.$
x_2	p_{21}	p_{22}	$\cdots$	p_{2j}	$\cdots$	$p_2.$
$\vdots$	$\vdots$	$\vdots$		$\vdots$		$\vdots$
x_i	p_{i1}	p_{i2}	$\cdots$	p_{ij}	$\cdots$	$p_i.$
$\vdots$	$\vdots$	$\vdots$		$\vdots$		$\vdots$
$P(Y = y_j)$	$p._1$	$p._2$	$\cdots$	$p._j$	$\cdots$	1

对于连续型随机变量 (X, Y)，概率密度为 $f(x, y)$，则 X 的边缘分布函数 $F_X(x)$ 为

$$F_X(x) = P(X \leqslant x) = P(X \leqslant x, Y < +\infty)$$

$$= \int_{-\infty}^{x} \int_{-\infty}^{+\infty} f(u, v) \mathrm{d}u \mathrm{d}v$$

$$= \int_{-\infty}^{x} \left[\int_{-\infty}^{+\infty} f(u, v) \mathrm{d}v \right] \mathrm{d}u, \quad x \in \mathbf{R}. \tag{3.19}$$

于是由概率密度的定义，即知 X 亦是连续型随机变量，且 X 的边缘概率密度是

$$f_X(x) = \int_{-\infty}^{+\infty} f(x, y) \mathrm{d}y, \quad x \in \mathbf{R}. \tag{3.20}$$

类似地，Y 也是连续型随机变量，Y 的边缘概率密度是

$$f_Y(y) = \int_{-\infty}^{+\infty} f(x, y) \mathrm{d}x, \quad y \in \mathbf{R}. \tag{3.21}$$

例 1 设 (X, Y) 为二维离散型随机变量，其分布律为：

X \ Y	-1	2	6	7	$P(X = x_i)$
41	$\dfrac{1}{24}$	0	$\dfrac{2}{24}$	$\dfrac{3}{24}$	$\dfrac{6}{24}$
12	0	$\dfrac{1}{24}$	$\dfrac{5}{24}$	0	$\dfrac{6}{24}$
33	$\dfrac{3}{24}$	$\dfrac{2}{24}$	$\dfrac{1}{24}$	$\dfrac{6}{24}$	$\dfrac{12}{24}$
$P(Y = y_j)$	$\dfrac{4}{24}$	$\dfrac{3}{24}$	$\dfrac{8}{24}$	$\dfrac{9}{24}$	1

则我们可得 X 的边缘分布律为：

X	41	12	33
p_k	$\dfrac{1}{4}$	$\dfrac{1}{4}$	$\dfrac{1}{2}$

以及 Y 的边缘分布律为：

Y	-1	2	6	7
p_k	$\dfrac{4}{24}$	$\dfrac{3}{24}$	$\dfrac{8}{24}$	$\dfrac{9}{24}$

例 2　设一袋中有 a 只红球，b 只白球，今从中任意抽取一只，共取两次. 记

$$X = \begin{cases} 1, & \text{第一次所取出的球为红球,} \\ 0, & \text{第一次所取出的球为白球;} \end{cases}$$

$$Y = \begin{cases} 1, & \text{第二次所取出的球为红球,} \\ 0, & \text{第二次所取出的球为白球.} \end{cases}$$

试就有放回与无放回两种情况，求 (X,Y) 的分布律，并求 X,Y 的边缘分布律.

解　(1) 有放回情况. (X,Y) 的分布律和边缘分布律为：

X \\ Y	1	0	$P(X = x_i)$
1	$\dfrac{a^2}{(a+b)^2}$	$\dfrac{ab}{(a+b)^2}$	$\dfrac{a}{a+b}$
0	$\dfrac{ab}{(a+b)^2}$	$\dfrac{b^2}{(a+b)^2}$	$\dfrac{b}{a+b}$
$P(Y = y_j)$	$\dfrac{a}{a+b}$	$\dfrac{b}{a+b}$	1

(2) 无放回情况. X 和 Y 的联合分布律与边缘分布律为：

X \ Y	1	0	$P(X = x_i)$
1	$\dfrac{a}{a+b} \cdot \dfrac{a-1}{a+b-1}$	$\dfrac{a}{a+b} \cdot \dfrac{b}{a+b-1}$	$\dfrac{a}{a+b}$
0	$\dfrac{b}{a+b} \cdot \dfrac{a}{a+b-1}$	$\dfrac{b}{a+b} \cdot \dfrac{b-1}{a+b-1}$	$\dfrac{b}{a+b}$
$P(Y = y_j)$	$\dfrac{a}{a+b}$	$\dfrac{b}{a+b}$	1

比较两表即可看出,在有放回取球与无放回取球两种情况下,它们的联合分布律是不相同的,但它们的边缘分布律却完全相同,此例说明了仅由边缘分布一般不能得到联合分布.

例3 设二维随机变量 (X,Y) 具有概率密度

$$f(x,y) = \begin{cases} 48xy, & 0 < x < 1, x^3 < y < x^2, \\ 0, & \text{其他.} \end{cases}$$

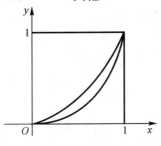

图 3-5

求边缘概率密度 $f_X(x)$ 与 $f_Y(y)$.

解 先求 X 的边缘概率密度 $f_X(x)$,由图 3-5 知,当 $0 < x < 1$ 时,

$$f_X(x) = \int_{-\infty}^{+\infty} f(x,y)\mathrm{d}y = \int_{x^3}^{x^2} 48xy\mathrm{d}y = 24(x^5 - x^7);$$

当 $x \leqslant 0$ 或 $x \geqslant 1$ 时,$f_X(x) = 0$. 故 X 的边缘密度为:

$$f_X(x) = \begin{cases} 24(x^5 - x^7), & 0 < x < 1, \\ 0, & \text{其他.} \end{cases}$$

下面求 Y 的边缘密度 $f_Y(y)$，由图 3-5 知，

当 $0 < y < 1$ 时，

$$f_Y(y) = \int_{-\infty}^{+\infty} f(x,y)\mathrm{d}x = \int_{y^{\frac{1}{2}}}^{y^{\frac{1}{3}}} 48xy\mathrm{d}x = 24(y^{\frac{5}{3}} - y^2);$$

且当 $y \leqslant 0$ 或 $y \geqslant 1$ 时，$f_Y(y) = 0$，故得

$$f_Y(y) = \begin{cases} 24(y^{\frac{5}{3}} - y^2), & 0 < y < 1, \\ 0, & \text{其他.} \end{cases}$$

下面给出二维正态变量的定义.

定义 3.4 设二维随机变量 (X,Y) 具有概率密度：

$$f(x,y) = \frac{1}{2\pi\sigma_1\sigma_2\sqrt{1-\rho^2}} \mathrm{e}^{-\frac{1}{2(1-\rho^2)}\left\{\frac{(x-\mu_1)^2}{\sigma_1^2} - 2\rho\frac{(x-\mu_1)(y-\mu_2)}{\sigma_1\sigma_2} + \frac{(y-\mu_2)^2}{\sigma_2^2}\right\}},$$

$$-\infty < x < +\infty, \quad -\infty < y < +\infty. \tag{3.22}$$

其中，$\mu_1, \mu_2, \sigma_1, \sigma_2, \rho$ 是常数，且 $\sigma_1 > 0, \sigma_2 > 0, |\rho| < 1$，则称二维随机变量 (X,Y) 为具有参数 $\mu_1, \mu_2, \sigma_1, \sigma_2, \rho$ 的**二维正态变量**，记为

$$(X,Y) \sim N(\mu_1, \mu_2, \sigma_1^2, \sigma_2^2, \rho). \tag{3.23}$$

二维正态变量 (X,Y) 的密度函数 $f(x,y)$ 的图形如图 3-6 所示.

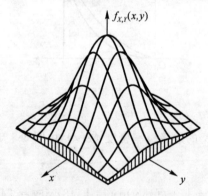

图 3-6

下面首先给出二维正态分布的一个重要性质 —— 二维正态分布其边缘分布也是正态分布. 事实上

$$f_X(x) = \int_{-\infty}^{+\infty} f(x,y)\mathrm{d}y$$

$$= \int_{-\infty}^{+\infty} \frac{1}{2\pi\sigma_1\sigma_2 \sqrt{1-\rho^2}} e^{-\frac{1}{2(1-\rho^2)}\left\{\frac{(x-\mu_1)^2}{\sigma_1^2} - 2\rho\frac{(x-\mu_1)(y-\mu_2)}{\sigma_1\sigma_2} + \frac{(y-\mu_2)^2}{\sigma_2^2}\right\}}\mathrm{d}y,$$

由于

$$\frac{(y-\mu_2)^2}{\sigma_2^2} - 2\rho\frac{(x-\mu_1)(y-\mu_2)}{\sigma_1\sigma_2}$$

$$= \left[\frac{y-\mu_2}{\sigma_2} - \rho\frac{x-\mu_1}{\sigma_1}\right]^2 - \rho^2 \cdot \frac{(x-\mu_1)^2}{\sigma_1^2},$$

于是

$$f_X(x) = \frac{1}{2\pi\sigma_1\sigma_2 \sqrt{1-\rho^2}} e^{-\frac{(x-\mu_1)^2}{2\sigma_1^2}}$$

$$\cdot \int_{-\infty}^{+\infty} e^{-\frac{1}{2(1-\rho^2)}\left[\frac{y-\mu_2}{\sigma_2} - \rho\frac{x-\mu_1}{\sigma_1}\right]^2}\mathrm{d}y,$$

令 $t = \frac{1}{\sqrt{1-\rho^2}}\left[\frac{y-\mu_2}{\sigma_2} - \rho\frac{x-\mu_1}{\sigma_1}\right]$,则

$$f_X(x) = \frac{1}{2\pi\sigma_1} e^{-\frac{(x-\mu_1)^2}{2\sigma_1^2}} \cdot \int_{-\infty}^{+\infty} e^{-\frac{t^2}{2}}\mathrm{d}t = \frac{1}{\sqrt{2\pi}\sigma_1} e^{-\frac{(x-\mu_1)^2}{2\sigma_1^2}},$$

$$-\infty < x < +\infty. \tag{3.24}$$

即知 X 的边缘分布亦是正态分布,且 $X \sim N(\mu_1, \sigma_1^2)$. 同理

$$f_Y(y) = \int_{-\infty}^{+\infty} f(x,y)\mathrm{d}x = \frac{1}{\sqrt{2\pi}\sigma_2} e^{-\frac{(y-\mu_2)^2}{2\sigma_2^2}},$$

$$-\infty < y < +\infty. \tag{3.25}$$

即知 Y 的边缘分布亦是正态分布,且 $Y \sim N(\mu_2, \sigma_2^2)$.

由上述论证我们得出二维正态分布的两个边缘分布都是一维正态分布,且其边缘分布都不依赖于参数 ρ,亦即对于给定的 $\mu_1, \mu_2,$ σ_1^2, σ_2^2,对于不同的 $\rho(|\rho|<1)$,我们可得到不同的二维正态分布,但它们的边缘分布都是一样的. 这一事实也表明了单由 X 和 Y 各自的分布一般不能得到 X 和 Y 的联合分布.

类似地,对于 n 维随机变量 $(X_1, X_2, \cdots, X_n)$,若其分布函数 $F(x_1, x_2, \cdots, x_n)$ 为已知,则 $(X_1, X_2, \cdots, X_n)$ 的 $k(1 \leqslant k < n)$ 维边缘

分布就随之确定. 例如: X_3 的边缘分布函数为:

$$F_{X_3}(x_3) = F(+\infty, +\infty, x_3, +\infty, \cdots, +\infty),$$
$$-\infty < x_3 < +\infty,$$

以及 (X_2, X_3) 的边缘分布函数为:

$$F_{X_2, X_3}(x_2, x_3) = F(+\infty, x_2, x_3, +\infty, \cdots, +\infty),$$
$$-\infty < x_2 < +\infty, \ -\infty < x_3 < +\infty. \tag{3.26}$$

若 n 维随机变量 $(X_1, X_2, \cdots, X_n)$ 为连续型随机变量, 其概率密度为 $f(x_1, x_2, \cdots, x_n)$, 则 X_3 和 (X_2, X_3) 等亦是连续型随机变量, 且 X_3 及 (X_2, X_3) 的边缘概率密度分别为:

$$f_{X_3}(x_3) = \int_{-\infty}^{+\infty} \cdots \int_{-\infty}^{+\infty} f(x_1, x_2, \cdots, x_n) dx_1 dx_2 dx_4 dx_5 \cdots dx_n,$$
$$\tag{3.27}$$

$$f_{X_2, X_3}(x_2, x_3) = \int_{-\infty}^{+\infty} \cdots \int_{-\infty}^{+\infty} f(x_1, x_2, \cdots, x_n) dx_1 dx_4 dx_5 \cdots dx_n.$$
$$\tag{3.28}$$

*3.3   条件分布

在第一章中我们曾研究过条件概率, 本节将引出条件分布的概念.

先考虑 (X, Y) 是二维离散型随机变量的情况. 设 (X, Y) 具有概率分布律:

$$P(X = x_i, Y = y_j) = p_{ij}, \quad i, j = 1, 2, 3, \cdots.$$

由上一节, 我们得 X 和 Y 的边缘分布律分别为:

$$P(X = x_i) = \sum_{j=1}^{+\infty} p_{ij} = p_i., \quad i = 1, 2, 3, \cdots,$$

$$P(Y = y_j) = \sum_{i=1}^{+\infty} p_{ij} = p_{\cdot j}, \quad j = 1, 2, 3, \cdots.$$

若某 $p_i. > 0$, 我们将关心在 $X = x_i$ 的条件下, Y 的条件分布是什么? 即研究在事件 $\{X = x_i\}$ 已发生的条件下, 事件 $\{Y = y_j\}(j = 1, 2, 3, \cdots)$ 发生的条件概率是多少? 由条件概率公式, 可得:

$$P(Y = y_j | X = x_i) = \frac{P(X = x_i, Y = y_j)}{P(X = x_i)} = \frac{p_{ij}}{p_i.}, \quad j = 1, 2, 3, \cdots.$$
$$\tag{3.29}$$

易知上述条件概率具有分布律的性质:

1° $P(Y = y_j | X = x_i) \geqslant 0, \qquad j = 1, 2, 3, \cdots,$ $\qquad\qquad$ (3.30)

2° $\sum\limits_{j=1}^{+\infty} P(Y = y_j | X = x_i) = \sum\limits_{j=1}^{+\infty} \dfrac{p_{ij}}{p_{i\cdot}} = \dfrac{1}{p_{i\cdot}} \sum\limits_{j=1}^{+\infty} p_{ij} = \dfrac{p_{i\cdot}}{p_{i\cdot}} = 1.$ $\qquad$ (3.31)

为此,我们引入如下定义.

定义 3.5 设 (X, Y) 是二维离散型随机变量,具有概率分布律:

$$P(X = x_i, Y = y_j) = p_{ij}, \qquad i, j = 1, 2, 3, \cdots.$$

对固定的 i,若 $P(X = x_i) > 0$,则称

$$P(Y = y_j | X = x_i) = \frac{p_{ij}}{p_{i\cdot}}, \qquad j = 1, 2, 3, \cdots, \qquad (3.32)$$

为在 $X = x_i$ 的条件下,随机变量 Y 的**条件分布律**.

同样,对于固定的 j,若 $P(Y = y_j) > 0$,则称

$$P(X = x_i | Y = y_j) = \frac{p_{ij}}{p_{\cdot j}}, \qquad i = 1, 2, 3, \cdots, \qquad (3.33)$$

为在 $Y = y_j$ 的条件下,随机变量 X 的**条件分布律**.

例 1 设二维离散型随机变量具有概率分布律:

X \ Y	5	7	13	18	20
1	0.08	0.01	0	0.02	0.14
2	0.11	0.10	0.09	0.01	0.04
3	0.03	0.07	0.15	0.06	0.09

试求在 $X = 2$ 时 Y 的条件分布律.

解 $P(X = 2) = p_{2\cdot} = 0.11 + 0.10 + 0.09 + 0.01 + 0.04 = 0.35$,于是得在 $X = 2$ 的条件下,随机变量 Y 的条件分布律为:

$$P(Y = 5 | X = 2) = \frac{0.11}{0.35} = \frac{11}{35},$$

$$P(Y = 7 | X = 2) = \frac{0.10}{0.35} = \frac{10}{35},$$

$$P(Y = 13 | X = 2) = \frac{0.09}{0.35} = \frac{9}{35},$$

$$P(Y = 18 | X = 2) = \frac{0.01}{0.35} = \frac{1}{35},$$

$$P(Y = 20 | X = 2) = \frac{0.04}{0.35} = \frac{4}{35}.$$

亦可用表格形式表示为:

k	5	7	13	18	20
$P(Y=k\|X=2)$	$\dfrac{11}{35}$	$\dfrac{10}{35}$	$\dfrac{9}{35}$	$\dfrac{1}{35}$	$\dfrac{4}{35}$

下面研究二维随机变量 (X,Y) 为连续型时条件分布的问题. 由于此时 X 与 Y 的边缘分布仍均为连续型, 于是对于任意实数 x,y, 概率 $P(X=x)$ 及 $P(Y=y)$ 恒为 0, 因此此时就不能简单地按条件概率的计算公式直接引入在 $X=x$ 的条件下 Y 的条件分布函数以及在 $Y=y$ 的条件下 X 的条件分布函数. 下面我们将用极限的办法来处理.

设 (X,Y) 的概率密度为 $f(x,y)$, 对于给定的 x, 设对于任意的 $\varepsilon > 0$, 均有 $P(x-\varepsilon < X \leqslant x+\varepsilon) > 0$, 于是, 对于任意实数 y, 我们可以直接计算如下的条件概率:

$$P(Y \leqslant y \mid x-\varepsilon < X \leqslant x+\varepsilon).$$

一个很自然的想法就是对于上述条件概率, 考虑当 $\varepsilon \to 0^+$ 时的极限, 并且如果此极限存在, 那么就用此极限作为在 $X=x$ 的条件下, Y 的条件分布函数, 即将此极限写成 $P(Y \leqslant y \mid X=x)(-\infty < y < +\infty)$, 记为 $F_{Y\mid X}(y\mid x)(-\infty < y < +\infty)$, 称为在 $X=x$ 的条件下随机变量 Y 的**条件分布函数**.

于是, 若 (X,Y) 的概率密度 $f(x,y)$ 在 (x,y) 处连续, 且 X 的边缘概率密度 $f_X(x)$ 在 x 处连续, 以及 $f_X(x) > 0$, 则

$$\begin{aligned}
F_{Y\mid X}(y\mid x) &= \lim_{\varepsilon \to 0^+} P(Y \leqslant y \mid x-\varepsilon < X \leqslant x+\varepsilon) \\
&= \lim_{\varepsilon \to 0^+} \frac{P(x-\varepsilon < X \leqslant x+\varepsilon, Y \leqslant y)}{P(x-\varepsilon < X \leqslant x+\varepsilon)} \\
&= \lim_{\varepsilon \to 0^+} \frac{\displaystyle\int_{-\infty}^{y} \left(\int_{x-\varepsilon}^{x+\varepsilon} f(u,v)\mathrm{d}u \right) \mathrm{d}v}{\displaystyle\int_{x-\varepsilon}^{x+\varepsilon} f_X(u)\mathrm{d}u} \\
&= \frac{\displaystyle\int_{-\infty}^{y} f(x,v)\mathrm{d}v}{f_X(x)} = \int_{-\infty}^{y} \frac{f(x,v)}{f_X(x)}\mathrm{d}v, \\
& \qquad\qquad y \in (-\infty, +\infty).
\end{aligned}$$
(3.34)

上式表示在 $X=x$ 的条件下, Y 仍是一个连续型随机变量, 且具有**条件概率密度**

$$f_{Y\mid X}(y\mid x) = \frac{f(x,y)}{f_X(x)}, \qquad y \in (-\infty, +\infty).$$
(3.35)

类似地,可以定义在 $Y = y$ 的条件下,随机变量 X 的条件分布函数及条件概率密度,且有

$$f_{X|Y}(x|y) = \frac{f(x,y)}{f_Y(y)}, \qquad x \in (-\infty, +\infty). \tag{3.36}$$

例2　在上节例3中,二维随机变量(X,Y),具有概率密度

$$f(x,y) = \begin{cases} 48xy, & x^3 < y < x^2, 0 < x < 1, \\ 0, & \text{其他}. \end{cases}$$

试求条件概率密度 $f_{Y|X}(y|x)$ 以及 $f_{X|Y}(x|y)$.

解　在上节例3中,已求得X的边缘概率密度以及Y的边缘概率密度分别为:

$$f_X(x) = \begin{cases} 24(x^5 - x^7), & 0 < x < 1, \\ 0, & \text{其他}; \end{cases}$$

$$f_Y(y) = \begin{cases} 24(y^{\frac{5}{3}} - y^2), & 0 < y < 1, \\ 0, & \text{其他}. \end{cases}$$

于是,当 $x \in (0,1)$ 时,对固定的 x,得在 $X = x$ 的条件下Y的条件密度为

$$f_{Y|X}(y|x) = \begin{cases} \dfrac{2xy}{x^5 - x^7}, & x^3 < y < x^2, \\ 0, & y\text{的其他值}, \end{cases}$$

以及,当 $y \in (0,1)$ 时,对于固定的 y,可得在 $Y = y$ 时,X 的条件概率密度

$$f_{X|Y}(x|y) = \begin{cases} \dfrac{2xy}{y^{\frac{5}{3}} - y^2}, & y^{\frac{1}{2}} < x < y^{\frac{1}{3}}, \\ 0, & x\text{的其他值}. \end{cases}$$

例如,在 $X = \dfrac{1}{2}$ 时,Y 的条件密度为

$$f_{Y|X}\left(y \,\middle|\, \frac{1}{2}\right) = \begin{cases} \dfrac{128}{3}y, & \dfrac{1}{8} < y < \dfrac{1}{4}, \\ 0, & y\text{的其他值}. \end{cases}$$

例3　设(X,Θ)是二维随机变量,已知在 $\Theta = \theta$ 时,X 的条件分布是正态分布,且已知

$$X|_{\Theta=\theta} \sim N(\theta, 1),$$

且已知 Θ 的边缘分布亦为正态分布,设已知

$$\Theta \sim N(0, 1).$$

试求(X,Θ)的概率密度以及X的边缘概率密度.

解　由于 $f_{X,\theta}(x,\theta) = f_{X|\theta}(x|\theta) \cdot f_\theta(\theta)$

$$= \frac{1}{\sqrt{2\pi}}e^{-\frac{(x-\theta)^2}{2}} \cdot \frac{1}{\sqrt{2\pi}}e^{-\frac{\theta^2}{2}}$$

$$= \frac{1}{2\pi}e^{-\frac{1}{2}x^2+x\theta-\theta^2},$$

$$-\infty < \theta < +\infty, \ -\infty < x < +\infty.$$

于是,X 的边缘概率密度为

$$f_X(x) = \int_{-\infty}^{+\infty} f_{X,\theta}(x,\theta)\mathrm{d}\theta = \int_{-\infty}^{+\infty} \frac{1}{2\pi}e^{-\frac{1}{2}x^2+x\theta-\theta^2}\mathrm{d}\theta$$

$$= \frac{1}{2\pi}e^{-\frac{1}{2}x^2} \cdot \int_{-\infty}^{+\infty} e^{-(\theta-\frac{x}{2})^2+\frac{x^2}{4}}\mathrm{d}\theta$$

$$= \frac{1}{2\sqrt{\pi}}e^{-\frac{x^2}{4}}, \quad -\infty < x < +\infty.$$

即知 X 的边缘分布亦为正态分布,且

$$X \sim N(0,2).$$

3.4 随机变量的独立性

随机变量的独立性是一个非常重要的概念,我们利用事件相互独立的概念引出随机变量独立性的概念.

定义 3.6 设 $F(x,y)$ 是二维随机变量 (X,Y) 的分布函数,$F_X(x)$,$F_Y(y)$ 分别为 X 的边缘分布函数与 Y 的边缘分布函数,若对一切 $x,y \in \mathbf{R}$,均有

$$P(X \leqslant x, Y \leqslant y) = P(X \leqslant x) \cdot P(Y \leqslant y), \tag{3.37}$$

即

$$F(x,y) = F_X(x) \cdot F_Y(y), \tag{3.38}$$

则称随机变量 X 与 Y 是**相互独立**的.

上述定义即当且仅当,对所有实数 x 和 y,事件 $\{X \leqslant x\}$ 与事件 $\{Y \leqslant y\}$ 相互独立时,我们称随机变量 X 与 Y 相互独立.

当 (X,Y) 是二维离散型随机变量时,则随机变量 X 与 Y 相互独立的充分必要条件是对 X 的所有可能取值 x_i,对 Y 的所有可能取值 y_j,成立

$$P(X = x_i, Y = y_j) = P(X = x_i) \cdot P(Y = y_j), \tag{3.39}$$

即当且仅当

$$p_{ij} = p_{i \cdot} \cdot p_{\cdot j}, \qquad i,j = 1,2,3,\cdots \tag{3.40}$$

时 X 与 Y 相互独立.(证略)

从 3.2 节例 2 取球的例子中,可以看出,当放回取球时,有

$$P(X=1, Y=1) = P(X=1) \cdot P(Y=1),$$
$$P(X=0, Y=1) = P(X=0) \cdot P(Y=1),$$
$$P(X=1, Y=0) = P(X=1) \cdot P(Y=0),$$
$$P(X=0, Y=0) = P(X=0) \cdot P(Y=0),$$

故此时随机变量 X 与 Y 是相互独立的.

但在不放回取球时,由于 $(b \neq 0)$

$$P(X=1, Y=1) = \frac{a(a-1)}{(a+b)(a+b-1)} \neq \frac{a^2}{(a+b)^2}$$
$$= P(X=1) \cdot P(Y=1),$$

故此时 X 与 Y 不相互独立.

设 (X, Y) 是连续型随机变量,概率密度为 $f(x,y)$,由定义,随机变量 X 与 Y 相互独立的充分必要条件是:对任意实数 x, y,有

$$F(x,y) = F_X(x) \cdot F_Y(y).$$

即对任意实数 x, y,有

$$\int_{-\infty}^{x} \int_{-\infty}^{y} f(u,v) \mathrm{d}u \mathrm{d}v = \int_{-\infty}^{x} f_X(u) \mathrm{d}u \cdot \int_{-\infty}^{y} f_Y(v) \mathrm{d}v$$
$$= \int_{-\infty}^{x} \int_{-\infty}^{y} f_X(u) \cdot f_Y(v) \mathrm{d}u \mathrm{d}v.$$

于是,可得 X 与 Y 相互独立的充分必要条件是

$$f(x,y) = f_X(x) \cdot f_Y(y), \tag{3.41}$$

在平面上几乎处处成立[①].

另外,在此我们还将不加证明地指出关于独立随机变量的函数的相互独立性的一个重要结论.

设随机变量 X 与 Y 相互独立,并设 $W = h(X)$,$V = g(Y)$,其中

[①] 在平面上几乎处处成立是指允许在一面积为零的集合上不成立.

$h(\cdot), g(\cdot)$ 都是连续函数,则有 W 与 V 亦相互独立.

例如,若 X 与 Y 相互独立,则 e^{-X} 与 $\sin Y$ 亦相互独立,$5X^2 + \cos X$ 与 $\ln(|Y| + 3)$ 亦相互独立,等等.

例 1 设二维随机变量 (X, Y) 服从二维正态分布,即设 $(X, Y) \sim N(\mu_1, \mu_2, \sigma_1{}^2, \sigma_2{}^2, \rho)$,则 X 与 Y 相互独立的充分必要条件是 $\rho = 0$.

证 充分性显然.

证必要性,即已知 X 与 Y 相互独立,要证 $\rho = 0$,由二维正态变量之性质,有 $X \sim N(\mu_1, \sigma_1{}^2)$,$Y \sim N(\mu_2, \sigma_2{}^2)$,于是

$$f_X(x) \cdot f_Y(y) = \frac{1}{2\pi\sigma_1\sigma_2} e^{-\frac{(x-\mu_1)^2}{2\sigma_1{}^2} - \frac{(y-\mu_2)^2}{2\sigma_2{}^2}}.$$

由 X 与 Y 的相互独立性,应有

$$f(x, y) - f_X(x) \cdot f_Y(y) = 0,$$

在平面上几乎处处成立,即二元函数 $H(x, y)$:

$$H(x, y) \triangleq \frac{1}{2\pi\sigma_1\sigma_2\sqrt{1-\rho^2}} e^{-\frac{1}{2(1-\rho^2)}\left[\frac{(x-\mu_1)^2}{\sigma_1{}^2} - 2\rho\frac{(x-\mu_1)(y-\mu_2)}{\sigma_1\sigma_2} + \frac{(y-\mu_2)^2}{\sigma_2{}^2}\right]}$$
$$- \frac{1}{2\pi\sigma_1\sigma_2} e^{-\frac{(x-\mu_1)^2}{2\sigma_1{}^2} - \frac{(y-\mu_2)^2}{2\sigma_2{}^2}},$$

在平面上应几乎处处等于 0,由于 $H(x, y)$ 是 (x, y) 的连续函数,必有 $H(\mu_1, \mu_2) = 0$.(否则,若 $H(\mu_1, \mu_2) \neq 0$,则由 $H(x, y)$ 的连续性,必存在包含 (μ_1, μ_2) 的某面积大于 0 的区域,使函数 $H(x, y)$ 在此区域上恒不等于 0,这就与 $H(x, y)$ 在平面上几乎处处为 0 相矛盾.)

由 $H(\mu_1, \mu_2) = 0$,可得

$$\frac{1}{2\pi\sigma_1\sigma_2\sqrt{1-\rho^2}} - \frac{1}{2\pi\sigma_1\sigma_2} = 0,$$

即证得 $\rho = 0$.

从上述论证即知,对于二维正态随机变量 (X, Y),设 $(X, Y) \sim N(\mu_1, \mu_2, \sigma_1{}^2, \sigma_2{}^2, \rho)$,则 X 与 Y 相互独立的充分必要条件是 $\rho = 0$.

例 2 设甲、乙两人相约在某地会面,设甲到达的时刻在 $7 \sim 8$ 点内均匀分布,乙到达的时刻也在 $7 \sim 8$ 点内均匀分布,且两人到达的时刻相互独立,规定先到者等候 20 分钟.试求两人能会面的概率.

解　我们用 X 表示甲到达的时刻,用 Y 表示乙到达的时刻.由已知条件知 X 与 Y 均在 $[0,60]$ 内均匀分布.于是 X 与 Y 的概率密度分别为:

$$f_X(x) = \begin{cases} \dfrac{1}{60}, & 0 \leqslant x \leqslant 60, \\ 0, & \text{其他}, \end{cases}$$

$$f_Y(y) = \begin{cases} \dfrac{1}{60}, & 0 \leqslant y \leqslant 60, \\ 0, & \text{其他}. \end{cases}$$

由题意知 X 与 Y 相互独立,于是 X 与 Y 的联合概率密度 $f(x,y)$ 即是 X 与 Y 的各自的概率密度之乘积,于是

$$f(x,y) = f_X(x) \cdot f_Y(y)$$

$$= \begin{cases} \dfrac{1}{60^2}, & 0 \leqslant x \leqslant 60, 0 \leqslant y \leqslant 60, \\ 0, & \text{其他}. \end{cases}$$

即知 (X,Y) 在图 3-7 的正方形内均匀分布.

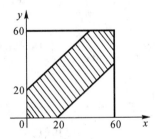

图 3-7

设 A 为事件"两人能会面",由于两人能会面等价于两人到达的时刻之差的绝对值小于或等于 20 分钟,即

$$A = \{(x,y) \mid |x-y| \leqslant 20, \ 0 \leqslant x \leqslant 60, 0 \leqslant y \leqslant 60\},$$

即图 3-7 阴影部分.于是

$$P(A) = \iint\limits_A f(x,y)\mathrm{d}x\mathrm{d}y = \iint\limits_A \frac{1}{60^2}\mathrm{d}x\mathrm{d}y = \frac{A \text{ 的面积}}{60^2}$$

$$= \frac{60^2 - 2 \times \frac{1}{2} \times 40^2}{60^2} = \frac{5}{9}.$$

例3 设二维随机变量 (X,Y) 具有概率密度

$$f(x,y) = \begin{cases} 15x^2y, & 0 < x < y < 1, \\ 0, & \text{其他.} \end{cases}$$

(1) 求 X,Y 的边缘概率密度;

(2) 问 X 与 Y 是否相互独立?

解 注意 $f(x,y)$ 仅在图 3-8 的阴影部分不为 0,于是有

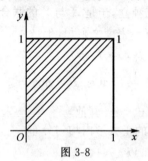

图 3-8

$$f_X(x) = \int_{-\infty}^{+\infty} f(x,y)\mathrm{d}y = \begin{cases} \int_x^1 15x^2y\mathrm{d}y, & 0 < x < 1, \\ 0, & \text{其他,} \end{cases}$$

$$= \begin{cases} \frac{15}{2}(x^2 - x^4), & 0 < x < 1, \\ 0, & \text{其他,} \end{cases}$$

以及

$$f_Y(y) = \int_{-\infty}^{+\infty} f(x,y)\mathrm{d}x = \begin{cases} \int_0^y 15x^2y\mathrm{d}x, & 0 < y < 1, \\ 0, & \text{其他,} \end{cases}$$

$$= \begin{cases} 5y^4, & 0 < y < 1, \\ 0, & \text{其他.} \end{cases}$$

因函数 $f(x,y)$ 与 $f_X(x) \cdot f_Y(y)$ 在平面上不是几乎处处相等, 故 X 与 Y 不相互独立.

类似可讨论 n 个随机变量的独立性.

设 n 维随机变量 $(X_1, X_2, \cdots, X_n)$ 的分布函数为 $F(x_1, x_2, \cdots, x_n)(x_i \in \mathbf{R}, i = 1, 2, \cdots, n)$，则当且仅当，对任意实数 $x_1, x_2, \cdots, x_n$，均有

$$F(x_1, x_2, \cdots, x_n) = F_{X_1}(x_1) \cdot F_{X_2}(x_2) \cdot \cdots \cdot F_{X_n}(x_n)$$

$$(3.42)$$

成立时，称 $X_1, X_2, \cdots, X_n$ **相互独立**.

对离散型随机变量 $(X_1, X_2, \cdots, X_n)$，其诸分量相互独立的充分必要条件是对 X_k 的每个可能取值 $x_{i_k}^{(k)}(k = 1, 2, 3, \cdots, n)$，成立

$$P(X_1 = x_{i_1}^{(1)}, X_2 = x_{i_2}^{(2)}, \cdots, X_n = x_{i_n}^{(n)})$$
$$= P(X_1 = x_{i_1}^{(1)}) \cdot P(X_2 = x_{i_2}^{(2)}) \cdot \cdots \cdot P(X_n = x_{i_n}^{(n)}).$$

$$(3.43)$$

对连续型随机变量 $(X_1, X_2, \cdots, X_n)$，其诸分量相互独立的充分必要条件是 $X_1, X_2, \cdots, X_n$ 的联合概率密度函数 $f(x_1, x_2, \cdots, x_n)$，在 $\mathbf{R}^n$ 上几乎处处等于诸分量的边缘概率密度函数的乘积 $\prod_{i=1}^{n} f_{X_i}(x_i)$，即充分必要条件是

$$f(x_1, x_2, \cdots, x_n) = f_{X_1}(x_1) \cdot f_{X_2}(x_2) \cdot \cdots \cdot f_{X_n}(x_n),$$

$$(3.44)$$

在 $\mathbf{R}^n$ 上几乎处处成立.

下面将给出两个多维随机变量相互独立性的概念，这也是一个十分重要的概念.

设有 n 维随机变量 $(X_1, X_2, \cdots, X_n)$ 以及 m 维随机变量 $(Y_1, Y_2, \cdots, Y_m)$，如果对于任意的 $(x_1, x_2, \cdots, x_n) \in \mathbf{R}^n$，以及任意的 $(y_1, y_2, \cdots, y_m) \in \mathbf{R}^m$，均有

$$P(X_1 \leqslant x_1, X_2 \leqslant x_2, \cdots, X_n \leqslant x_n; Y_1 \leqslant y_1, Y_2 \leqslant y_2, \cdots, Y_m \leqslant y_m)$$
$$= P(X_1 \leqslant x_1, X_2 \leqslant x_2, \cdots, X_n \leqslant x_n)$$
$$\cdot P(Y_1 \leqslant y_1, Y_2 \leqslant y_2, \cdots, Y_m \leqslant y_m),$$

$$(3.45)$$

则称随机向量$(X_1, X_2, \cdots, X_n)$与随机向量$(Y_1, Y_2, \cdots, Y_m)$**相互独立**.

可以证明,若随机向量$(X_1, X_2, \cdots, X_n)$与随机向量$(Y_1, Y_2, \cdots, Y_m)$相互独立,且设$W(x_1, x_2, \cdots, x_n)$与$V(y_1, y_2, \cdots, y_m)$分别是$\mathbf{R}^n$与$\mathbf{R}^m$上的连续函数,则$W(X_1, X_2, \cdots, X_n)$与$V(Y_1, Y_2, \cdots, Y_m)$相互独立.

例如,若已知二维随机向量(X_1, X_2)与三维随机向量(Y_1, Y_2, Y_3)相互独立,则$X_1 + X_2$与$Y_1 + Y_2 \cdot Y_3$相互独立;$\mathrm{e}^{-(X_1+2X_2)} \sin X_2$与$Y_1 \cos(Y_1 + Y_3)$相互独立,等等.

易知,若随机向量$(X_1, X_2, \cdots, X_n)$诸分量相互独立,则对$(X_1, X_2, \cdots, X_n)$任何两个不含公共分量的子向量$(X_{i_1}, X_{i_2}, \cdots, X_{i_k})$与$(X_{j_1}, X_{j_2}, \cdots, X_{j_m})$亦相互独立.

例如,若已知六维随机向量$(X_1, X_2, \cdots, X_6)$诸分量相互独立,则(X_2, X_5)与(X_1, X_3)相互独立;(X_1, X_3)与(X_2, X_4, X_6)相互独立;X_1与(X_2, X_3, X_6)相互独立,等等.

3.5　多维随机变量的函数的分布

在上一章中,我们曾讨论了单个随机变量的函数的分布,在实际问题中,我们有时需要研究多个随机变量的函数的分布.

本节给出几个较为重要的随机变量的函数的分布,如和的分布,最大值、最小值的分布等,并由此可看出求函数的分布的一般方法.

3.5.1　和的分布

设二维随机变量(X, Y)具有概率密度$f(x, y)$,设$Z = X + Y$,则Z亦是连续型随机变量,且Z的概率密度为

$$f_Z(z) = \int_{-\infty}^{+\infty} f(x, z - x)\mathrm{d}x, \quad z \in \mathbf{R}, \tag{3.46}$$

或

$$f_Z(z) = \int_{-\infty}^{+\infty} f(z - y, y)\mathrm{d}y, \quad z \in \mathbf{R}. \tag{3.47}$$

此两公式称之为**卷积公式**.

证 由图 3-9 所示,可得对任意实数 z,有

$$\begin{aligned}
F_Z(z) &= P(Z \leqslant z)\\
&= P(X + Y \leqslant z)\\
&= \iint_{x+y \leqslant z} f(x,y)\mathrm{d}x\mathrm{d}y\\
&= \int_{-\infty}^{+\infty} \left[\int_{-\infty}^{z-y} f(x,y)\mathrm{d}x \right]\mathrm{d}y.
\end{aligned}$$

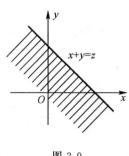

图 3-9

固定 y,考虑积分 $\int_{-\infty}^{z-y} f(x,y)\mathrm{d}x$,作积分变换,$t = x + y$,则

$$\int_{-\infty}^{z-y} f(x,y)\mathrm{d}y = \int_{-\infty}^{z} f(t-y,y)\mathrm{d}t,$$

代入得
$$F_Z(z) = \int_{-\infty}^{+\infty} \left[\int_{-\infty}^{z} f(t-y,y)\mathrm{d}t \right]\mathrm{d}y,$$

(交换积分次序)
$$= \int_{-\infty}^{z} \left[\int_{-\infty}^{+\infty} f(t-y,y)\mathrm{d}y \right]\mathrm{d}t, \quad z \in \mathbf{R}.$$

则由概率密度之定义,即知 Z 的概率密度函数为

$$f_Z(z) = \int_{-\infty}^{+\infty} f(z-y,y)\mathrm{d}y, \quad z \in \mathbf{R}.$$

同理
$$f_Z(z) = \int_{-\infty}^{+\infty} f(x,z-x)\mathrm{d}x, \quad z \in \mathbf{R}.$$

特别,当 X 与 Y 相互独立时,有

$$f_Z(z) = \int_{-\infty}^{+\infty} f_X(x)f_Y(z-x)\mathrm{d}x, \quad z \in \mathbf{R}, \tag{3.48}$$

或

$$f_Z(z) = \int_{-\infty}^{+\infty} f_X(z-y)f_Y(y)\mathrm{d}y, \quad z \in \mathbf{R}. \tag{3.49}$$

例1 设 $X \sim N(1,2), Y \sim N(3,4)$，且 X 和 Y 相互独立，设 $Z = X + Y$，求 Z 的概率密度函数.

解 由卷积公式 (3.48)，知对任意实数 z，有

$$f_Z(z) = \int_{-\infty}^{+\infty} f_X(x)f_Y(z-x)\mathrm{d}x$$

$$= \int_{-\infty}^{+\infty} \frac{1}{\sqrt{2\pi}\cdot\sqrt{2}}e^{-\frac{(x-1)^2}{2\times2}} \cdot \frac{1}{\sqrt{2\pi}\cdot2}e^{-\frac{(z-x-3)^2}{2\times4}}\mathrm{d}x$$

$$= \frac{1}{4\pi\sqrt{2}}\int_{-\infty}^{+\infty}e^{-\frac{3x^2+2(1-z)x+(z^2-6z+11)}{8}}\mathrm{d}x$$

$$= \frac{1}{4\pi\sqrt{2}}\int_{-\infty}^{+\infty}e^{-\frac{3(x+\frac{1-z}{3})^2-\frac{(1-z)^2}{3}+(z^2-6z+11)}{8}}\mathrm{d}x$$

$$= e^{-\frac{z^2-8z+16}{12}}\cdot\frac{1}{4\pi\sqrt{2}}\int_{-\infty}^{+\infty}e^{-\frac{3(x+\frac{1-z}{3})^2}{8}}\mathrm{d}x$$

$$= e^{-\frac{(z-4)^2}{12}}\cdot\frac{1}{4\pi\sqrt{2}}\cdot\sqrt{2\pi}\cdot\sqrt{\frac{4}{3}}$$

$$\cdot\frac{1}{\sqrt{2\pi}\sqrt{\frac{4}{3}}}\int_{-\infty}^{+\infty}e^{-\frac{(x+\frac{1-z}{3})^2}{2\times(\frac{4}{3})}}\mathrm{d}x,$$

注意最后一个因子为 $N\left(-\frac{1-z}{3},\frac{4}{3}\right)$ 的概率密度，它在 $(-\infty,+\infty)$ 上的积分其值为 1，从而可得

$$f_Z(z) = \frac{1}{\sqrt{2\pi}\cdot\sqrt{6}}e^{-\frac{(z-4)^2}{2\times6}},$$

即知 $Z \sim N(4,6)$.

一般设 $X \sim N(\mu_1,\sigma_1^2), Y \sim N(\mu_2,\sigma_2^2)$，且 X 和 Y 相互独立.

与例1类似，可证 $Z = X + Y$ 仍服从正态分布，且有

$$X + Y \sim N(\mu_1 + \mu_2, \sigma_1^2 + \sigma_2^2).$$

由于在单个随机变量的函数的分布讨论中，我们曾有如下结论：设 $X \sim N(\mu,\sigma^2), Y = aX + b(a,b$ 为常数，且 $a \neq 0)$，则 Y 亦服从正态分

布,且 $Y \sim N(a\mu + b, a^2\sigma^2)$.

于是,再结合上例,我们可得如下结论:

设 $X \sim N(\mu_1, \sigma_1{}^2)$,$Y \sim N(\mu_2, \sigma_2{}^2)$,$X$ 与 Y 相互独立,α,β 是不全为 0 的常数,则

$$\alpha X + \beta Y \sim N(\alpha\mu_1 + \beta\mu_2, \alpha^2\sigma_1{}^2 + \beta^2\sigma_2{}^2). \tag{3.50}$$

此结果也可推广到 n 个 $(n > 2)$ 相互独立的正态变量的情况. 即设 $X_1, X_2, \cdots, X_n$ 是 n 个相互独立的正态变量,且设 $X_i \sim N(\mu_i, \sigma_i{}^2)$($i = 1, 2, 3, \cdots, n$). $\alpha_1, \alpha_2, \cdots, \alpha_n$ 是一组不全为 0 的常数,则 $Z = \alpha_1 X_1 + \alpha_2 X_2 + \cdots + \alpha_n X_n$ 仍是正态随机变量,且

$$Z \sim N(\alpha_1\mu_1 + \alpha_2\mu_2 + \cdots + \alpha_n\mu_n, \alpha_1{}^2\sigma_1{}^2 + \alpha_2{}^2\sigma_2{}^2 + \cdots + \alpha_n{}^2\sigma_n{}^2). \tag{3.51}$$

即相互独立的正态随机变量的线性组合仍是正态随机变量.

例如,若 X, Y, Z 相互独立,且 $X \sim N(-2, 16)$,$Y \sim N(3, 25)$,$Z \sim N(1, 9)$,则

(1)$X + 2Y + 3Z \sim N(-2 + 2 \times 3 + 3 \times 1, 1^2 \times 16 + 2^2 \times 25 + 3^2 \times 9)$,

即　　$X + 2Y + 3Z \sim N(7, 197)$;

(2)$X - 2Y - 3Z \sim N(-2 - 2 \times 3 - 3 \times 1, 1^2 \times 16 + (-2)^2 \times 25 + (-3)^2 \times 9)$,

即　　$X - 2Y - 3Z \sim N(-11, 197)$.

例 2　设随机变量 X 与 Y 相互独立,且两者都在区间 $[0,1]$ 上均匀分布,试求 $Z = X + Y$ 的概率密度.

解　X, Y 具有相同的概率密度:

$$f(x) = \begin{cases} 1, & 0 \leqslant x \leqslant 1, \\ 0, & 其他. \end{cases}$$

由卷积公式知

$$f_Z(z) = \int_{-\infty}^{+\infty} f_X(x) \cdot f_Y(z - x)\mathrm{d}x,$$

易知,当且仅当 $0 < x < 1$ 且 $0 < z - x < 1$ 时,上述积分的被积函数才不为 0. 即对固定的 z,当且仅当 $0 < x < 1$ 且 $z - 1 < x < z$ 时,被积函数才不为 0,参考图 3-10 可知

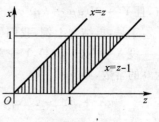

图 3-10

$$f_z(z) = \begin{cases} \int_0^z 1\mathrm{d}x, & 0 < z < 1, \\ \int_{z-1}^1 1\mathrm{d}x, & 1 \leqslant z < 2, \\ 0, & \text{其他}, \end{cases}$$

$$= \begin{cases} z, & 0 < z < 1, \\ 2 - z, & 1 \leqslant z < 2, \\ 0, & \text{其他}. \end{cases}$$

3.5.2　$M = \max(X,Y)$ 及 $N = \min(X,Y)$ 的分布

设 X, Y 是两个相互独立的随机变量,它们的分布函数分别为 $F_X(x)$ 和 $F_Y(y)$. 下面来求 $M = \max(X,Y)$ 及 $N = \min(X,Y)$ 的分布函数.

对任意实数 z,由于

$$\{M \leqslant z\} = \{\max(X,Y) \leqslant z\}$$
$$= \{X \leqslant z\} \bigcap \{Y \leqslant z\},$$

利用 X 与 Y 的独立性,可得

$$P(M \leqslant z) = P(X \leqslant z) \cdot P(Y \leqslant z),$$

即　　　$F_M(z) = F_X(z) \cdot F_Y(z),$ 　　　　　　(3.52)

也即　　$F_{\max}(z) = F_X(z) \cdot F_Y(z).$ 　　　　　(3.53)

类似地,由于

$$F_{\min}(z) = P(\min(X,Y) \leqslant z)$$
$$= 1 - P(\min(X,Y) > z)$$

$$= 1 - P(X > z, Y > z)$$
$$= 1 - P(X > z) \cdot P(Y > z)$$
$$= 1 - [1 - F_X(z)] \cdot [1 - F_Y(z)]. \qquad (3.54)$$

以上结果可以推广到 n 个随机变量的情况.

设 $X_1, X_2, \cdots, X_n$ 相互独立, 分别具有分布函数 $F_{X_1}(x_1)$, $F_{X_2}(x_2), \cdots, F_{X_n}(x_n)$, 则 $\max(X_1, X_2, \cdots, X_n)$ 的分布函数为

$$F_{\max}(z) = \prod_{i=1}^{n} F_{X_i}(z), \qquad -\infty < z < +\infty, \qquad (3.55)$$

以及 $\min(X_1, X_2, \cdots, X_n)$ 的分布函数为

$$F_{\min}(z) = 1 - \prod_{i=1}^{n} [1 - F_{X_i}(z)], \qquad -\infty < z < +\infty.$$
$$(3.56)$$

特别, 当 $X_1, X_2, \cdots, X_n$ 相互独立, 且具有相同的分布函数 $F(x)$ 时, 有

$$F_{\max}(z) = [F(z)]^n, \qquad -\infty < z < +\infty, \qquad (3.57)$$

以及

$$F_{\min}(z) = 1 - [1 - F(z)]^n, \qquad -\infty < z < +\infty.$$
$$(3.58)$$

再进一步, 若 $X_1, X_2, \cdots, X_n$ 相互独立, 且具有相同的概率密度 $f(x)$ 时, 则 $\max(X_1, X_2, \cdots, X_n)$ 与 $\min(X_1, X_2, \cdots, X_n)$ 亦都是连续型随机变量, 分别具有概率密度为:

$$f_{\max}(z) = n[F(z)]^{n-1} \cdot f(z), \qquad z \in \mathbf{R}, \qquad (3.59)$$
$$f_{\min}(z) = n[1 - F(z)]^{n-1} \cdot f(z), \qquad z \in \mathbf{R}. \qquad (3.60)$$

其中 $F(x)$ 是 $X_1, X_2, \cdots, X_n$ 共同的分布函数.

例 3 设 $X_1, X_2, \cdots, X_n$ 相互独立, 且均在区间 $[0, \theta]$ 上均匀分布, 设 $Y = \max(X_1, X_2, \cdots, X_n), Z = \min(X_1, X_2, \cdots, X_n)$, 求 Y, Z 的概率密度 $f_Y(y)$ 及 $f_Z(z)$.

解 $X_1, X_2, \cdots, X_n$ 具有相同的概率密度 $f(x)$，及相同的分布函数 $F(x)$：

$$f(x) = \begin{cases} \dfrac{1}{\theta}, & 0 \leqslant x \leqslant \theta, \\ 0, & \text{其他.} \end{cases}$$

$$F(x) = \begin{cases} 0, & x < 0, \\ \dfrac{x}{\theta}, & 0 \leqslant x < \theta, \\ 1, & x \geqslant \theta. \end{cases}$$

于是，$f_Y(y) = f_{\max}(y) = n[F(y)]^{n-1} \cdot f(y)$

$$= \begin{cases} n \cdot \dfrac{y^{n-1}}{\theta^n}, & 0 < y < \theta, \\ 0 & \text{其他.} \end{cases}$$

以及 $f_Z(z) = f_{\min}(z) = n[1 - F(z)]^{n-1} \cdot f(z)$

$$= \begin{cases} \dfrac{n(\theta - z)^{n-1}}{\theta^n}, & 0 < z < \theta, \\ 0, & \text{其他.} \end{cases}$$

习　题　3

1. 设某人从 $1,2,3,4$ 四个数字中依次取出两个数,记 X 为第一次所取出的数,Y 为第二次所取出的数,试分别就放回抽样与不放回抽样两种情况,求 X 和 Y 的联合分布律.

2. 设某图书馆的读者人数服从参数为 λ 的泊松分布,每个读者借阅图书的概率为 p,且每个读者借阅图书与否相互独立,记 X—— 读者人数,Y—— 借阅图书的人数.试求 X 和 Y 的联合分布律.

3. 从一副扑克牌(52 张)中任取 13 张牌,设 X 为"红桃"张数,Y 为"方块"张数. 试求 X 与 Y 的联合分布律.

4. 将 10 个球随机地丢入编号为 $1,2,3,4,5$ 的五个盒子中去,设 X 为落入 1 号盒的球的个数,Y 为落入 2 号盒或 3 号盒的球的个数,试求 X 和 Y 的联合分布律.

5. 设二维离散型随机变量(X,Y)具有概率分布律为：

X \ Y	3	6	9	12	15	18
1	0.01	0.03	0.02	0.01	0.05	0.06
2	0.02	0.02	0.01	0.05	0.03	0.07
3	0.05	0.04	0.03	0.01	0.02	0.03
4	0.03	0.09	0.06	0.15	0.09	0.02

(1) 求 X 的边缘分布律和 Y 的边缘分布律；

(2) 求在 $Y=9$ 时随机变量 X 的条件分布律.

6. 设随机变量(X,Y)具有概率密度为：

$$f(x,y) = \begin{cases} 8xy, & 0 < x < y < 1, \\ 0, & \text{其他.} \end{cases}$$

(1) 求 X 的边缘概率密度；

(2) 求 Y 的边缘概率密度；

(3) 求 $P(X+Y \leqslant 1)$；

(4) 求 $X = \dfrac{1}{3}$ 时 Y 的条件概率密度.

7. 设有二维连续型随机变量(X,Y)，已知 X 的边缘概率密度为：

$$f_X(x) = \begin{cases} \lambda e^{-\lambda x}, & x \geqslant 0, \\ 0, & x < 0. \end{cases}$$

且已知对任意 $x \in (0, +\infty)$，在 $X = x$ 的条件下，随机变量 Y 的条件概率密度为：

$$f_{Y|X}(y|x) = \begin{cases} x e^{-xy}, & y > 0, \\ 0, & \text{其他.} \end{cases}$$

(1) 试求(X,Y)的联合概率密度；

(2) 试求 Y 的边缘概率密度；

(3) 试求在 $Y=2$ 时随机变量 X 的条件密度.

8. 设随机变量(X,Y)的概率密度为：

$$f(x,y) = \begin{cases} 1, & |y| < x, 0 < x < 1, \\ 0, & \text{其他.} \end{cases}$$

试求条件概率密度 $f_{X|Y}(x|y), f_{Y|X}(y|x)$.

9. 一教室内有 4 名一年级男生，6 名一年级女生，6 名二年级男生，为使从该教室内随机地选一名学生时其性别与年级相互独立，那么该教室内应有多少名二年级女生.

10. 设 X 和 Y 的联合密度为:

$$f(x,y) = \begin{cases} Ax^2e^{-y}, & -1 < x < 1, y > 0, \\ 0, & \text{其他.} \end{cases}$$

(1) 求常数 A;

(2) 求边缘概率密度 $f_X(x), f_Y(y)$;

(3) X 与 Y 是否相互独立?

11. 设二维随机变量 (X,Y) 的概率密度为:

$$f(x,y) = \begin{cases} A(x^2 + y), & x^2 < y < 1, \\ 0, & \text{其他.} \end{cases}$$

(1) 求常数 A;

(2) 求 X 和 Y 的边缘密度;

(3) X 和 Y 是否相互独立?

(4) 求概率 $P(Y < X)$.

12. 设 X 和 Y 是相互独立的随机变量.

X 具有概率分布律 Y 具有概率分布律

X	1	2	3	4
p_k	0.2	0.3	0.4	0.1

Y	1	2	3
p_k	0.5	0.3	0.2

试求:(1) X 和 Y 的联合分布律;

(2) $P(X + Y \leqslant 4)$;

(3) $Z = X + Y$ 的概率分布律.

13. 设 $X \sim B(n,p), Y \sim B(m,p)$,且 X 与 Y 相互独立,试证:$X + Y \sim B(n + m, p)$.

14. 设 X 与 Y 相互独立,分别服从参数为 λ, μ 的泊松分布,试证:$X + Y$ 服从参数为 $\lambda + \mu$ 的泊松分布.

15. 设 X 与 Y 相互独立,概率密度分别为:

$$f_X(x) = \begin{cases} 2e^{-2x}, & x > 0, \\ 0, & x \leqslant 0; \end{cases} \quad f_Y(y) = \begin{cases} e^{-y}, & y > 0, \\ 0, & y \leqslant 0. \end{cases}$$

试求 $Z = X + Y$ 的概率密度.

16. 设某种产品的甲种指标 X 服从 $N(60,16)$,乙种指标 Y 服从 $[10,40]$ 上的均匀分布,且两指标相互独立.试求两指标之和 $Z = X + Y$ 的概率密度.

17. 设二维离散型随机变量 (X,Y) 具有分布律为:

X \ Y	1	2	3	4	5	6
1	0.01	0.01	0.02	0.03	0.04	0.09
2	0.02	0	0.04	0.01	0.08	0.03
3	0.05	0.03	0	0.02	0.05	0.03
4	0.08	0.07	0.05	0.08	0.14	0.02

(1) 求 $Z = \max(X,Y)$ 的概率分布律;

(2) 求 $V = \min(X,Y)$ 的概率分布律.

18. 设到某火车站购票所需要的时间(以小时计)X 是随机变量,具有概率密度

$$f(x) = \begin{cases} x\mathrm{e}^{-x}, & x > 0, \\ 0, & x \leqslant 0. \end{cases}$$

某人将去购票5次,设每次购票所需时间相互独立,记 X_i 为第 i 次购票时所需的时间($i = 1,2,3,4,5$),设 $Y = \max(X_1, X_2, \cdots, X_5)$,$Z = \min(X_1, X_2, \cdots, X_5)$.

(1) 求 Y 的概率密度;

(2) 求 Z 的概率密度.

19. 设 X 和 Y 是相互独立的随机变量,它们都服从 $N(0, \sigma^2)$ 分布. 试验证随机变量 $Z = \sqrt{X^2 + Y^2}$ 具有概率密度

$$f_Z(z) = \begin{cases} \dfrac{z}{\sigma^2}\mathrm{e}^{-\frac{z^2}{2\sigma^2}}, & z > 0, \\ 0, & z \leqslant 0. \end{cases}$$

我们称 Z 服从参数为 $\sigma(\sigma > 0)$ 的瑞利(Rayleigh)分布.

20. 设某副食品商店出售的色拉油、食盐、酱油均由某厂生产,其包装后的净重均是随机变量(重量以克计),分别服从 $N(1000, 100)$,$N(500, 25)$,$N(500, 25)$. 若某人买了一瓶色拉油、两包食盐、三瓶酱油,试问总的净重服从什么分布?

第 4 章

随机变量的数字特征、极限定理

上两章,我们讨论了随机变量的分布函数、概率密度和概率分布律,这些都能全面地描述随机变量.但是,在实际问题中要精确地求出随机变量的分布函数或概率密度不是一件容易的事,且有时我们感兴趣的仅是随机变量的某些数字特征,而不需要考察其全面的变化情况.例如在研究一批灯泡的寿命时,我们常常感兴趣于灯泡的平均寿命,在研究某种材料的抗拉性能时,我们感兴趣于其平均抗拉强度以及抗拉强度与平均抗拉强度的偏离程度,等等.即我们有时感兴趣于随机变量的某些数字特征,这些数字特征虽不一定能完整地描述随机变量,但能描述随机变量在某些方面的重要特征.这些数字特征在理论和实际应用中均具有较重要的意义.本章将介绍随机变量常用的数字特征:数学期望、方差、矩、相关系数等.

本章还将介绍大数定律与中心极限定理.

4.1 数学期望

数学期望是度量一随机变量取值的平均水平的数字特征.

先看一个例子.设某项任务承包给工程队,合同规定,若 3 天完成,工程队可得 10000 元,若 4 天完成工程队可得 2500 元,若 5 天完成工程队要赔款 7000 元.以 X 表示工程队完成任务后的获利数(单位元),X 是 一个随机变量.根据以往的资料,知 X 的分布律为:

X	$x_1 = 10000$	$x_2 = 2500$	$x_3 = -7000$
p_k	$\dfrac{1}{8}$	$\dfrac{5}{8}$	$\dfrac{2}{8}$

工程队完成此项任务平均可获利多少呢?为此,我们考虑若工程队承包了 N 项此种任务,其中 3 天完成的有 a_1 项,4 天完成的有 a_2 项,5 天完成的有 a_3 项($a_1 + a_2 + a_3 = N$).工程队共获利 $a_1 x_1 + a_2 x_2 + a_3 x_3$ 元,于是完成一项任务平均获利

$$\frac{a_1 x_1 + a_2 x_2 + a_3 x_3}{N} = \sum_{k=1}^{3} x_k \cdot \frac{a_k}{N}.$$

注意这儿 $\dfrac{a_k}{N}$ 是事件 $\{X = x_k\}$ 在这 N 次试验中发生的频率,在本章 4.6 节中将会讲到,当 N 很大时,一般来说,$\dfrac{a_k}{N}$ 将接近于事件 $\{X = x_k\}$ 的概率 p_k. 也就是说,在试验次数 N 很大时,随机变量 X 的观察值的算术平均 $\sum\limits_{k=1}^{3} x_k \cdot (a_k/N)$ 接近于 $\sum\limits_{k=1}^{3} x_k p_k$. 我们称 $\sum\limits_{k=1}^{3} x_k p_k$ 为随机变量 X 的数学期望或均值,记为 $E(X)$.

本例中,$x_1 = 10000, x_2 = 2500, x_3 = -7000$,

$$p_1 = \frac{1}{8}, \qquad p_2 = \frac{5}{8}, \qquad p_3 = \frac{2}{8},$$

代入得

$$E(X) = 10000 \times \frac{1}{8} + 2500 \times \frac{5}{8} - 7000 \times \frac{2}{8}$$
$$= 1062.50(元).$$

这就是说,当工程队承包了很多项此种任务时,那么完成一项任务平均可获利 1062.50 元.

我们引入随机变量的数学期望的一般定义.

定义 4.1 设 X 为离散型随机变量,其概率分布律为:

$$P(X = x_i) = p_i, \qquad i = 1, 2, 3, \cdots,$$

如果级数 $\sum\limits_{i=1}^{+\infty} x_i p_i$ 绝对收敛,则称 X 的数学期望存在,并称级数 $\sum\limits_{i=1}^{+\infty} x_i p_i$ 为随机变量 X 的**数学期望**,记为 $E(X)$,即

$$E(X) = \sum_{i=1}^{+\infty} x_i p_i. \qquad (4.1)$$

定义 4.2 设 X 是连续型随机变量,概率密度为 $f(x)$,若积分 $\int_{-\infty}^{+\infty} xf(x)\mathrm{d}x$ 绝对收敛,则称 X 的数学期望存在,且称积分 $\int_{-\infty}^{+\infty} xf(x)\mathrm{d}x$ 为随机变量 X 的**数学期望**,记为 $E(X)$,即

$$E(X) = \int_{-\infty}^{+\infty} xf(x)\mathrm{d}x. \qquad (4.2)$$

数学期望简称**期望**或**均值**.

例 1 设离散型随机变量 X 的概率分布律为:

X	-2	-1	0	1	2
p_k	$\frac{1}{16}$	$\frac{2}{16}$	$\frac{3}{16}$	$\frac{2}{16}$	$\frac{8}{16}$

则 $\quad E(X) = (-2) \times \dfrac{1}{16} + (-1) \times \dfrac{2}{16} + 0 \times \dfrac{3}{16}$

$$+ 1 \times \frac{2}{16} + 2 \times \frac{8}{16} = \frac{7}{8}.$$

例 2 设在一个人数很多的团体内普查某种疾病. 设团体共有 N 个人,一种方法是将各人的血单独化验,这样共需化验 N 次;另一种方法是按 k 个人一组分组,将同组内 k 个人的血混合在一起化验一次,若结果是阴性,则此组内 k 个人的血都是阴性,若混合后化验结果为阳性,则再对这 k 个人的血单独化验. 设对每个人来说化验呈阳性的概率是 p,且人与人之间试验反应相互独立,试问 k 取什么值时可减少平均化验次数.

解 对每个人而言,单独化验则化验次数是 1,若分组化验,则化验次数 X 是随机变量,其可能取值为 $\dfrac{1}{k}$,$1 + \dfrac{1}{k}$,X 的分布律为:

X	$\dfrac{1}{k}$	$1 + \dfrac{1}{k}$
p_i	q^k	$1 - q^k$

$(q = 1 - p)$. 故有

$$E(X) = \frac{1}{k} \times q^k + \left(1 + \frac{1}{k}\right)(1 - q^k) = 1 + \frac{1}{k} - q^k.$$

于是选择适当的 k,使 $1 + \frac{1}{k} - q^k$ 小于 1,且达到最小值,那么此 k 就是最好的分组数.

例如 $p = 0.10, q = 0.90$,由计算可知,当且仅当 $k = 2, 3, 4, \cdots,$ 32,33 时有 $1 + \frac{1}{k} - q^k < 1$,即按 $k = 2, 3, \cdots, 33$ 分组的话,均可以减少平均化验次数. 而当 $k = 4$ 时 $1 + \frac{1}{k} - q^k$ 达最小值,即最好的分组方法是 4 个人一组. 由于 $k = 4$ 时,平均化验次数 $E(X) = 1 + \frac{1}{4} - (0.9)^4 = 0.5940$,即若 $N = 1000$,按 $k = 4$ 分组,那么平均化验次数为 594 次,即平均而言,可减少 40% 的工作量.

例 3　设有 5 个相互独立的元件,其寿命服从参数为 θ 的指数分布,其概率密度为:

$$f(x) = \begin{cases} \dfrac{1}{\theta} e^{-\frac{x}{\theta}}, & x > 0, \\ 0, & x \leqslant 0. \end{cases} \qquad (\theta > 0)$$

(1) 若将这 5 个元件组成一个串联系统,求该系统的平均寿命.

(2) 若将这 5 个元件组成一个并联系统,求该系统的平均寿命.

解　以 X_k 表示第 k 个元件的寿命,$k = 1, 2, 3, 4, 5$,则 X_1, X_2, X_3, X_4, X_5 相互独立,且同服从参数为 θ 的指数分布.

(1) 记 Y 为串联系统的寿命,则显然,

$$Y = \min(X_1, X_2, X_3, X_4, X_5).$$

由上章讨论可得

$$f_Y(y) = 5 \cdot [1 - F(y)]^{5-1} \cdot f(y)$$

$$= \begin{cases} 5 \cdot (e^{-\frac{y}{\theta}})^{5-1} \cdot \dfrac{1}{\theta} e^{-\frac{y}{\theta}}, & y > 0, \\ 0, & y \leqslant 0, \end{cases}$$

$$= \begin{cases} \dfrac{5}{\theta} e^{-\frac{5}{\theta}y}, & y > 0, \\ 0, & y \leqslant 0, \end{cases}$$

因而得

$$E(Y) = \int_{-\infty}^{+\infty} y f_Y(y) \mathrm{d}y = \int_{0}^{+\infty} y \cdot \frac{5}{\theta} e^{-\frac{5}{\theta}y} \mathrm{d}y = \frac{\theta}{5}.$$

（2）记 Z 为并联系统的寿命，则

$$Z = \max(X_1, X_2, \cdots, X_5).$$

由上章讨论有

$$f_Z(z) = 5 \cdot [F(z)]^{5-1} \cdot f(z)$$

$$= \begin{cases} \dfrac{5}{\theta} e^{-\frac{z}{\theta}} \cdot (1 - e^{-\frac{z}{\theta}})^4, & z > 0, \\ 0, & z \leqslant 0, \end{cases}$$

于是

$$E(Z) = \int_{-\infty}^{+\infty} z f_Z(z) \mathrm{d}z = \int_{0}^{+\infty} z \frac{5}{\theta} e^{-\frac{z}{\theta}} (1 - e^{-\frac{z}{\theta}})^4 \mathrm{d}z$$

$$= \frac{137}{60} \theta.$$

在许多实际问题中，我们有时感兴趣于随机变量的函数的数学期望. 例如设圆的直径 D 是随机变量，我们感兴趣于圆面积 $Y = \dfrac{1}{4}\pi D^2$ 的数学期望，等等.

我们将不加证明地给出如下求随机变量的函数的数学期望的定理.

定理 4.1　设 Y 是随机变量 X 的函数：$Y = g(X)$（设 $g(\cdot)$ 是连续函数）.

1°　设 X 是离散型随机变量，其分布律为：

$$P(X = x_i) = p_i, \qquad i = 1, 2, 3, \cdots,$$

若级数 $\sum\limits_{i=1}^{+\infty} g(x_i) \cdot p_i$ 绝对收敛，则 Y 的数学期望存在，且

$$E(Y) = E[g(X)] = \sum_{i=1}^{+\infty} g(x_i) \cdot p_i. \tag{4.3}$$

2° 设 X 是连续型随机变量,其概率密度为 $f(x)$,若积分 $\int_{-\infty}^{+\infty} g(x)f(x)\mathrm{d}x$ 绝对收敛,则 $Y = g(X)$ 的数学期望存在,且

$$E(Y) = E[g(X)] = \int_{-\infty}^{+\infty} g(x)f(x)\mathrm{d}x. \tag{4.4}$$

此定理的重要意义在于在求 Y 的数学期望时不必求出 Y 的分布,而可通过 X 的分布律或 X 的概率密度直接求出,这将给数学期望的计算带来很大的方便.

此定理还可以推广到两个或多于两个的随机变量的函数的情况. 我们给出如下的结论:

设 Z 是二维随机变量 (X,Y) 的函数: $Z = g(X,Y)$(设 $g(\cdot,\cdot)$ 是二元连续函数).

1° 设 (X,Y) 是离散型随机变量,其分布律为:

$$P(X = x_i, Y = y_j) = p_{ij}, \quad i,j = 1,2,3,\cdots,$$

则当级数 $\sum\limits_{i=1}^{+\infty}\sum\limits_{j=1}^{+\infty} g(x_i,y_j)p_{ij}$ 绝对收敛时,Z 的数学期望存在,且

$$E(Z) = E[g(X,Y)] = \sum_{i=1}^{+\infty}\sum_{j=1}^{+\infty} g(x_i,y_j)p_{ij}. \tag{4.5}$$

2° 设 (X,Y) 是连续型随机变量,概率密度为 $f(x,y)$,则当积分 $\int_{-\infty}^{+\infty}\int_{-\infty}^{+\infty} g(x,y)f(x,y)\mathrm{d}x\mathrm{d}y$ 绝对收敛时,Z 的数学期望存在,且有

$$E(Z) = E[g(X,Y)]$$
$$= \int_{-\infty}^{+\infty}\int_{-\infty}^{+\infty} g(x,y)f(x,y)\mathrm{d}x\mathrm{d}y. \tag{4.6}$$

例 4 设圆的直径 X 在区间 $[a,b]$ 上均匀分布,求圆面积 $Y = \dfrac{\pi}{4}X^2$ 的数学期望.

解
$$E(Y) = E\left(\frac{\pi}{4}X^2\right) = \int_{-\infty}^{+\infty}\frac{\pi}{4}x^2 \cdot f(x)\mathrm{d}x$$
$$= \int_a^b \frac{\pi}{4}x^2 \cdot \frac{1}{b-a}\mathrm{d}x = \frac{\pi(a^2 + ab + b^2)}{12}.$$

例 5 设 $X \sim N(0,1)$,$Y = |X|$,求 Y 的数学期望.

解　$E(Y) = \int_{-\infty}^{+\infty} |x| f(x) \mathrm{d}x = \int_{-\infty}^{+\infty} |x| \cdot \frac{1}{\sqrt{2\pi}} \mathrm{e}^{-\frac{x^2}{2}} \mathrm{d}x$

$$= 2 \cdot \int_0^{+\infty} x \cdot \frac{1}{\sqrt{2\pi}} \mathrm{e}^{-\frac{x^2}{2}} \mathrm{d}x = 2 \cdot \frac{1}{\sqrt{2\pi}} = \sqrt{\frac{2}{\pi}}.$$

例 6　设 X 服从参数为 θ 的指数分布,概率密度为:

$$f_X(x) = \begin{cases} \dfrac{1}{\theta} \mathrm{e}^{-\frac{x}{\theta}}, & x > 0, \\ 0, & x \leqslant 0. \end{cases}$$

设 $Y = \mathrm{e}^{-\beta X}(\beta > 0)$,求 $E(Y)$.

解　$E(Y) = E(\mathrm{e}^{-\beta X}) = \int_{-\infty}^{+\infty} \mathrm{e}^{-\beta x} \cdot f_X(x) \mathrm{d}x$

$$= \int_0^{+\infty} \mathrm{e}^{-\beta x} \cdot \frac{1}{\theta} \mathrm{e}^{-\frac{x}{\theta}} \mathrm{d}x = \frac{1}{\theta\beta + 1}.$$

例 7　设二维随机变量 (X, Y) 具有概率密度为:

$$f(x, y) = \begin{cases} 15x^2 y, & 0 < x < y < 1, \\ 0, & \text{其他}, \end{cases}$$

设 $Z = XY$,试求 Z 的数学期望.

解　$E(Z) = E(XY) = \int_{-\infty}^{+\infty} \int_{-\infty}^{+\infty} xy \cdot f(x, y) \mathrm{d}x \mathrm{d}y$

$$= \int_0^1 \left[\int_0^y xy \cdot 15x^2 y \mathrm{d}x \right] \mathrm{d}y = \frac{15}{28}.$$

下面介绍随机变量数学期望的重要性质(假设所遇到的数学期望都存在):

1°　设 C 是常数,则 $E(C) = C$.　　　　　　　　　　(4.7)

2°　设 C 是常数,X 是随机变量,则

$$E(CX) = CE(X).$$　　　　　　　　　　(4.8)

3°　设 X 与 Y 是任意两个随机变量,则

$$E(X + Y) = E(X) + E(Y),$$　　　　　　　(4.9)

即"和的期望等于期望之和".

证　(仅对 (X, Y) 为连续型随机变量时证之)设 (X, Y) 的概率密度是 $f(x, y)$,则

$$E(X + Y) = \int_{-\infty}^{+\infty} \int_{-\infty}^{+\infty} (x + y)f(x,y)\mathrm{d}x\mathrm{d}y$$

$$= \int_{-\infty}^{+\infty} \int_{-\infty}^{+\infty} xf(x,y)\mathrm{d}x\mathrm{d}y$$

$$+ \int_{-\infty}^{+\infty} \int_{-\infty}^{+\infty} yf(x,y)\mathrm{d}x\mathrm{d}y$$

$$= E(X) + E(Y).$$

这一性质可以推广到任意有限个随机变量的和的情况. 即设 $X_1, X_2, \cdots, X_n$ 是 n 个随机变量, 则

$$E(X_1 + X_2 + \cdots + X_n)$$
$$= E(X_1) + E(X_2) + \cdots + E(X_n). \tag{4.10}$$

综合数学期望的性质 $1°, 2°, 3°$, 可得对于任意常数 $C_1, C_2, \cdots, C_n$, 有

$$E(C_1 X_1 + C_2 X_2 + \cdots + C_n X_n)$$
$$= C_1 E(X_1) + C_2 E(X_2) + \cdots + C_n E(X_n). \tag{4.11}$$

$4°$　设 X 与 Y 相互独立, 则

$$E(XY) = E(X) \cdot E(Y), \tag{4.12}$$

即在 X 与 Y 相互独立时, "乘积的期望等于期望的乘积".

证　(仅就 (X,Y) 为连续型时证之) 设 (X,Y) 为连续型随机变量, 概率密度为 $f(x,y)$, 由于 X 与 Y 相互独立, 则

$$f(x,y) = f_X(x) \cdot f_Y(y),$$

在平面上几乎处处成立. 于是

$$E(XY) = \int_{-\infty}^{+\infty} \int_{-\infty}^{+\infty} xyf(x,y)\mathrm{d}x\mathrm{d}y$$

$$= \int_{-\infty}^{+\infty} \int_{-\infty}^{+\infty} xyf_X(x) \cdot f_Y(y)\mathrm{d}x\mathrm{d}y$$

$$= \int_{-\infty}^{+\infty} xf_X(x)\mathrm{d}x \cdot \int_{-\infty}^{+\infty} yf_Y(y)\mathrm{d}y$$

$$= E(X) \cdot E(Y).$$

这一性质可以推广到任意有限个积的情况. 即当 $X_1, X_2, \cdots, X_n$ 相互独立时, 则必有

$$E(X_1 X_2 \cdots X_n) = E(X_1) \cdot E(X_2) \cdots E(X_n). \qquad (4.13)$$

例 8 一民航机场的送客车载有 20 名乘客从机场开出,旅客有 10 个车站可以下车,如到达一个站无旅客下车就不停车,假设每位旅客在各个车站下车是等可能的,且旅客之间在哪一个站下车相互独立. 以 X 表示停车的次数,求平均停车次数 $E(X)$.

解 显然 X 的可能取值是 $1,2,3,\cdots,10$,但由于 X 的分布律 $P(X=k)(k=1,2,3,\cdots,10)$ 不易求出,因此要通过先求出 X 的分布律再计算 X 的数学期望就较为困难,且问题中仅感兴趣于数学期望. 因此,我们设法将 X 分解成一些较易求得数学期望的随机变量的和,再利用性质 3° 求得 X 的数学期望. 为此,引入随机变量

$$X_i = \begin{cases} 1, & \text{第 } i \text{ 站有人下车}, \\ 0, & \text{第 } i \text{ 站无人下车}, \end{cases} \qquad i=1,2,3,\cdots,10.$$

则 $\qquad X = X_1 + X_2 + \cdots + X_{10}$.

按题意,对一位旅客而言,他在第 i 站下车的概率是 $1/10$,在第 i 站不下车的概率是 $9/10$. 由于在各个站旅客下车与否相互独立,故第 i 站无人下车的概率为 $\left(\dfrac{9}{10}\right)^{20}$,从而第 i 站有人下车的概率为 $1 - \left(\dfrac{9}{10}\right)^{20}$. 于是有 X_i 的分布律:

X_i	1	0
p_k	$1 - \left(\dfrac{9}{10}\right)^{20}$	$\left(\dfrac{9}{10}\right)^{20}$

$$i=1,2,3,\cdots,10.$$

则

$$E(X_i) = 1 \times \left[1 - \left(\frac{9}{10}\right)^{20}\right] + 0 \times \left(\frac{9}{10}\right)^{20} = 1 - \left(\frac{9}{10}\right)^{20},$$
$$i=1,2,\cdots,10.$$

进而得 $\quad E(X) = E(X_1 + X_2 + \cdots + X_{10})$
$$= E(X_1) + E(X_2) + \cdots + E(X_{10})$$
$$= 10 \times \left[1 - \left(\frac{9}{10}\right)^{20}\right] = 8.784,$$

即平均停车 8.784 次.

本例将欲求数学期望的随机变量表示为几个随机变量的和,再利用性质 3°求其数学期望,这种处理方法,具有一定的普遍意义.

例 9 设 X,Y 相互独立,分别服从参数为 α,β 的指数分布.

$$f_X(x)=\begin{cases}\dfrac{1}{\alpha}\mathrm{e}^{-\frac{x}{\alpha}}, & x>0,\\[2mm] 0, & x\leqslant 0,\end{cases}$$

$$f_Y(y)=\begin{cases}\dfrac{1}{\beta}\mathrm{e}^{-\frac{y}{\beta}}, & y>0,\\[2mm] 0, & y\leqslant 0.\end{cases}$$

试求 $E\left[\mathrm{e}^{-(cX+dY)}\right](c>0,d>0)$.

解 由前面讨论可知,由 X 和 Y 的相互独立性,可得 e^{-cX} 与 e^{-dY} 亦相互独立,从而有

$$E(\mathrm{e}^{-cX-dY})=E(\mathrm{e}^{-cX})\cdot E(\mathrm{e}^{-dY})$$

$$=\int_0^{+\infty}\mathrm{e}^{-cx}\cdot\frac{1}{\alpha}\mathrm{e}^{-\frac{x}{\alpha}}\mathrm{d}x\cdot\int_0^{+\infty}\mathrm{e}^{-dy}\cdot\frac{1}{\beta}\mathrm{e}^{-\frac{y}{\beta}}\mathrm{d}y$$

$$=\frac{1}{(c\alpha+1)(d\beta+1)}.$$

例 10 设有 n 个人为过节日互赠礼物,每人准备一件礼物,集中在一起,然后每人从中随机地挑选一件礼物,试求恰好取回自己所准备的礼物的人数的数学期望.

解 设 Y 为恰好取回自己所准备的礼物的人数,并设

$$X_i=\begin{cases}1, & \text{第 } i \text{ 个人恰好取回自己的礼物},\\ 0, & \text{第 } i \text{ 个人未取回自己的礼物},\end{cases}$$
$$i=1,2,3,\cdots,n.$$

则　　　$Y=X_1+X_2+\cdots+X_n,$

且　　　$P(X_i=1)=\dfrac{1}{n}, \quad P(X_i=0)=1-\dfrac{1}{n}.$

于是　　$E(X_i)=1\times\dfrac{1}{n}+0\times\left(1-\dfrac{1}{n}\right)=\dfrac{1}{n}, \quad i=1,2,\cdots,n.$

由性质 3°,即得

$$E(Y) = E(X_1 + X_2 + \cdots + X_n)$$
$$= E(X_1) + E(X_2) + \cdots + E(X_n)$$
$$= \frac{1}{n} + \frac{1}{n} + \cdots + \frac{1}{n} = 1,$$

即无论人数为多少,恰好取回自己的礼物的人数的数学期望总为 1.

4.2 方 差

在许多实际问题中,我们不仅关心某指标的平均取值,而且还关心其取值与平均值的偏离程度. 例如,对一批灯泡的寿命,我们不仅希望平均寿命要长,另外我们也希望这批灯泡相互间寿命的差异要小,即平时所说的质量较稳定,而衡量质量稳定性的数量指标即本节所要讨论的数字特征——方差.

怎样衡量一个随机变量与其均值的偏离程度呢? 一个直接的想法是用 $E[\,|X-E(X)|\,]$ 的大小来衡量,但由于它带有绝对值,将给计算或理论研究带来很大的不便,为此通常采用 $E\{[X-E(X)]^2\}$ 来度量随机变量与其均值的偏离程度. 我们引入如下的定义.

定义 4.3 设 X 是随机变量,若 $E\{[X-E(X)]^2\}$ 存在,则称 $E\{[X-E(X)]^2\}$ 为随机变量 X 的**方差**,记为 $D(X)$ 或 $\mathrm{Var}(X)$. 即

$$D(X) = E\{[X-E(X)]^2\}. \tag{4.14}$$

在应用上引入与 X 有相同量纲的量 $\sigma(X) = \sqrt{D(X)}$,称为随机变量 X 的**均方差**或**标准差**.

由方差的定义,得到如下的表达式.

1° 若 X 为离散型随机变量,分布律为:

$$P(X = x_k) = p_k, \quad k = 1, 2, 3, \cdots.$$

则

$$D(X) = \sum_{k=1}^{+\infty} [x_k - E(X)]^2 \cdot p_k. \tag{4.15}$$

2° 若 X 为连续型随机变量,概率密度为 $f(x)$,则

$$D(X) = \int_{-\infty}^{+\infty} [x - E(X)]^2 \cdot f(x)\mathrm{d}x. \tag{4.16}$$

方差有如下重要的计算公式,一般来说,使用此公式较使用基本定义 4.3 中的(4.14)式更为方便.

$$D(X) = E(X^2) - [E(X)]^2, \tag{4.17}$$

即方差是"平方的期望减去期望的平方".

证　因 $D(X) = E\{[X - E(X)]^2\}$
$$= E\{X^2 - 2XE(X) + [E(X)]^2\}$$
$$= E(X^2) - 2E(X) \cdot E(X) + [E(X)]^2$$
$$= E(X^2) - [E(X)]^2.$$

下面将介绍方差的几个重要性质(假设所遇到的数学期望或方差都存在).

1°　设 C 是常数,则 $D(C) = 0$, \hfill (4.18)

且　　　$D(X + C) = D(X).$ \hfill (4.19)

2°　设 X 是随机变量,C 是常数,则

$$D(CX) = C^2 D(X). \tag{4.20}$$

3°　设 X, Y 是随机变量,则

$$D(X + Y) = D(X) + D(Y) + 2E\{[X - E(X)]$$
$$\cdot [Y - E(Y)]\}. \tag{4.21}$$

证　$D(X + Y) = E\{[(X + Y) - E(X + Y)]^2\}$
$$= E\{[(X - E(X)) + (Y - E(Y))]^2\}$$
$$= E\{[(X - E(X)]^2\} + E\{[Y - E(Y)]^2\}$$
$$+ 2E\{[X - E(X)] \cdot [Y - E(Y)]\}$$
$$= D(X) + D(Y) + 2E\{[X - E(X)]$$
$$\cdot [Y - E(Y)]\}.$$

4°　若 X 与 Y 相互独立,则

$$D(X + Y) = D(X) + D(Y). \tag{4.22}$$

证　由于 X 与 Y 相互独立,故 $E(XY) = E(X)E(Y).$

而　　　$E\{[X - E(X)] \cdot [Y - E(Y)]\}$

$$= E[XY - XE(Y) - YE(X) + E(X)E(Y)]$$
$$= E(XY) - E(X)E(Y) = 0.$$

由(4.21)即知此时有

$$D(X + Y) = D(X) + D(Y).$$

这一性质可以推广到任意有限个相互独立的随机变量的和的情况. 即设 $X_1, X_2, \cdots, X_n$ 是 n 个相互独立的随机变量, 则

$$D(X_1 + X_2 + \cdots + X_n) = D(X_1) + D(X_2) + \cdots + D(X_n).$$
$$(4.23)$$

即"独立和的方差等于方差之和"(下面将看到独立的条件还可以减弱).

5° $D(X) = 0$ 的充分必要条件是 X 以概率 1 为常数. 即 $D(X) = 0$ 的充分必要条件是存在某常数 C, 使 $P(X = C) = 1$, 此时 $C = E(X)$.

(证略)

例 1 上节例 1 中, 离散型随机变量 X 具有分布律:

X	-2	-1	0	1	2
p_k	$\dfrac{1}{16}$	$\dfrac{2}{16}$	$\dfrac{3}{16}$	$\dfrac{2}{16}$	$\dfrac{8}{16}$

上例已算得 $E(X) = \dfrac{7}{8}$, 那么 X 的方差为多少呢?

$$D(X) = E(X^2) - [E(X)]^2$$
$$= (-2)^2 \times \frac{1}{16} + (-1)^2 \times \frac{2}{16} + 0^2 \times \frac{3}{16}$$
$$+ 1^2 \times \frac{2}{16} + 2^2 \times \frac{8}{16} - \left(\frac{7}{8}\right)^2$$
$$= \frac{40}{16} - \frac{49}{64} = \frac{111}{64}.$$

例 2 设随机变量 X 具有概率密度

$$f(x) = \begin{cases} x, & 0 < x < 1, \\ 2 - x, & 1 \leqslant x \leqslant 2, \\ 0, & \text{其他}. \end{cases}$$

求 $E(X), D(X)$.

解 $E(X) = \int_{-\infty}^{+\infty} x f(x) \mathrm{d}x$

$$= \int_0^1 x \cdot x \mathrm{d}x + \int_1^2 x \cdot (2 - x) \mathrm{d}x = 1,$$

由于 $D(X) = E(X^2) - [E(X)]^2,$

$$E(X^2) = \int_{-\infty}^{+\infty} x^2 f(x) \mathrm{d}x$$

$$= \int_0^1 x^2 \cdot x \mathrm{d}x + \int_1^2 x^2 \cdot (2 - x) \mathrm{d}x = \frac{7}{6},$$

于是 $D(X) = \dfrac{7}{6} - 1^2 = \dfrac{1}{6}.$

下面介绍一个与方差有关的重要的不等式 —— **切比雪夫不等式**.

设随机变量 X 具有数学期望 $E(X) = \mu$，方差 $D(X) = \sigma^2$，则对任意的正数 $\varepsilon > 0$，必有

$$P(|X - \mu| \geqslant \varepsilon) \leqslant \frac{\sigma^2}{\varepsilon^2}, \tag{4.24}$$

或等价于

$$P(|X - \mu| < \varepsilon) \geqslant 1 - \frac{\sigma^2}{\varepsilon^2}. \tag{4.25}$$

证 （仅就 X 为连续型时证之）设 X 的概率密度为 $f(x)$，则

$$P(|X - \mu| \geqslant \varepsilon) = \int_{|x - \mu| \geqslant \varepsilon} f(x) \mathrm{d}x \leqslant \int_{|x - \mu| \geqslant \varepsilon} \frac{(x - \mu)^2}{\varepsilon^2} f(x) \mathrm{d}x$$

$$\leqslant \frac{1}{\varepsilon^2} \int_{-\infty}^{+\infty} (x - \mu)^2 f(x) \mathrm{d}x = \frac{D(X)}{\varepsilon^2}$$

$$= \frac{\sigma^2}{\varepsilon^2}.$$

此不等式称为**切比雪夫不等式**，它给出在 X 的分布未知时，概率 $P(|X - \mu| \geqslant \varepsilon)$ 的一个上限. 例如分别取 $\varepsilon = 2\sigma, 3\sigma, 4\sigma$，我们有

$$P(|X - \mu| \geqslant 2\sigma) \leqslant \frac{\sigma^2}{4\sigma^2} = \frac{1}{4} = 0.25;$$

$$P(|X - \mu| \geqslant 3\sigma) \leqslant \frac{\sigma^2}{9\sigma^2} = \frac{1}{9} = 0.1111;$$

$$P(|X - \mu| \geqslant 4\sigma) \leqslant \frac{\sigma^2}{16\sigma^2} = \frac{1}{16} = 0.0625.$$

4.3　几种重要分布的数学期望与方差

本节介绍几种重要分布的数学期望和方差.

1.0-1 分布

设 $X \sim B(1, p)$，分布律为：

$$P(X = 1) = p, \quad P(X = 0) = 1 - p \overset{\triangle}{=} q,$$

则　　　$E(X) = 1 \times p + 0 \times (1 - p) = p,$

$$D(X) = E(X^2) - [E(X)]^2 = p - p^2 = pq.$$

2. 二项分布

设 X 服从二项分布，$X \sim B(n, p)$，分布律为：

$$P(X = k) = \binom{n}{k} p^k q^{n-k}, \quad k = 0, 1, 2, \cdots, n.$$

则　　　$E(X) = np,$

$$D(X) = npq.$$

证　　$E(X) = \sum_{k=0}^{n} kP(X = k) = \sum_{k=0}^{n} k \cdot \binom{n}{k} p^k q^{n-k}$

$$= \sum_{k=1}^{n} \frac{n!}{(k-1)!(n-k)!} p^k q^{n-k}$$

$$= np \cdot \sum_{k=1}^{n} \binom{n-1}{k-1} p^{k-1} q^{(n-1)-(k-1)}$$

$$= np \cdot \sum_{t=0}^{n-1} \binom{n-1}{t} p^t q^{(n-1)-t} = np \cdot (p + q)^{n-1}$$

$$= np \times 1 = np.$$

$$
\begin{aligned}
D(X) &= E(X^2) - [E(X)]^2 \\
&= E[X(X-1)] + E(X) - [E(X)]^2 \\
&= E[X(X-1)] + np - n^2 p^2.
\end{aligned}
$$

因
$$
\begin{aligned}
E[X(X-1)] &= \sum_{k=0}^{n} k(k-1) \cdot \binom{n}{k} p^k q^{n-k} \\
&= \sum_{k=2}^{n} \frac{n!}{(k-2)!(n-k)!} p^k q^{n-k} \\
&= n(n-1)p^2 \cdot \sum_{t=0}^{n-2} \binom{n-2}{t} p^t q^{n-2-t} \\
&= n(n-1)p^2 \times (p+q)^{n-2} \\
&= n(n-1)p^2.
\end{aligned}
$$

于是 $D(X) = n(n-1)p^2 + np - n^2 p^2 = np - np^2 = npq$.

上述计算较为繁琐,若将 X 表示成几个相互独立的 0-1 分布变量之和,则 X 的期望及方差的计算就极为方便.

考虑 n 重贝努里试验,在每次试验中 A 发生的概率为 p,X 为 n 次试验中 A 发生的次数,则

$$X \sim B(n,p).$$

记
$$
Y_i = \begin{cases} 1, & \text{第 } i \text{ 次试验时 } A \text{ 发生,} \\ 0, & \text{第 } i \text{ 次试验时 } A \text{ 未发生,} \end{cases}
$$
$$i = 1, 2, \cdots, n.$$

则
$$X = Y_1 + Y_2 + \cdots + Y_n.$$

显然,$Y_1, Y_2, \cdots, Y_n$ 相互独立且同服从参数为 p 的 0-1 分布. 于是

$$E(Y_i) = p, \quad D(Y_i) = pq, \quad i = 1, 2, \cdots, n.$$

即得
$$
\begin{aligned}
E(X) &= E(Y_1 + Y_2 + \cdots + Y_n) \\
&= E(Y_1) + E(Y_2) + \cdots + E(Y_n) \\
&= np.
\end{aligned}
$$
$$
\begin{aligned}
D(X) &= D(Y_1 + Y_2 + \cdots + Y_n) \\
&= D(Y_1) + D(Y_2) + \cdots + D(Y_n) \\
&= npq.
\end{aligned}
$$

3. 泊松分布

设 X 服从参数为 λ 的泊松分布,分布律为:

$$P(X = k) = \frac{e^{-\lambda}\lambda^k}{k!}, \qquad k = 0,1,2,\cdots,$$

则　　　$E(X) = \lambda, \quad D(X) = \lambda.$

证　$E(X) = \sum_{k=0}^{+\infty} k \cdot \frac{e^{-\lambda}\lambda^k}{k!} = \sum_{k=1}^{+\infty} \frac{e^{-\lambda}\lambda^k}{(k-1)!}$

$$= \lambda e^{-\lambda} \cdot \sum_{t=0}^{+\infty} \frac{\lambda^t}{t!} = \lambda e^{-\lambda} \cdot e^{\lambda} = \lambda;$$

$$D(X) = E[X(X-1)] + E(X) - [E(X)]^2$$
$$= E[X(X-1)] + \lambda - \lambda^2.$$

而　　$E[X(X-1)] = \sum_{k=0}^{+\infty} k(k-1) \cdot \frac{e^{-\lambda}\lambda^k}{k!} = \sum_{k=2}^{+\infty} \frac{e^{-\lambda}\lambda^k}{(k-2)!}$

$$= \lambda^2 e^{-\lambda} \cdot \sum_{t=0}^{+\infty} \frac{\lambda^t}{t!} = \lambda^2 e^{-\lambda} \cdot e^{\lambda} = \lambda^2.$$

于是　　$D(X) = \lambda^2 + \lambda - \lambda^2 = \lambda.$

即对参数为 λ 的泊松分布,其期望与方差都等于参数 λ.

4. 几何分布

设 X 服从参数为 $p(0 < p < 1)$ 的几何分布,分布律为:

$$P(X = k) = (1-p)^{k-1} \cdot p, \qquad k = 1,2,3,\cdots.$$

经计算可得

$$E(X) = \frac{1}{p}, \quad D(X) = \frac{1-p}{p^2}.$$

(详细计算略)

5. 均匀分布

设 X 在区间 $[a,b]$ 上服从均匀分布,其概率密度为:

$$f(x) = \begin{cases} \dfrac{1}{b-a}, & a \leqslant x \leqslant b, \\ 0, & \text{其他.} \end{cases}$$

则

$$E(X) = \int_{-\infty}^{+\infty} x f(x) \mathrm{d}x$$

$$= \int_a^b x \cdot \frac{1}{b-a} \mathrm{d}x = \frac{a+b}{2},$$

$$D(X) = E(X^2) - [E(X)]^2$$

$$= \int_a^b x^2 \cdot \frac{1}{b-a} \mathrm{d}x - \left(\frac{a+b}{2}\right)^2$$

$$= \frac{a^2 + ab + b^2}{3} - \left(\frac{a+b}{2}\right)^2 = \frac{(b-a)^2}{12}.$$

6. 正态分布

设 X 服从正态分布，$X \sim N(\mu, \sigma^2)$，其概率密度为：

$$f(x) = \frac{1}{\sqrt{2\pi}\sigma} \mathrm{e}^{-\frac{(x-\mu)^2}{2\sigma^2}}, \quad -\infty < x < +\infty,$$

则　　　　$E(X) = \mu, \quad D(X) = \sigma^2.$

证　$E(X) = \int_{-\infty}^{+\infty} x f(x) \mathrm{d}x = \int_{-\infty}^{+\infty} x \cdot \frac{1}{\sqrt{2\pi}\sigma} \mathrm{e}^{-\frac{(x-\mu)^2}{2\sigma^2}} \mathrm{d}x.$

令 $\dfrac{x-\mu}{\sigma} = t$，则

$$E(X) = \int_{-\infty}^{+\infty} (\sigma t + \mu) \cdot \frac{1}{\sqrt{2\pi}\sigma} \mathrm{e}^{-\frac{t^2}{2}} \sigma \mathrm{d}t$$

$$= \sigma \int_{-\infty}^{+\infty} \frac{1}{\sqrt{2\pi}} t \mathrm{e}^{-\frac{t^2}{2}} \mathrm{d}t + \mu \cdot \int_{-\infty}^{+\infty} \frac{1}{\sqrt{2\pi}} \mathrm{e}^{-\frac{t^2}{2}} \mathrm{d}t$$

$$= 0 + \mu = \mu.$$

$$D(X) = E\{[X - E(X)]^2\}$$

$$= \int_{-\infty}^{+\infty} (x - \mu)^2 \cdot \frac{1}{\sqrt{2\pi}\sigma} \mathrm{e}^{-\frac{(x-\mu)^2}{2\sigma^2}} \mathrm{d}x$$

$$= \int_{-\infty}^{+\infty} \sigma^2 t^2 \cdot \frac{1}{\sqrt{2\pi}\sigma} \mathrm{e}^{-\frac{t^2}{2}} \sigma \mathrm{d}t$$

$$= \sigma^2 \int_{-\infty}^{+\infty} t^2 \cdot \frac{1}{\sqrt{2\pi}} \mathrm{e}^{-\frac{t^2}{2}} \mathrm{d}t = \sigma^2.$$

即知正态分布的两个参数 μ 和 σ 分别是该分布的数学期望及均方差.

7. 指数分布

设随机变量 X 服从指数分布，其概率密度为：

$$f(x) = \begin{cases} \dfrac{1}{\theta}e^{-\frac{x}{\theta}}, & x > 0, \\ 0, & x \leqslant 0. \end{cases}$$

则 $\qquad E(X) = \theta, \quad D(X) = \theta^2.$

证 $\quad E(X) = \displaystyle\int_{-\infty}^{+\infty} xf(x)\mathrm{d}x = \int_{0}^{+\infty} x \cdot \frac{1}{\theta}e^{-\frac{x}{\theta}}\mathrm{d}x = \theta,$

$\qquad D(X) = E(X^2) - [E(X)]^2.$

因

$$E(X^2) = \int_{-\infty}^{+\infty} x^2 f(x)\mathrm{d}x = \int_{0}^{+\infty} x^2 \cdot \frac{1}{\theta}e^{-\frac{x}{\theta}}\mathrm{d}x = 2\theta^2,$$

从而有 $\quad D(X) = 2\theta^2 - \theta^2 = \theta^2.$

书末附表十一列出了上述几种重要的概率分布以及另外一些重要的概率分布的分布律或概率密度、数学期望及方差.

4.4 协方差和相关系数

设 (X, Y) 是定义在样本空间上的二维随机变量，本节讨论描述 X 与 Y 之间相互关系的数字特征 —— 协方差和相关系数.

在上一节中我们曾讨论过：若 X 和 Y 相互独立，则必有 $E\{[X - E(X)] \cdot [Y - E(Y)]\} = 0.$ 于是，若 $E\{[X - E(X)] \cdot [Y - E(Y)]\} \neq 0$，则 X 与 Y 一定不相互独立.

定义 4.4 称 $E\{[X - E(X)] \cdot [Y - E(Y)]\}$ 为随机变量 X 与 Y 的**协方差**，记为 $\mathrm{Cov}(X, Y)$，即

$$\mathrm{Cov}(X, Y) = E\{[X - E(X)] \cdot [Y - E(Y)]\}. \qquad (4.26)$$

并称 $\qquad \rho_{XY} = \dfrac{\mathrm{Cov}(X, Y)}{\sqrt{D(X)} \cdot \sqrt{D(Y)}} \qquad\qquad (4.27)$

为 X 与 Y 的**相关系数**，或称为 X 与 Y 的**标准协方差**.

ρ_{XY} 是一个无量纲的量.

不难推得协方差的另一计算公式：

$$\text{Cov}(X,Y) = E(XY) - E(X) \cdot E(Y). \qquad (4.28)$$

证　$\text{Cov}(X,Y) = E\{[X - E(X)] \cdot [Y - E(Y)]\}$

$$= E[XY - XE(Y) - YE(X) + E(X) \cdot E(Y)]$$

$$= E(XY) - E(X) \cdot E(Y) - E(X) \cdot E(Y)$$

$$+ E(X) \cdot E(Y)$$

$$= E(XY) - E(X) \cdot E(Y),$$

即协方差等于"乘积的期望减去期望的乘积".

由协方差的定义以及上节的展开式(4.21)，得到：

$$D(X + Y) = D(X) + D(Y) + 2\text{Cov}(X,Y); \qquad (4.29)$$

$$D(X - Y) = D(X) + D(Y) - 2\text{Cov}(X,Y); \qquad (4.30)$$

$$D(X + Y + Z) = D(X) + D(Y) + D(Z) + 2\text{Cov}(X,Y)$$

$$+ 2\text{Cov}(X,Z) + 2\text{Cov}(Y,Z); \qquad (4.31)$$

等等.

于是只要 X 与 Y 的协方差为 0 时就有"和的方差等于方差之和"，反之亦真.

协方差具有如下重要性质：

1°　$\text{Cov}(X,Y) = \text{Cov}(Y,X)$；

2°　$\text{Cov}(aX,bY) = ab\text{Cov}(X,Y)$　（a,b 为常数）；

3°　$\text{Cov}(X + Y,Z) = \text{Cov}(X,Z) + \text{Cov}(Y,Z)$；

4°　$\rho_{XY} = \text{Cov}\left[\dfrac{X - E(X)}{\sqrt{D(X)}}, \dfrac{Y - E(Y)}{\sqrt{D(Y)}}\right]$.

我们称 $\dfrac{X - E(X)}{\sqrt{D(X)}}$ 为 X 的**标准化变量**. 标准化变量的期望为 0，方差为 1. 于是由协方差性质 4° 即知 X 和 Y 的相关系数就是它们各自的标准化变量的协方差.

定理 4.2　$|\rho_{XY}| \leqslant 1$. $\qquad\qquad$ (4.32)

即相关系数的绝对值小于等于 1.

证 由于

$$D\left[\frac{X-E(X)}{\sqrt{D(X)}} \pm \frac{Y-E(Y)}{\sqrt{D(Y)}}\right]$$

$$= D\left[\frac{X-E(X)}{\sqrt{D(X)}}\right] + D\left[\frac{Y-E(Y)}{\sqrt{D(Y)}}\right]$$

$$\pm 2\mathrm{Cov}\left(\frac{X-E(X)}{\sqrt{D(X)}}, \frac{Y-E(Y)}{\sqrt{D(Y)}}\right)$$

$$= 1 + 1 \pm 2\rho_{XY} = 2(1 \pm \rho_{XY}), \tag{4.33}$$

再注意到方差的非负性,就有 $2(1 \pm \rho_{XY}) \geqslant 0$,即得

$$|\rho_{XY}| \leqslant 1.$$

定理 4.3 $|\rho_{XY}| = 1$ 的充分必要条件是 X 与 Y 以概率 1 存在线性关系.

证 必要性:

(1) 设 $\rho_{XY} = 1$,由(4.33)式可知,必有

$$D\left[\frac{X-E(X)}{\sqrt{D(X)}} - \frac{Y-E(Y)}{\sqrt{D(Y)}}\right] = 0,$$

由 4.2 节中方差的性质 5° 可知,必有

$$P\left(\frac{X-E(X)}{\sqrt{D(X)}} - \frac{Y-E(Y)}{\sqrt{D(Y)}} = C\right) = 1.$$

其中 $C = E\left[\frac{X-E(X)}{\sqrt{D(X)}} - \frac{Y-E(Y)}{\sqrt{D(Y)}}\right] = 0$,于是,

$$P\left(\frac{X-E(X)}{\sqrt{D(X)}} = \frac{Y-E(Y)}{\sqrt{D(Y)}}\right) = 1,$$

即 X 与 Y 以概率 1 存在线性关系. 此时我们称 X 与 Y **正相关**.

(2) 当 $\rho_{XY} = -1$ 时,由(4.33)式,有

$$D\left(\frac{X-E(X)}{\sqrt{D(X)}} + \frac{Y-E(Y)}{\sqrt{D(Y)}}\right) = 0,$$

由 4.2 节中方差的性质 5° 知,必有

$$P\left(\frac{X-E(X)}{\sqrt{D(X)}} + \frac{Y-E(Y)}{\sqrt{D(Y)}} = C\right) = 0,$$

其中 $C = E\left[\dfrac{X - E(X)}{\sqrt{D(X)}} + \dfrac{Y - E(Y)}{\sqrt{D(Y)}}\right] = 0$，于是，

$$P\left(\frac{X - E(X)}{\sqrt{D(X)}} = -\frac{Y - E(Y)}{\sqrt{D(Y)}}\right) = 1,$$

即 X 与 Y 以概率1存在线性关系. 此时我们称 X 与 Y **负相关**. 必要性证毕.

充分性可由相关系数定义直接证明.

定义 4.5 若 $\rho_{XY} = 0$，则称 X 与 Y **不相关**.

定理 4.4 若 X 与 Y 相互独立，则必有 X 与 Y 不相关.

证 因 X 与 Y 独立，则 $E(XY) = E(X) \cdot E(Y)$，

从而 $\mathrm{Cov}(X, Y) = E(XY) - E(X) \cdot E(Y)$

$$= E(X) \cdot E(Y) - E(X) \cdot E(Y) = 0,$$

故 $\rho_{XY} = 0$.

即由随机变量的独立性可推出其不相关性，反之，由随机变量的不相关性一般不能推出独立性.

例 1 设二维随机变量 (X, Y) 具有分布律为：

X \ Y	0	1
-1	$\dfrac{1}{3}$	0
0	0	$\dfrac{1}{3}$
1	$\dfrac{1}{3}$	0

易知 X, Y, XY 的分布律分别为：

X	-1	0	1
p_k	$\dfrac{1}{3}$	$\dfrac{1}{3}$	$\dfrac{1}{3}$

Y	0	1
p_k	$\dfrac{2}{3}$	$\dfrac{1}{3}$

XY	0
p_k	1

从而 $E(X) = 0, E(Y) = \dfrac{1}{3}, E(XY) = 0$，

$$\mathrm{Cov}(X, Y) = E(XY) - E(X) \cdot E(Y) = 0 - 0 = 0,$$

即知 $\rho_{XY} = 0$,即 X 与 Y 不相关.但由于

$$P(X = 0, Y = 0) = 0 \neq P(X = 0) \cdot P(Y = 0) = \frac{2}{9},$$

即知 X 与 Y 并不相互独立.

例 2 设二维随机变量 (X, Y) 在圆 $x^2 + y^2 \leqslant 1$ 内均匀分布,其概率密度为

$$f(x, y) = \begin{cases} \dfrac{1}{\pi}, & x^2 + y^2 \leqslant 1, \\ 0, & \text{其他}. \end{cases}$$

则易知 $\rho_{XY} = 0$,即 X 与 Y 不相关.但 X 与 Y 并不相互独立.事实上,易知边缘密度

$$f_X(x) = \begin{cases} \dfrac{2}{\pi} \sqrt{1 - x^2}, & |x| \leqslant 1, \\ 0, & \text{其他}. \end{cases}$$

$$f_Y(y) = \begin{cases} \dfrac{2}{\pi} \sqrt{1 - y^2}, & |y| \leqslant 1, \\ 0, & \text{其他}. \end{cases}$$

显然 X 与 Y 的联合密度 $f(x, y)$ 与边缘密度的乘积 $f_X(x) \cdot f_Y(y)$ 在平面上并不几乎处处相等,即得 X 与 Y 并不相互独立.

一般来说,由不相关性并不能推出独立性.但由下例可知,对于二维正态变量来说不相关与独立是等价的,这也是二维正态变量的一个重要性质.

例 3 设 (X, Y) 为二维正态变量,$(X, Y) \sim N(\mu_1, \mu_2, \sigma_1^2, \sigma_2^2, \rho)$,其概率密度为

$$f(x, y) = \frac{1}{2\pi\sigma_1\sigma_2 \sqrt{1 - \rho^2}} \mathrm{e}^{-\frac{1}{2(1-\rho^2)} \left\{ \frac{(x-\mu_1)^2}{\sigma_1^2} - 2\rho \frac{(x-\mu_1)(y-\mu_2)}{\sigma_1\sigma_2} + \frac{(y-\mu_2)^2}{\sigma_2^2} \right\}},$$
$$-\infty < x < +\infty, \ -\infty < y < +\infty.$$

前面已经算得,

$$E(X) = \mu_1, \quad D(X) = \sigma_1^2,$$
$$E(Y) = \mu_2, \quad D(Y) = \sigma_2^2.$$

下面来计算 X 与 Y 的相关系数.因

$$\text{Cov}(X,Y) = \int_{-\infty}^{+\infty}\int_{-\infty}^{+\infty}(x-\mu_1)(y-\mu_2)f(x,y)\mathrm{d}x\mathrm{d}y$$

$$= \int_{-\infty}^{+\infty}\int_{-\infty}^{+\infty}(x-\mu_1)(y-\mu_2)\cdot\frac{1}{2\pi\sigma_1\sigma_2\sqrt{1-\rho^2}}$$

$$\cdot\mathrm{e}^{-\frac{1}{2(1-\rho^2)}\left[\frac{(x-\mu_1)^2}{\sigma_1^2}-2\rho\frac{(x-\mu_1)(y-\mu_2)}{\sigma_1\sigma_2}+\frac{(y-\mu_2)^2}{\sigma_2^2}\right]}\mathrm{d}x\mathrm{d}y,$$

令 $t=\dfrac{1}{\sqrt{1-\rho^2}}\left(\dfrac{y-\mu_2}{\sigma_2}-\rho\dfrac{x-\mu_1}{\sigma_1}\right),u=\dfrac{x-\mu_1}{\sigma_1}$,此变换的雅可比

式是 $J=\sqrt{1-\rho^2}\cdot\sigma_1\sigma_2$,于是

$$\text{Cov}(X,Y)=\frac{1}{2\pi}\int_{-\infty}^{+\infty}\int_{-\infty}^{+\infty}(\sigma_1\sigma_2\sqrt{1-\rho^2}\,tu+\rho\sigma_1\sigma_2u^2)\mathrm{e}^{-\frac{u^2}{2}-\frac{t^2}{2}}\mathrm{d}t\mathrm{d}u$$

$$=\frac{\rho\sigma_1\sigma_2}{2\pi}\left(\int_{-\infty}^{+\infty}u^2\mathrm{e}^{-\frac{u^2}{2}}\mathrm{d}u\right)\cdot\left(\int_{-\infty}^{+\infty}\mathrm{e}^{-\frac{t^2}{2}}\mathrm{d}t\right)$$

$$+\frac{\sigma_1\sigma_2\sqrt{1-\rho^2}}{2\pi}\left(\int_{-\infty}^{+\infty}u\mathrm{e}^{-\frac{u^2}{2}}\mathrm{d}u\right)\left(\int_{-\infty}^{+\infty}t\mathrm{e}^{-\frac{t^2}{2}}\mathrm{d}t\right)$$

$$=\frac{\rho\sigma_1\sigma_2}{2\pi}\cdot\sqrt{2\pi}\cdot\sqrt{2\pi}+0,$$

即得 $\quad\text{Cov}(X,Y)=\rho\sigma_1\sigma_2.$

于是 $\quad\rho_{XY}=\dfrac{\text{Cov}(X,Y)}{\sigma_1\sigma_2}=\dfrac{\rho\sigma_1\sigma_2}{\sigma_1\sigma_2}=\rho.$

即对二维正态分布而言,参数 ρ 正是 X 与 Y 的相关系数.在第3章中已证,对二维正态变量 (X,Y),X 与 Y 相互独立的充分必要条件是 $\rho=0$,而 $\rho=0$ 又等价于 X 与 Y 不相关.从而即得,对二维正态变量 (X,Y) 而言,X 与 Y 相互独立与 X,Y 不相关是等价的.

* **例4** 求 4.1 节例 10 中恰好取回自己所准备的礼物的人数 Y 的方差($n\geqslant 2$).

解 $Y=$ 恰好取回自己所准备的礼物的人数.

$$X_i=\begin{cases}1, & \text{第 }i\text{ 个人恰好取回自己所准备的礼物,}\\0, & \text{第 }i\text{ 个人未取回自己所准备的礼物,}\end{cases}$$
$$i=1,2,\cdots,n.$$

则 $\quad Y=X_1+X_2+\cdots+X_n.$

$$D(Y)=D(X_1+X_2+\cdots+X_n)$$

$$= \sum_{i=1}^{n} D(X_i) + 2 \sum_{1 \leqslant i < j \leqslant n} \mathrm{Cov}(X_i, X_j).$$

易知

$$D(X_i) = \frac{1}{n}\left(1 - \frac{1}{n}\right) = \frac{n-1}{n^2}, \quad i = 1, 2, \cdots, n.$$

当 $i \neq j$ 时,

$$\mathrm{Cov}(X_i, X_j) = E(X_i X_j) - E(X_i) \cdot E(X_j)$$

$$= P(X_i = 1, X_j = 1) - \frac{1}{n} \times \frac{1}{n}$$

$$= P(X_i = 1)P(X_j = 1 | X_i = 1) - \frac{1}{n^2}$$

$$= \frac{1}{n(n-1)} - \frac{1}{n^2} = \frac{1}{n^2(n-1)}.$$

于是
$$D(Y) = n \times D(X_1) + 2 \cdot \binom{n}{2} \cdot \mathrm{Cov}(X_1, X_2)$$

$$= n \times \frac{n-1}{n^2} + 2 \times \frac{n(n-1)}{2} \times \frac{1}{n^2(n-1)}$$

$$= \frac{n-1}{n} + \frac{1}{n} = 1.$$

4.5　矩、协方差矩阵

设 (X, Y) 是二维随机变量.

定义 4.6　若 $E(X^k)$ 存在,则称 $E(X^k)$ 为随机变量 X 的 **k 阶原点矩**,简称 **k 阶矩**$(k = 1, 2, 3, \cdots)$.

若 $E\{[X - E(X)]^k\}$ 存在,则称 $E\{[X - E(X)]^k\}$ 为随机变量 X 的 **k 阶中心矩**$(k = 1, 2, 3, \cdots)$.

若 $E(X^k Y^l)$ 存在,则称 $E(X^k Y^l)$ 为 X 与 Y 的 **$k + l$ 阶混合原点矩**$(k, l = 1, 2, 3, \cdots)$.

若 $E\{[X - E(X)]^k \cdot [Y - E(Y)]^l\}$ 存在,则称它为 X 和 Y 的 **$k + l$ 阶混合中心矩**$(k, l = 1, 2, 3, \cdots)$.

于是,数学期望即为一阶原点矩,方差即为二阶中心矩,协方差

即为 $1+1$ 阶混合中心矩.

下面介绍 n 维随机变量的协方差矩阵(假设所遇到的数学期望都存在).

先考虑 $n=2$ 的情况:

记 $\quad C_{11} = E\{[X_1 - E(X_1)]^2\} = D(X_1)$,

$\quad C_{12} = E\{[X_1 - E(X_1)] \cdot [X_2 - E(X_2)]\} = \mathrm{Cov}(X_1, X_2)$,

$\quad C_{21} = E\{[X_2 - E(X_2)] \cdot [X_1 - E(X_1)]\} = \mathrm{Cov}(X_2, X_1)$,

$\quad C_{22} = E\{[X_2 - E(X_2)]^2\} = D(X_2)$.

我们称矩阵

$$\begin{pmatrix} C_{11} & C_{12} \\ C_{21} & C_{22} \end{pmatrix}$$

为 X_1 与 X_2 的**协方差矩阵**.

设有 n 维随机变量 $(X_1, X_2, \cdots, X_n)$,记

$$C_{ij} = E\{[X_i - E(X_i)] \cdot [X_j - E(X_j)]\} = \mathrm{Cov}(X_i, X_j),$$
$$i, j = 1, 2, 3, \cdots, n,$$

则 n 阶矩阵

$$\boldsymbol{C} = \begin{pmatrix} C_{11} & C_{12} & \cdots & C_{1n} \\ C_{21} & C_{22} & \cdots & C_{2n} \\ \vdots & \vdots & & \vdots \\ C_{n1} & C_{n2} & \cdots & C_{nn} \end{pmatrix} \tag{4.34}$$

称为 n 维随机向量 $(X_1, X_2, \cdots, X_n)$ 的**协方差矩阵**.

由于 $C_{ij} = C_{ji}$ 知,协方差矩阵是对称阵,其对角线元素是对应分量的方差,第 i 行第 j 列的元素 C_{ij} 是 X_i 与 X_j 的协方差,可以证明协方差矩阵必是非负定矩阵.

4.6 大数定律

在第 1 章中,我们已经指出,人们在长期的实践中发现,虽然每个随机事件在一次试验中可能发生也可能不发生,但在大量重复试

验时,随机事件的发生与否呈现某种统计规律性,即所谓的频率稳定性. 在这一节中,我们将对这一点给予理论上的论证.

先给出随机变量序列依概率收敛的定义.

定义 4.7 设随机变量序列 $X_1, X_2, X_3, \cdots$,若存在某随机变量 Y,使得对于任意正数 ε,均有

$$\lim_{n \to +\infty} P(|X_n - Y| \geqslant \varepsilon) = 0, \tag{4.35}$$

则称随机变量序列 $\{X_n\}$ **依概率收敛**于随机变量 Y,并记为

$$X_n \xrightarrow{P} Y.$$

特别,若存在常数 a,使得对于任意 $\varepsilon > 0$,均有

$$\lim_{n \to +\infty} P(|X_n - a| \geqslant \varepsilon) = 0,$$

则称随机变量序列 $\{X_n\}$ **依概率收敛**于常数 a,并记为

$$X_n \xrightarrow{P} a.$$

定理 4.5 (**切比雪夫定理的特殊情况**)

设随机变量序列 $X_1, X_2, \cdots, X_n, \cdots$ 相互独立[①],且具有相同的数学期望 μ 与相同的方差 σ^2. 记前 n 个随机变量的算术平均为 Y_n:

$$Y_n = \frac{1}{n} \sum_{i=1}^{n} X_i,$$

则随机变量序列 $Y_1, Y_2, \cdots, Y_n, \cdots$ 依概率收敛于 μ,即

$$Y_n \xrightarrow{P} \mu.$$

证 因为

$$E(Y_n) = E\left(\frac{1}{n} \sum_{i=1}^{n} X_i \right) = \frac{1}{n} \sum_{i=1}^{n} E(X_i)$$

$$= \frac{1}{n} \sum_{i=1}^{n} \mu = \mu,$$

---

① 随机变量序列 $X_1, X_2, X_3, \cdots, X_n, \cdots$ 相互独立的含义是对任意正整数 k,k 个随机变量 $X_1, X_2, \cdots, X_k$ 相互独立.

以及 $\quad D(Y_n) = D\left(\dfrac{1}{n}\sum\limits_{i=1}^{n}X_i\right) = \dfrac{1}{n^2}\sum\limits_{i=1}^{n}D(X_i)$

$$= \frac{1}{n^2}\sum_{i=1}^{n}\sigma^2 = \frac{\sigma^2}{n},$$

于是，由切比雪夫不等式，对于任意 $\varepsilon > 0$，有

$$P(|Y_n - \mu| \geqslant \varepsilon) \leqslant \frac{D(Y_n)}{\varepsilon^2} = \frac{\sigma^2}{n\varepsilon^2},$$

即得 $\quad \lim\limits_{n \to +\infty} P(|Y_n - \mu| \geqslant \varepsilon) = 0,$

从而定理得证.

定理 4.6 （贝努里大数定理）

设事件 A 在每次试验中发生的概率为 p，记 n_A 为 n 次重复独立试验中 A 发生的次数，则对于任意 $\varepsilon > 0$，有

$$\lim_{n \to +\infty} P\left(\left|\frac{n_A}{n} - p\right| \geqslant \varepsilon\right) = 0, \tag{4.36}$$

也即

$$\frac{n_A}{n} \xrightarrow{P} p.$$

证 直接利用切比雪夫不等式，因 $n_A \sim B(n, p)$，故

$$E\left(\frac{n_A}{n}\right) = \frac{1}{n}E(n_A) = \frac{1}{n} \times np = p,$$

$$D\left(\frac{n_A}{n}\right) = \frac{1}{n^2}D(n_A) = \frac{1}{n^2} \times npq = \frac{pq}{n},$$

于是，对于任意的 $\varepsilon > 0$，有

$$P\left(\left|\frac{n_A}{n} - p\right| \geqslant \varepsilon\right) \leqslant \frac{D\left(\dfrac{n_A}{n}\right)}{\varepsilon^2} = \frac{pq}{n\varepsilon^2},$$

即得 $\quad \lim\limits_{n \to +\infty} P\left(\left|\dfrac{n_A}{n} - p\right| \geqslant \varepsilon\right) = 0.$

贝努里大数定理就是频率稳定性的理论依据. 其含义是当试验次数充分多时，事件发生的频率与事件发生的概率有较大偏差的可能性很小，因而在实际问题中，当试验次数很大时，人们往往用事件

发生的频率来估计事件的概率.

4.7 中心极限定理

在客观实际中,有许多随机变量,它们是由大量的相互独立的随机变量的综合影响所形成的,而其中每个个别的因素都不起主要的作用,这种随机变量往往服从或近似服从正态分布.本节将讨论在一定的条件下,相互独立的随机变量的和近似服从正态分布的问题,有关的定理称之为中心极限定理.这里仅给出两个最常用的中心极限定理.

定理 4.7(独立同分布的中心极限定理)

设随机变量 $X_1, X_2, \cdots, X_n, \cdots$ 相互独立,具有相同分布,存在数学期望 μ,方差 $\sigma^2 (\sigma^2 > 0)$,则前 n 个变量的和的标准化变量为:

$$Y_n = \frac{\sum\limits_{i=1}^{n} X_i - n\mu}{\sqrt{n}\,\sigma}.$$

其分布函数 $F_n(x)$ 满足以下关系:

对任意实数 x,有

$$\lim_{n \to +\infty} F_n(x) = \lim_{n \to +\infty} P(Y_n \leqslant x)$$

$$= \lim_{n \to +\infty} P\left\{\frac{\sum\limits_{i=1}^{n} X_i - n\mu}{\sqrt{n}\,\sigma} \leqslant x\right\}$$

$$= \int_{-\infty}^{x} \frac{1}{\sqrt{2\pi}} \mathrm{e}^{-\frac{t^2}{2}} \mathrm{d}t. \tag{4.37}$$

(证略)

此定理表明,当 n 充分大时,

$$Y_n = \frac{\sum\limits_{i=1}^{n} X_i - n\mu}{\sqrt{n}\,\sigma}$$

的分布近似于标准正态分布.

利用定理 4.7 可得如下定理.

定理 4.8 （德莫佛 — 拉普拉斯定理）

设进行了 n 重贝努里试验,在每次试验中 A 发生的概率为 $p(0 < p < 1)$,记 Y_n 为 n 重贝努里试验中 A 发生的次数,则对任何区间 $(a, b](a \leqslant b)$,有

$$\lim_{n \to +\infty} P\left(a < \frac{Y_n - np}{\sqrt{npq}} \leqslant b \right) = \int_a^b \frac{1}{\sqrt{2\pi}} e^{-\frac{t^2}{2}} dt, \quad (4.38)$$

其中 $q = 1 - p$.

即若 $Y_n \sim B(n, p)$,则上式成立.

证 令 $X_i = \begin{cases} 1, & \text{第 } i \text{ 次试验时 } A \text{ 发生}, \\ 0, & \text{第 } i \text{ 次试验时 } A \text{ 未发生}, \end{cases}$

$$i = 1, 2, \cdots.$$

则 $X_1, X_2, \cdots, X_n, \cdots$ 相互独立同分布,且期望为 p,方差为 pq.

因 $Y_n = X_1 + X_2 + \cdots + X_n$,

于是,由定理 4.7,当 $n \to +\infty$ 时,有

$$\lim_{n \to +\infty} P\left(a < \frac{Y_n - np}{\sqrt{npq}} \leqslant b \right) = \int_a^b \frac{1}{\sqrt{2\pi}} e^{-\frac{t^2}{2}} dt.$$

例 1 设随机变量 $X_1, X_2, \cdots, X_n, \cdots$ 相互独立,都服从 $[0, 1]$ 上的均匀分布,则 $E(X_i) = \dfrac{1}{2}, D(X_i) = \dfrac{1}{12}$,由上节定理 4.5,我们有

$$\frac{1}{n} \sum_{i=1}^n X_i \xrightarrow{P} \frac{1}{2}.$$

由本节定理 4.7 可得,当 n 充分大时,随机变量

$$Y_n = \frac{\displaystyle\sum_{i=1}^n X_i - \frac{n}{2}}{\sqrt{n \times \dfrac{1}{12}}}$$

的分布近似于标准正态分布.

事实上,当 $n = 12$ 时,$Y = \sum\limits_{i=1}^{12} X_i - 6$ 的分布与标准正态分布已经较为接近了.

例 2 某车间有 200 台机床,它们独立地工作着,设每台机器开工率为 0.6,开工时耗电 1 千瓦,问供电所至少要供多少电才能以不小于 99.9% 的概率保证车间不会因供电不足而影响生产.

解 记 X 为 200 台机器中工作着的机器台数,则 X 是随机变量,服从参数为 200,0.6 的二项分布,即 $X \sim B(200, 0.6)$.

按题意,求最小的 r,使

$$P(X \leqslant r) \geqslant 0.999.$$

即

$$\sum_{k=0}^{r} \binom{200}{k} (0.6)^k (0.4)^{200-k} \geqslant 0.999.$$

利用极限定理,有

$$\sum_{k=0}^{r} \binom{200}{k} (0.6)^k (0.4)^{200-k} = P(0 \leqslant X \leqslant r)$$

$$= P\left(\frac{0 - 200 \times 0.6}{\sqrt{200 \times 0.6 \times 0.4}} \leqslant \frac{X - 200 \times 0.6}{\sqrt{200 \times 0.6 \times 0.4}} \right.$$

$$\left. \leqslant \frac{r - 200 \times 0.6}{\sqrt{200 \times 0.6 \times 0.4}} \right)$$

$$\approx \Phi\left(\frac{r - 200 \times 0.6}{\sqrt{200 \times 0.6 \times 0.4}} \right) - \Phi\left(\frac{0 - 200 \times 0.6}{\sqrt{200 \times 0.6 \times 0.4}} \right)$$

$$= \Phi\left(\frac{r - 120}{\sqrt{48}} \right) - \Phi\left(\frac{-120}{\sqrt{48}} \right) \approx \Phi\left(\frac{r - 120}{\sqrt{48}} \right),$$

求最小的 r,使

$$\Phi\left(\frac{r - 120}{\sqrt{48}} \right) \geqslant 0.999,$$

查表,

$$\frac{r - 120}{\sqrt{48}} \geqslant 3.1, \qquad 解得 \ r \geqslant 141.$$

即 供电局至少供电 141 千瓦,那么由于供电不足而影响生产的概率小于 0.001.

例 3 设某单位为了解人们对某一决议的态度进行抽样调查. 设该单位每个人赞成该决议的概率为 p, 且人与人之间赞成与否相互独立, p 未知 ($0 < p < 1$). 试问要调查多少人, 才能使赞成该决议的人数的频率与 p 相差不超过 0.01 的概率达 0.95 以上.

解 设 Y_n 为所调查的 n 个人中赞成该决议的人数, 则 $Y_n \sim B(n, p)$. 问题是求最小的 n, 使

$$P\left(\left|\frac{Y_n}{n} - p\right| \leqslant 0.01\right) \geqslant 0.95,$$

即

$$P\left(\left|\frac{Y_n - np}{\sqrt{npq}}\right| \leqslant 0.01 \times \sqrt{\frac{n}{pq}}\right) \geqslant 0.95,$$

由德莫佛 — 拉普拉斯定理, 在 n 充分大时有:

$$P\left(\left|\frac{Y_n - np}{\sqrt{npq}}\right| \leqslant 0.01 \times \sqrt{\frac{n}{pq}}\right) \approx 2\Phi\left(0.01 \times \sqrt{\frac{n}{pq}}\right) - 1,$$

即要求 n, 使,

$$2\Phi\left(0.01 \times \sqrt{\frac{n}{pq}}\right) - 1 \geqslant 0.95,$$

即

$$\Phi\left(0.01 \times \sqrt{\frac{n}{pq}}\right) \geqslant 0.975.$$

查表

$$0.01 \times \sqrt{\frac{n}{pq}} \geqslant 1.96,$$

于是 n 应满足不等式:

$$n \geqslant (196)^2 pq.$$

p, q 虽然未知, 但只要注意到当 $0 \leqslant p \leqslant 1$ 时必有 $pq \leqslant \frac{1}{4}$, 于是只要 n 满足如下不等式:

$$n \geqslant (196)^2 \times \frac{1}{4} = 9604$$

就行了. 即解得所需要的抽样调查人数为 9604 人.

习　题　4

1. 设离散型随机变量 X 具有概率分布律：

X	-2	-1	0	1	2	3
p_k	0.1	0.2	0.2	0.3	0.1	0.1

试求：$E(X), E(X^2+5), E(|X|)$.

2. 从 $1,2,3,4,5$ 这五个数字中，无放回地任取两数，试求其中较大一个数字的分布律，并求其数学期望.

3. 设某袋中有 1 号球 1 只，2 号球 2 只……n 号球 n 只. 若某人从袋中任取 1 只球，记 X 为所取球的号码，试求 X 的数学期望.

4. 设某商店对某种家用电器的销售采用先使用后付款的方式，商店规定凡使用寿命在一年以内付款 1500 元；一年到两年内付款 2000 元；两年到三年内付款 2500 元，三年以上付款 3000 元. 若该家用电器的使用寿命 X（以年计）服从指数分布，其概率密度为：

$$f(x) = \begin{cases} \dfrac{1}{10} \mathrm{e}^{-\frac{x}{10}}, & x > 0, \\ 0, & x \leqslant 0. \end{cases}$$

试写出该商店对此家用电器每台收款数 Y 的概率分布律，并求 Y 的数学期望.

5. 设随机变量 X 具有概率密度为：

$$f(x) = \begin{cases} 0, & x \leqslant 0, \\ x, & 0 < x < 1, \\ A \mathrm{e}^{-x}, & x > 1. \end{cases}$$

(1) 求常数 A；(2) 求 X 的数学期望.

6. 设随机变量 X 的概率密度为：

$$f(x) = \begin{cases} x \mathrm{e}^{-x}, & x > 0, \\ 0, & x \leqslant 0. \end{cases}$$

求 $E(3X), E(-2X+5), E(\mathrm{e}^{-3X})$.

7. 已知分子的运动速度 X 服从马克斯威尔分布，其概率密度为：

$$f(x) = \begin{cases} \dfrac{4x^2}{a^3 \sqrt{\pi}} \mathrm{e}^{-\frac{x^2}{a^2}}, & x > 0, \\ 0, & x \leqslant 0. \end{cases}$$

其中 $a > 0$ 是常数. 试求分子的平均速度以及平均动能.

8. 设球的直径 D 在 $[a,b]$ 上均匀分布.

   (1) 试求球的表面积的数学期望(表面积 πD^2);

   (2) 试求球的体积的数学期望(体积 $\frac{1}{6}\pi D^3$).

9. 设有 5 只球, 随机地丢入编号为 1, 2, 3, 4 的四个盒子中去, 若某盒落入的球的个数恰好与盒子的编号数相同, 则称为一个配对, 以 X 记配对的个数, 试求 X 的数学期望.

10. 将 n 个球随机地丢入编号为 $1, 2, 3, \cdots, k$ 的 k 个盒子中去, 试求没有球的盒子的个数的数学期望.

11. 设某图书馆的读者借阅甲种图书的概率为 p, 借阅乙种图书的概率为 α, 且对每位读者而言, 他是否借阅甲种图书与是否借阅乙种图书相互独立, 且设读者与读者之间是否借阅甲、乙图书的行动也相互独立.

    (1) 设某天恰有 n 名读者, 那么借阅甲种图书的人数的期望是多少?

    (2) 若某天恰有 n 名读者, 那么甲、乙两种图书中至少借阅了一种的人数的期望是多少?

12. 设某保险公司有 1000 人投了人寿保险, 每人每年支付保险金 10 元, 若在该年内死亡, 则获得赔偿金 1000 元.

    (1) 若投保者在一年内死亡的概率是 p, 那么该公司一年盈利数的期望值是多少(设行政开支由国家支付)?

    (2) 若投保者在一年内死亡的概率是 0.002, 那么每人至少要交纳多少保险金, 才能使保险公司盈利的期望值大于或等于零.

13. 设某产品的验收方案是从该批产品中任取 6 只产品, 若次品数小于等于 1, 则该产品通过验收; 否则不予通过. 若某厂该产品的次品率为 0.1, 试求在 10 次抽样验收中能通过验收的次数的数学期望.

14. 设二维离散型随机变量 (X,Y) 的联合分布律为:

X＼Y	1	2	3	4
-2	0.10	0.05	0.05	0.10
0	0.05	0	0.10	0.20
2	0.10	0.15	0.05	0.05

求 $E(X), E(Y), E(XY)$.

15. 设二维连续型随机变量 (X,Y) 具有概率密度为：

$$f(x,y) = \begin{cases} \dfrac{3}{2}x, & 0 < x < 1, \ -x < y < x, \\ 0, & \text{其他.} \end{cases}$$

求 $E(X), E(Y), E(XY^2), E(X+3Y)$.

16. 设随机变量 X,Y 相互独立，且具有概率密度为：

$$f_X(x) = \begin{cases} 2x, & 0 < x < 1, \\ 0, & \text{其他.} \end{cases}$$

$$f_Y(y) = \begin{cases} 3e^{-3(y-1)}, & y > 1, \\ 0, & y \leqslant 1. \end{cases}$$

(1) 求 $E(2X+5Y)$；   (2) 求 $E(X^2Y)$.

17. (1) 求第 1 题中 X 的方差 $D(X)$；

(2) 求第 14 题中 X 的方差 $D(X)$.

18. 设 X 为随机变量，C 是常数，$D(X)$ 存在. 试证：对于任意的 $C \neq E(X)$，必有 $E(X-C)^2 > D(X)$.

（上式表明 $E(X-C)^2$ 当 $C = E(X)$ 时取到最小值）.

19. 设随机变量 X 服从双参数指数分布，其概率密度为：

$$f(x) = \begin{cases} \dfrac{1}{\theta} e^{-\frac{x-\mu}{\theta}}, & x > \mu, \\ 0, & x \leqslant \mu, \end{cases}$$

其中，$\theta > 0, \mu \in (-\infty, +\infty)$ 为参数. 求 X 的期望与方差.

20. 设随机变量 X 服从参数为 σ 的瑞利分布，具有概率密度为：

$$f(x) = \begin{cases} \dfrac{x}{\sigma^2} e^{-\frac{x^2}{2\sigma^2}}, & x \geqslant 0, \\ 0, & x < 0. \end{cases}$$

其中，$\sigma > 0$ 是常数. 试求 X 的数学期望与方差.

21. 设随机变量 (X,Y) 具有联合概率密度为：

$$f(x,y) = \begin{cases} \dfrac{1}{2}, & |x| + |y| \leqslant 1, \\ 0, & \text{其他.} \end{cases}$$

试求 (1) X 的边缘密度；

(2) Y 的边缘密度；

(3) $E(X), D(X)$；

(4) $E(Y), D(Y)$；

(5)X 与 Y 是否不相关?

(6)X 与 Y 是否相互独立?

22. 设二维离散型随机变量(X,Y)具有联合分布律:

X \ Y	-2	-1	0	1	2
-1	0.1	0.1	0.05	0.1	0.1
0	0	0.05	0	0.05	0
1	0.1	0.1	0.05	0.1	0.1

试验证 X 与 Y 是不相关的,但 X 与 Y 不是相互独立的.

23. 设二维连续型随机变量(X,Y)具有概率密度为:

$$f(x,y) = \begin{cases} 2, & 0 < x < 1, 2x < y < 3x, \\ 0, & \text{其他}. \end{cases}$$

试求:(1)$E(X)$;   (2)$E(Y)$;

      (3)$D(X)$;   (4)$D(Y)$;

      (5)$\text{Cov}(X,Y)$;   (6)ρ_{XY}.

24. 设已知三个随机变量 X,Y,Z 中,$E(X)=1,E(Y)=2,E(Z)=3,D(X)=9,D(Y)=4,D(Z)=1,\rho_{XY}=\dfrac{1}{2},\rho_{XZ}=-\dfrac{1}{3},\rho_{YZ}=\dfrac{1}{4}$.

试求(1)$E(X+Y+Z)$;

    (2)$D(X+Y+Z)$;

    (3)$D(X-2Y+3Z)$.

25. 设某元件的寿命 X(以小时计)是随机变量,分布函数未知,但知其均值为1000,方差为2500.试用切比雪夫不等式估计该元件寿命介于900到1100小时之间的概率至少是多少?

26. 设某公路段过往车辆发生交通事故的概率为 0.0001,车辆间发生交通事故与否相互独立,若在某个时间区间内恰有 10 万辆车辆通过,试求在该时间内发生交通事故的次数不多于 15 次的概率的近似值.

27. 设通过某大桥的行人的体重在 $[a,b]$ 内均匀分布(单位:千克),且设行人之间体重相互独立,若某一时刻恰有 100 个人行走在该大桥上,试求该大桥所承受的行人的体重超过 $47a+53b$(千克)的概率的近似值.

28. 设某学校有 1000 名学生,在某一时间区间内每个学生去某阅览室自修的概率是 0.05,且设每个学生去阅览室自修与否相互独立.试问该阅览室至少应设多少个座位才能以不低于 0.95 的概率保证每个来阅览室自修的学生均有座位?

29. 设某种电池的寿命服从均值为 100（小时）的指数分布,某人购买了该种电池 100 只,试求他所购买的 100 只电池的总寿命超过 11000 小时的概率的近似值.

30. 某工厂生产的巧克力每块的重量是随机变量,分布函数未知,知其均值是 10 克,方差为 0.64 克^2.设每盒装 50 块巧克力,试求一盒巧克力不足 495 克的概率的近似值.

第5章

数理统计的基本概念

数理统计是一门应用性很强的基础数学学科. 我们所讨论的数理统计问题以及解决这些问题的方法不同于一般的资料统计, 它以概率论为理论基础, 侧重于应用随机现象本身的规律性来考虑资料的收集、整理和分析, 从而对研究对象的客观规律作出种种合理的、科学的估计和推断.

随着电子计算机技术的发展, 数理统计方法的应用与日俱增. 数理统计不仅为提高工农业产品的产量及质量起直接的推动作用, 而且是气象、地质、地震、交通及国民经济的其他许多部门最有力的研究技术和推断工具.

数理统计学研究的内容很丰富, 且随着科学技术和生产的不断发展而逐步扩大. 本书只介绍参数估计、假设检验、方差分析、回归分析和试验设计的部分内容.

本章我们介绍总体、样本及统计量等基本概念, 并着重介绍几个常用的统计量及抽样分布.

5.1 总体和样本

5.1.1 总体

在数理统计学中, 我们把所研究的对象的全体称为总体; 把总体中的每一个基本单位称为个体. 例如, 某化肥厂生产的所有打包后的化肥成品, 可以看作是一个总体, 而每一包化肥则是一个个体.

我们主要关心的是个体的某一个数量指标(例如每包化肥的重量)及其取值的分布情况,而不去关心其他的特殊的具体性能.就某一数量指标 X(例如重量)而言,每一个个体所取的值不一定相同.以每包化肥的重量为例,有的是 49.9 公斤,有的是 50.1 公斤.我们把待研究的数量指标 X 所有可能取的值的全体,看成一个**总体**.又因为对一个总体而言,个体的取值是按一定的规律分布着的,例如化肥的重量在任一范围内所占的比例是确定的,是客观存在的.所以,任取一包化肥,其重量 X 究竟取什么值是有一定的概率分布的.也就是说,对所研究的总体而言,自然对应着一个随机变量.由于我们主要研究的是某个数量指标,所以我们干脆把所研究的总体用一个随机变量 X 来表示.因此,以后凡是提到总体就是指一个"随机变量",说到总体的概率分布就是指"随机变量的概率分布".这就是说,**一个总体就是一个具有确定概率分布的随机变量.**

5.1.2　随机样本

由于大量的、重复的随机试验必能呈现出它的规律性,因而从理论上讲,只要对随机现象进行足够多次的观察,被研究的随机现象的规律性一定能清楚地呈现出来.但是实际上所允许的观察次数永远只能是有限次,有时甚至是少量的.因为在工业生产和科学研究领域里,有时对每个个体逐个进行观察是行不通的:不仅所花费的人力物力太多,时间上也不允许;当用以检验产品质量的试验带有破坏性时,例如对灯泡厂生产的灯泡使用寿命进行质量检查,根本就不可能逐个检验,并且检验的个数还要适当地少.

从总体 X 中抽取有限个个体对总体进行观察的取值过程,称为**抽样**.对总体 X 抽取 n 个个体进行观察的抽样,就得到了一组数值 $(x_1, x_2, \cdots, x_n)$.对第 i 个个体观察结果而论,x_i 有一个完全确定的数值.但从概率论及数理统计的研究对象是在理论上可以无限次重复进行的随机试验这个观点来看,它又是随着每次抽样观察而改变的.因而在一般考虑数理统计问题时,就不能只把 $(x_1, x_2, \cdots, x_n)$ 看成为一组确定的数值,而应该看作 n 维的随机变量 $(X_1, X_2, \cdots, X_n)$.

我们就称它为**容量是 n 的样本**.

我们抽取样本的目的是为了对总体的分布或它的数字特征进行分析和推断,因而要求抽取的样本能很好地反映总体的特征.这就必然对抽样方法提出一定的要求.通常提出以下两点要求:

1° 代表性.要求样本的每个分量 X_i 尽可能地代表所考察的总体 X.也就是说,要求 X_i 与总体 X 具有相同的分布函数 $F(x)$.

2° 独立性.要求抽取的 n 个个体的观察结果相互之间是互不影响的.严格地说,要求 $X_1, X_2, \cdots, X_n$ 是相互独立的随机变量.

凡满足这两点要求的样本称为**简单随机样本**.以后如不加特别的说明,所提到的**样本**都是指简单随机样本.由概率论知道,如果总体 X 具有概率密度 $f(x)$(或分布函数 $F(x)$),则样本 $(X_1, X_2, \cdots, X_n)$ 具有联合概率密度 $f_n(x_1, x_2, \cdots, x_n) = \prod_{i=1}^{n} f(x_i)$(或联合分布函数 $F_n(x_1, x_2, \cdots, x_n) = \prod_{i=1}^{n} F(x_i)$).这个事实以后要多次用到.

对总体的 n 次观察一经完成,我们就得到完全确定的一组数值 $(x_1, x_2, \cdots, x_n)$,称为样本的一个观察值,或简称为**样本值**.

5.1.3　统计量

为了对总体的分布或数字特征进行各种统计推断,还需要对样本进行一番"加工"和"提炼",也就是说,需要针对不同的问题构造出样本的不同的函数.

设 $(X_1, X_2, \cdots, X_n)$ 是总体 X 的一个样本,$g(x_1, x_2, \cdots, x_n)$ 是一个 n 个自变量的连续函数[①],如果这个函数不包含任何未知的参数,则称随机变量 $g(X_1, X_2, \cdots, X_n)$ 是一个**统计量**.如果 $(x_1, x_2, \cdots, x_n)$ 是一个样本值,则称 $g(x_1, x_2, \cdots, x_n)$ 是统计量 $g(X_1, X_2, \cdots, X_n)$ 的一个观察值.

最常用的统计量是所谓**样本矩**:设 $(X_1, X_2, \cdots, X_n)$ 是来自总体

---

① 连续函数这一条件可放宽为 Borel 可测函数,参见复旦大学编的《概率论》.

X 的一个样本,称统计量

$$\overline{X} \overset{\triangle}{=} {}^{①} \frac{1}{n} \sum_{i=1}^{n} X_i \tag{5.1}$$

为**样本均值**;称统计量

$$S^2 \overset{\triangle}{=} \frac{1}{n-1} \sum_{i=1}^{n} (X_i - \overline{X})^2 \tag{5.2}$$

为**样本方差**,它的正平方根记为 S,被称为**样本标准差**;统计量

$$A_k \overset{\triangle}{=} \frac{1}{n} \sum_{i=1}^{n} X_i^k, \quad k = 1, 2, \cdots \tag{5.3}$$

称为**样本 k 阶原点矩**;统计量

$$M_k \overset{\triangle}{=} \frac{1}{n} \sum_{i=1}^{n} (X_i - \overline{X})^k, \quad k = 1, 2, \cdots \tag{5.4}$$

称为**样本 k 阶中心矩**.

由定义,有 $A_1 = \overline{X}, M_1 = 0, M_2 = \dfrac{n-1}{n} S^2$.

样本均值 $\overline{X} = \dfrac{1}{n} \sum_{i=1}^{n} X_i$ 是较常用的统计量.不难算得,在总体期望为 μ,方差为 σ^2 时,有

$$E(\overline{X}) = \mu,$$
$$D(\overline{X}) = \sigma^2/n.$$

5.2　概率论和矩阵代数的基础知识

为了证明以后几章的主要结果(例如定理 5.8、定理 8.1 等),我们要介绍一些概率论和矩阵代数的基础知识,供追求严密逻辑推理的读者自学阅读.对未学过线性代数或对以后几章中定理的证明不感兴趣的读者,完全可以不去阅读在小段或定理的证明前加"＊"号的内容.

---

① "$\overset{\triangle}{=}$"表示该符号左边的内容由右边的表达式来定义.

5.2.1 随机变量独立性的二个定理

辅助定理 5.1 设 $X_1, \cdots, X_n$ 是相互独立的 n 个随机变量,又设

$$y = g_i(x_1, \cdots, x_{n_i}), \quad (x_1, \cdots, x_{n_i}) \in \mathbf{R}^{n_i}, i = 1, \cdots, k$$

是 k 个连续函数[①],且有 $n_1 + \cdots + n_k = n$,则 k 个随机变量

$$Y_1 \overset{\triangle}{=} g_1(X_1, \cdots, X_{n_1}),$$

$$Y_2 \overset{\triangle}{=} g_2(X_{n_1+1}, \cdots, X_{n_1+n_2}),$$

$$\cdots\cdots$$

$$Y_k \overset{\triangle}{=} g_k(X_{n_1+\cdots+n_{k-1}+1}, \cdots, X_n)$$

是相互独立的.

辅助定理 5.1 在数理统计学中经常被用到.

设 $F_i(x_1, \cdots, x_{n_i})$ 是 n_i 维随机向量 $(X_{1i}, \cdots, X_{n_i i})$ 的分布函数($i = 1, \cdots, t$). 记 $n = n_1 + \cdots + n_t$,并设 $F(x_1, \cdots, x_n)$ 是 n 维随机向量 $(X_{11}, \cdots, X_{n_1 1}, X_{12}, \cdots, X_{n_2 2}, \cdots, X_{1t}, \cdots, X_{n_t t})$ 的分布函数. 如果对所有的 $(x_1, \cdots, x_n) \in \mathbf{R}^n$,有

$$F(x_1, \cdots, x_n) = F_1(x_1, \cdots, x_{n_1}) F_2(x_{n_1+1}, \cdots, x_{n_1+n_2}) \cdots$$
$$\cdot F_t(x_{n-n_t+1}, \cdots, x_n),$$

则称 t 个随机向量 $(X_{11}, \cdots, X_{n_1 1}), \cdots, (X_{1t}, \cdots, X_{n_t t})$ 是相互独立的.

定理 5.2 设 t 个随机向量 $(X_{11}, \cdots, X_{n_1 1}), \cdots, (X_{1t}, \cdots, X_{n_t t})$ 是相互独立的. 又设对每一个 $i = 1, \cdots, t$,n_i 个随机变量 $X_{1i}, \cdots, X_{n_i i}$ 是相互独立的,则随机变量 $X_{11}, \cdots, X_{n_1 1}, \cdots, X_{1t}, \cdots, X_{n_t t}$ 是相互独立的.

*5.2.2 随机矩阵的矩

若矩阵 $X = (X_{ij})_{m \times n}$ 的每个元素 X_{ij} 都是随机变量,则称 X 为**随机矩阵**,只有一行或一列的随机矩阵就是随机向量.

若 $m \times n$ 随机矩阵 X 的每个元素 X_{ij} 的数学期望 $E(X_{ij})$ 都存在,则定义 X

---

① 连续函数的条件可放宽为 Borel 可测函数.

的数学期望为

$$E(\boldsymbol{X}) \stackrel{\triangle}{=} (E(X_{ij}))_{m \times n} = \begin{pmatrix} E(X_{11}) & E(X_{12}) & \cdots & E(X_{1n}) \\ E(X_{21}) & E(X_{22}) & \cdots & E(X_{2n}) \\ \vdots & \vdots & & \vdots \\ E(X_{m1}) & E(X_{m2}) & \cdots & E(X_{mn}) \end{pmatrix}.$$

设 $\underset{l \times m}{A}, \underset{n \times s}{B}, \underset{l \times n}{C}$ 为常数阵, $\underset{m \times n}{\boldsymbol{X}}$ 为随机矩阵, 则由定义立即可得:

$1°$ $E(A\boldsymbol{X} + C) = AE(\boldsymbol{X}) + C;$ （5.5）

$2°$ $E(A\boldsymbol{X}B) = AE(\boldsymbol{X})B.$ （5.6）

设 $\boldsymbol{X} = (X_1, \cdots, X_m)', \boldsymbol{Y} = (Y_1, \cdots, Y_n)'$ 为随机向量, 若协方差 $\mathrm{Cov}(X_i, Y_j)$ 对所有的 $i = 1, \cdots, m; j = 1, \cdots, n$ 都存在, 则称矩阵

$$\mathrm{Cov}(\boldsymbol{X}, \boldsymbol{Y}) \stackrel{\triangle}{=} (\mathrm{Cov}(X_i, Y_j))_{m \times n}$$

$$= \begin{pmatrix} \mathrm{Cov}(X_1, Y_1) & \cdots & \mathrm{Cov}(X_1, Y_n) \\ \vdots & & \vdots \\ \mathrm{Cov}(X_m, Y_1) & \cdots & \mathrm{Cov}(X_m, Y_n) \end{pmatrix}$$

为 $\boldsymbol{X}$ 和 $\boldsymbol{Y}$ 的协差阵. 当 $\boldsymbol{X} = \boldsymbol{Y}$ 时, 记 $D(\boldsymbol{X}) \stackrel{\triangle}{=} \mathrm{Cov}(\boldsymbol{X}, \boldsymbol{X})$, 并称之为 $\boldsymbol{X}$ 的协差阵. 由定义知

$$\mathrm{Cov}(\boldsymbol{X}, \boldsymbol{Y}) = E\{[\boldsymbol{X} - E(\boldsymbol{X})][\boldsymbol{Y} - E(\boldsymbol{Y})]'\}.$$ （5.7）

定理 5.3 设 A, B 为常数阵, $\boldsymbol{X}, \boldsymbol{Y}$ 为随机向量, 则

$1°$ $\mathrm{Cov}(A\boldsymbol{X}, B\boldsymbol{Y}) = A\mathrm{Cov}(\boldsymbol{X}, \boldsymbol{Y})B';$ （5.8）

$2°$ $D(A\boldsymbol{X}) = AD(\boldsymbol{X})A'.$ （5.9）

证明 （1）由 (5.5) ~ (5.7) 式, 有

$$\begin{aligned} \mathrm{Cov}(A\boldsymbol{X}, B\boldsymbol{Y}) &= E\{[A\boldsymbol{X} - E(A\boldsymbol{Y})][B\boldsymbol{Y} - E(B\boldsymbol{Y})]'\} \\ &= E\{A[\boldsymbol{X} - E(\boldsymbol{X})][\boldsymbol{Y} - E(\boldsymbol{Y})]'B'\} \\ &= AE\{[\boldsymbol{X} - E(\boldsymbol{X})][\boldsymbol{Y} - E(\boldsymbol{Y})]'\}B' \\ &= A\mathrm{Cov}(\boldsymbol{X}, \boldsymbol{Y})B'; \end{aligned}$$

（2）在 (5.8) 式中令 $B = A, \boldsymbol{Y} = \boldsymbol{X}$, 即得

$$D(A\boldsymbol{X}) = \mathrm{Cov}(A\boldsymbol{X}, A\boldsymbol{X}) = A\mathrm{Cov}(\boldsymbol{X}, \boldsymbol{X})A' = AD(\boldsymbol{X})A'.$$

*5.2.3 多元正态分布的性质

设 $X_1, \cdots, X_n$ 是相互独立的标准正态变量, $A_{m \times n}, \mu_{m \times 1}$ 是常数阵, 则

$$\boldsymbol{Y} = (Y_1, \cdots, Y_m)' = A\boldsymbol{X} + \mu$$ （5.10）

称为 m 维正态随机向量,其中 $X = (X_1, \cdots, X_n)'$.

由于 $E(X) = 0, D(X) = I_n$,其中 I_n 为 n 阶单位矩阵,故 $E(Y) = \mu$. 由 (5.9) 式得

$$D(Y) = D(AX) = AD(X)A' = AA',$$

所以有时将 (5.10) 简记为

$$Y \sim N_m(\mu, AA'). \tag{5.11}$$

当维数 m 不言自明(即从上下文可看出)时,可略去不写. 可以证明,当 $|V| \neq 0$ 时,$Y \sim N_m(\mu, V)$ 的定义等价于 Y 的分布密度为

$$f_m(y) = \frac{1}{(\sqrt{2\pi})^m |V|^{1/2}} \exp\left[-\frac{1}{2}(y - \mu)'V^{-1}(y - \mu) \right], \tag{5.12}$$

其中,$y = (y_1, \cdots, y_m)'$.

定理 5.4 设 $Y \sim N_m(\mu, AA'), Z = BY + d$,其中 $B_{l \times m}, d_{l \times 1}$ 是常数阵,则

$$Z \sim N_l(B\mu + d, BAA'B'). \tag{5.13}$$

证明 由 (5.10) 式,有

$$Z = B(AX + \mu) + d = (BA)X + (B\mu + d),$$

由 (5.11) 式即得 (5.13).

定理 5.4 表明多元正态向量在线性变换下还是服从正态的. 这个性质简称为**正态分布的线性变换不变性**.

定理 5.5 设 $X_1, \cdots, X_n$ 是相互独立的标准正态变量,$A_{n \times n}$ 是正交阵,而

$$Y \triangleq \begin{bmatrix} Y_1 \\ \vdots \\ Y_n \end{bmatrix} \triangleq A \begin{bmatrix} X_1 \\ \vdots \\ X_n \end{bmatrix}, \tag{5.14}$$

则 $Y_1, \cdots, Y_n$ 也是相互独立的标准正态变量.

证明 由 (5.11) 式知 $Y \sim N_n(0, AA') = N_n(0, I_n)$,由 (5.12) 式得出 Y 的分布密度为

$$f_n(y) = f_n(y_1, \cdots, y_n) = (2\pi)^{-\frac{n}{2}} \exp\left(-\frac{1}{2}y'y \right)$$

$$= (2\pi)^{-n/2} \exp\left(-\frac{1}{2}\sum_{i=1}^{n} y_i^2 \right),$$

根据边缘密度的计算公式可得 Y_i 的边缘密度为:

$$f_i(y_i) = \frac{1}{\sqrt{2\pi}} e^{-\frac{1}{2}y_i^2}, \quad i = 1, \cdots, n,$$

所以,$Y_1, \cdots, Y_n$ 是相互独立的标准正态变量.

5.3 几个常用的分布和抽样分布

我们知道,每一个统计量都是样本的已知函数.因此,如果总体的分布已知时,则统计量的分布是确定的.统计量的分布称为**抽样分布**.一般说来,要求出一个统计量的精确分布是较为困难的;可是对于一些重要的特殊情形,例如来自正态总体的几个常用统计量的分布,已取得了一些重要的结果.为介绍这些抽样分布的已有结果,需要引入几个常用的分布.

5.3.1 χ^2 分布,t 分布和 F 分布

在数理统计中经常要用到这几种分布,现在概述它们的定义和主要性质.

1. χ^2 分布

定义 5.1 设 n 个相互独立的随机变量 $X_1, X_2, \cdots, X_n$ 都服从正态 $N(0,1)$ 分布,则称随机变量

$$\chi^2 \overset{\triangle}{=} \sum_{i=1}^{n} X_i^2 \tag{5.15}$$

服从自由度为 n 的 χ^2 **分布**,记为 $\chi^2 \sim \chi^2(n)$.

定义 5.1 中,自由度是指(5.15)式右端包含的独立变量的个数.

定理 5.6 $\chi^2(n)$ 分布的概率密度为:

$$f_n(y) = \begin{cases} \dfrac{1}{2\Gamma(n/2)}\left(\dfrac{y}{2}\right)^{\frac{n}{2}-1} \mathrm{e}^{-\frac{y}{2}}, & y > 0, \\ 0, & y \leqslant 0. \end{cases} \tag{5.16}$$

其中,$\Gamma(\alpha) \overset{\triangle}{=} \displaystyle\int_0^{+\infty} x^{\alpha-1}\mathrm{e}^{-x}\mathrm{d}x$.

证明 我们对自由度 n 利用数学归纳法来证明.

(1) 由 2.5 节例 3 已证得:设 $X \sim N(0,1)$,则 $Y \overset{\triangle}{=} X^2 \sim \chi^2(1)$,且 Y 的概率密度为:

$$f_Y(y) = \begin{cases} \dfrac{1}{\sqrt{2\pi}} y^{-\frac{1}{2}} \mathrm{e}^{-\frac{y}{2}}, & y > 0, \\ 0, & y \leqslant 0. \end{cases}$$

由于 $\Gamma\left(\dfrac{1}{2}\right) = \sqrt{\pi}$，即知(5.16)式当 $n = 1$ 时为真.

(2) 设(5.16)式当 $n = k$ 时为真. 若令 $X_1, X_2, \cdots, X_{k+1}$ 为相互独立的随机变量，且 $X_i \sim N(0,1)$ $(i = 1, 2, \cdots, k+1)$，记 $Y_k = \sum\limits_{i=1}^{k} X_i^2$，$Y = X_{k+1}^2$，$Y_{k+1} = \sum\limits_{i=1}^{k+1} X_i^2$，有 $Y_{k+1} = Y_k + Y$. 根据辅助定理5.1，Y_k 和 Y 是相互独立的. 由(1)已证得 Y 的密度为 $f_1(y)$；由数学归纳法的假设，Y_k 的密度为 $f_k(y)$. 根据求独立随机变量之和的密度的卷积公式知，Y_{k+1} 的密度为

$$f_{k+1}(y) = \int_{-\infty}^{+\infty} f_k(x) f_1(y - x) \mathrm{d}x.$$

其中

$$f_k(x) = \begin{cases} \dfrac{1}{2\Gamma(k/2)} \left(\dfrac{x}{2}\right)^{\frac{k}{2}-1} \mathrm{e}^{-\frac{x}{2}}, & x > 0, \\ 0, & x \leqslant 0, \end{cases}$$

所以当 $y \leqslant 0$ 时，$f_{k+1}(y) = 0$；当 $y > 0$ 时，有

$$f_{k+1}(y) = \int_0^y \dfrac{1}{2\Gamma(k/2) \cdot 2\Gamma(1/2)} \left(\dfrac{x}{2}\right)^{\frac{k}{2}-1} \mathrm{e}^{-\frac{x}{2}} \left(\dfrac{y-x}{2}\right)^{\frac{1}{2}-1} \mathrm{e}^{-\frac{y-x}{2}} \mathrm{d}x$$

$$= C_1 \mathrm{e}^{-y/2} \int_0^y \left(\dfrac{x}{2}\right)^{\frac{k}{2}-1} \left(\dfrac{y-x}{2}\right)^{-\frac{1}{2}} \mathrm{d}x,$$

其中，$C_1 = \dfrac{1}{2\Gamma(k/2) 2\Gamma(1/2)}$. 作积分的变量替换，令 $x = ty$，则

$$f_{k+1}(y) = C_1 \mathrm{e}^{-y/2} \int_0^1 \left(\dfrac{y}{2}\right)^{\frac{k}{2}-1} t^{\frac{k}{2}-1} \left(\dfrac{y}{2}\right)^{-\frac{1}{2}} (1-t)^{-\frac{1}{2}} y \mathrm{d}t$$

$$= C(y/2)^{\frac{k+1}{2}-1} \mathrm{e}^{-\frac{y}{2}},$$

其中，$C = 2C_1 \displaystyle\int_0^1 t^{\frac{k}{2}-1} (1-t)^{-\frac{1}{2}} \mathrm{d}t$ 为常数. 由 $\displaystyle\int_{-\infty}^{+\infty} f_{k+1}(y) \mathrm{d}y = 1$，

故有 $C\int_0^{+\infty}\left(\dfrac{y}{2}\right)^{\frac{k+1}{2}-1}\mathrm{e}^{-\frac{y}{2}}\mathrm{d}y=1$. 作积分变量替换 $y=2x$，有

$$2C\int_0^{+\infty}x^{\frac{k+1}{2}-1}\mathrm{e}^{-x}\mathrm{d}x=2C\Gamma\left(\frac{k+1}{2}\right),\text{故}\ C=\frac{1}{2\Gamma\left(\dfrac{k+1}{2}\right)}.\ \text{于是}(5.16)$$

式当 $n=k+1$ 时亦真.

由(1),(2)知,(5.16)式对 $n=1,2,\cdots$ 都成立.

不同自由度的 χ^2 分布的概率密度 $f_n(y)$ 的图形如图 5-1 所示.

χ^2 分布具有下面的一些重要性质：

性质 1 设 $\chi^2\sim\chi^2(n)$，则有

$$E(\chi^2)=n,\quad D(\chi^2)=2n. \tag{5.17}$$

事实上,由 χ^2 分布定义中的(5.15)式以及 $E(X_i^2)=D(X_i)=1(i=1,2,\cdots,n)$，就有 $E(\chi^2)=\sum\limits_{i=1}^n E(X_i^2)=n$. 根据辅助定理 5.1，由 X_1,$X_2,\cdots,X_n$ 的相互独立性可推知 $X_1^2,X_2^2,\cdots,X_n^2$ 的相互独立性,所以

$$D(\chi^2)=\sum_{i=1}^n D(X_i^2)=\sum_{i=1}^n\left[E(X_i^4)-E^2(X_i^2)\right]$$

$$=\sum_{i=1}^n(3-1)=2n.$$

性质 2 设 $Y_1\sim\chi^2(n_1)$,$Y_2\sim\chi^2(n_2)$,且 Y_1,Y_2 相互独立,则有

$$Y_1+Y_2\sim\chi^2(n_1+n_2). \tag{5.18}$$

事实上,当 $n_1=k,n_2=1$ 时,(5.18)式的证明已在定理 5.6 的证明中完成了. 所以性质 2 的证明只要固定 $n_1=1,2,\cdots$,而对 n_2 利用数学归纳法就可得到,在此从略.

性质 2 称为 χ^2 **分布的可加性**,它可以推广到任意有限个相互独立的服从 χ^2 分布的随机变量之和的情况：设 $Y_i\sim\chi^2(n_i)(i=1,2,\cdots,m)$,且 $Y_1,Y_2,\cdots,Y_m$ 相互独立,则

$$\sum_{i=1}^m Y_i\sim\chi^2\left(\sum_{i=1}^m n_i\right). \tag{5.19}$$

对于给定的概率 $p,0<p<1$,称满足条件

$$\int_{-\infty}^{\chi_p^2(n)} f_n(y)\mathrm{d}y = p \qquad (5.20)$$

的点 $\chi_p^2(n)$ 为 $\chi^2(n)$ 分布的与下侧概率 p 对应的分位数，如图 5-2 所示.

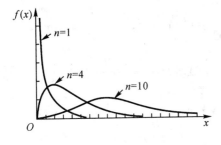

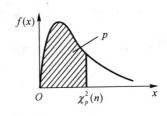

图 5-1 χ^2 分布的密度函数 　　图 5-2 χ^2 分布的分位数

对于不同的 p,n，分位数 $\chi_p^2(n)$ 的值已制成表格，可以查用"χ^2 分布分位数表"（见附表二）. 例如对于 $p = 0.9,n = 25$，查得 $\chi_{0.9}^2(25) = 34.38$. 但该表只详列到 $n = 45$ 为止. 费歇(R. A. Fisher)曾证明，当 n 充分大时，近似地有

$$\chi_p^2(n) \approx \frac{1}{2}(u_p + \sqrt{2n-1})^2. \qquad (5.21)$$

其中，u_p 是与下侧概率 p 对应的标准正态分布分位数. 例如，由(5.21)式可得

$$\chi_{0.95}^2(50) = \frac{1}{2}(1.645 + \sqrt{99})^2 = 67.22.$$

2. t 分布

定义 5.2 设 $X \sim N(0,1), Y \sim \chi^2(n)$，并且 X,Y 相互独立，则称随机变量

$$T \overset{\triangle}{=} \frac{X}{\sqrt{Y/n}} \qquad (5.22)$$

服从自由度为 n 的 t **分布**，记为 $T \sim t(n)$.

定理 5.7 $t(n)$ 分布的概率密度为：

$$f(t,n) = \frac{\Gamma\left(\dfrac{n+1}{2}\right)}{\sqrt{n\pi}\,\Gamma(n/2)}\left(1 + \frac{t^2}{n}\right)^{-(n+1)/2}, -\infty < t < +\infty. \qquad (5.23)$$

* 证明　　由定义 5.2 和定理 5.6 知，X 和 Y 的密度分别为 $\varphi(x) = \frac{1}{\sqrt{2\pi}}\mathrm{e}^{-\frac{x^2}{2}}$ 和 $f_n(y)$. 因 X,Y 独立，故 X,Y 的联合概率密度为：

$$\varphi(x)f_n(y) = \begin{cases} \dfrac{1}{\sqrt{2\pi}\,2\Gamma(n/2)}\left(\dfrac{y}{2}\right)^{\frac{n}{2}-1}\mathrm{e}^{-\frac{x^2}{2}-\frac{y}{2}}, & -\infty < x < \infty, y > 0, \\ 0, & \text{其他}. \end{cases}$$

设 $F(t)$ 是 $T \sim t(n)$ 的分布函数，只需证明 $F'(t) = f(t,n)$. 因

$$F(t) = P\{T \leqslant t\} = P\left\{\frac{X}{\sqrt{Y/n}} \leqslant t\right\}$$

$$= P\{(X,Y) \in G\} = \iint_G \varphi(x)f_n(y)\mathrm{d}x\mathrm{d}y,$$

其中，$G = \left\{(x,y)\,\middle|\,\dfrac{x}{\sqrt{y/n}} \leqslant t, y > 0\right\}$.

对积分作变量替换 $u = y, v = x/\sqrt{y}$，积分区域 G 成为 $G_1 = \{(u,v)\,|\,u > 0, v \leqslant t/\sqrt{n}\}$，可算出变换的雅可比行列式为 $-\sqrt{u}$，于是有

$$F(t) = \frac{1}{\sqrt{2\pi}\,2\Gamma(n/2)} \iint_{G_1} \left(\frac{u}{2}\right)^{\frac{n}{2}-1} \mathrm{e}^{-\frac{1}{2}u(1+v^2)} \sqrt{u}\,\mathrm{d}u\mathrm{d}v$$

$$= \frac{1}{2\sqrt{\pi}\,\Gamma(n/2)} \int_{-\infty}^{t/\sqrt{n}} \left[\int_0^{+\infty} \left(\frac{u}{2}\right)^{\frac{n}{2}-\frac{1}{2}} \mathrm{e}^{-\frac{1}{2}u(1+v^2)}\mathrm{d}u\right]\mathrm{d}v$$

$$= \frac{\Gamma\left(\dfrac{n+1}{2}\right)}{\sqrt{\pi}\,\Gamma(n/2)} \int_{-\infty}^{t/\sqrt{n}} (1+v^2)^{-\frac{n+1}{2}}\mathrm{d}v, \quad -\infty < t < +\infty.$$

两边关于 t 求导，得

$$F'(t) = \frac{\Gamma\left(\dfrac{n+1}{2}\right)}{\sqrt{n\pi}\,\Gamma(n/2)}\left(1+\frac{t^2}{n}\right)^{-\frac{n+1}{2}}, \quad -\infty < t < +\infty.$$

(5.23) 式得证.

　　t 分布的概率密度的图形如图 5-3 所示. 对任何自由度 n，$f(t,n)$ 是 t 的偶函数，所以它们的图形关于纵坐标轴 $t = 0$ 是对称的. 当 $t \to \infty$ 时，有 $f(t,n) \to 0$. 当 n 充分大时，其图形类似于标准正态变量概率密度的图形. 事实上，利用 Γ 函数的性质可得

$$\lim_{n\to\infty}f(t,n) = \varphi(t) = \frac{1}{\sqrt{2\pi}}\mathrm{e}^{-t^2/2}. \qquad (5.24)$$

故当 n 足够大时 $t(n)$ 的分布近似于 $N(0,1)$ 分布. 对一切 $n > 1$,如果 $T \sim t(n)$,则有 $E(T) = 0$.

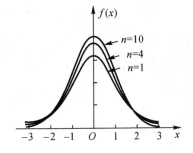

图 5-3 t 分布的密度函数　　　图 5-4 t 分布的分位数

对于给定的 $p(0 < p < 1)$,称满足条件

$$\int_{-\infty}^{t_p(n)} f(t,n)\mathrm{d}t = p \qquad (5.25)$$

的点 $t_p(n)$ 为 $t(n)$ **分布的与下侧概率 p 对应的分位数**(如图 5-4). t 分布的下侧分位数可由附表三查得,如 $t_{0.975}(10) = 2.228$.

在 $n > 45$ 时,可以利用正态近似:

$$t_p(n) \approx u_p, \qquad (5.26)$$

其中,u_p 是与下侧概率 p 对应的标准正态分布分位数.

3. F 分布

定义 5.3 设 $X \sim \chi^2(n_1)$,$Y \sim \chi^2(n_2)$,且 X,Y 独立,则称随机变量

$$F \stackrel{\triangle}{=} \frac{X/n_1}{Y/n_2} \qquad (5.27)$$

服从自由度 (n_1,n_2) 的 **F 分布**,记为 $F \sim F(n_1,n_2)$,其中 n_1 称为**第一自由度**,n_2 称为**第二自由度**.

由定义易知,若 $F \sim F(n_1,n_2)$,则 $1/F \sim F(n_2,n_1)$.

与定理 5.7 的证明方法相同,通过类似的计算可以证明 $F(n_1,$

n_2) 分布的概率密度为

$$f(x;n_1,n_2) = \begin{cases} \dfrac{1}{B(n_1/2,n_2/2)}n_1^{\frac{n_1}{2}}n_2^{\frac{n_2}{2}}x^{\frac{n_1}{2}-1}(n_2+n_1x)^{-\frac{n_1+n_2}{2}}, & x>0, \\ 0, & x\leqslant 0, \end{cases}$$

$$\tag{5.28}$$

其中

$$B(a,b) \overset{\triangle}{=} \int_0^1 x^{a-1}(1-x)^{b-1}\mathrm{d}x = \frac{\Gamma(a)\Gamma(b)}{\Gamma(a+b)}.$$

图 5-5 中画出了 $f(x;n_1,n_2)$ 的图形.

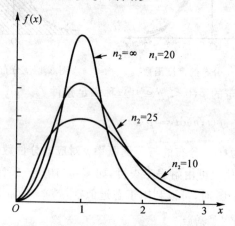

图 5-5 F 分布的密度函数

$F(n_1,n_2)$ 分布的分布函数是

$$F(x;n_1,n_2) = \int_{-\infty}^x f(x;n_1,n_2)\mathrm{d}x.$$

对于给定的 $p(0<p<1)$,称满足条件

$$\int_0^{F_p(n_1,n_2)} f(x;n_1,n_2)\mathrm{d}x = p \tag{5.29}$$

的点 $F_p(n_1,n_2)$ 为 $F(n_1,n_2)$ 分布的与下侧概率 p 对应的分位数(图 5-6).分位数 $F_p(n_1,n_2)$ 的值可查 F 分布分位数表(见附表四).

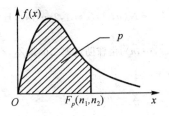

图 5-6 F 分布的分位数

F 分布的下侧分位数有如下的性质:

$$F_{1-p}(n_1, n_2) = \frac{1}{F_p(n_2, n_1)}. \tag{5.30}$$

事实上,若 $F \sim F(n_2, n_1)$,由定义 5.3, $\frac{1}{F} \sim F(n_1, n_2)$,按(5.29)式,有

$$p = P\{F \leqslant F_p(n_2, n_1)\}$$
$$= P\{1/F \geqslant 1/F_p(n_2, n_1)\}$$
$$= 1 - P\{1/F < 1/F_p(n_2, n_1)\},$$

即 $\quad P\{1/F < 1/F_p(n_2, n_1)\} = P\{1/F \leqslant 1/F_p(n_2, n_1)\}$
$$= 1 - p,$$

故 $\quad P\{F(n_1, n_2) \leqslant 1/F_p(n_2, n_1)\} = 1 - p,$

再由(5.29)式就得出(5.30)式.

(5.30)式常用来求 F 分布表中未列出的一些 p 分位数. 例如,

$$F_{0.01}(10, 1) = \frac{1}{F_{0.99}(1, 10)} = \frac{1}{10.04} = 0.0996.$$

5.3.2 抽样分布定理

定理 5.8 设 $(X_1, X_2, \cdots, X_n)$ 是总体 $N(\mu, \sigma^2)$ 的样本, $\overline{X}, S^2$ 分别是样本均值和样本方差,则有

1° $\quad \overline{X} \sim N(\mu, \frac{\sigma^2}{n});$ \hfill (5.31)

2° $\quad \dfrac{(n-1)S^2}{\sigma^2} \sim \chi^2(n-1);$ \hfill (5.32)

3° $\quad \overline{X}$ 与 S^2 独立.

[*] **证明** 因为 $X_i \sim N(\mu, \sigma^2)(i=1,2,\cdots,n)$，且它们相互独立，所以若令

$Z_i \overset{\triangle}{=} \dfrac{X_i - \mu}{\sigma} (i=1,2,\cdots,n)$，由辅助定理 5.1 知 $Z_1, Z_2, \cdots, Z_n$ 独立. 又有 $Z_i \sim N(0,1) (i=1,2,\cdots,n)$，且

$$\overline{Z} \overset{\triangle}{=} \frac{1}{n} \sum_{i=1}^{n} Z_i = \frac{\overline{X} - \mu}{\sigma},$$

$$\frac{(n-1)S^2}{\sigma^2} = \sum_{i=1}^{n} (X_i - \overline{X})^2 / \sigma^2 = \sum_{i=1}^{n} \left[\frac{(X_i - \mu) - (\overline{X} - \mu)}{\sigma} \right]^2$$

$$= \sum_{i=1}^{n} (Z_i - \overline{Z})^2 = \sum_{i=1}^{n} Z_i^2 - n\overline{Z}^2.$$

取一 n 阶正交矩阵 $A = (a_{ij})$，其中第一行元素都等于 $1/\sqrt{n}$，则正交变换

$$Y \overset{\triangle}{=} \begin{pmatrix} Y_1 \\ Y_2 \\ \vdots \\ Y_n \end{pmatrix} = A \begin{pmatrix} Z_1 \\ Z_2 \\ \vdots \\ Z_n \end{pmatrix} \overset{\triangle}{=} AZ.$$

把 n 个相互独立的标准正态变量 $Z_1, Z_2, \cdots, Z_n$ 变换为 $Y_1, \cdots, Y_n$. 由定理 5.5 知，n 个随机变量 $Y_1, Y_2, \cdots, Y_n$ 也是相互独立的标准正态变量. 而

$$Y_1 = \sum_{j=1}^{n} a_{1j} Z_j = \sum_{j=1}^{n} \frac{1}{\sqrt{n}} Z_j = \sqrt{n}\, \overline{Z};$$

$$\sum_{i=1}^{n} Y_i^2 = Y'Y = (AZ)'(AZ) = Z'(A'A)Z = Z'IZ = Z'Z = \sum_{i=1}^{n} Z_i^2,$$

于是

$$\frac{(n-1)S^2}{\sigma^2} = \sum_{i=1}^{n} Z_i^2 - n\overline{Z}^2 = \sum_{i=1}^{n} Y_i^2 - Y_1^2 = \sum_{i=2}^{n} Y_i^2.$$

由于 $Y_1, Y_2, \cdots, Y_n$ 相互独立，且 $Y_i \sim N(0,1)(i=1,2,\cdots,n)$，以及 $\overline{X} = \sigma\overline{Z} + \mu = \dfrac{\sigma}{\sqrt{n}} Y_1 + \mu$ 仅依赖于 Y_1，而 $S^2 = \dfrac{\sigma^2}{(n-1)} \sum_{i=2}^{n} Y_i^2$ 仅依赖于 $Y_2, Y_3, \cdots, Y_n$，根据辅助定理 5.1 推知 $\overline{X}$ 与 S^2 相互独立，此为结论 3°.

又 $E(\overline{X}) = \sigma/\sqrt{n} \cdot E(Y_1) + \mu = \mu, \quad D(\overline{X}) = \sigma^2/n \cdot D(Y_1) = \sigma^2/n$，

以及根据相互独立正态变量的线性函数仍服从正态分布，证得 $\overline{X} \sim N(\mu, \sigma^2/n)$，此为结论 1°.

$(n-1)S^2/\sigma^2 = \sum\limits_{i=2}^{n} Y_i^2 \sim \chi^2(n-1)$ 是由定义 5.1 得到的.

定理 5.9 设 $(X_{1i}, X_{2i}, \cdots, X_{n_i i})$ 是来自具有相同方差 σ^2, 均值为 μ_i 的正态总体 $N(\mu_i, \sigma^2)$ 的样本 $(i=1, \cdots, t)$, 且设这 t 个样本之间相互独立[①]. 设

$$\overline{X}_i \xlongequal{\triangle} \frac{1}{n_i} \sum_{j=1}^{n_i} X_{ji}, \quad S_i^2 \xlongequal{\triangle} \frac{1}{n_i-1} \sum_{j=1}^{n_i} (X_{ji}-\overline{X}_i)^2$$

分别是第 i 个总体的样本均值和样本方差, $i=1, \cdots, t$. 则有

1° $2t$ 个随机变量 $\overline{X}_1, \cdots, \overline{X}_t, S_1^2, \cdots, S_t^2$ 是相互独立的;

2° $\Big[\sum\limits_{i=1}^{t} (n_i-1)S_i^2 \Big]/\sigma^2 = \sum\limits_{i=1}^{t} \sum\limits_{j=1}^{n_i} (X_{ji}-\overline{X}_i)^2/\sigma^2 \sim \chi^2(n-t)$,

其中, $n \xlongequal{\triangle} n_1 + \cdots + n_t$;

3° 当 $t=2$ 时, 有

$$\frac{(\overline{X}_1-\overline{X}_2)-(\mu_1-\mu_2)}{S_w \sqrt{\dfrac{1}{n_1}+\dfrac{1}{n_2}}} \sim t(n_1+n_2-2). \tag{5.33}$$

其中, $S_w \xlongequal{\triangle} \sqrt{\dfrac{(n_1-1)S_1^2 + (n_2-1)S_2^2}{n_1+n_2-2}}$.

* 证明 令 $Z_{ji} \xlongequal{\triangle} (X_{ji}-\mu_i)/\sigma \ (i=1,\cdots,t; j=1,\cdots,n_i)$. 取 A_i 为 n_i 阶正交矩阵, 其第一行元素都为 $1/\sqrt{n_i} \ (i=1,\cdots,t)$, 则 n 阶矩阵

$$T \xlongequal{\triangle} \begin{pmatrix} A_1 & 0 & \cdots & 0 \\ 0 & A_2 & \cdots & 0 \\ \vdots & \vdots & & \vdots \\ 0 & 0 & \cdots & A_t \end{pmatrix}$$

仍是正交的.

因 t 个样本 $(X_{1i}, \cdots, X_{n_i i})(i=1, \cdots, t)$ 是独立的, 故 n 个随机变量 $X_{11}, \cdots, X_{n_1 1}, \cdots, X_{1t}, \cdots, X_{n_t t}$ 是相互独立的(参见定理 5.2), 从而 $Z_{11}, \cdots, Z_{n_1 1}, \cdots Z_{1t}, \cdots,$

---

① 指 t 个随机向量 $(X_{11}, \cdots, X_{n_1 1}), \cdots, (X_{1t}, \cdots, X_{n_t t})$ 相互独立.

Z_{n_t} 也是相互独立的(参见辅助定理 5.1). 令 $\boldsymbol{Z} \overset{\triangle}{=} (Z_{11}, \cdots, Z_{n_1 1}, \cdots, Z_{1t}, \cdots, Z_{n_t t})'$,
根据定理 5.5 由正交变换

$$\boldsymbol{Y} \overset{\triangle}{=} (Y_{11}, \cdots, Y_{n_1 1}, \cdots, Y_{1t}, \cdots, Y_{n_t t})' \overset{\triangle}{=} T\boldsymbol{Z}$$

得到的 $Y_{11}, \cdots, Y_{n_1 1}, \cdots, Y_{1t}, \cdots, Y_{n_t t}$ 也是相互独立的标准正态变量,因为 $Z_{ji} \sim N(0,1)(i = 1, \cdots, t; j = 1, \cdots, n_i)$. 根据辅助定理 5.1,得知 $2t$ 个随机变量

$$\overline{X}_i = \frac{\sigma}{\sqrt{n_i}} Y_{1i} + \mu_i, \qquad i = 1, \cdots, t,$$

$$S_i^2 = \frac{\sigma^2}{n_i - 1} \sum_{j=2}^{n_i} Y_{ji}^2, \qquad i = 1, \cdots, t$$

是相互独立的. 此证明了结论 1°.

又由 χ^2 分布的定义,得证结论 2°:

$$\Big[\sum_{i=1}^{t} (n_i - 1) S_i^2 \Big] / \sigma^2 = \sum_{i=1}^{t} \sum_{j=2}^{n_i} Y_{ji}^2 \sim \chi^2(n - t).$$

当 $t = 2$ 时,根据辅助定理 5.1,知

$$U \overset{\triangle}{=} [(\overline{X}_1 - \overline{X}_2) - (\mu_1 - \mu_2)] / \sigma \sqrt{\frac{1}{n_1} + \frac{1}{n_2}} \sim N(0,1)$$

与 $\qquad V \overset{\triangle}{=} [(n_1 - 1) S_1^2 + (n_2 - 1) S_2^2] / \sigma^2 \sim \chi^2(n_1 + n_2 - 2)$

相互独立. 从而按 t 分布的定义,有结论 3°:

$$\frac{U}{\sqrt{V/(n_1 + n_2 - 2)}} = \frac{(\overline{X}_1 - \overline{X}_2) - (\mu_1 - \mu_2)}{S_w \sqrt{\dfrac{1}{n_1} + \dfrac{1}{n_2}}} \sim t(n_1 + n_2 - 2).$$

定理 5.10 设 $(X_1, \cdots, X_n)$ 是总体 $N(\mu, \sigma^2)$ 的样本,$\overline{X}$ 和 S^2 分别是样本均值和样本方差,则有

$$\sqrt{n}\,(\overline{X} - \mu)/S \sim t(n - 1). \qquad (5.34)$$

证明 由定理 5.8,知

$$\frac{\overline{X} - \mu}{\sigma/\sqrt{n}} \sim N(0,1), \qquad \frac{(n - 1)S^2}{\sigma^2} \sim \chi^2(n - 1),$$

且两者独立. 由 t 分布的定义即得

$$\frac{\overline{X} - \mu}{\sigma/\sqrt{n}} \bigg/ \sqrt{\frac{(n - 1)S^2}{\sigma^2} / (n - 1)}$$

$$= \sqrt{n}\,(\overline{X} - \mu)/S \sim t(n - 1).$$

定理 5.11 设 $(X_1, \cdots, X_{n_1})$ 和 $(Y_1, \cdots, Y_{n_2})$ 分别是来自总体 $N(\mu_1, \sigma_1^2)$ 和 $N(\mu_2, \sigma_2^2)$ 的样本,并且它们相互独立,而 S_1^2, S_2^2 分别是这两个样本的样本方差,则

$$F \stackrel{\triangle}{=} \sigma_2^2 S_1^2 / \sigma_1^2 S_2^2 \sim F(n_1 - 1, n_2 - 1). \tag{5.35}$$

这个定理的证明比较简单,留给读者作为练习.

值得指出,定理5.9的结论3°要求总体的方差相等,但定理5.11并不要求这一点.

习　题　5

1. 设在总体 $N(\mu, \sigma^2)$ 中抽取样本 (X_1, X_2, X_3),其中 μ 已知而 σ^2 未知. 指出 $X_1 + X_2 + X_3, X_2 + 2\mu, \max(X_1, X_2, X_3), \dfrac{1}{\sigma^2} \sum\limits_{i=1}^{3} X_i^2, |X_3 - X_1|$ 之中,哪些是统计量,哪些不是统计量,为什么?

2. 在总体 $N(52, 6.3^2)$ 中随机抽取一容量为 36 的样本,求样本均值 $\overline{X}$ 落在 50.8 到 53.8 之间的概率.

3. 求总体 $N(20, 3)$ 的容量分别为 10,15 的两独立样本均值差的绝对值大于 0.3 的概率.

4. 在总体 $N(12, 4)$ 中随机抽取一容量为 5 的样本,求样本平均值与总体平均值之差的绝对值大于 1 的概率.

5. 记 $(X_1, X_2, \cdots, X_{10})$ 为 $N(0, 0.3^2)$ 的一个样本,求 $P\left\{ \sum\limits_{i=1}^{10} X_i^2 > 1.44 \right\}$.

6. 设在总体 $N(\mu, \sigma^2)$ 中抽取一容量为 16 的样本,其中 μ, σ^2 均未知,求: (1) $P\{S^2/\sigma^2 \leqslant 2.041\}$,其中 S^2 为样本方差;(2) $D(S^2)$.

7. 设 $(X_1, X_2, \cdots, X_n)$ 为来自泊松分布 $\pi(\lambda)$ 的一个样本,$\overline{X}, S^2$ 分别为样本均值和样本方差. 求 $E(\overline{X}), D(\overline{X})$.

8. 查表写出 $F_{0.1}(10, 9), F_{0.90}(2, 28)$ 及 $F_{0.999}(10, 10)$ 的值.

9. 设 $(X_1, X_2, \cdots, X_{n+1})$ 为来自 $N(\mu, \sigma^2)$ 的一个样本,记 $\overline{X}_n = \dfrac{1}{n} \sum\limits_{i=1}^{n} X_i, S_n^2 =$

$\dfrac{1}{n-1}\displaystyle\sum_{i=1}^{n}(X_i-\overline{X}_n)^2$，求证：

$$T=\sqrt{\frac{n}{n+1}}\cdot\frac{X_{n+1}-\overline{X}_n}{S_n}\sim t(n-1).$$

10. 设 $(X_1,X_2,\cdots,X_{17})$ 是来自 $N(\mu,\sigma^2)$ 的一个样本，$\overline{X}$ 和 S^2 为样本均值和样本方差，求满足下式的 k 的值：

$$P\{\overline{X}>\mu+kS\}=0.95.$$

11. 证明定理 5.11.

第 6 章

参数估计

参数估计是统计推断的基本问题之一. 实际工作中碰到的总体 X, 它的分布类型往往是知道的(如果对总体的分布类型也未确定时, 可参见第 7 章的方法先进行统计推断), 只是不知道其中的某些参数. 例如产品的质量指标 X 服从正态分布, 它的概率密度是如下类型:

$$f(x;\mu,\sigma^2) = \frac{1}{\sqrt{2\pi}\sigma} e^{-\frac{(x-\mu)^2}{2\sigma^2}}, \quad -\infty < x < \infty,$$

但参数 μ,σ^2 的值不知道.

借助于总体 X 的一个样本来估计总体未知参数的值的问题属于参数估计问题. 参数估计可分为参数的点估计和参数的区间估计两类.

6.1 参数的点估计

参数点估计问题的一般提法是: 设总体 X 的分布函数 $F(x;\theta_1, \theta_2,\cdots,\theta_k)$ 的形式是已知的, 其中 $\theta_1,\theta_2,\cdots,\theta_k$ 是待估计的参数. 点估计问题就是根据样本 $(X_1,X_2,\cdots,X_n)$, 对每一个未知参数 $\theta_i(i=1, 2,\cdots,k)$, 构造出一个统计量 $\hat{\theta}_i = \hat{\theta}_i(X_1,X_2,\cdots,X_n)$, 作为参数 θ_i 的估计. 我们称 $\hat{\theta}_i(X_1,X_2,\cdots,X_n)$ 为 θ_i 的**估计量**. 将样本值 $(x_1,x_2,\cdots,x_n)$ 代入估计量 $\hat{\theta}_i$, 就得到它的一个具体数值 $\hat{\theta}_i(x_1,x_2,\cdots,x_n)$, 这个数值称为 θ_i 的**估计值**. 在不致混淆的情况下, 统称估计量和估计值为**估**

计,并都简记为 $\hat{\theta}_i$.

下面介绍两种常用的构造估计量的方法:矩估计法和极大似然估计法.

6.1.1　矩估计法

英国统计学家皮尔逊(K. Pearson)提出的矩估计法是求点估计的较古老的直观方法. 它的思想是:以样本矩作为相应的总体矩的估计,以样本矩的函数作为相应的总体矩的同一函数的估计. **矩估计法**的具体做法是:如总体的分布含有 k 个待估计的参数 $\theta_1, \theta_2, \cdots, \theta_k$,在总体 X 的 k 阶原点矩 $E(X^k)$ 存在时(如它不存在,就无法利用矩法估计 k 个不同的未知参数),总体的 $i(i = 1, \cdots, k)$ 阶原点矩 $\mu_i \overset{\triangle}{=} E(X^i)$ 也是 $\theta_1, \theta_2, \cdots, \theta_k$ 的函数.将 $\mu_1, \mu_2, \cdots, \mu_k$ 看作已知的(事实上它们都是未知的),从包含 k 个未知量 $\theta_1, \theta_2, \cdots, \theta_k$ 的 k 个方程构成的方程组

$$\mu_i(\theta_1, \theta_2, \cdots, \theta_k) = \mu_i, \quad i = 1, 2, \cdots, k \tag{6.1}$$

中解出 $\theta_1, \theta_2, \cdots, \theta_k$,设解为

$$\theta_i = g_i(\mu_1, \mu_2, \cdots, \mu_k), \quad i = 1, 2, \cdots, k. \tag{6.2}$$

至此就可得到参数的矩法估计:用样本的 i 阶原点矩

$$A_i \overset{\triangle}{=} \frac{1}{n} \sum_{j=1}^{n} X_j^i$$

来估计总体的相应矩 μ_i,即

$$\hat{\mu}_i = A_i, \quad i = 1, 2, \cdots, k;$$

用样本矩的函数 $g_i(A_1, A_2, \cdots, A_k)$ 来估计相应的总体矩的同一函数 $g_i(\mu_1, \mu_2, \cdots, \mu_k)$,即得 θ_i 的**矩估计**为

$$\hat{\theta}_i = g_i(A_1, A_2, \cdots, A_k), \quad i = 1, 2, \cdots, k.$$

例1　设总体 X 的均值 μ 及方差 σ^2 都存在,且 $\sigma^2 > 0$,但 μ, σ^2 均未知.又设 $(X_1, X_2, \cdots, X_n)$ 是一个样本,试求 μ, σ^2 的矩估计.

解　由

$$\begin{cases} \mu_1 = E(X) = \mu, \\ \mu_2 = E(X^2) = D(X) + E^2(X) = \sigma^2 + \mu^2, \end{cases}$$

可解出
$$\begin{cases} \mu = \mu_1, \\ \sigma^2 = \mu_2 - \mu_1^2. \end{cases}$$

将 μ_i 的矩估计 $\hat{\mu}_i = A_i (i = 1,2)$ 代入上式右端的 μ_i,便得 μ, σ^2 的矩估计为

$$\hat{\mu} = A_1 = \overline{X},$$

$$\hat{\sigma}^2 = A_2 - A_1^2 = \frac{1}{n} \sum_{i=1}^{n} X_i^2 - \overline{X}^2 = \frac{1}{n} \sum_{i=1}^{n} (X_i - \overline{X})^2.$$

由例 1 知,总体均值和方差的矩估计与总体的分布无关. 而且方差 σ^2 作为总体的二阶中心矩,它的矩估计为样本的二阶中心矩. 不仅如此,只要总体的 k 阶中心矩 $\alpha_k \overset{\triangle}{=} E[X - E(X)]^k$ 存在,则它的矩估计就是样本的 k 阶中心矩:

$$\hat{\alpha}_k = M_k = \frac{1}{n} \sum_{i=1}^{n} (X_i - \overline{X})^k, \qquad k = 1, 2, \cdots.$$

例 2 设总体 X 在 $[\mu - \rho, \mu + \rho]$ 上服从均匀分布,μ, ρ 未知,$(X_1, X_2, \cdots, X_n)$ 是一个样本,试求 μ, ρ 的矩估计.

解 因有

$$\mu_1 = E(X) = \frac{(\mu - \rho) + (\mu + \rho)}{2} = \mu,$$

$$\alpha_2 = D(X) = [(\mu + \rho) - (\mu - \rho)]^2 / 12 = \frac{1}{3} \rho^2,$$

所以

$$\begin{cases} \mu = \mu_1, \\ \rho = \sqrt{3\alpha_2}, \end{cases}$$

将总体矩的矩估计代入上式右端,便得 μ, ρ 的矩估计为

$$\hat{\mu} = A_1 = \overline{X}, \qquad \hat{\rho} = \sqrt{3M_2} = \sqrt{\frac{3}{n} \sum_{i=1}^{n} (X_i - \overline{X})^2}.$$

6.1.2 极大似然估计法

由费歇(R. A. Fisher)引进的极大似然估计法,无论从理论的角度或应用的角度来看,至今仍是一种重要而普遍适用的估计法.

为了介绍参数的极大似然估计法的基本思想和方法,我们先考虑一个非常简单的问题.

例3 假设在一只盒子里装有许多黑球和白球,并假定已知两种球的数目之比是 1:3,但不知道哪种颜色的球多. 我们对盒子里的每只球引入数量化的指标. 令

$$X = \begin{cases} 1, & \text{若该球为黑球}, \\ 0, & \text{若该球为白球}. \end{cases}$$

记 $p \overset{\triangle}{=} P\{X=1\}$. 由假定,$p$ 是未知参数,但只能取值 $1/4$ 或 $3/4$. 如果我们有放回地从盒子里取 3 只球,所得的样本值为 (x_1, x_2, x_3). 根据这个样本值,应如何估计未知参数 p 呢?

总体 X 的分布律为 $P\{X=x\} = p^x(1-p)^{1-x}$ $(x=0,1)$. 样本 (X_1, X_2, X_3) 取到样本值 (x_1, x_2, x_3) 的概率为

$$\begin{aligned} L(x_1, x_2, x_3; p) &= P\{X_1 = x_1, X_2 = x_2, X_3 = x_3\} \\ &= \prod_{i=1}^{3} P\{X = x_i\} \\ &= \prod_{i=1}^{3} p^{x_i}(1-p)^{1-x_i} \\ &= p^{\sum_{i=1}^{3} x_i}(1-p)^{3 - \sum_{i=1}^{3} x_i}. \end{aligned}$$

在参数 p 取定时,它仅与 $\sum_{i=1}^{3} x_i$ 有关. 由此式容易算出当 $p = 1/4$ 或 $3/4$ 时,样本 (X_1, X_2, X_3) 取到样本值 (x_1, x_2, x_3) 的概率如下表所示:

$x_1 + x_2 + x_3$	0	1	2	3
$L(x_1, x_2, x_3; 1/4)$	27/64	9/64	3/64	1/64
$L(x_1, x_2, x_3; 3/4)$	1/64	3/64	9/64	27/64

该表说明:对于给定的样本点 (x_1, x_2, x_3),样本 (X_1, X_2, X_3) 取到样本值 (x_1, x_2, x_3) 的概率是 p 的函数. 如果样本值为 $(0,0,0)$,则它从具有 $p = 1/4$ 的总体中抽取比从具有 $p = 3/4$ 的总体中抽取更

可能发生,因而取 $1/4$ 作为 p 的估计比取 $3/4$ 更合理. 类似地,通过比较 $L(x_1, x_2, x_3; 1/4)$ 和 $L(x_1, x_2, x_3; 3/4)$ 的大小,当样本值为 $(1, 0, 0), (0, 1, 0), (0, 0, 1)$ 时取 $1/4$ 作为 p 的估计值;而当样本值为 $(1, 1, 0), (1, 0, 1), (0, 1, 1)$ 或 $(1, 1, 1)$ 时用 $3/4$ 来估计 p 较为合理. 如此我们得到了 p 的一个估计:

$$\hat{p}(X_1, X_2, X_3) = \begin{cases} \dfrac{1}{4}, & \text{当 } X_1 + X_2 + X_3 = 0, 1, \\[2mm] \dfrac{3}{4}, & \text{当 } X_1 + X_2 + X_3 = 2, 3. \end{cases}$$

它是对每个样本值 (x_1, x_2, x_3),选取 $\hat{p}(x_1, x_2, x_3)$ 使

$$L(x_1, x_2, x_3; \hat{p}(x_1, x_2, x_3)) \geqslant L(x_1, x_2, x_3; p'),$$

其中, p' 是不同于 $\hat{p}(x_1, x_2, x_3)$ 的另一个值. 我们这样做,就是根据样本的具体取值情况来选择 $\hat{p}$,使得取该样本值发生的可能性最大. 这就是极大似然估计法的基本思想. 把已经发生的事件,看作最可能出现的事件,认为它具有最大的概率.

在求参数的极大似然估计的问题中,我们总是假定总体 X 的分布形式是已知的,但含有一个或几个未知的参数 $\theta = (\theta_1, \theta_2, \cdots, \theta_k)$. 我们把未知参数 θ 的全部可容许值组成的集合称为参数空间,记为 Θ.

一般地,设总体 X 是连续型变量时,它具有概率密度函数族 $\{f(x; \theta), \theta \in \Theta\}$. 又设 $(x_1, x_2, \cdots, x_n)$ 是样本 $(X_1, X_2, \cdots, X_n)$ 的一个观察值,则随机样本 $(X_1, X_2, \cdots, X_n)$ 落在点 $(x_1, x_2, \cdots, x_n)$ 的邻域(边长依次为 $\mathrm{d}x_1, \mathrm{d}x_2, \cdots, \mathrm{d}x_n$ 的 n 维长方体)内的概率近似地为 $\prod\limits_{i=1}^{n} f(x_i; \theta) \mathrm{d}x_i$. 这一概率随 θ 的取值而变化,它是 θ 的函数. 根据极大似然估计法的思想,我们取 θ 的估计值使这一概率达到最大值,但因子 $\prod\limits_{i=1}^{n} \mathrm{d}x_i$ 不随 θ 而变,故只需考虑函数

$$L(x_1, x_2, \cdots, x_n; \theta) \overset{\triangle}{=\!=} \prod_{i=1}^{n} f(x_i; \theta) \tag{6.3}$$

的最大值. 当总体 X 是离散型变量时, 上面的 $f(x;\theta)$ 就取为概率分布

$$f(x;\theta) \overset{\triangle}{=} P\{X = x\}. \tag{6.4}$$

今后恒作此约定. 称 $L(x_1, x_2, \cdots, x_n; \theta)$ 为 θ 的**似然函数**.

定义 6.1 对每一样本值 $(x_1, x_2, \cdots, x_n)$, 在参数空间 Θ 内使似然函数 $L(x_1, x_2, \cdots, x_n; \theta)$ 达到最大的参数估计值 $\theta = \hat{\theta}(x_1, x_2, \cdots, x_n)$, 称为参数 θ 的极大似然估计值, 它满足

$$L(x_1, x_2, \cdots, x_n; \hat{\theta}(x_1, x_2, \cdots, x_n)) = \max_{\theta \in \Theta} L(x_1, x_2, \cdots, x_n; \theta). \tag{6.5}$$

称此统计量 $\hat{\theta}(X_1, X_2, \cdots, X_n)$ 为参数 θ 的**极大似然估计量**. 参数 θ 的极大似然估计记为 $\hat{\theta}_L$.

由于 $\ln x$ 是 x 的严格单调增加函数, 所以 (6.5) 式可等价地写为

$$\ln L(x_1, x_2, \cdots, x_n; \theta) = \max_{\theta \in \Theta} \ln L(x_1, x_2, \cdots, x_n; \theta). \tag{6.6}$$

在 $f(x;\theta)$ 关于 θ 可微的情形下, 极大似然估计 $\hat{\theta}$ 常可从被称为对数似然方程的

$$\frac{\partial \ln L(x_1, x_2, \cdots, x_n; \theta)}{\partial \theta_i} = 0, \quad i = 1, 2, \cdots, k \tag{6.7}$$

中解得[①].

例 4 设 $(X_1, X_2, \cdots, X_n)$ 是来自泊松 (Poisson) 总体 $\pi(\lambda)$ 的样本, 其中 $\lambda > 0$ 是未知参数, 试求 λ 的极大似然估计量.

解 总体 X 的分布律为

$$f(x;\lambda) \overset{\triangle}{=} P\{X = x\} = \frac{\lambda^x}{x!} \mathrm{e}^{-\lambda}, \quad x = 0, 1, 2, \cdots.$$

设 $(x_1, x_2, \cdots, x_n)$ 是样本 $(X_1, X_2, \cdots, X_n)$ 的一个样本值, 则参数 λ 的似然函数为

---

① 由微积分学知, 这只是满足极值的必要条件. 还应该验证 (6.7) 式的解使 $\ln L$ 达到最大值, 对于具体的函数是容易处理的.

$$L(\lambda) \overset{\triangle}{=} L(x_1, x_2, \cdots, x_n; \lambda) = \prod_{i=1}^{n} \left(\frac{\lambda^{x_i}}{x_i!} \mathrm{e}^{-\lambda} \right) = \mathrm{e}^{-n\lambda} \prod_{i=1}^{n} \frac{\lambda^{x_i}}{x_i!},$$

而 $\quad \ln L(\lambda) = -n\lambda + \sum_{i=1}^{n} [x_i \ln\lambda - \ln(x_i!)].$

似然方程为 $\dfrac{\mathrm{d}}{\mathrm{d}\lambda} \ln L(\lambda) = 0$,即

$$-n + \sum_{i=1}^{n} \frac{x_i}{\lambda} = 0.$$

从中解出 $\hat{\lambda} = \bar{x}$. 由于

$$\frac{\mathrm{d}^2 \ln L}{\mathrm{d}\lambda^2} \Big|_{\lambda=\bar{x}} = -\frac{n}{\bar{x}} < 0,$$

故 $\hat{\lambda} = \bar{x}$ 是参数 λ 的极大似然估计值. 参数 λ 的极大似然估计量为 $\hat{\lambda}_L = \bar{X}$.

例 5 某化肥厂用自动打包机打包,每天都要进行抽样检查. 某日测得 9 包重量(单位:千克)如下:

49.3, 48.7, 50.5, 51.2, 48.3,

49.7, 49.5, 52.1, 50.5.

已知包重 X 服从正态分布,求包重的均值 μ 和方差 σ^2 的极大似然估计值.

解 由(6.3)式,可得 (μ, σ^2) 的似然函数为

$$L = L(\mu, \sigma^2) = \prod_{i=1}^{n} \frac{1}{\sqrt{2\pi}\sigma} \mathrm{e}^{-\frac{1}{2\sigma^2}(x_i - \mu)^2} = (2\pi\sigma^2)^{-\frac{n}{2}} \mathrm{e}^{-\frac{1}{2\sigma^2}\sum\limits_{i=1}^{n}(x_i - \mu)^2},$$

故 $\quad \ln L = -\dfrac{n}{2}(\ln 2\pi + \ln\sigma^2) - \dfrac{1}{2\sigma^2}\sum_{i=1}^{n}(x_i - \mu)^2.$

对数似然方程组是

$$\begin{cases} \dfrac{\partial \ln L}{\partial \mu} = \dfrac{1}{\sigma^2}\sum_{i=1}^{n}(x_i - \mu) = 0, \\ \dfrac{\partial \ln L}{\partial \sigma^2} = \dfrac{-n}{2\sigma^2} + \dfrac{1}{2\sigma^4}\sum_{i=1}^{n}(x_i - \mu)^2 = 0. \end{cases}$$

解之得 $\hat{\mu}_L = \bar{x}, \hat{\sigma}_L^2 = \dfrac{1}{n}\sum_{i=1}^{n}(x_i - \bar{x})^2.$ 这就是 μ, σ^2 的极大似然估计

（数学上可以验证 $\ln L$ 确实在 $\hat{\mu}_L, \hat{\sigma}_L^2$ 处达到最大值）．

本例中，$n = 9$，由样本值可算得 μ 和 σ^2 的极大似然估计值为 $\hat{\mu}_L = 49.98, \hat{\sigma}_L^2 = 1.306.$

例 6 设总体 X 服从 $[0,\theta]$ 上的均匀分布，$\theta > 0$ 未知，试由样本 $x_1, x_2, \cdots, x_n$ 求出 θ 的极大似然估计．

因 X 的概率密度是

$$f(x;\theta) = \begin{cases} 1/\theta, & 0 \leqslant x \leqslant \theta, \\ 0, & \text{其他.} \end{cases}$$

故参数 θ 的似然函数为

$$\begin{aligned} L(\theta) &= L(x_1, x_2, \cdots, x_n; \theta) \\ &= \begin{cases} 1/\theta^n, & 0 \leqslant x_1, x_2, \cdots, x_n \leqslant \theta, \\ 0, & \text{其他.} \end{cases} \end{aligned}$$

但由于 $\mathrm{d}\ln L/\mathrm{d}\theta = -n/\theta \neq 0$，所以用微分法不能求得 $\hat{\theta}_L$．我们可以从定义出发来寻求 $\hat{\theta}_L$．

解 记 $x_n^* = \max\{x_1, x_2, \cdots, x_n\}$，因 $X \sim U[0,\theta]$，故 $x_n^* > 0$，此时，参数 θ 的似然函数等价于

$$L(\theta) = L(x_1, x_2, \cdots, x_n; \theta) = \begin{cases} 1/\theta^n, & \theta \geqslant x_n^*, \\ 0, & \theta < x_n^*. \end{cases}$$

所以只有当 $\theta \geqslant x_n^*$ 时，才有可能使 $L(\theta)$ 取到最大值．又因为 $L(\theta) = 1/\theta^n$ 对 $\theta \geqslant x_n^*$ 的 θ 是减函数，故当 $\theta = x_n^*$ 时取到其最大值，即

$$L(x_n^*) = \max_{\theta > 0} L(\theta).$$

所以 θ 的极大似然估计量为 $\hat{\theta}_L = X_n^* = \max\{X_1, X_2, \cdots, X_n\}$．

对例 6，因 $E(X) = \theta/2$，故 θ 的矩估计是 $\hat{\theta} = 2\overline{X}$，但 $\hat{\theta}_L = X_n^*$．由此可见，对于同一个参数，用不同的估计方法求出的估计量可能不相同．

6.2 估计量的评选标准

从前一节可以看到，对同一个未知参数，采用不同的估计方法可

能得到不同的估计量. 而且, 很明显, 原则上任何统计量都可以作为未知参数的估计量. 正像对未来的天气, 人人都可以作出预报, 但不同的预报方法, 有一个预报好坏的问题. 我们自然会问, 对于一个未知参数, 采用哪一个估计量为好呢? 这就要求进一步研究点估计的性质, 以帮助我们决定估计量的选取和提供求得优良估计的方法. 下面介绍从不同的角度来研究点估计的优良性质, 从而得出几个用来衡量估计量好坏的评选标准.

6.2.1 无偏性

估计量是一个随机变量, 对估计量的一种自然的要求就是希望估计值围绕着被估计参数的真值而摆动. 也就是说, 要求 $\hat{\theta}$ 的数学期望等于 θ 的真值. 这就导致无偏性这个标准.

定义 6.2 设 $\hat{\theta} = \hat{\theta}(X_1, X_2, \cdots, X_n)$ 是 θ 的一个估计量, 如果它满足

$$E(\hat{\theta}) = \theta \qquad (\text{对一切 } \theta \in \Theta), \tag{6.8}$$

则称 $\hat{\theta}$ 是 θ 的一个**无偏估计量**.

一个估计如果不是无偏的就称这个估计是有偏的. 称 $|E(\hat{\theta} - \theta)|$ 为估计 $\hat{\theta}$ 的**偏**, 在科学技术中也称为 $\hat{\theta}$ 的系统误差. 无偏估计的实际意义就是无系统误差.

例 1 设总体 X 的 k 阶矩

$$\mu_k = E(X^k), \qquad k \geqslant 1$$

存在, 试证明不论总体的分布如何, 样本 k 阶原点矩 $A_k = \dfrac{1}{n} \sum_{i=1}^{n} X_i^k$ 是总体 k 阶原点矩 μ_k 的无偏估计.

证明 因 $X_1, X_2, \cdots, X_n$ 与 X 同分布, 故有

$$E(X_i^k) = E(X^k) = \mu_k, \quad i = 1, 2, \cdots, n.$$

因此有 $\quad E(A_k) = \dfrac{1}{n} \sum_{i=1}^{n} E(X_i^k) = \mu_k. \tag{6.9}$

由例 1 知, 不论总体服从什么分布, 只要它的数学期望存在, $\overline{X}$ 总是总体数学期望 $\mu_1 = E(X)$ 的无偏估计量.

例 2　对于均值 μ、方差 $\sigma^2 > 0$ 都存在的总体 X,不论它的分布如何,样本方差

$$S^2 = \frac{1}{n-1} \sum_{i=1}^{n} (X_i - \overline{X})^2$$

是总体方差 σ^2 的无偏估计量.

证明　由例 1 以及方差计算的重要公式,有

$$E(A_2) = \mu_2 = \sigma^2 + \mu^2,$$

$$E(\overline{X}^2) = D(\overline{X}) + E^2(\overline{X}) = \sigma^2/n + \mu^2,$$

故

$$\begin{aligned}
E(S^2) &= E\left[\frac{1}{n-1}\left(\sum_{i=1}^{n} X_i^2 - n\overline{X}^2\right)\right] \\
&= E\left(\frac{n}{n-1}A_2 - \frac{n}{n-1}\overline{X}^2\right) \\
&= \frac{n}{n-1}[E(A_2) - E(\overline{X}^2)] \\
&= \frac{n}{n-1}\left(\sigma^2 - \frac{\sigma^2}{n}\right) = \sigma^2.
\end{aligned}$$

由例 2 知,$E(M_2) = E\left(\dfrac{n-1}{n}S^2\right) = \dfrac{n-1}{n}\sigma^2$.

所以样本 2 阶中心矩 M_2 是总体 2 阶中心矩(即总体方差)σ^2 的有偏估计.

对 6.1 节例 6 中的参数 θ,它的矩估计 $\hat{\theta} = 2\overline{X}$ 是无偏的. 为了考察 θ 的极大似然估计 $\hat{\theta}_L = X_n^*$ 的无偏性,我们需要求出统计量 X_n^* 的分布. 由概率论知,X_n^* 的分布函数为 $F_{X_n^*}(x) = [F(x)]^n$,其中 $F(x)$ 为总体 X 的分布函数. 通过计算可得 X_n^* 的概率密度为

$$f_{X_n^*}(z) = \begin{cases} \dfrac{nz^{n-1}}{\theta^n}, & 0 \leqslant z \leqslant \theta, \\ 0, & \text{其他.} \end{cases} \tag{6.10}$$

因此,有

$$E(\hat{\theta}_L) = E(X_n^*) = \int_0^\theta z \cdot \frac{nz^{n-1}}{\theta^n} \mathrm{d}z = \frac{n}{n+1}\theta. \tag{6.11}$$

所以 θ 的极大似然估计 X_n^* 是有偏的.

在实际问题中可以考虑如下的纠偏的方法:如果 $E(\hat{\theta}) = a\theta + b(\theta \in \Theta)$,其中 a, b 是常数,且 $a \neq 0$,则 $\frac{1}{a}(\hat{\theta} - b)$ 是 θ 的无偏估计.

对 6.1 节例 6 中的 θ,由(6.11)式知 $\frac{n+1}{n} X_n^*$ 是 θ 的无偏估计.由(6.10)式,通过计算可得纠偏后的估计量的方差

$$D\left(\frac{n+1}{n} X_n^*\right) = \frac{(n+1)^2}{n^2} D(X_n^*)$$

$$= \frac{(n+1)^2}{n^2}\left[\int_0^\theta z^2 \cdot nz^{n-1}/\theta^n \mathrm{d}z - \left(\frac{n}{n+1}\right)^2 \theta^2\right]$$

$$= \frac{\theta^2}{n(n+2)}. \tag{6.12}$$

无偏性是对估计量的一个最常见的重要要求.它确实是一种优良性的标准.在以前,一般都把无偏性放在很显著的地位,因而在不少人中逐渐形成一种看法:一个估计要是有偏的,就是"不好"的.事实上,把无偏性作为对估计量的当然的要求,这不见得是正确的.因为仔细考察无偏估计的意义,(6.8)式等价于

$$E(\hat{\theta} - \theta) = 0 \quad (\text{对一切 } \theta \in \Theta).$$

所以无偏性的要求就相当于把随机偏差 $\hat{\theta} - \theta$ 从总体平均的意义上相互抵消了,也就是说消除了系统偏差.但当随机偏差很大时,使用一个无偏估计并不能令人放心.虽然无偏估计 $\hat{\theta}$ 围绕 θ 而摆动,但是否在 θ 的"附近"徘徊却不得而知.为了考察无偏估计是否在未知参数的附近取值就导出了如下的有效性以及在大样本时的一致性的要求.

6.2.2 有效性

比较同一个参数的两个不同的无偏估计量的好坏,一般是方差小的较好.一般地,设 $\hat{\theta}_1, \hat{\theta}_2$ 是 θ 的两个无偏估计,如果

$$D(\hat{\theta}_1) \leqslant D(\hat{\theta}_2) \quad (\text{对一切 } \theta \in \Theta)$$

成立,我们称 $\hat{\theta}_1$ 较 $\hat{\theta}_2$ 有效.最简单的例子是:对任何总体 X,设均值 μ,方差 σ^2 都存在,又设 $(X_1, X_2, \cdots, X_n)$ 是样本 $(n > 1)$,则总体均值 μ 的矩估计 $\overline{X}$ 较估计量 $\hat{\mu} = X_1$ 有效.又如对 6.1 节例 6 中的 θ,由于总

体 $X \sim U(0, \theta)$，$D(X) = \theta^2/12$，所以 θ 的矩估计 $\hat{\theta} = 2\overline{X}$ 的方差是 $D(\hat{\theta}) = \theta^2/3n$. 将它与(6.12)式的右端相比较，当样本容量 $n > 1$ 时，θ 的极大似然估计 $\hat{\theta}_L = X_n^*$ 通过纠偏而得的无偏估计 $(n+1)X_n^*/n$ 较 θ 的矩估计 $2\overline{X}$ 有效.

更一般地，设 $\hat{\theta}_1, \hat{\theta}_2$ 是 θ 的两个估计量，如果

$$E(\hat{\theta}_1 - \theta)^2 \leqslant E(\hat{\theta}_2 - \theta)^2 \quad （\text{对一切} \ \theta \in \Theta）$$

成立，我们称 $\hat{\theta}_1$ 较 $\hat{\theta}_2$ 有效.

6.2.3 相合性

因为估计量 $\hat{\theta}_n = \hat{\theta}_n(X_1, X_2, \cdots, X_n)$ 是样本的函数，当然是样本容量 n 的函数. 我们自然希望随着样本容量的增大，估计量的值能变得越来越精确. 这样，对估计量又有相合性的要求.

设 $\hat{\theta}_n$ 为参数 θ 的估计量，若对于任意的 $\theta \in \Theta$，当 $n \to \infty$ 时 $\hat{\theta}_n$ 依概率收敛于 θ，即如果

$$\lim_{n \to \infty} P\{|\hat{\theta}_n - \theta| \geqslant \varepsilon\} = 0 \quad （\text{对一切} \ \varepsilon > 0, \theta \in \Theta）$$

成立，则称 $\hat{\theta}_n$ 为 θ 的**相合估计量**或**一致估计量**.

相合性是点估计的大样本性质. 它表示，只要样本容量 n 足够大，就可以使相合估计量与参数真值之间的差异大于 ε 的概率足够地小，也就是估计量可以用任意接近于 1 的概率把参数真值估计到任意的精度.

概率论中的大数定律保证了一些常用的估计量是被估计参数的相合估计量. 例如，样本 k 阶原点矩是总体 X 的 k 阶原点矩的相合估计量. 可以证明，在较弱的条件下，矩估计与极大似然估计都具有相合性.

上述无偏性、有效性、相合性是评价估计量的一些基本标准，其他的标准就不讲了.

6.3 参数的区间估计

我们用点估计 $\hat{\theta}$ 去估计未知参数 θ，由于 $\hat{\theta}$ 是一个随机变量，它

不会总是恰好与 θ 相等,而有或正、或负、或大、或小的误差. 点估计值仅仅是未知参数的一个近似值,它没有反映出这个近似值的误差范围. 区间估计正好弥补了点估计的这个缺陷.

所谓参数的区间估计,本质上是给出两个统计量 $\hat{\theta}_1 = \hat{\theta}_1(X_1, \cdots, X_n)$, $\hat{\theta}_2 = \hat{\theta}_2(X_1, \cdots, X_n)$,而且恒有 $\hat{\theta}_1 \leqslant \hat{\theta}_2$,由它们组成一个区间 $[\hat{\theta}_1, \hat{\theta}_2]$,对一个具体问题,一旦得到了样本值 $(x_1, \cdots, x_n)$ 之后,便给出了一个具体的区间 $[\hat{\theta}_1(x_1, \cdots, x_n), \hat{\theta}_2(x_1, \cdots, x_n)]$,并且认为未知参数 θ 是在这个区间内. 由于这个区间的两个端点 $\hat{\theta}_1$ 与 $\hat{\theta}_2$,及其长度 $\hat{\theta}_2 - \hat{\theta}_1$ 都是样本的函数,所以它们都是随机变量. 一般,对不同的样本值会得到不同的具体区间. 因而区间 $[\hat{\theta}_1, \hat{\theta}_2]$ 是一个随机区间,它盖住未知参数 θ(即 $\theta \in [\hat{\theta}_1, \hat{\theta}_2]$),是一个随机事件. 这个事件的概率的大小反映了这个区间估计的可靠程度;而区间长度的均值 $E(\hat{\theta}_2 - \hat{\theta}_1)$ 的大小反映了这个区间估计的精确程度. 自然希望反映可靠程度的概率越大越好,而反映精确程度的平均区间长度越短越好. 但在实际问题中两者总是不能兼顾. 这好比,要预报北京地区的日平均气温,总是用大小相差 20℃ 的两个数来预报,虽然相当可靠,但两数相差太大而根本无实用价值;反过来,如果总是用相差 1℃ 的两个数来预报,虽然预报区间的长度很小,但可靠性却很差. 因此,求区间估计的原则应该是在保证足够可靠度的前提下,尽量使区间的平均长度短一些.

定义 6.3 设总体 X 的分布函数族为 $\{F(x; \theta), \theta \in \Theta\}$. 对于给定值 $\alpha (0 < \alpha < 1)$,如果有两个统计量 $\hat{\theta}_1 = \hat{\theta}_1(X_1, \cdots, X_n)$ 和 $\hat{\theta}_2 = \hat{\theta}_2(X_1, \cdots, X_n)$,使得

$$P\{\hat{\theta}_1(X_1, \cdots, X_n) \leqslant \theta \leqslant \hat{\theta}_2(X_1, \cdots, X_n)\} \geqslant 1 - \alpha$$
$$\text{(对一切 } \theta \in \Theta) \tag{6.13}$$

成立,则称随机区间 $[\hat{\theta}_1, \hat{\theta}_2]$ 是 θ 的**双侧 $1-\alpha$ 置信区间**;称 $1-\alpha$ 为**置信度**;$\hat{\theta}_1$ 和 $\hat{\theta}_2$ 分别称为**双侧置信下限**和**双侧置信上限**.

式(6.13)表示置信区间 $[\hat{\theta}_1, \hat{\theta}_2]$ 盖住未知参数 θ 的概率至少有 $1-\alpha$. 根据贝努里大数定律,这意味着,若重复抽样多次(各次样本的

容量均为 n)时,在按这些样本值所得的所有具体区间 $[\hat{\theta}_1(x_1,\cdots,$ $x_n),\hat{\theta}_2(x_1,\cdots,x_n)]$ 中,大约有 $100(1-\alpha)\%$ 的具体区间能盖住未知参数 θ. 对每个具体区间来说,只有两种可能:要么这个区间盖住 θ;要么这个区间盖不住 θ. 所以,我们决不能说"区间 $[\hat{\theta}_1(x_1,\cdots,x_n),$ $\hat{\theta}_2(x_1,\cdots,x_n)]$ 盖住 θ 的概率至少有 $1-\alpha$". 但我们仍然称 $[\hat{\theta}_1(x_1,x_2,$ $\cdots,x_n),\hat{\theta}_2(x_1,x_2,\cdots,x_n)]$ 这一具体的区间为 θ 的置信度 $1-\alpha$ 的置信区间.

在有些问题中,我们关心的是未知参数"至少有多大"(例如对于设备、元件的寿命等问题),或"不超过多大"(例如考虑药品的毒性、轮胎的磨耗、产品的不合格品率等问题). 这就引出了单侧置信区间的概念.

定义 6.4 在定义 6.3 中,如果(6.13)式改为

$$P\{\hat{\theta}_1(X_1,\cdots,X_n)\leqslant\theta\}\geqslant1-\alpha$$

$$(对一切 \theta\in\Theta), \tag{6.14}$$

则称 $\hat{\theta}_1(X_1,\cdots,X_n)$ 为 θ 的**单侧置信下限**. 如果(6.14)式改为

$$P\{\theta\leqslant\hat{\theta}_2(X_1,\cdots,X_n)\}\geqslant1-\alpha, \quad (对一切 \theta\in\Theta),$$

则称 $\hat{\theta}_2(X_1,\cdots,X_n)$ 为 θ 的**单侧置信上限**.

下面我们通过解决一个实际问题来考察求置信区间的一般方法.

例 1 某车间生产滚珠,从长期生产实践中知道,滚珠直径 X 可以认为服从正态分布 $N(\mu,\sigma^2)$,其中方差 σ^2 已知为 0.04,但均值 μ 未知. 从某天的产品中随机地抽取 6 个滚珠,测得直径(单位:毫米)为

14.7, 15.1, 14.9, 14.8, 15.2, 15.1.

在置信度 0.95 下,问该天生产的滚珠的平均直径 μ 在什么范围内?

解 对方差已知的正态总体,其未知均值的极大似然估计为样本均值 $\overline{X}$. 我们知道用它来估计未知均值 μ 具有许多优良性. 所以 $\overline{x}=14.97$ 是 μ 的较好的点估计值. 因此把所求的范围取作形如 $[\overline{x}-d_1,\overline{x}+d_2]$ 似乎是合理的,其中 d_1,d_2 是待定的量,这里 $d_1,d_2>0$. 按置信度(6.13)式的要求,d_1,d_2 应满足 $P\{\overline{X}-d_1\leqslant\mu\leqslant\overline{X}+d_2\}$

$\geqslant 0.95$. 由 (5.31) 式知, $\overline{X} \sim N(\mu, \sigma^2/n)$. 将 $\overline{X}$ 标准化, 并记为 Z, 有

$$Z \overset{\triangle}{=} (\overline{X} - \mu) / \frac{\sigma}{\sqrt{n}} \sim N(0,1).$$

由于已知 $\sigma^2 = 0.04, n = 6$, 所以我们说找到了一个样本的函数 $Z = \sqrt{n}\,(\overline{X} - \mu)/\sigma$, 它仅包含我们要作区间估计的未知参数 μ, 而不再包含其他未知参数. 并且, 它的分布 $N(0,1)$ 完全是已知的 (不依赖于未知参数). 由标准正态分布的 p 分位数 u_p 的定义, 对给定的置信度 $1 - \alpha$, 因 $\Phi(u_{1-\alpha/2}) = 1 - \alpha/2$, 可知 $\Phi(-u_{1-\alpha/2}) = \alpha/2$, 因而有

$$P\{|Z| \leqslant u_{1-\alpha/2}\} = 1 - \alpha. \tag{6.15}$$

将此式中的不等式进行同解变形, 就可得到

$$P\{\overline{X} - u_{1-\alpha/2} \cdot \sigma/\sqrt{n} \leqslant \mu \leqslant \overline{X} + u_{1-\alpha/2} \cdot \sigma/\sqrt{n}\} = 1 - \alpha.$$

我们得出 $d_1 = d_2 = u_{1-\alpha/2} \cdot \sigma/\sqrt{n}$, 所以 μ 的一个双侧 $1 - \alpha$ 置信区间为 $[\overline{X} - u_{1-\alpha/2} \cdot \sigma/\sqrt{n}, \overline{X} + u_{1-\alpha/2} \cdot \sigma/\sqrt{n}]$.

由 $1 - \alpha = 0.95$ 知, $1 - \alpha/2 = 0.975$. 查附表一可得 $u_{0.975} = 1.96$. 可算出 $u_{1-\alpha/2} \cdot \sigma/\sqrt{n} = 1.96 \times \sqrt{0.04}/\sqrt{6} = 0.16$, 因此 $\bar{x} - u_{1-\alpha/2} \cdot \sigma/\sqrt{n} = 14.81, \bar{x} + u_{1-\alpha/2} \cdot \sigma/\sqrt{n} = 15.13$. 即在置信度 0.95 下, 可以认为该天生产的滚珠的平均直径在 14.81 毫米至 15.13 毫米之间.

在这个例子中, 我们得到的置信区间的长度为 $2u_{1-\alpha/2} \cdot \sigma/\sqrt{n}$, 它反映了置信区间的精确程度. 我们已经知道, 置信度 $1 - \alpha$ 反映了置信区间的可靠程度. 对固定的样本容量 n, 要提高可靠度, 即减少 α, 则分位数 $u_{1-\alpha/2}$ 会增大, 从而精确度会减少. 对这个例子, 我们阐明了可靠度与精确度两者不能兼顾. 为了使两者兼顾, 只有增大样本容量 n. 对固定的 n 和置信度 $1 - \alpha$, 我们有没有办法使用例 1 中的方法得到的置信区间的长度变小呢? 设 $\varepsilon \in (0, \alpha)$, 因为也有 $\Phi(u_{1-\alpha+\varepsilon}) - \Phi(u_\varepsilon) = 1 - \alpha$, 我们用 $P\{u_\varepsilon \leqslant Z \leqslant u_{1-\alpha+\varepsilon}\} = 1 - \alpha$ 代替 (6.15) 式, 将其中的不等式 $u_\varepsilon \leqslant (\overline{X} - \mu)\sqrt{n}/\sigma \leqslant u_{1-\alpha+\varepsilon}$ 进行变形, 解出

$\mu \in [\overline{X} - u_{1-\alpha+\varepsilon} \cdot \sigma/\sqrt{n}, \overline{X} - u_\varepsilon \cdot \sigma/\sqrt{n}]$. 如此得到的置信区间仍满足定义 6.3 中(6.13)式的要求. 这时置信区间的长度为 $(u_{1-\alpha+\varepsilon} - u_\varepsilon) \cdot \sigma/\sqrt{n}$. 要使这个长度最短,由于 n, α 固定,这只要取 $\varepsilon \in (0, \alpha)$,使

$$u_{1-\alpha+\varepsilon} - u_\varepsilon$$

达到最小,由标准正态分布的密度函数是单峰的且关于纵轴对称,由图 6-1 可知,当 $\varepsilon = \alpha/2$ 时长度达到最短. 所以例 1 的解中得到的置信区间的长度是最小的了,无法再变小.

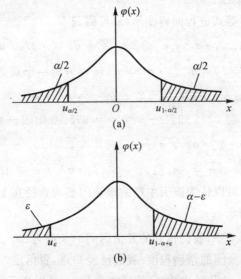

图 6-1

例 1 启发我们可以通过下列步骤来寻找一个未知参数 θ 的双侧置信区间:

1° 寻求 θ 的一个从评选标准来看较好的点估计 $\hat{\theta}(X_1, \cdots, X_n)$,通常用 θ 的极大似然估计.

2° 以 $\hat{\theta}$ 为出发点,寻找一个样本 $(X_1, \cdots, X_n)$ 的函数
$$Z = Z(X_1, \cdots, X_n; \theta),$$

它包含待估计参数 θ,但不能含有其他未知参数;并且 Z 的分布是已知的,即 Z 的分布是可以求得的,它不依赖于任何未知参数(当然也不依赖于待估计参数 θ).

3° 对于给定的置信度 $1-\alpha$,利用 Z 的已知分布确定两个常数 a,b,使

$$P\{a \leqslant Z(X_1,\cdots,X_n;\theta) \leqslant b\} \geqslant 1-\alpha, \qquad (6.16)$$

当 Z 的分布为连续型时,取 a,b 使上式中的概率等于 $1-\alpha$.

4° 将不等式 "$a \leqslant Z(X_1,\cdots,X_n;\theta) \leqslant b$" 作等价变形,使之成为 "$\hat{\theta}_1(X_1,\cdots,X_n) \leqslant \theta \leqslant \hat{\theta}_2(X_1,\cdots,X_n)$" 的形式,那么 $[\hat{\theta}_1,\hat{\theta}_2]$ 就是 θ 的一个置信度为 $1-\alpha$ 的置信区间.

上述步骤的关键是:寻求一个样本的函数 $Z=Z(X_1,\cdots,X_n;\theta)$,它仅包含待估计参数 θ,且分布已知. 为解决这个关键问题,对正态总体的情况,第 5 章中的抽样分布定理已为此作了准备. 但在一般情况时,这绝非易事. 另外,即使 Z 的分布是连续型时,满足式(6.16)中等号成立的 a,b 也不是惟一的,常取 a,b 满足

$$P\{Z \leqslant a\} = P\{Z > b\} = \alpha/2. \qquad (6.17)$$

当 Z 的分布密度函数单峰且对称(例如标准正态分布、t 分布)时,可以证明(参见例1后的说明)由(6.17)式决定的 a,b 使得双侧置信区间的长度均值最短;即使 Z 的分布密度函数单峰但不对称(例如 χ^2 分布、F 分布),为了方便,通常也按(6.17)式来确定 a,b. 在实际问题中,这种做法不会带来太大的危害. 由(6.17)式及概率分位数的定义知,a 是 Z 的分布的 $\alpha/2$ 分位数,b 是 $(1-\alpha/2)$ 分位数. 当 Z 的分布为离散型时,取 a,b 使

$$P\{Z \leqslant a\} \leqslant \alpha/2, \quad P\{Z > b\} \leqslant \alpha/2,$$

且使 a 尽可能地大,b 尽可能地小.

如果求单侧置信区间,那么只要将上述步骤 3° 改为求尽可能大的常数 a,使 $P\{Z \geqslant a\} \geqslant 1-\alpha$;或改为求尽可能小的常数 b,使 $P\{Z \leqslant b\} \geqslant 1-\alpha$. 当 Z 的分布为连续型时,a 是 Z 的分布的 α 分位数,b 是 $(1-\alpha)$ 分位数. 一个正态总体下未知参数的置信区间由表 6.1 列

出,其中置信度都为 $1 - \alpha$.

例2 在例1中,如果 σ^2 未知,问该日生产的滚珠的平均直径 μ 在什么范围内($1 - \alpha = 0.95$)?

解 当 σ^2 未知时,μ 的极大似然估计仍是样本均值 $\overline{X}$(参见 6.1 节例5).但函数 $\sqrt{n}\,(\overline{X} - \mu)/\sigma$ 不再满足步骤 2° 中要求,因为它除了包含待估计参数 μ 之外,还含有其他未知参数 σ^2.但如用样本方差 S^2 代替 σ^2,那么 $\sqrt{n}\,(\overline{X} - \mu)/S$ 就能作为我们要寻找的函数,它的分布由定理 5.10 知为 $t(n - 1)$.取 $a = -t_{1-\frac{\alpha}{2}}(n - 1)$,$b = t_{1-\alpha/2}(n - 1)$,其中分位数 $t_{1-\alpha/2}(n - 1)$ 可由附表三查得.于是

$$P\{- t_{1-\alpha/2}(n - 1) \leqslant \sqrt{n}\,(\overline{X} - \mu)/S \leqslant t_{1-\alpha/2}(n - 1)\} = 1 - \alpha,$$

所以 μ 的双侧 $1 - \alpha$ 置信区间为

$$[\overline{X} - t_{1-\alpha/2}(n - 1) \cdot S/\sqrt{n}, \overline{X} + t_{1-\alpha/2}(n - 1) \cdot S/\sqrt{n}].$$

由于 $n = 6$,由

$$s^2 = \frac{1}{n - 1}\sum_{i=1}^{n}(x_i - \overline{x})^2 = \frac{1}{n - 1}\Big(\sum_{i=1}^{n}x_i^2 - n\overline{x}^2\Big),$$

算得 $s^2 = 0.039$,查附表三得 $t_{1-\alpha/2}(n - 1) = t_{0.975}(6 - 1) = 2.5706$,所以 $t_{1-\alpha/2} \cdot s/\sqrt{n} = 0.21$.故

$$\overline{x} - t_{1-\alpha/2} \cdot s/\sqrt{n} = 14.76,$$

$$\overline{x} + t_{1-\alpha/2} \cdot s/\sqrt{n} = 15.18.$$

即在置信度 0.95 下,可以认为该日生产的滚珠的平均直径在 14.76 毫米至 15.18 毫米之间.

例3 在例1中,如果 μ, σ^2 均未知,求标准差 σ 的单侧 0.95 置信上限.

解 由表 6.1 知,方差的单侧 0.95 置信上限为 $\sum_{i=1}^{n}(X_i - \overline{X})^2/\chi_\alpha^2(n - 1)$,故有

$$P\Big\{\sigma^2 \leqslant \sum_{i=1}^{n}(X_i - \overline{X})^2/\chi_\alpha^2(n - 1)\Big\} = 1 - \alpha,$$

表 6.1 一个正态总体下未知参数的置信区间（置信度为 $1-\alpha$）

待估参数	其他参数	函数 Z	Z 的分布	双侧置信区间上、下限	单侧置信下限	单侧置信上限
μ	σ^2 已知	$\sqrt{n}\cdot(\overline{X}-\mu)/\sigma$	$N(0,1)$	$\overline{X}\pm u_{1-\alpha/2}\cdot\sigma/\sqrt{n}$	$\overline{X}-u_{1-\alpha}\cdot\sigma/\sqrt{n}$	$\overline{X}+u_{1-\alpha}\cdot\sigma/\sqrt{n}$
	σ^2 未知	$\sqrt{n}\,(\overline{X}-\mu)/S$	$t(n-1)$	$\overline{X}\pm t_{1-\alpha/2}(n-1)\cdot S/\sqrt{n}$	$\overline{X}-t_{1-\alpha}(n-1)\cdot S/\sqrt{n}$	$\overline{X}+t_{1-\alpha}(n-1)\cdot S/\sqrt{n}$
σ^2	μ 已知	$\displaystyle\sum_{i=1}^{n}(X_i-\mu)^2/\sigma^2$	$\chi^2(n)$	$\dfrac{\displaystyle\sum_{i=1}^{n}(X_i-\mu)^2}{\chi^2_{1-\alpha/2}(n)},\ \dfrac{\displaystyle\sum_{i=1}^{n}(X_i-\mu)^2}{\chi^2_{\alpha/2}(n)}$	$\dfrac{\displaystyle\sum_{i=1}^{n}(X_i-\mu)^2}{\chi^2_{1-\alpha}(n)}$	$\dfrac{\displaystyle\sum_{i=1}^{n}(X_i-\mu)^2}{\chi^2_{\alpha}(n)}$
	μ 未知	$(n-1)S^2/\sigma^2$	$\chi^2(n-1)$	$\dfrac{(n-1)S^2}{\chi^2_{1-\alpha/2}(n-1)},\ \dfrac{(n-1)S^2}{\chi^2_{\alpha/2}(n-1)}$	$\dfrac{(n-1)S^2}{\chi^2_{1-\alpha}(n-1)}$	$\dfrac{(n-1)S^2}{\chi^2_{\alpha}(n-1)}$

这等价于

$$P\left\{\sigma \leqslant \sqrt{\sum_{i=1}^{n}(X_i-\overline{X})^2/\chi_\alpha^2(n-1)}\right\}=1-\alpha.$$

由置信度 $1-\alpha=0.95$,知 $\alpha=0.05$,查附表二得 χ^2 分布的下侧概率 α 的分位数 $\chi_\alpha^2(n-1)=\chi_{0.05}^2(6-1)=1.145$. 所以 σ 的单侧 0.95 置信上限为

$$\sqrt{\sum_{i=1}^{n}(x_i-\overline{x})^2/\chi_\alpha^2(n-1)}=0.41.$$

实际问题中常常会遇到需要同时处理两个正态总体的情况. 设 $(X_1,\cdots,X_{n_1})$ 是取自正态总体 $N(\mu_1,\sigma_1^2)$ 的一个样本,$(Y_1,\cdots,Y_{n_2})$ 是取自正态总体 $N(\mu_2,\sigma_2^2)$ 的一个样本,且设这两个样本相互独立,表 6.2 给出了两个总体均值差 $\mu_1-\mu_2$ 和方差比 σ_1^2/σ_2^2 的置信度为 $1-\alpha$ 的各种置信区间,其中 $F_p(n_1,n_2)$ 是分布 $F(n_1,n_2)$ 的 p 分位数(参见(5.29)式),可由附表四查得.

例 4 为提高某一化工生产过程的得率,试图采用一种新的催化剂. 为慎重起见,在实验工厂先进行试验. 设采用原来的催化剂进行了 $n_1=8$ 次试验,得到得率的样本均值 $\overline{x}=91.73$,样本方差 $S_1^2=3.89$;又采用新的催化剂进行了 $n_2=8$ 次试验,得到的样本均值 $\overline{y}=93.75$,样本方差 $S_2^2=4.02$. 假设两总体都可认为服从正态分布,且方差相等,试求两总体均值差 $\mu_1-\mu_2$ 的置信度为 0.95 的双侧置信区间.

解 自然会想到用 $(\overline{X}-\overline{Y})$ 来估计 $(\mu_1-\mu_2)$. 因 $\overline{X}-\overline{Y} \sim N\left(\mu_1-\mu_2,\sigma^2\left(\dfrac{1}{n_1}+\dfrac{1}{n_2}\right)\right)$,故

$$\frac{(\overline{X}-\overline{Y})-(\mu_1-\mu_2)}{\sigma\cdot\sqrt{\dfrac{1}{n_1}+\dfrac{1}{n_2}}}\sim N(0,1).$$

但它不能作为要找的函数 Z,因为它的分布包含了两个总体相等但未知的方差 σ^2. 我们要用 σ^2 的适当的估计来代替它. 如用

表6.2 两个正态总体下均值差或方差比的置信区间（置信度 1—α）

待估参数	其他参数	函数 Z	Z 的分布	双侧置信区间上、下限	单侧置信下限	单侧置信上限
$\mu_1-\mu_2$	σ_1^2,σ_2^2 均已知	$\dfrac{(\bar{X}-\bar{Y})-(\mu_1-\mu_2)}{\sqrt{\dfrac{\sigma_1^2}{n_1}+\dfrac{\sigma_2^2}{n_2}}}$	$N(0,1)$	$(\bar{X}-\bar{Y})\pm u_{1-\frac{\alpha}{2}}\sqrt{\dfrac{\sigma_1^2}{n_1}+\dfrac{\sigma_2^2}{n_2}}$	$(\bar{X}-\bar{Y})-u_{1-\alpha}\sqrt{\dfrac{\sigma_1^2}{n_1}+\dfrac{\sigma_2^2}{n_2}}$	$(\bar{X}-\bar{Y})+u_{1-\alpha}\sqrt{\dfrac{\sigma_1^2}{n_1}+\dfrac{\sigma_2^2}{n_2}}$
	$\sigma_1^2=\sigma_2^2=\sigma^2$ 但未知	$\dfrac{(\bar{X}-\bar{Y})-(\mu_1-\mu_2)}{S_\omega\sqrt{\dfrac{1}{n_1}+\dfrac{1}{n_2}}}$	$t(n_1+n_2-2)$	$(\bar{X}-\bar{Y})\pm t_{1-\frac{\alpha}{2}}(n_1+n_2-2)$ $\cdot S_\omega\sqrt{\dfrac{1}{n_1}+\dfrac{1}{n_2}}$	$(\bar{X}-\bar{Y})-\sqrt{\dfrac{1}{n_1}+\dfrac{1}{n_2}}$ $\cdot S_\omega\cdot t_{1-\alpha}(n_1+n_2-2)$	$(\bar{X}-\bar{Y})+\sqrt{\dfrac{1}{n_1}+\dfrac{1}{n_2}}$ $\cdot S_\omega\cdot t_{1-\alpha}(n_1+n_2-2)$
$\dfrac{\sigma_1^2}{\sigma_2^2}$	μ_1,μ_2 均已知	$\dfrac{\sum\limits_{i=1}^{n_1}(X_i-\mu_1)^2/n_1\sigma_1^2}{\sum\limits_{i=1}^{n_2}(Y_i-\mu_2)^2/n_2\sigma_2^2}$	$F(n_1,n_2)$	$\dfrac{1}{F_{1-\frac{\alpha}{2}}(n_1,n_2)}\cdot\dfrac{\dfrac{1}{n_2}\sum\limits_{i=1}^{n_1}(X_i-\mu_1)^2}{\dfrac{1}{n_1}\sum\limits_{i=1}^{n_2}(Y_i-\mu_2)^2}$, $\dfrac{1}{F_{\frac{\alpha}{2}}(n_1,n_2)}\cdot\dfrac{\dfrac{1}{n_2}\sum\limits_{i=1}^{n_1}(X_i-\mu_1)^2}{\dfrac{1}{n_1}\sum\limits_{i=1}^{n_2}(Y_i-\mu_2)^2}$	$\dfrac{1}{F_{1-\alpha}(n_1,n_2)}\cdot\dfrac{\dfrac{1}{n_2}\sum\limits_{i=1}^{n_1}(X_i-\mu_1)^2}{\dfrac{1}{n_1}\sum\limits_{i=1}^{n_2}(Y_i-\mu_2)^2}$	$\dfrac{1}{F_\alpha(n_1,n_2)}\cdot\dfrac{\dfrac{1}{n_2}\sum\limits_{i=1}^{n_1}(X_i-\mu_1)^2}{\dfrac{1}{n_1}\sum\limits_{i=1}^{n_2}(Y_i-\mu_2)^2}$
	μ_1,μ_2 均未知	$\dfrac{S_1^2/\sigma_1^2}{S_2^2/\sigma_2^2}$	$F(n_1-1,\ n_2-1)$	$\dfrac{1}{F_{1-\frac{\alpha}{2}}(n_1-1,n_2-1)}\cdot\dfrac{S_1^2}{S_2^2}$, $\dfrac{1}{F_{\frac{\alpha}{2}}(n_1-1,n_2-1)}\cdot\dfrac{S_1^2}{S_2^2}$	$\dfrac{1}{F_{1-\alpha}(n_1-1,n_2-1)}\cdot\dfrac{S_1^2}{S_2^2}$	$\dfrac{1}{F_\alpha(n_1-1,n_2-1)}\cdot\dfrac{S_1^2}{S_2^2}$

$$S_1^2 \overset{\triangle}{=} \frac{1}{n_1 - 1} \sum_{i=1}^{n_1} (X_i - \overline{X})^2$$

或

$$S_2^2 \overset{\triangle}{=} \frac{1}{n_2 - 1} \sum_{i=1}^{n_2} (Y_i - \overline{Y})^2$$

都不理想, 因为它们丢弃了一部分样本所提供的关于 σ^2 的信息. 合理的选取是用它们的加权平均

$$S_\omega^2 \overset{\triangle}{=} \frac{(n_1 - 1)S_1^2 + (n_2 - 1)S_2^2}{n_1 + n_2 - 2}$$

$$= \frac{1}{n_1 + n_2 - 2} \Big[\sum_{i=1}^{n_1} (X_i - \overline{X})^2 + \sum_{i=1}^{n_2} (Y_i - \overline{Y})^2 \Big]$$

来估计 σ^2. 由定理 5.9, 有

$$Z \overset{\triangle}{=} \frac{(\overline{X} - \overline{Y}) - (\mu_1 - \mu_2)}{S_\omega \sqrt{\dfrac{1}{n_1} + \dfrac{1}{n_2}}} \sim t(n_1 + n_2 - 2).$$

关键的函数 Z 找到了, $(\mu_1 - \mu_2)$ 的双侧 $1 - \alpha$ 置信区间就不难得出了. 这就是

$$\Big[(\overline{X} - \overline{Y}) - t_{1-\alpha/2}(n_1 + n_2 - 2) \cdot S_\omega \sqrt{\frac{1}{n_1} + \frac{1}{n_2}},$$

$$(\overline{X} - \overline{Y}) + t_{1-\alpha/2}(n_1 + n_2 - 2) \cdot S_\omega \sqrt{\frac{1}{n_1} + \frac{1}{n_2}} \Big].$$

这个结论已列入表 6.2.

现在 $n_1 = n_2 = 8$, 所求的置信区间为

$$\Big[\overline{x} - \overline{y} \pm t_{0.975}(14) \cdot \sqrt{3.96} \sqrt{\frac{1}{8} + \frac{1}{8}} \Big] = [-4.15, 0.11].$$

我们作出 $\mu_1 - \mu_2 \in [-4.15, 0.11]$ 的区间估计. 因为这个区间偏于原点的左侧, 表示新的催化剂的平均得率可能比原来的要大; 但由于这个区间包含了原点, 有关这个判断还是让我们在下一章"假设检验"中讨论研究吧.

最后我们举一个离散型总体分布的例子.

例5 设一批产品的一级品率为 p,如今从中随机抽出 100 个样品,其中一级品为 60 个,要求 p 的 0.95 的置信区间.

解 设总体为 X:

$$X = \begin{cases} 1, & \text{产品为一级品,} \\ 0, & \text{产品不是一级品,} \end{cases}$$

则 X 服从 0-1 分布,即 $X \sim B(1, p)$,其中 $p \in (0,1)$ 未知;设 $(X_1, \cdots, X_n)$ 是取自这个总体的样本,其中"$X_i = 1$"表示抽得的第 i 个样品是一级品.样本均值 $\overline{X}$ 是 p 的极大似然估计.$\overline{X}$ 的概率分布

$$P\{\overline{X} = k/n\} = \binom{n}{k} p^k (1-p)^{n-k}, \qquad k = 0, 1, \cdots, n$$

与 p 有关.当 $n > 50$ 时为大样本,由中心极限定理知,$(n\overline{X} - np)/\sqrt{np(1-p)}$ 近似地服从 $N(0,1)$ 分布,于是有

$$P\{-u_{1-\alpha/2} \leqslant \sqrt{n}\,(\overline{X} - p)/\sqrt{p(1-p)} \leqslant u_{1-\alpha/2}\} \approx 1 - \alpha.$$

由此可得 p 的双侧(近似)$1 - \alpha$ 置信区间上、下限为 $\dfrac{1}{2a}(-b \pm \sqrt{b^2 - 4ac})$,其中

$$a = n + u_{1-\alpha/2}^2, \quad b = -(2n\overline{X} + u_{1-\alpha/2}^2), \quad c = n\overline{X}^2.$$

对本例 $n = 100, \overline{x} = 60/100 = 0.6, 1 - \alpha = 0.95, u_{1-\alpha/2} = 1.96$,可算出 p 的双侧置信区间为 $[0.5, 0.69]$.

习 题 6

1.随机地取 8 只活塞环,测得它们的直径(以 mm 计)为

74.001,74.005,74.003,74.001,74.000,73.998,74.006,74.002,

试用矩估计法估计总体均值 μ 和方差 σ^2.

2.设 $(X_1, X_2, \cdots, X_n)$ 为来自二项分布 $B(m, p)$ 的一个样本,其中,m 是正整数,$0 < p < 1$,都是未知参数,试求 m 和 p 的矩估计.

3.设 $(X_1, X_2, \cdots, X_n)$ 为总体 X 的一个样本,求下述各总体的密度函数中的未知参数的矩估计量.

(1) $f(x) = \begin{cases} \sqrt{\theta}\, x^{\sqrt{\theta}-1}, & 0 \leqslant x \leqslant 1, \\ 0, & \text{其他}, \end{cases}$

其中,$\theta > 0, \theta$ 为未知参数.

(2) $f(x) = \begin{cases} \theta C^{\theta} x^{-(\theta+1)}, & x > C, \\ 0, & \text{其他}, \end{cases}$

其中,$C > 0$ 为已知,$\theta > 1$ 为未知参数.

(3) $f(x) = \begin{cases} \dfrac{1}{\theta} e^{-(x-\mu)/\theta}, & x \geqslant \mu, \\ 0, & \text{其他}, \end{cases}$

其中,$\theta > 0, \theta, \mu$ 是未知参数.

4. 求上题中各未知参数的极大似然估计量.

5. 已知在一次试验中,事件 A 发生的概率是一个未知常数 p. 今在 $n = 100$ 次重复独立试验中,观察到事件 A 发生 $f = 23$ 次,试求 p 的极大似然估计.

6. 用极大似然估计法估计几何分布

$$P\{X = k\} = p(1-p)^{k-1}, \qquad k = 1, 2, \cdots$$

中的未知参数 p.

7. 设总体 $X \sim N(\mu, \sigma^2)$,$(X_1, X_2, \cdots, X_n)$ 是来自 X 的一个样本. 试确定常数 C,使 $C \sum\limits_{i=1}^{n-1} (X_{i+1} - X_i)^2$ 为 σ^2 的无偏估计.

8. 设 $\hat{\theta}$ 是未知参数 θ 的无偏估计,且有 $D(\hat{\theta}) > 0$,试证 $\hat{\theta}^2 = (\hat{\theta})^2$ 不是 θ^2 的无偏估计.

9. 设 (X_1, X_2, X_3) 为总体 X 的一个样本,且有 $\sigma^2 = D(X)$. 试证明:统计量

$$T_1 = \frac{2}{5}X_1 + \frac{1}{5}X_2 + \frac{2}{5}X_3, T_2 = \frac{1}{6}X_1 + \frac{1}{3}X_2 + \frac{1}{2}X_3, T_3 = \frac{1}{3}\sum_{i=1}^{3} X_i$$

都是总体 X 的数学期望 μ 的无偏估计量,并经过计算指出哪一个较有效.

10. 设分别自总体 $N(\mu_1, \sigma^2)$ 和 $N(\mu_2, \sigma^2)$ 中抽取容量为 n_1, n_2 的两独立样本. 其样本方差分别为 S_1^2, S_2^2. 试证:对于任意常数 $a, b(a + b = 1)$,$Z = aS_1^2 + bS_2^2$ 都是 σ^2 的无偏估计,并确定常数 a, b 使 $D(Z)$ 达到最小.

11. 设某种清漆的 9 个样品,其干燥时间(以小时计)分别为

6.0, 5.7, 5.8, 6.5, 7.0, 6.3, 5.6, 6.1, 5.0.

设干燥时间总体服从正态分布 $N(\mu, \sigma^2)$,求 μ 的置信度为 0.95 的置信区间:

(1) 若由以往经验知 $\sigma = 0.6$(小时);

(2) 若 σ 为未知.

12. 为研究某种汽车轮胎的磨耗,随机地选择 16 只轮胎,每只轮胎行驶到磨坏为止. 记录所行驶的路程(以公里计)如下:

41250,40187,43175,41010,39265,41872,42654,41287,

38970,40200,42550,41095,40680,43500,39775,40400.

假设这些数据来自正态总体 $N(\mu,\sigma^2)$,其中,μ,σ^2 未知. 试求 μ 的置信度为 0.95 的单侧置信下限.

13. 对方差 σ^2 为已知的正态总体来说,问需抽取容量 n 为多大的样本,才能使总体平均值的置信区间的长度不大于 L,且置信度为 $1-\alpha$?

14. 随机地选取某种炮弹 9 发做试验,得炮口速度的样本标准差 $s = 11(\text{m/s})$. 设这种炮弹的炮口速度服从正态分布,求这种炮弹的炮口速度的标准差 σ 的置信度为 0.95 的置信区间.

15. 为估计某台光谱仪测量材料中金属含量的测量误差,制备了 5 件试块(它们的成分、金属含量、均匀性等均各不相同). 设对每件试块的测量值都服从正态分布,且方差均为 σ^2. 对每件试块测量 5 次,测量值(单位:百分含量)的样本标准差分别为

$$s_1 = 0.09, s_2 = 0.11, s_3 = 0.14, s_4 = 0.10, s_5 = 0.11,$$

试求 σ 的置信度为 0.95 的置信区间.

16. 随机地从 A 批导线中抽取 4 根,又从 B 批导线中抽取 5 根,测得电阻(欧姆)为

A 批导线:0.143,0.142,0.143,0.137;

B 批导线:0.140,0.142,0.136,0.138,0.140.

设测定数据分别来自分布 $N(\mu_1,\sigma^2),N(\mu_2,\sigma^2)$,且两样本相互独立. 又 μ_1,μ_2,σ^2 均为未知. 试求 $\mu_1 - \mu_2$ 的置信度为 0.95 的置信区间.

17. 设两位化验员 A,B 独立地对某种聚合物含氯量用相同的方法各作 10 次测定,其测定值的样本方差依次为 $s_A^2 = 0.5419, s_B^2 = 0.6065$. 设 σ_A^2,σ_B^2 分别为 A,B 所测定的测定值总体的方差. 设总体均为正态分布,求方差比 σ_A^2/σ_B^2 的置信度为 0.95 的置信区间.

18. 为估计在 A 市各家庭中,购买 B 厂所生产的电视机的概率 p,随机抽查了有电视机的 900 个家庭,结果发现是 B 厂所生产的电视机有 225 家. 试求 p 的置信度为 0.95 的置信区间.

7.1 假设检验的基本概念

在前一章,我们介绍了参数估计的方法.在生产和科学研究中,还有另一类重要的统计推断问题,它们都不是仅用参数估计的方法就能得到解决的.举例如下:

例 1 (日常生产管理的检验)

设某车间用一台包装机包装洗衣粉,每袋洗衣粉的净重是一个随机变量,它服从正态分布.根据长期的生产经验知其标准差 $\sigma = 15$(克).而洗衣粉额定标准为每袋净重 500(克).为了判断包装机工作是否正常,每日开工后都要抽样检验.设某日开工后随机抽取它所包装的 9 袋洗衣粉,称得净重为(单位:克):

497, 506, 518, 524, 498, 511, 520, 515, 512.

问由这 9 个数据,能否判断包装机工作是否正常?

例 2 (生产方法不同的产品质量检验)

某啤酒厂为降低生产成本提高经济效益,决定在不影响产品质量的前提下,选择主要原料麦芽的供应厂家.设有甲、乙两厂都生产麦芽,但甲厂的价格较低.今分别采用甲、乙两厂生产的麦芽作原料,其他的原料和生产工艺等条件都不变,各作了 5 次小批量试验.将每次试验生产的啤酒产品进行香味、苦味、泡沫挂杯时间、二氧化碳含量、保存期及其他的理化指标进行综合评分,得到数据如下表所示:

麦芽生产厂家	质量综合评分得分
甲厂	85　83　94　90　87
乙厂	91　90　89　96　90

设两厂家的麦芽原料所生产的啤酒综合评分指标分别服从正态分布 $N(\mu_1, \sigma^2), N(\mu_2, \sigma^2)$,其中方差可以认为相等,试问两种麦芽对啤酒的综合评分指标是否有显著的差异?

例 3 抽查用克矽平治疗的矽肺患者 10 名,测得他们治疗前后血红蛋白的差(克%)如下

2.7,　－1.2,　－1.0,　0.0,　0.7,

2.0,　3.7,　－0.6,　0.8,　－0.3.

试判断治疗前后血红蛋白的差是否服从正态分布?

在例 1 中,洗衣粉每袋净重服从正态分布 $N(\mu, \sigma^2)$,且 $\sigma = 15$ 克已知.包装机所谓工作正常就是洗衣粉平均每袋净重为额定标准 500 克.问包装机工作是否正常就是要判断 $\mu = 500$ 克还是 $\mu \neq 500$ 克.为此,我们提出假设

$$H_0 : \mu = \mu_0 = 500$$

和　　　　$H_1 : \mu \neq \mu_0.$ 　　　　　　　　　　　　　　　(7.1)

这是两个对立的假设.统计假设 H_0 称为**原假设**或**零假设**,而统计假设 H_1 称为**备择假设**或**对立假设**.我们要进行的工作是,根据样本,作出是接受 H_0(即拒绝 H_1)还是拒绝 H_0(即接受 H_1)的判断.如果作出的判断是接受 H_0,则认为 $\mu = \mu_0$,即认为包装机工作正常;否则,认为是不正常的.

在例 2 中,问两种麦芽对所生产的啤酒综合评分指标是否有显著的差异,事实上就是问两个总体的平均值是否相等,即要判断 $\mu_1 = \mu_2$ 还是 $\mu_1 \neq \mu_2$.本例涉及的原假设和备择假设为

$$H_0 : \mu_1 = \mu_2$$

和　　　　$H_1 : \mu_1 \neq \mu_2.$ 　　　　　　　　　　　　　　(7.2)

对例 3,如记 X 为用克矽平治疗前后血红蛋白的差这个总体,提

问的是在 X 的分布完全未知的情况,关于总体 X 是否服从正态分布的假设.这属于非参数假设,我们在 7.3 节中讨论.

对于一个假设检验问题,根据实际问题的要求提出原假设 H_0 与备择假设 H_1,这仅是第一步,提出统计假设的目的是要求进一步根据样本作出判断:是接受 H_0 还是拒绝 H_0.这就要求建立推断假设 H_0 是否真实的方法.下面我们结合例 1 来说明假设检验的基本思想和方法.

例 1 中,要检验的假设涉及总体均值 μ,而这个参数是未知的.要解决参数未知与已知的矛盾,当然要利用 μ 的参数估计.由前一章知,样本均值 $\overline{X}$ 是 μ 的无偏估计,$\overline{X}$ 的大小在一定程度上反映了 μ 的大小.根据样本值,$\overline{X}$ 的值是可以算得的.因此,如果假设 H_0 为真,则观察值 $\overline{x}$ 与 μ_0 的偏差一般不应太大.若偏差 $|\overline{x}-\mu_0|$ 过分大,我们就怀疑假设 H_0 的正确性而拒绝 H_0.考虑到当 H_0 为真时 $\dfrac{(\overline{X}-\mu_0)}{\sigma/\sqrt{n}} \sim N(0,1)$,而衡量 $|\overline{x}-\mu_0|$ 的大小可归结为衡量 $\dfrac{|\overline{x}-\mu_0|}{\sigma/\sqrt{n}}$ 的大小.基于上面的想法,我们可适当选定一正数 k,使当估计值 $\overline{x}$ 满足 $\dfrac{|\overline{x}-\mu_0|}{\sigma/\sqrt{n}} \geqslant k$ 时就拒绝原假设 H_0;反之,当 $\dfrac{|\overline{x}-\mu_0|}{\sigma/\sqrt{n}} < k$ 时,就接受 H_0.

应该如何确定常数 k 呢?由于作出判断的依据是一个样本值,当实际上 H_0 为真时仍可能作出拒绝 H_0 的判断(这种可能性是无法消除的).这是一种错误,犯这种错误的概率记为

$$P\{\text{拒绝 } H_0 | H_0 \text{ 为真}\}. \tag{7.3}$$

由于我们无法消除犯这类错误的可能性,也就是不管常数 k 取多大,概率(7.3)式都不为零,因此我们退而求其次,希望将犯这类错误的概率(7.3)式控制在一定限度之内,即给出一个较小的数 $\alpha(0 < \alpha < 1)$,限制犯这类错误的概率,使得

$$P\{\text{拒绝 } H_0 | H_0 \text{ 为真}\} \leqslant \alpha. \tag{7.4}$$

引入限制式(7.4)后,就能确定 k 了.事实上,当 H_0 成立,意味着 $\mu=$

μ_0，由于 $\overline{X} \sim N(\mu, \sigma^2/n)$，所以

$$\frac{\overline{X} - \mu_0}{\sigma/\sqrt{n}} \sim N(0,1). \tag{7.5}$$

记号 $P_{\mu_0}(A)$ 表示总体 X 的平均值为 μ_0 时，事件 A 的概率. 于是由 (7.5)式，有

$$P_{\mu_0}\left\{ \left| \frac{\overline{X} - \mu_0}{\sigma/\sqrt{n}} \right| \geqslant u_{1-\alpha/2} \right\} = \alpha, \tag{7.6}$$

我们确定了常数 $k = u_{1-\alpha/2}$.

因而，若估计值 $\overline{x}$ 满足

$$\left| \frac{\overline{x} - \mu_0}{\sigma/\sqrt{n}} \right| \geqslant u_{1-\alpha/2}, \tag{7.7}$$

则拒绝 H_0；如该不等式不成立，则接受 H_0.

若在例 1 中取 $\alpha = 0.05$，则有 $u_{1-0.05/2} = u_{0.975} = 1.96$，又已知 $n = 9, \sigma = 15$，再由样本值算得 $\overline{x} = 511$，即有

$$\left| \frac{\overline{x} - \mu_0}{\sigma/\sqrt{n}} \right| = 2.2 > 1.96,$$

于是拒绝 H_0，认为这天包装机工作不正常.

为什么在(7.7)式成立时可以拒绝原假设 H_0 呢？这是因为由 (7.6)式，若 H_0 为真，$\left\{ \left| \frac{\overline{X} - \mu_0}{\sigma/\sqrt{n}} \right| \geqslant u_{1-\alpha/2} \right\}$ 这个事件仅有 0.05 的概率. 根据**实际推断原理**："概率很小的事件在一次试验中实际上几乎是不发生的"，如果 H_0 为真，则由一次抽样算得的估计值 $\overline{x}$，满足不等式(7.7)，此事件几乎是不会发生的. 现在在一次观察中竟然出现了满足不等式(7.7)的 $\overline{x}$，则我们有理由怀疑原来的假设 H_0 的正确性，因而拒绝 H_0. 若出现的估计值 $\overline{x}$ 不满足不等式(7.7)，此时没有理由拒绝 H_0，因此只能接受 H_0.

这里用到的基本思想包含了反证法的思想，是一种带有概率性质的反证法. 它与一般的反证法的不同在于：一般反证法要求在原假设下导出的结论是绝对成立的，因而，如果导出了矛盾的结论，就真

正推翻了原来的假设. 而带有概率性质的反证法,导出的结论只是与实际推断原理矛盾. 但小概率事件在一次试验中并非绝对不能发生,只是发生的概率很小而已.

我们称(7.4)式中的数 α 为**显著性水平(简称水平)**,而(7.5)式中的统计量 $U \stackrel{\triangle}{=} \dfrac{\overline{X} - \mu_0}{\sigma / \sqrt{n}}$ 称为**检验统计量**. 所谓一个统计检验,即判断 H_0 是否成立的一个规则,从几何观点来看就是把样本空间(所有可能的样本值组成的集合,大多数情况就是 n 维实数空间)划分成两个不相交的子集 W_0 和 W_1. 对例 1,W_1 就是满足(7.7)式的样本值 $(x_1, \cdots, x_n)$ 的集合. 当样本值 $(x_1, \cdots, x_n) \in W_1$ 时,拒绝 H_0;当样本值 $(x_1, \cdots, x_n) \in W_0$,即 $(x_1, \cdots, x_n) \overline{\in} W_1$ 时,接受 H_0. 称 W_1 为检验的**拒绝域**,称 W_0 为检验的**接受域**. 由于 W_1 与 W_0 的并集就是样本空间,通常我们所谓给出了某个**检验法**,实质上就是指明了某个拒绝域 W_1. 拒绝(7.7)式的检验法常称为 **u 检验法**.

在使用任何一个检验法(相当于一个拒绝域)时,由于抽样的随机性,作出的判断总有可能会犯两类错误:一是假设 H_0 实际上是真的,我们却作出了拒绝 H_0 的错误,称这类"以真为假"的错误为**第一类错误**;二是当 H_0 实际上不真时,我们却接受了 H_0,称这类"以假为真"的错误为**第二类错误**. (7.4)式中的显著性水平 α 控制了犯第一类错误的概率. α 的大小视具体情况而定,通常取为 0.1,0.05,0.01,0.005 等值. 这种只对犯第一类错误的概率加以控制,而不考虑犯第二类错误的检验问题,称为显著性检验问题.

怎样来评价同一个检验问题的不同的检验法呢?当样本容量固定时,选定显著性水平 α 后,寻求一个检验法 (W_0, W_1) 为最"优"的问题,就是使在(7.4)式的条件下,犯第二类错误的概率"最小". 由于篇幅的限制,我们在此不介绍有关的概念和理论. 但指出:7.2 节中所介绍的各个检验法皆已被证明是在某种意义下的最优或近似最优的检验法.

综上所述,假设检验大致有如下的步骤:

1° 根据实际问题的要求,提出原假设 H_0 和备择假设 H_1.

2° 根据 H_0 的内容,选取适当的检验统计量,并能确定出检验统计量的分布.

3° 给定显著性水平 α 以及样本容量 n.

4° 由 H_1 的内容确定拒绝域的形式,通常在水平 α 下,查相应检验统计量分布的分位数来确定拒绝域.

5° 根据样本值计算检验统计量的具体值.

6° 作出拒绝还是接受 H_0 的统计判断.

7.2 正态总体下参数的假设检验

在前一节,我们介绍了假设检验的基本思想和方法,由此可对正态总体下参数的假设检验的各种问题构造检验的拒绝域.

7.2.1 单个正态总体下参数的假设检验

1. 单个总体 $N(\mu,\sigma^2)$ 均值 μ 的检验

(1) σ^2 已知,关于 μ 的检验(u 检验)

在 7.1 节中已讨论正态总体 $N(\mu,\sigma^2)$ 当 σ^2 已知时的假设检验问题 $H_0:\mu=\mu_0,H_1:\mu\neq\mu_0$. 这个检验问题是利用在 H_0 为真时服从 $N(0,1)$ 分布的检验统计量

$$U \overset{\triangle}{=} \frac{\overline{X}-\mu_0}{\sigma/\sqrt{n}} \tag{7.8}$$

来构造拒绝域(7.7)式的. 这种检验法称为 u 检验.

形如"$H_1:\mu\neq\mu_0$"的备择假设表示 μ 可能大于 μ_0,也可能小于 μ_0,称为**双边备择假设**,而称形如(7.1)式的假设检验为**双边假设检验**. 有时,我们涉及的备择假设并不是双边的. 请看下例.

例 1 (技术改进的检验)

某橡胶厂生产丁基内胎,其扯断强力的均值和标准差从以往长期的生产经验知道分别为 $\mu_0=1380\text{N/cm}^2,\sigma=50\text{N/cm}^2$. 该厂为提高产品的质量,改变了原来的配方进行现场生产试验. 设新配方生产

的丁基内胎扯断强力服从正态分布. 由于在试验中除配方外,其他条件都保持不变,因此可以认为方差保持不变. 采用新配方的 5 次试验中,测得扯断强力为(单位:N/cm²)

$$1450 , 1460 , 1360 , 1430 , 1420.$$

试问采用新配方,是否能提高丁基内胎的扯断强力?

对这个假设检验问题,我们需要检验假设

$$H_0:\mu\leqslant\mu_0, \quad H_1:\mu>\mu_0. \tag{7.9}$$

形如(7.9)的假设检验,称为**右边检验**. 类似地,有时我们需要检验假设

$$H_0:\mu\geqslant\mu_0, \quad H_1:\mu<\mu_0. \tag{7.10}$$

形如(7.10)的假设检验,称为**左边检验**. 右边检验和左边检验统称为**单边检验**.

现在来讨论检验问题(7.9)的拒绝域.

设总体 $X\sim N(\mu,\sigma^2)$,其中 σ^2 已知. 设 $(X_1,\cdots,X_n)$ 为样本,给定显著性水平 α,先来求检验问题

$$H_0':\mu=\mu_0, \quad H_1:\mu>\mu_0 \tag{7.11}$$

的拒绝域.

取检验统计量为(7.8)式中的 U. 当 H_1 为真时,U 往往偏大,因而拒绝域的形式为

$$U=\frac{\overline{X}-\mu_0}{\sigma/\sqrt{n}}\geqslant k \quad (k \text{ 待定}).$$

因为当 H_0 为真时,$U\sim N(0,1)$,由

$$P\{拒绝 \ H_0|H_0 \ 为真\}=P_{\mu_0}\{U\geqslant k\}=\alpha,$$

得 $k=u_{1-\alpha}$,故右边检验问题(7.11)式的拒绝域为

$$U=\frac{\overline{X}-\mu_0}{\sigma/\sqrt{n}}\geqslant u_{1-\alpha}. \tag{7.12}$$

我们说明(7.12)式也是检验问题(7.9)的拒绝域.

事实上,对任何 $\mu \leqslant \mu_0$,有

$$P_\mu\left\{\frac{\overline{X}-\mu_0}{\sigma/\sqrt{n}} \geqslant u_{1-\alpha}\right\} = P_\mu\left\{\frac{\overline{X}-\mu}{\sigma/\sqrt{n}} \geqslant u_{1-\alpha} + \frac{\mu_0-\mu}{\sigma/\sqrt{n}}\right\}$$

$$= 1 - \Phi\left(u_{1-\alpha} + \frac{\mu_0-\mu}{\sigma/\sqrt{n}}\right) \leqslant 1 - \Phi(u_{1-\alpha}) = \alpha,$$

其中第三步的不等号是由于标准正态分布函数 $\Phi(x)$ 不减的性质. 于是

$$P_\mu(\text{拒绝 } H_0) \leqslant \alpha$$

对所有的 $\mu \leqslant \mu_0$ 成立,所以(7.12)式也是右边检验问题(7.9)的拒绝域.

上面我们说明了在方差 σ^2 已知时,形如(7.9)的检验问题的拒绝域,可归结为对(7.11)来讨论. 对于下面将要讨论的其他的有关正态总体参数的检验问题,也有类似的结果(参见表7.1).

如对例1取显著性水平 $\alpha=0.05$,查得 $u_{1-\alpha}=u_{0.95}=1.645$,由样本值算出 $\overline{x}=1424$,因

$$\sqrt{n}\,(\overline{x}-\mu_0)/\sigma = \sqrt{5}\,(1424-1380)/50 = 1.97 > u_{1-\alpha},$$

所以(7.9)中的原假设在 0.05 水平下被拒绝. 也就是说,认为采用新配方能够提高扯断强力.

我们知道,检验水平 α 是犯第一类错误的最大的概率,当拒绝 H_0 时,α 越小,说服力越强. 因此如取更小的水平 α,例如取 $\alpha=0.01$ 时拒绝 H_0,比取 $\alpha=0.05$ 时拒绝 H_0 就更有说服力.

应注意对固定的样本容量 n,当 α 减小时,相应地犯第二类错误的概率就会增大,这又容易使劣质产品"蒙混过关",如这会造成严重的后果(如药品生产中,不合格产品"漏检"会导致病人死亡),则应将 α 适当取大些(通常放宽到 $\alpha=0.10$). 反过来,α 较大,又容易使更多的"合格品"被当作"不合格品",会造成重大经济损失. 在具体应用中,水平 α 取多大值往往由实际工作者根据实际问题的性质,以及有关的专业知识预先选定. 若要求犯第一类错误的概率 α 及犯第二类错误的概率都减小,那么就需要增大样本容量.

（2）σ^2 未知，关于 μ 的检验（t 检验）

设总体 $X \sim N(\mu, \sigma^2)$，其中 μ, σ^2 未知，我们来求检验问题

$$H_0: \mu = \mu_0, \quad H_1: \mu \neq \mu_0$$

的拒绝域（显著性水平 α）.

设 $(X_1, X_2, \cdots, X_n)$ 是来自总体 X 的样本. 由于 σ^2 未知，现在不能利用（7.8）式中的 U 来确定拒绝域了. 注意到样本方差 S^2 是 σ^2 的无偏估计，在式（7.8）中用 S 来代替 σ，采用

$$t = \frac{\overline{X} - \mu_0}{S / \sqrt{n}}$$

作为检验统计量. 当 H_0 为真时，该统计量服从 $t(n-1)$ 分布. 由 H_1 的内容知，当 $|t|$ 过分大时应拒绝 H_0，由

$$P\{\text{拒绝 } H_0 | H_0 \text{ 为真}\} = P_{\mu_0}\left\{\left|\frac{\overline{X} - \mu_0}{S / \sqrt{n}}\right| \geqslant t_{1-\alpha/2}(n-1)\right\}$$
$$= \alpha,$$

即得拒绝域为

$$|t| = \left|\frac{\overline{X} - \mu_0}{S / \sqrt{n}}\right| \geqslant t_{1-\alpha/2}(n-1). \tag{7.13}$$

对于正态总体 $N(\mu, \sigma^2)$，当 σ^2 未知时，关于 μ 的单边检验的拒绝域在表 7.1 中给出.

上述利用服从 t 分布的统计量得出的检验法称为 **t 检验法**. 在实际问题中，正态总体的方差常为未知，所以我们常用 t 检验法来检验关于正态总体均值的检验问题.

例 2　某种元件，要求其使用寿命不得低于 1000 小时，现从一批这种元件中随机抽取 25 件，测得其寿命样本平均值为 950 小时，样本标准差为 100 小时. 已知该种元件寿命服从正态分布，试问这批元件是否可认为合格（$\alpha = 0.05$）?

解　按题意需检验

$$H_0: \mu \geqslant \mu_0 = 1000, \quad H_1: \mu < \mu_0.$$

由表 7.1 知此检验问题的拒绝域为

$$t = \frac{\overline{x} - \mu_0}{S / \sqrt{n}} \leqslant -t_{1-\alpha}(n-1).$$

现在 $n=25, t_{1-\alpha}(n-1) = t_{0.95}(24) = 1.7109, \overline{x}=950, s=100,$ 由

$$t = \frac{\overline{x} - \mu_0}{s / \sqrt{n}} = -2.5 < -1.7109$$

知 t 落在拒绝域中,故拒绝 H_0,即认为这批元件不合格.

2. 单个总体 $N(\mu, \sigma^2)$ 方差 σ^2 的检验

设总体 $X \sim N(\mu, \sigma^2), \mu, \sigma^2$ 均未知,$(X_1, X_2, \cdots, X_n)$ 为样本,要求检验假设(显著性水平为 α):

$$H_0: \sigma^2 = \sigma_0^2, \quad H_1: \sigma^2 \neq \sigma_0^2, \tag{7.14}$$

其中,σ_0^2 为已知常数.

按照假设检验的直观想法,我们要用未知的 σ^2 的估计量来与 σ_0^2 作比较得出判断. 由于 S^2 是 σ^2 的无偏估计,我们用 S^2 与 σ_0^2 作比较. 这里不适合用两者之差来做比较,而选用两者之比更为恰当. 因为选用后者,可以利用其已知的分布来确定检验的拒绝域. 由(5.32)式知,当 H_0 为真时,有

$$\frac{(n-1)S^2}{\sigma_0^2} \sim \chi^2(n-1),$$

所以我们取

$$\chi^2 = (n-1)S^2 / \sigma_0^2$$

作为检验统计量. 由(7.14)式中 H_1 的内容知拒绝域的形式应为:

$$\frac{(n-1)S^2}{\sigma_0^2} \leqslant k_1 \quad \text{或} \quad \frac{(n-1)S^2}{\sigma_0^2} \geqslant k_2,$$

此处常数 k_1, k_2 由下式确定:

$$P\{拒绝\ H_0 | H_0\ 为真\}$$

$$= P_{\sigma_0^2}\left\{\left(\frac{(n-1)S^2}{\sigma_0^2} \leqslant k_1\right) \cup \left(\frac{(n-1)S^2}{\sigma_0^2} \geqslant k_2\right)\right\}$$

$$= \alpha.$$

为计算方便起见,习惯上取

$$P_{\sigma_0^2}\left\{\frac{(n-1)S^2}{\sigma_0^2} \leqslant k_1\right\} = \frac{\alpha}{2},$$

$$P_{\sigma_0^2}\left\{\frac{(n-1)S^2}{\sigma_0^2}\geqslant k_2\right\}=\frac{\alpha}{2},$$

故得 $k_1=\chi_{\alpha/2}^2(n-1)$, $k_2=\chi_{1-\alpha/2}^2(n-1)$. 于是得拒绝域为

$$\frac{(n-1)S^2}{\sigma_0^2}\leqslant\chi_{\alpha/2}^2(n-1) \quad \text{或} \quad \frac{(n-1)S^2}{\sigma_0^2}\geqslant\chi_{1-\alpha/2}^2(n-1).$$

上述检验法称为 **χ^2 检验法**. 关于方差 σ^2 的单边检验的拒绝域在表 7.1 中给出.

例 3 某厂生产的某种电池,其寿命长期以来服从方差 $\sigma_0^2=5000$ 小时^2 的正态分布. 今有一批这种电池,为判断其寿命的波动性是否较以往有所变化,随机抽取了一个容量 $n=26$ 的样本,测得其寿命的样本方差为 $s^2=7200$ 小时^2. 试问,在检验水平 $\alpha=0.05$ 下这批电池寿命的波动性较以往是否显著变大?

解 本题是在均值未知时,方差的右边检验,即要在水平 $\alpha=0.05$ 下检验假设

$$H_0:\sigma^2=5000, \quad H_1:\sigma^2>5000.$$

由于检验统计量

$$\chi^2=(n-1)s^2/\sigma_0^2=25\times7200/5000=36,$$

且 $\quad\chi_{1-\alpha}^2(n-1)=\chi_{0.95}^2(25)=37.652,$

故 $\quad\chi^2<\chi_{1-\alpha}^2(n-1),$

所以不能拒绝 H_0,即认为这批电池的寿命波动性没有显著变大.

7.2.2 两个正态总体下参数的假设检验

1. 有关方差的假设检验

设 $(X_1,X_2,\cdots,X_{n_1})$ 与 $(Y_1,Y_2,\cdots,Y_{n_2})$ 分别是来自正态总体 $N(\mu_1,\sigma_1^2)$ 与 $N(\mu_2,\sigma_2^2)$ 的样本,且两样本相互独立. 其样本方差分别为 S_1^2,S_2^2,且设 $\mu_1,\mu_2,\sigma_1^2,\sigma_2^2$ 均为未知. 现在需要检验假设

$$H_0:\sigma_1^2=\sigma_2^2, \quad H_1:\sigma_1^2>\sigma_2^2.$$

当 μ_1,μ_2 未知时,用样本方差 S_1^2 与 S_2^2 来估计 σ_1^2 与 σ_2^2 是恰当的. 由(5.35)式知

$$\sigma_2^2 S_1^2/\sigma_1^2 S_2^2\sim F(n_1-1,n_2-1),$$

故当 H_0 为真时,有统计量

$$F=S_1^2/S_2^2 \sim F(n_1-1,n_2-1). \tag{7.15}$$

我们取 F 为检验统计量. 由于当 H_0 为真时 $E(S_1^2)=\sigma_1^2=\sigma_2^2=E(S_2^2)$. 而当 H_1 为真时 $E(S_1^2)=\sigma_1^2>\sigma_2^2=E(S_2^2)$,故检验统计量 F 的取值有偏大的趋势,我们直观上可确定拒绝域的形式为 $F \geqslant k. k$ 由下式确定:

$$P\{拒绝\ H_0 | H_0\ 为真\}=P_{\sigma_1^2=\sigma_2^2}\{S_1^2/S_2^2 \geqslant k\}=\alpha,$$

由 F 分布的分位数知 $k=F_{1-\alpha}(n_1-1,n_2-1)$,拒绝域为:

$$S_1^2/S_2^2 \geqslant F_{1-\alpha}(n_1-1,n_2-1). \tag{7.16}$$

上述检验法称为 **F 检验法**. 关于 σ_1^2,σ_2^2 的另外两个检验问题的拒绝域在表 7.1 中给出.

例 4 在平炉上进行一项试验以确定改变操作方法的建议是否会增加钢的得率,试验是在同一只平炉上进行的. 每炼一炉钢时除操作方法外,其他条件都尽可能做到相同. 先用标准方法炼一炉,然后用建议的新方法炼一炉,以后交替进行,各炼了 10 炉,其得率分别为

(1)标准方法:78.1 , 72.4 , 76.2 , 74.3 , 77.4 ,

78.4 , 76.0 , 75.5 , 76.7 , 77.3;

(2)新方法:79.1 , 81.0 , 77.3 , 79.1 , 80.0 ,

79.1 , 77.3 , 80.2 , 79.1 , 82.1.

设这两个样本相互独立,且分别来自正态总体 $N(\mu_1,\sigma_1^2)$ 和 $N(\mu_2,\sigma_2^2)$,$\mu_1,\mu_2,\sigma_1^2,\sigma_2^2$ 均未知.试检验假设(显著性水平 0.10):

$$H_0:\sigma_1^2=\sigma_2^2, \quad H_1:\sigma_1^2 \neq \sigma_2^2.$$

解 此处 $n_1=n_2=10,\alpha=0.10$,由表 7.1 知当

$$S_1^2/S_2^2 \geqslant F_{1-\alpha/2}(n_1-1,n_2-1)=F_{0.95}(9,9)=3.18$$

或 $$S_1^2/S_2^2 \leqslant F_{\alpha/2}(n_1-1,n_2-1)=F_{0.05}(9,9)=\frac{1}{F_{0.95}(9,9)}=0.314$$

时拒绝 H_0.

现在 $s_1^2=3.325,s_2^2=2.225,s_1^2/s_2^2=1.49$,有

$$0.314<s_1^2/s_2^2<3.18,$$

故接受 H_0,认为两总体方差相等.

两总体方差相等也称**两总体具有方差齐性**.

2.有关平均值的假设检验

设 $(X_1,X_2,\cdots,X_{n_1})$ 与 $(Y_1,Y_2,\cdots,Y_{n_2})$ 分别来自正态总体 $N(\mu_1,\sigma^2)$ 与 $N(\mu_2,\sigma^2)$,且相互独立.又它们的样本均值分别为 $\overline{X}$、$\overline{Y}$,样本方差分别为 S_1^2、S_2^2.设 μ_1,μ_2,σ^2 均为未知.要特别注意的是,在这里假设两总体的方差是相等的,即两总体具有方差齐性.取显著性水平为 α,求检验问题:

$$H_0:\mu_1=\mu_2,\quad H_1:\mu_1>\mu_2$$

的拒绝域.

引用下述统计量作为检验统计量:

$$t=(\overline{X}-\overline{Y})\Big/ S_\omega\sqrt{\frac{1}{n_1}+\frac{1}{n_2}},$$

其中 $\quad S_\omega=\sqrt{\dfrac{(n_1-1)S_1^2+(n_2-1)S_2^2}{n_1+n_2-2}}.$

当 H_0 为真时,由(5.33)式知 $t\sim t(n_1+n_2-2)$.与单个总体的 t 检验法相仿,其拒绝域的形式为 $t\geqslant k$. 由

$$P\{拒绝\ H_0|H_0\ 为真\}=P_{\mu_1=\mu_2}\left\{\frac{\overline{X}-\overline{Y}}{S_\omega\sqrt{\dfrac{1}{n_1}+\dfrac{1}{n_2}}}\geqslant k\right\}=\alpha,$$

可得 $k=t_{1-\alpha}(n_1+n_2-2).$ 于是拒绝域为

$$t=\frac{\overline{X}-\overline{Y}}{S_\omega\sqrt{\dfrac{1}{n_1}+\dfrac{1}{n_2}}}\geqslant t_{1-\alpha}(n_1+n_2-2). \tag{7.17}$$

关于均值的其他两个检验问题的拒绝域在表 7.1 中给出.

例 5 试对 7.1 节例 2 中的数据检验假设(取 $\alpha=0.10$)

$$H_0:\mu_1=\mu_2,\quad H_1:\mu_1\neq\mu_2.$$

解 分别求出甲、乙两厂的麦芽所生产的啤酒综合评分指标的样本均值和样本方差如下:

表 7.1 正态总体参数的假设检验（显著性水平 α）

	原假设 H_0:	备择假设 H_1:	其他参数	检验统计量	H_0 成立时检验统计量的分布	拒绝域
单个正态总体	$\mu=\mu_0$	$\mu\neq\mu_0$ $\mu>\mu_0$ $\mu<\mu_0$	σ^2 已知	$u=\dfrac{\bar{x}-\mu_0}{\sigma/\sqrt{n}}$	$N(0,1)$	$\lvert u\rvert\geq u_{1-\alpha/2}$ $u>u_{1-\alpha}$ $u\leq u_{1-\alpha}$
	$\mu=\mu_0$	$\mu\neq\mu_0$ $\mu>\mu_0$ $\mu<\mu_0$	σ^2 未知	$t=\dfrac{\bar{x}-\mu_0}{s/\sqrt{n}}$	$t(n-1)$	$\lvert t\rvert\geq t_{1-\alpha/2}(n-1)$ $t>t_{1-\alpha}(n-1)$ $t\leq-t_{1-\alpha}(n-1)$
	$\sigma^2=\sigma_0^2$	$\sigma^2\neq\sigma_0^2$ $\sigma^2>\sigma_0^2$ $\sigma^2<\sigma_0^2$	μ 未知	$\chi^2=\dfrac{(n-1)s^2}{\sigma_0^2}$	$\chi^2(n-1)$	$\chi^2\geq\chi^2_{1-\alpha/2}(n-1)$ 或 $\chi^2\leq\chi^2_{\alpha/2}(n-1)$ $\chi^2>\chi^2_{1-\alpha}(n-1)$ $\chi^2\leq\chi^2_\alpha(n-1)$
两个正态总体	$\mu_1=\mu_2$	$\mu_1\neq\mu_2$ $\mu_1>\mu_2$ $\mu_1<\mu_2$	$\sigma_1^2=\sigma_2^2$ $=\sigma^2$ 未知	$t=\dfrac{\bar{x}-\bar{y}}{s_w\sqrt{\dfrac{1}{n_1}+\dfrac{1}{n_2}}}$，其中 $s_w=\sqrt{\dfrac{(n_1-1)s_1^2+(n_2-1)s_2^2}{n_1+n_2-2}}$	$t(n_1+n_2-2)$	$\lvert t\rvert\geq t_{1-\alpha/2}(n_1+n_2-2)$ $t>t_{1-\alpha}(n_1+n_2-2)$ $t\leq-t_{1-\alpha}(n_1+n_2-2)$
	$\sigma_1^2=\sigma_2^2$	$\sigma_1^2\neq\sigma_2^2$ $\sigma_1^2>\sigma_2^2$ $\sigma_1^2<\sigma_2^2$	μ_1,μ_2 未知	$F=s_1^2/s_2^2$	$F(n_1-1,\ n_2-1)$	$F>F_{1-\alpha/2}(n_1-1,n_2-1)$ 或 $F\leq F_{\alpha/2}(n_1-1,n_2-1)$ $F>F_{1-\alpha}(n_1-1,n_2-1)$ $F\leq F_\alpha(n_1-1,n_2-1)$

$$n_1 = 5, \bar{x} = 87.8, s_1^2 = 18.7;$$
$$n_2 = 5, \bar{y} = 91.2, s_2^2 = 7.7.$$

又 $s_\omega^2 = 13.2, t_{1-a/2}(n_1 + n_2 - 2) = t_{0.95}(8) = 1.8595, t = -1.48$，由于 $|t| < t_{0.95}(8)$，所以在水平 0.10 下不拒绝 H_0，即认为用甲厂与乙厂的麦芽作原料，对所生产的啤酒综合评分指标没有显著的差异.

最后，我们将关于正态总体均值、方差的检验法汇总于表 7.1 中，以便查用.

注意，此表原假设一栏中，在右边检验时，如将"＝"号换成"≤"，拒绝域不变；在左边检验时，如将"＝"换成"≥"，拒绝域不变.

7.3 非参数假设检验

前一节所讨论的假设检验，假设了总体是服从正态分布的，只是对分布的参数进行假设检验.但在实际问题中，总体的分布形式往往不知道；或者知道得很少，甚至只知道是离散型或是连续型.本节介绍总体的分布函数的形式未知时，检验总体的分布函数的**非参数假设检验**.

7.3.1 符号检验法

我们只介绍检验两个总体分布是否相同的**符号检验法**.

设从总体 $F(x)$ 与 $G(x)$ 中抽得容量同为 n 的两个样本 $(x_1, x_2, \cdots, x_n)$ 与 $(y_1, y_2, \cdots, y_n)$.要检验假设[①]

$$H_0: F(x) = G(x). \tag{7.18}$$

设这两个样本相互独立.当 H_0 成立时，$x_i, y_i, (i=1, \cdots, n)$ 来自同一个总体，由对称性 $P\{x_i - y_i > 0\}$ 与 $P\{x_i - y_i < 0\}$ 应该相等，$(i=1, \cdots, n)$.因此可以用 $x_i - y_i > 0$ 或 $x_i - y_i < 0, (i=1, \cdots, n)$ 的个数来作为一种判断标准.若记 $x_i - y_i > 0$ 时第 i 个符号为正号（＋）；而记 x_i

---

① 如果我们的目的仅是判断假设 H_0 是否成立，而不关心 H_0 不成立时的其他情况，这类假设检验问题就是**显著性检验**问题.

$-y_i < 0$ 时为负号（一）；若 $x_i - y_i = 0$，则记为（0）；并用 n_+ 和 n_- 分别表示（十）号和（一）号的个数. 那么，当 H_0 成立时，n_+ 与 n_- 由于随机误差的存在不可能绝对相等，而应当允许有一些差异. 但如果 n_+ 与 n_- 相差太大了，我们就有理由怀疑原假设（7.18）了.

n_+ 与 n_- 应在怎样的情况下才算无显著差异呢？以二项分布为理论依据而得到的符号检验表给出了相应的临界值. 记 $m = n_+ + n_-$. 注意 m 可能比样本容量 n 小. 选检验统计量

$$s = \min(n_+, n_-). \tag{7.19}$$

在显著性水平 α 下，由 m 和 α 在附表五中查得符号检验临界值 $s_{m,\alpha}$. 假设（7.18）的检验法如下：

当 $s \leqslant s_{m,\alpha}$ 时拒绝 H_0；当 $s > s_{m,\alpha}$ 时，接受 H_0.

例 1 甲、乙两人分析同一物体的某成分含量，得数据如下表（单位：%）. 问两人的分析结果有无显著差异（显著性水平 0.10）？

甲	14.7	15.0	15.2	14.8	15.5	14.6	14.9	14.8	15.1	15.0
乙	14.6	15.1	15.4	14.7	15.2	14.7	14.8	14.6	15.2	15.0
符号	+	—	—	+	+	—	+	+	—	0
甲	14.7	14.8	14.7	15.0	14.9	14.9	15.2	14.7	15.4	15.3
乙	14.6	14.6	14.8	15.3	14.7	14.6	14.8	14.9	15.2	15.0
符号	+	+	—	—	+	+	+	—	+	+

解 根据数据可得出表中第三行的符号，并计算得 $n_+ = 12, n_- = 7$，所以 $m = n_+ + n_- = 19$，且 $s = \min(n_+, n_-) = 7$.

由显著性水平 $\alpha = 0.10$ 及 $m = 19$，由附表五查得 $s_{m,\alpha} = s_{19,0.10} = 5$. 因 $s = 7 > 5$，于是接受 H_0，即认为两人的分析结果无显著差异.

符号检验法的优点是简单、直观，且无须知道被检验量的分布形式. 但其精度较差，这主要是未能充分利用数据所提供的信息，而且要求数据"成对". 下面介绍的**秩和检验法**在一定程度上弥补了上述缺点.

7.3.2 秩和检验法

设从总体 $F(x)$ 与 $G(x)$ 中分别独立地抽取了容量 n_1 与 n_2 的样本 $(x_1, x_2, \cdots, x_{n_1})$ 与 $(y_1, y_2, \cdots, y_{n_2})$，欲检验假设

$$H_0: F(x) = G(x). \tag{7.20}$$

不妨设 $n_1 \leqslant n_2$. 把两个样本的观测数据合在一起按从小到大的次序排列，并用 $1, 2, \cdots, n_1 + n_2$ 统一编号，规定每个数据在排列中所对应的序数称为该数的**秩**，对于相同的数值则用它们序数的平均值来作秩(参见例 2). 将容量较小的样本 $(x_1, x_2, \cdots, x_{n_1})$ 的各观测值的秩之和记为 T，以 T 作为检验统计量. 如果 H_0 成立，则 $x_1, x_2, \cdots, x_{n_1}, y_1, y_2, \cdots, y_{n_2}$ 可以看作取自同一总体的容量为 $n_1 + n_2$ 的样本值，因而 $(x_1, x_2, \cdots, x_{n_1})$ 中诸元素的秩，应该随机地、分散地在自然数 $1, 2, \cdots, n_1 + n_2$ 中取值，一般来说它们不应过分集中取较小的或过分集中取较大的值. 考虑到

$$\frac{1}{2} n_1 (n_1 + 1) \leqslant T \leqslant n_1 n_2 + \frac{1}{2} n_1 (n_1 + 1),$$

即知当 H_0 为真时，秩和 T 一般来说不应取太靠近上述不等式两端的值. 因而当 T 取过分小或过分大的值时，我们都拒绝 H_0. 威尔柯克逊(Wilcoxon)给出了统计量 T 的临界值表(见附表六)，从秩和检验表中可查到在给定显著性水平 α 下的临界值 T_1 和 T_2，使

$$P\{T_1 < T < T_2\} = 1 - \alpha. \tag{7.21}$$

若 $T_1 < T < T_2$，则接受 H_0，即认为 $F(x)$ 与 $G(x)$ 差异不显著；若 $T \leqslant T_1$ 或 $T \geqslant T_2$，则拒绝 H_0，即认为 $F(x)$ 与 $G(x)$ 有显著差异.

在实际计算中，(7.21)式左边的概率恰好等于 $1 - \alpha$ 的 T_1, T_2 一般是不存在的. 在附表六中，T_1 为满足不等式

$$P(T \leqslant T_1) \leqslant \frac{\alpha}{2}$$

的最大的整数，而 T_2 为满足不等式

$$P(T \geqslant T_2) \leqslant \frac{\alpha}{2}$$

的最小的整数.

例 2 用两种材料的灯丝制造灯泡,今分别随机抽取若干个进行寿命试验,其结果如下:

材料甲生产的灯泡寿命(小时)	1610 1700 1680 1650 1750 1800 1720
材料乙生产的灯泡寿命(小时)	1700 1640 1580 1640 1600

问两种材料对灯泡寿命的影响有无显著的差异($\alpha=0.20$)?

解 将数据混合按从小到大次序列成下表:

秩	1	2	3	4	5	6	7	8.5	10	11	12
甲			1610			1650	1680	1700	1720	1750	1800
乙	1580	1600		1640	1640			1700			

表中第一行秩的含义是从最小的数数起,它排列在第几名的名次. 遇有甲、乙均有的数值相同的数据,它们的秩等于它们所占的名次的平均数. 如 1700 这个数据,甲、乙均有,其秩等于相应的两个名次的平均数,即为 8.5.

取数据少的一组,即乙组,其数据个数用 n_1 表示,另一组用 n_2 表示. 把对应乙组的数据的秩求总和 T,则

$$T=1+2+4+5+8.5=20.5.$$

按 $n_1=5, n_2=7, \alpha=0.20$ 由附表六查得 $T_1=22, T_2=43$. 因 $T<T_1$,故认为两种材料对灯泡的寿命的影响有显著的差异.

附表六的秩和检验表只列到 $n_1 \leqslant n_2 \leqslant 10$ 的情况. 当 $n_2>10$ 时,统计量 T 近似服从正态分布

$$N\left(\frac{n_1(n_1+n_2+1)}{2}, \frac{n_1 n_2(n_1+n_2+1)}{12}\right).$$

于是可用 u 检验法去检验原假设(7.20). 这时选统计量

$$U=\frac{T-\dfrac{n_1(n_1+n_2+1)}{2}}{\sqrt{\dfrac{n_1 n_2(n_1+n_2+1)}{12}}},$$

则在显著性水平 α 下的拒绝域为 $|U|>u_{1-\alpha/2}$.

如例1,乙所得的数据的秩为 3.5,3.5,3.5,3.5,3.5,10,10,10,16.5,16.5,16.5,21.5,26,26,29.5,33,33,33,36.5,38.5,秩和为

$$T = 374.$$

又　　$n_1(n_1+n_2+1)/2 = 20(20+20+1)/2 = 410,$

$$\sqrt{n_1 n_2(n_1+n_2+1)/12} = \sqrt{20 \times 20 \times 41/12} = 37.0,$$

及　　$u = (374-410)/37.0 = -0.97.$

由显著性水平 $\alpha=0.10$,查得标准正态分布的分位数 $u_{1-\alpha/2} = u_{0.95} = 1.645$,由 $|u| < u_{1-\alpha/2}$,故认为甲、乙两人的分析结果差异不显著. 这与符号检验法的结论一致.

符号检验法和秩和检验法详细说明见参考文献[8].

7.3.3 拟合优度检验法

在实际问题中,有时不能预知总体服从什么类型的分布,这时就需要根据样本来检验关于分布的假设. 设 $F(x)$ 是总体的未知的分布函数;又设 $F_0(x)$ 是具有某种已知类型的分布函数,但可能其中有未知的参数. 要检验假设:

$$H_0: F(x) = F_0(x). \tag{7.22}$$

古典的 χ^2 拟合优度检验法[①]的基本思想是:将随机试验可能结果的全体 S 分为 k 个互不相容的事件 $A_1, A_2, \cdots, A_k$($\bigcup_{i=1}^{k} A_i = S, A_i A_j = \varnothing, i \neq j, i,j = 1, \cdots, k$). 于是当 H_0 中的 $F_0(x)$ 是完全确定的分布函数时,在假设 H_0 下,我们可以计算 $p_i = P(A_i)(i=1,\cdots,k)$. 而当假设 H_0((7.22)式)中,已知形式的 $F_0(x)$ 含有未知的参数时,要先在 $F_0(x)$ 的形式下用极大似然估计法估计未知的参数,然后求得

---

① 为检验假设(7.22),根据总体 X 的样本 $(x_1, x_2, \cdots, x_n)$,设法提出一个能反映样本与假设 H_0 中的理论分布 F_0 的偏差大小的量 $\Delta(x_1, \cdots, x_n; F_0)$. 如果这个量 Δ 超过某个界限 Δ_0,则认为理论分布 F_0 与实际数据 $(x_1, x_2, \cdots, x_n)$ 不符,因而拒绝 H_0. 然而,由于理论与实际,一般来说没有截然的符合或不符合. 因此,更恰当的提法是提供一个界于0与1之间的数字,作为实际数据与理论分布之间符合程度的数量刻画. 这数字称为"拟合优度". 而关于(7.22)式的检验 常称为"拟合优度检验".

$p_i = p(A_i)$ 的估计 $\hat{p}_i = \hat{P}(A_i)$ $(i = 1, \cdots, k)$. 在 n 次试验中, 事件 A_i 出现的频率 f_i/n 与 p_i (或 $\hat{p}_i$) 往往有差异. 但一般来说, 若 H_0 为真, 且试验次数又甚多时, 这种差异不应该很大. 基于这种想法, 皮尔逊 (K. Pearson) 使用

$$\chi^2 = \sum_{i=1}^{k} \frac{(f_i - np_i)^2}{np_i} \quad \left(\text{或} \ \chi^2 = \sum_{i=1}^{k} \frac{(f_i - n\hat{p}_i)^2}{n\hat{p}_i} \right)$$

(7.23)

作为检验假设 H_0 的统计量, 并证明了以下的定理.

定理 若 n 充分大, 则当 H_0 为真时, 统计量 (7.23) 式近似地服从自由度 $k-r-1$ 的 χ^2 分布, 其中 r 是 F_0 中被估计的参数的个数.

计算出 (7.23) 式中统计量 χ^2 的具体值, 记为 C, 我们把概率 $\int_C^{\infty} f_{k-r-1}(y)\mathrm{d}y$ 作为拟合优度, 其中被积函数是 $\chi^2(k-r-1)$ 分布的密度, 见 (5.16) 式. 拟合优度反映了实际数据与理论分布之间的符合程度. 当拟合优度小于或等于显著性水平 α 时, 即当由 (7.23) 式算得的 χ^2 满足不等式

$$\chi^2 \geqslant \chi_{1-\alpha}^2(k-r-1)$$

(7.24)

时, 拒绝 H_0; 否则就接受 H_0. 此检验法犯第一类错误的概率近似为 α.

由于拒绝域 (7.24) 式是基于上述定理得到的, 所以在使用时必须注意 n 要足够大, 以及 np_i (或 $n\hat{p}_i$) 不太小. 根据实践, 要求样本容量 n 不小于 50, 以及每一个 np_i (或 $n\hat{p}_i$) 都不小于 5, 否则应适当地合并 A_i, 以满足这个要求 (参见下面的例 4).

例 3 一颗骰子掷了 120 次, 得到下列结果:

出现点数 i	1	2	3	4	5	6
出现次数 f_i	23	26	21	20	15	15

试在 $\alpha = 0.05$ 下检验这颗骰子是否均匀、对称.

解 总体 X (掷一颗骰子出现的点数) 是离散型的, 此时假设 (7.22) 相当于

$$H_0 : P\{X = i\} = 1/6, \quad i = 1, 2, \cdots, 6. \tag{7.25}$$

本例中的已知分布 F_0 不含未知参数,又 $np_i = 20$.

由
$$\chi^2 = \sum_{i=1}^{k} \frac{(f_i - np_i)^2}{np_i} = \sum_{i=1}^{k} \frac{f_i^2}{np_i} - n \tag{7.26}$$

及试验数据利用计算器可直接算得(不需要列表计算)$\chi^2 = 4.8$. 临界值 $\chi_{1-\alpha}^2(k - r - 1) = \chi_{0.95}^2(6 - 0 - 1) = 11.071 > 4.8$,故在 $\alpha = 0.05$ 下接受 H_0,认为这颗骰子是均匀、对称的.

例 4 自 1965 年 1 月 1 日至 1971 年 2 月 9 日共 2231 天中,全世界记录到里氏震级 4 级和 4 级以上地震计 162 次,统计如下:

相继两次地震间隔天数 x_i	$0 \sim 4$ $5 \sim 9$	$10 \sim 14$ $15 \sim 19$	$20 \sim 24$ $25 \sim 29$	$30 \sim 34$ $35 \sim 39$	$\geqslant 40$
出现的频数 f_i	50　31	26　17	10　8	6　6	8①

①这里 8 个数值是 40,43,44,49,58,60,81,109.

试检验相继两次地震间隔天数 X 是否服从指数分布($\alpha = 0.05$).

解 本例总体为连续型,原假设(7.22)相当于

$H_0 : X$ 的概率密度为

$$f_0(x) = \begin{cases} \dfrac{1}{\theta} e^{-x/\theta}, & x > 0, \\ 0, & x \leqslant 0. \end{cases} \tag{7.27}$$

在这里,H_0 中参数 θ 未具体给出,先由极大似然估计法求得 θ 的估计为 $\hat{\theta}_L = 2231/162 = 13.77$. 将总体 X 可能取值的区间 $[0, \infty)$ 分为 9 个互不重叠的子区间 $[a_i, a_{i+1})(i = 1, 2, \cdots, 9)$,如表 7.2 第二列所示. 令 $A_i = \{a_i \leqslant X < a_{i+1}\}(i = 1, 2, \cdots, 9)$. 若 H_0 为真,则 X 的分布函数的估计为

$$\hat{F}_0(x) = \begin{cases} 1 - e^{-x/13.77}, & x > 0, \\ 0, & x \leqslant 0. \end{cases}$$

由此式可得概率 $p_i = P(A_i)$ 的估计:

$$\hat{p}_i = \hat{P}(A_i) = \hat{P}\{a_i \leqslant X < a_{i+1}\} = \hat{F}_0(a_{i+1}) - \hat{F}_0(a_i).$$

例如　　$\hat{p}_2 = \hat{F}_0(9.5) - \hat{F}_0(4.5) = 0.2196,$

而 $\qquad \hat{p}_9 = \hat{P}(A_9) = 1 - \sum_{i=1}^{8} \hat{P}(A_i) = 0.0568.$

将计算结果列为表 7.2.

表 7.2　例 4 的 χ^2 拟合优度检验计算表

i	$[a_i, a_{i+1})$	f_i	$\hat{p}_i$	$n\hat{p}_i$
1	$[0, 4.5)$	50	0.2788	45.1656
2	$[4.5, 9.5)$	31	0.2196	35.5752
3	$[9.5, 14.5)$	26	0.1527	24.7374
4	$[14.5, 19.5)$	17	0.1062	17.2044
5	$[19.5, 24.5)$	10	0.0739	11.9718
6	$[24.5, 29.5)$	8	0.0514	8.3268
7	$[29.5, 34.5)$	6	0.0358	5.7996
8	$[34.5, 39.5)$	6	0.0248	4.0176 ⎫
9	$[39.5, +\infty)$	8	0.0568	9.2016 ⎭ 13.2192

（表中因 $n\hat{p}_8 = 4.0176 < 5$，合并 $i = 8, 9$ 的组，使每组均有 $n\hat{p}_i \geqslant 5$）

因为 $\chi^2_{1-\alpha}(k - r - 1) = \chi^2_{1-0.05}(8 - 1 - 1) = \chi^2_{0.95}(6) = 12.592,$

由

$$\chi^2 = \sum_{i=1}^{k} \frac{(f_i - n\hat{p}_i)^2}{n\hat{p}_i} = \sum_{i=1}^{k} \frac{f_i^2}{n\hat{p}_i} - n \qquad (7.28)$$

算得的 $\chi^2 = 1.563 < 12.592$，故在水平 0.05 下接受 H_0，认为相继两次地震间隔的天数服从指数分布.

7.3.4　正态性的检验法

在 7.3.3 中介绍的 χ^2 拟合优度检验，以及很多书上介绍的柯尔莫哥洛夫—斯米尔洛夫（Колмогоров-Смирнов）检验，可以对总体分布是否为正态的假设作检验. 但这两种古典的方法适用于对任何分布的假设作检验."有一利必有一弊"，这两种检验法对正态性的检验的效果便不会很好. 近 30 年来，针对常用的正态性的检验发展了不少方法. 竹内启及藤野和建于 1975 年发表了一篇技术报告, 他们对若干种典型的非正态分布, 进行了大量次数的计算机模拟试验, 比较若干种正态性检验法检验判断正确性的能力. 结论是,"W 检验法"又称夏皮罗—威尔克检验法 (S. S. Shapiro-M. B. Wilk 检验法) 及"偏度、峰度检验法"最为有效. 由于偏度、峰度检验法不仅计算的工作量较大, 而且其使用条件是只有怀疑总体分布在偏度、峰度方向上偏离正态分布时才能使用, 所以我们在这一小节仅介绍 W 检验法. 它适用于样本容量 $n \leqslant 50$ 的情况. 当 $50 < n \leqslant 1000$ 时, 可用 D 检验法 (R. B. D Agostino 检验法), 这可参考中华人民共和国国家标准 GB4882-85.

现在通过 7.1 节例 3 来介绍 W 检验的步骤:

(1) 将样本观测值按非降次序排列成

$$x_1^* \leqslant x_2^* \leqslant \cdots \leqslant x_n^*.$$

本例为

$$-1.2 < -1.0 < -0.6 < -0.3 < 0 < 0.7$$
$$< 0.8 < 2.0 < 2.7 < 3.7.$$

(2) 由附表七 (W 检验法的系数表), 查得 W 检验法的系数 $a_1(w), \cdots, a_l(w)$, 其中, 当 n 为偶数时, $l = n/2$; 当 n 为奇数时, $l = (n-1)/2$.

对本例, 查得 $a_k(w), (k = 1, \cdots, 5)$ 为:

$$0.5739, 0.3291, 0.2141, 0.1224, 0.0399.$$

(3) 按公式

$$W = \Big[\sum_{k=1}^{l} a_k(w)(x_{n+1-k}^* - x_k^*) \Big]^2 \Big/ \sum_{k=1}^{n} (x_k - \bar{x})^2, \quad (7.29)$$

计算统计量 W 的值, 其中 $\bar{x}$ 为样本均值.

本例中算得的统计量 W 的值为:

$$w = 4.74901^2/24.376 = 0.9252.$$

(4) 根据显著性水平 α 和样本容量 n 查附表八, 得 W 检验统计量 W 的 p 分位数 $w_p = w_\alpha$.

对 $\alpha = 0.05$,查附表八得 $n = 10$ 时,$w_{0.05} = 0.842$.

(5) 作出判断:若 $w < w_\alpha$,则拒绝 H_0;否则不拒绝 H_0.

对本例,由于 $w = 0.9252 > 0.842 = w_{0.05}$,所以不拒绝正态性的原假设,认为用克矽平治疗前后血红蛋白的差服从正态分布.

习　题　7

1. 某化纤厂生产某种化纤,其抗拉强度指标服从均值为 75 单位,标准差为 10 单位的正态分布.现试用新工艺进行生产,设化纤的抗拉强度仍服从正态分布,且方差不变.抽取新工艺生产的化纤的容量为 $n = 25$ 的样本,测得样本均值为 79 单位,试作出判断:采用新工艺是否能显著提高化纤的抗拉强度(显著性水平 $\alpha = 0.05$).

2. 某批矿砂的 5 个样品中的镍含量,经测定为(%)

　　3.25 , 3.27 , 3.24 , 3.26 , 3.24.

设测定值总体服从正态分布,问在 $\alpha = 0.01$ 下能否接受假设:这批矿砂的镍含量的均值为 3.25.

3. 某种钢索的断裂强度服从正态分布 $N(\mu, \sigma^2)$,其中 $\sigma = 40\text{N/cm}^2$.现从一批这种钢索中抽取 9 根,测得断裂强度的平均值为 $\bar{x}$.与以往正常生产时的 μ 相比,$\bar{x}$ 较 μ 大 20N/cm^2.设总体方差不变,问在 $\alpha = 0.01$ 下能否认为这批钢索的断裂强度有显著提高?

4. 某纺织厂在正常条件下,每台织布机每小时平均断经根数为 0.973 根(可以认为断经根数服从正态分布),标准差为 0.162 根.今在厂内进行革新试验,革新方法在 400 台织布机上试用,测得平均每台每小时平均断经根数为 0.952 根,标准差与 0.162 相近,问革新方法能否推广(取 $\alpha = 0.05$)?

5. 某化纤厂生产的维尼纶,在正常情况下,其纤度服从正态分布,方差为 0.05^2.现换了一批原料进行生产,抽取 6 根进行纤度检测,结果为

　　1.35 , 1.54 , 1.40 , 1.55 , 1.45 , 1.39.

问按新的原料生产,纤度的方差有无显著变化(取 $\alpha = 0.10$)?

6. 测定某种溶液中的水分,它的 10 个测定值算出 $s = 0.037\%$,设测定值总体为正态分布,方差为 σ^2,试在水平 $\alpha = 0.05$ 下检验假设

　　$H_0: \sigma = 0.04\%$, 　$H_1: \sigma < 0.04\%$.

7. 一工厂的两个化验室每天同时从工厂的冷却水中取样,测量水中含氯量

(ppm)一次,下面是 7 天的记录:

日　　期	1	2	3	4	5	6	7
化验室 $A(x_i)$	1.15	1.86	0.75	1.82	1.14	1.65	1.90
化验室 $B(y_i)$	1.00	1.90	0.90	1.80	1.20	1.70	1.95

设各对数据的差 $d_i = x_i - y_i (i = 1, 2, \cdots, 7)$ 来自正态分布,问两化验室测定的结果之间有无显著差异($\alpha = 0.01$)?

8. 为了比较用来做鞋子后跟的两种材料的质量,选取了 15 个男子(他们的生活条件各不相同),每人穿着一双新鞋,其中一只是以材料 A 做后跟,另一只以材料 B 做后跟,其厚度均为 10mm. 过了一个月再测量厚度,得到数据如下:

男　　子	1	2	3	4	5	6	7	8	9	10	11	12	13	14	15
材料 $A(x_i)$	6.6	7.0	8.3	8.2	5.2	9.3	7.9	8.5	7.8	7.5	6.1	8.9	6.1	9.4	9.1
材料 $B(y_i)$	7.4	5.4	8.8	8.0	6.8	9.1	6.3	7.5	7.0	6.5	4.4	7.7	4.2	9.4	9.1

设 $d_i = x_i - y_i (i = 1, 2, \cdots, 15)$ 来自正态总体. 问是否可以认为以材料 A 制成的后跟比材料 B 的耐穿(取 $\alpha = 0.05$)?

9. 有两台机器生产金属部件,分别在两台机器所生产的部件中各取一容量 $n_1 = 60, n_2 = 40$ 的样本,测得部件重量的样本方差分别为 $s_1^2 = 15.46, s_2^2 = 9.66$. 设两样本相互独立. 两总体分别服从 $N(\mu_1, \sigma_1^2), N(\mu_2, \sigma_2^2)$ 分布. 试在水平 $\alpha = 0.05$ 下检验假设

$$H_0: \sigma_1^2 = \sigma_2^2, \quad H_1: \sigma_1^2 > \sigma_2^2.$$

10. 有两台铣床生产同一种型号的套管,现要比较它们所生产的套管内槽深度的方差,测得深度数据(单位:mm)如下:

第一台铣床	15.2	15.1	14.8	14.8	15.5	15.2	15.0	14.5
第二台铣床	15.2	14.8	15.0	14.8	15.1	15.2	14.8	15.0	15.0

设两样本独立,且分别来自两个正态总体,试判断第二台铣床产品的方差是否比第一台铣床的小(取 $\alpha = 0.05$)?

11. 为研究某地正常成年人的血液红细胞的平均值是否与性别有关,检查某地正常成年男子 156 名,正常成年女子 74 名,计算得男性红细胞平均值为 465.13 万 /mm³,样本标准差为 54.80 万 /mm³;女性红细胞平均值为

422.16 万 /mm³，样本标准差为 49.20 万 /mm³. 设两样本分别来自正态总体，且两总体的方差相等，试检验该地正常成年人的红细胞平均值是否与性别有关.

12. 20 世纪 70 年代后期人们发现，在酿造啤酒时，在麦芽干燥过程中形成致癌物质亚硝基二甲胺(NDMA). 到了 80 年代初期开发了一种新的麦芽干燥过程. 下面给出分别在新老两种过程中形成的 NDMA 含量(以 10 亿份中的份数计)：

老过程(x_i)	6	4	5	5	6	5	5	6	4	6	7	4
新过程(y_i)	2	1	2	2	1	0	3	2	1	0	1	3

设两样本独立，分别来自正态总体 $N(\mu_1, \sigma^2)$，$N(\mu_2, \sigma^2)$，试检验假设(取 $\alpha = 0.05$)

$$H_0: \mu_1 = \mu_2 + 2, \quad H_1: \mu_1 > \mu_2 + 2.$$

(提示：$y_i + 2(i = 1, 2, \cdots, n)$ 可以看成来自正态总体 $N(\mu_2 + 2, \sigma^2)$ 的样本.)

13. 测得两批电子器件的样品的电阻(欧)为：

A 批(x_i)	0.140	0.138	0.143	0.142	0.144	0.137
B 批(y_i)	0.135	0.140	0.142	0.136	0.138	0.140

设这两批器材的电阻值总体分别服从正态分布 $N(\mu_1, \sigma_1^2)$，$N(\mu_2, \sigma_2^2)$，且两样本独立.

(1) 检验假设($\alpha = 0.05$)

$$H_0: \sigma_1^2 = \sigma_2^2, \quad H_1: \sigma_1^2 \neq \sigma_2^2;$$

(2) 在(1)的基础上检验($\alpha = 0.05$)

$$H_0': \mu_1 = \mu_2, \quad H_1': \mu_1 \neq \mu_2.$$

14. 为了试验两种不同的谷物种子的优劣，选取了 10 块土质不同的土地，并将每块土地分为面积相同的两部分，分别种植这两种种子. 下面给出各块土地上的产量如表所列(设两样本独立)：

土地	1	2	3	4	5	6	7	8	9	10
种子 A	23	35	29	42	39	29	37	34	35	28
种子 B	26	39	35	40	38	24	36	27	41	27

试用符号检验法检验这两种种子种植的谷物的产量是否有显著的差异(取 α

$= 0.10)$？

15. 独立地用两种工艺对 9 批材料进行生产,得到产品的某性能指标如下表所列:

工艺 A	0.47	1.02	0.33	0.70	0.94	0.85	0.39	0.52	0.47
工艺 B	0.41	1.00	0.46	0.61	0.84	0.87	0.36	0.52	0.51

能否判断这两种工艺方法对产品某性能指标有无显著影响($\alpha = 0.10$)？

16. 为查明某种血清是否抑制白血病,选取患白血病已到晚期的老鼠 9 只,其中有 5 只接受这种治疗,另 4 只则不做这种治疗. 从试验开始时计算,其存活时间(以月计)如下表所列(设两样本相互独立):

不作治疗	1.9	0.5	0.9	2.1	
接受治疗	3.1	5.3	1.4	4.6	2.8

取水平 $\alpha = 0.10$,问这种血清对白血病是否有显著的抑制作用?

17. 比较用两种不同的饲料(高蛋白与低蛋白)喂养大白鼠对体重增加的影响,试验结果如下:

饲料	增加的重量(单位:g)
高蛋白	134 146 104 119 124 161 108 83 113 129 97 123
低蛋白	70 118 101 85 107 132 94 135 99 117 126

设两样本独立,试问饲料的影响是否显著(取 $\alpha = 0.05$)?

18. 在一实验中,每隔一定时间由某种铀所放射的到达计数器上的 α 粒子数为总体 X. 对 X 共观测了 100 次,得结果如下表所示:

i	0	1	2	3	4	5	6	7	8	9	10	11	$\geqslant 12$
f_i	1	5	16	17	26	11	9	9	2	1	2	1	0

其中,f_i 是观察到有 i 个 α 粒子的次数. 试在水平 0.05 下检验总体 X 是否服从泊松分布?

19. 袋中装有红球和白球共 8 只,其中红球的只数未知,设 X 是从袋中任取 3 只球中红球的只数. 对 X 独立地观察 112 次,得结果如下表:

X	0	1	2	3
次数	1	31	55	25

试取 $\alpha = 0.05$ 检验假设

$H_0: X$ 服从超几何分布 $: P\{X = k\} = \dfrac{\dbinom{5}{k}\dbinom{3}{3-k}}{\dbinom{8}{3}}$ $(k = 0, 1, 2, 3)$.

即检验假设

H_0: 袋中红球的只数为 5.

20. 由第 2 题中 5 个矿砂样品中的镍含量的数据,试判断这批矿砂的镍含量测定值总体是否服从正态分布(取 $\alpha = 0.05$)?

21. 随机地从一批煤灰砖的生产流水线上抽取 20 块砖,测得它们的抗压强度为 (N/cm^2):

    740,970,870,940,670,1030,960,800,810,570,

    1090,860,620,1220,660,950,890,860,770,890.

    取 $\alpha = 0.01$,检验这批砖的抗压强度是否服从正态分布?

22. 设 $A_i = \left\{ x \,\middle|\, \dfrac{i-1}{2} \leqslant x < \dfrac{i}{2} \right\}$ $(i = 1, 2, 3, 4)$,假设总体 X 服从在 $(0, 2)$ 上的均匀分布. 今对 X 进行 100 次的独立观察,发现其值落入 $A_i (i = 1, 2, 3, 4)$ 的频数依次为 30, 20, 36, 14. 问均匀分布的假设在显著性水平为 0.05 下是否可信?

第 8 章

方差分析

在生产实践和科学试验中,影响一事物的因素往往是很多的.例如,化工生产受原料成分和配比、反应温度、压力和时间、催化剂种类及分量、设备及操作技术等等的制约;农作物的收获量受作物品种、肥料的种类及数量、管理方法等等的影响.这些因素的改变都有可能影响产品的数量和质量.方差分析是在有关因素中找出有显著影响的那些因素的一种方法.

我们把要考察的指标称为**试验指标**.如果在一个问题中有几项试验指标,我们将分别对每一项试验指标进行分析①.影响试验指标的条件为**因素**,用大写英语字母 A,B,C 等表示.在考察某些因素的影响时,对非考察因素要尽量保持不变.如果一项试验中只有一个因素在改变,我们就称为**单因素试验**;如果只有两个因素在改变,就称**双因素试验**.本章将分别介绍单因素试验和双因素试验的方差分析.因素所处的状态称为**水平**.状态本身没有数量概念的因素称为**定性因素**;状态本身有数量概念时,称为**定量因素**.例如原料产地是定性因素,每一个要考察的原料产地都是原料产地这一因素的一个水平.又如催化剂种类、机器型号等也是定性因素.但反应温度、施肥数量等是定量因素.方差分析可以处理定量因素,也可以处理定性因素.而且即使对定量因素,也只在几个选定的值(水平)去考虑,可以说要将定量因素定性化了.

---

① 若问题不允许将多项试验指标分别进行研究,则属于多元分析的范围;本章不予讨论.

8.1 单因素试验的方差分析

例1 采用四种不同产地的原料萘,按同样的工艺条件合成 β-萘酚,测定所得产品的熔点如表 8.1 所示,问原料萘的产地是否显著影响产品的熔点?

例 1 中要考察的试验指标是 β-萘酚熔点,只考虑原料产地这一因素. 这个因素有 4 个水平. 每个水平下,试验重复次数可以不等. 这是单因素试验的例子.

表 8.1 不同产地原料萘合成 β-萘酚的熔点

(单位:℃)

产地甲	产地乙	产地丙	产地丁
124.0	123.0	121.5	123.5
123.0	122.0	121.0	121.0
123.5		123.0	
123.0			

现在我们将问题一般化. 设被考察的因素 A 有 t 个水平 $A_1,\cdots,A_t$. 在每个水平下的试验指标,都是一个总体,共有 t 个总体. 又设在第 i 个水平 A_i 下,进行了 n_i 次相互独立的试验,得到了第 i 个总体的样本 $(X_{1i},\cdots,X_{n_i i})$ $(i=1,\cdots,t)$. 总共进行了

$$n=n_1+n_2+\cdots+n_t \tag{8.1}$$

次试验. 得到了 n 个试验指标值,这些数据可列成表 8.2.

表 8.2

因素 A	A_1	A_2	$\cdots$	A_i	$\cdots$	A_t
试验指标	X_{11}	X_{12}	$\cdots$	X_{1i}	$\cdots$	X_{1t}
	X_{21}	X_{22}	$\cdots$	X_{2i}	$\cdots$	X_{2t}
	$\vdots$	$\vdots$		$\vdots$		$\vdots$
	$X_{n_1 1}$	$X_{n_2 2}$	$\cdots$	$X_{n_i i}$	$\cdots$	$X_{n_t t}$

在例 1 中, $t=4, n_1=4, n_2=2, n_3=3, n_4=2$.

在表 8.2 中, 位于同一列内的数据是在非考察因素保持不变且考察的因素 A 处于同一水平下取得的, 即使如此, 它们也不会全都相同. 这是因为随机误差所引起的试验数据的波动. 这里的随机误差包括非考察因素与考察因素取值的误差, 以及对指标值的观测误差等试验误差. 处于表 8.2 中不同列的指标取值的不同, 除了随机误差的影响以外, 还受到因素 A 的水平不同所引起的影响, 这正是需要考察的.

设在水平 A_i 下, 试验指标 X_{ji} 来自正态总体 $N(\mu_i, \sigma^2)$ $(i=1, \cdots, t; j=1, \cdots, n_i)$, 其中 $\mu_i \in (-\infty, \infty)$ 及 $\sigma^2 > 0$ 均未知. 这里 σ^2 与 i 无关; 这一性质称为**方差齐性**. 要使方差齐性, 在实际试验中, 除了所考察的因素 A 的水平不同外, 其他非考察因素要尽量保持不变. 习惯上, 通过引进随机误差 $\varepsilon_{ji} \triangleq X_{ji} - \mu_i$, 可以把 X_{ji} 表示成

$$\begin{cases} X_{ji} = \mu_i + \varepsilon_{ji}, & i=1, \cdots, t, \ j=1, \cdots, n_i, \\ \varepsilon_{ji} \sim N(0, \sigma^2), \\ \text{各 } \varepsilon_{ji} \text{ 独立}. \end{cases} \tag{8.2}$$

其中, $\mu_1, \cdots, \mu_t, \sigma^2$ 均为未知参数. (8.2)式称为单因素试验方差分析的统计模型.

对于模型(8.2), 方差分析的基本任务是:

1° 检验假设

$$\begin{cases} H_0: \mu_1 = \cdots = \mu_t, \\ H_1: \mu_1, \cdots, \mu_t \text{ 不全相等}. \end{cases} \tag{8.3}$$

2° 作出未知参数 $\mu_1, \cdots, \mu_t, \sigma^2$ 的估计.

当 $t=2$ 时, 对于两个正态总体均值是否相等的显著性检验, 在前一章已经作了讨论. 对于三个或三个以上具有相同方差的正态总体值是否相等的检验问题, 就需要用方差分析的方法来解决.

为便于讨论, 我们引入因素各水平效应的概念. 令

$$\mu \triangleq \frac{1}{n} \sum_{i=1}^{t} n_i \mu_i, \tag{8.4}$$

$$a_i \triangleq \mu_i - \mu, \qquad i = 1, \cdots, t. \tag{8.5}$$

我们称 μ 为**总平均**,称 a_i 为因素 A 在水平 A_i 下的**主效应**,简称**效应**,它反应了在水平 A_i 下的总体均值与总平均的差异. 易见,t 个效应 $a_1, \cdots, a_t$ 满足

$$\sum_{i=1}^{t} n_i a_i = 0, \tag{8.6}$$

且(8.3)式等价于

$$H_0: a_1 = \cdots = a_t = 0. \tag{8.7}$$

这样,模型(8.2)等价于

$$\begin{cases} X_{ji} = \mu + a_i + \varepsilon_{ji}, & j = 1, \cdots, n_i, i = 1, \cdots, t, \\ \sum_{i=1}^{t} n_i a_i = 0, \\ \varepsilon_{ji} \sim N(0, \sigma^2), \ \text{各} \ \varepsilon_{ji} \ \text{独立}. \end{cases}$$

$$\tag{8.8}$$

这里,$\mu, a_1, \cdots, a_t, \sigma^2$ 都是未知参数. 由(8.6)式,(8.8)式中实际上只有 $t+1$ 个独立的未知参数.

如果被考察的因素对试验结果没有显著的影响,即各正态总体的均值是相等的,则试验数据的波动完全是由于随机误差所引起的;反之,如果因素有明显的效应,即各正态总体均值不全部相等,则试验数据的波动除了随机误差的影响外,还包含有被考察因素的效应的影响. 据此,需要寻找一个适当的统计量,来表示数据的波动程度. 并且设法将这个统计量分解为两部分,一部分是纯粹由随机误差引起的,另一部分除了随机误差的影响外还包含着因素的效应的影响. 然后将这两部分进行比较,如果后者明显地比前者大,就说明因素的效应是显著的. 这就是方差分析的基本思想.

方差分析的关键是对全部数据的波动程度进行分解. n 个指标数据的总平均

$$\overline{X} \triangleq \frac{1}{n} \sum_{i=1}^{t} \sum_{j=1}^{n_i} X_{ji} \tag{8.9}$$

与每个数据 X_{ji} 的差反映了这个数据的波动程度. 为了消除波动的方向性, 把数据的波动程度用 $|X_{ji}-\overline{X}|^2 = (X_{ji}-\overline{X})^2$ 来表示. 于是, 总平方和

$$S_T \triangleq \sum_{i=1}^{t} \sum_{j=1}^{n_i} (X_{ji} - \overline{X})^2 \tag{8.10}$$

就反映了全部数据的波动程度. 如果因素 A 的水平对指标的取值没有影响, 并且试验没有随机误差, 则所有 n 个数据将取相同的值, 就有 $S_T = 0$. 但一般这两方面的影响是存在的, 使 S_T 出现 (8.10) 式右端的那个量.

记水平 A_i 下的样本均值为 $\overline{X}._i$, 即

$$\overline{X}._i \triangleq \frac{1}{n_i} \sum_{j=1}^{n_i} X_{ji}, \qquad i = 1, \cdots, t. \tag{8.11}$$

因为

$$S_T = \sum_{i=1}^{t} \sum_{j=1}^{n_i} \left[(X_{ji} - \overline{X}._i) + (\overline{X}._i - \overline{X}) \right]^2$$

$$= \sum_{i=1}^{t} \sum_{j=1}^{n_i} (X_{ji} - \overline{X}._i)^2 + \sum_{i=1}^{t} \sum_{j=1}^{n_i} (\overline{X}._i - \overline{X})^2$$

$$+ 2 \sum_{i=1}^{t} \sum_{j=1}^{n_i} (\overline{X}._i - \overline{X})(X_{ji} - \overline{X}._i),$$

且

$$\sum_{i=1}^{t} \sum_{j=1}^{n_i} (\overline{X}._i - \overline{X})(X_{ji} - \overline{X}._i)$$

$$= \sum_{i=1}^{t} (\overline{X}._i - \overline{X}) \left(\sum_{j=1}^{n_i} X_{ji} - n_i \overline{X}._i \right) = 0,$$

我们已将 S_T 分解成

$$S_T = S_E + S_A, \tag{8.12}$$

其中 $\quad S_E \triangleq \sum_{i=1}^{t} \sum_{j=1}^{n_i} (X_{ji} - \overline{X}._i)^2,$ \tag{8.13}

$$S_A \triangleq \sum_{i=1}^{t} \sum_{j=1}^{n_i} (\overline{X}_{\cdot i} - \overline{X})^2 = \sum_{i=1}^{t} n_i (\overline{X}_{\cdot i} - \overline{X})^2. \tag{8.14}$$

在同一水平 A_i 下,来自第 i 个总体样本分量 $X_{ji}(j = 1, \cdots, n_i)$,与样本均值 $\overline{X}_{\cdot i}$ 的差 $(X_{ji} - \overline{X}_{\cdot i})$ 只反映了随机误差.所以 S_E 反映了随机误差所造成的数据变异,称 S_E 为**误差平方和**(或**组内平方和**).如果因素 A 的效应是显著的,这些效应引起的数据变异必然反映到$(\overline{X}_{\cdot i} - \overline{X})$ 中,所以 S_A 包含了因素 A 在各个水平下的不同作用在数据中引起的波动.称 S_A 为**因素 A 的效应平方和**(或**组间平方和**).

按上面阐明的方差分析基本思想,对于原假设(8.7),即假设(8.3),拒绝域可以由 $S_A/S_E > C$ 的形式确定.

定理 8.1 在单因素试验方差分析模型(8.8)中,S_A 与 S_E 相互独立,且 $S_E/\sigma^2 \sim \chi^2(n-1)$;当 $H_0 : a_1 = \cdots = a_t = 0$ 成立时,$S_A/\sigma^2 \sim \chi^2(t-1)$.从而

$$F_A \triangleq \overline{S}_A/\overline{S}_E \sim F(f_A, f_E), \tag{8.15}$$

其中,$f_A \triangleq t - 1, f_E \triangleq n - t, \overline{S}_A \triangleq S_A/f_A, \overline{S}_E \triangleq S_E/f_E$.

定理 8.1 中的 f_A, f_E 分别称为 S_A, S_E 的**自由度**,$\overline{S}_A, \overline{S}_E$ 分别称为 S_A, S_E 的**均方**.

* **证明** 由定理 5.9 的结论 2° 知 $S_E/\sigma^2 \sim \chi^2(n-t)$.而该定理的结论 1° 指出 $2t$ 个变量 $\overline{X}_{\cdot 1}, \cdots, \overline{X}_{\cdot t}, S_1^2, \cdots, S_t^2$ 相互独立.因

$$\overline{X} = \frac{1}{n} \sum_{i=1}^{t} \sum_{j=1}^{n_i} X_{ji} = \frac{1}{n} \sum_{i=1}^{t} n_i \overline{X}_{\cdot i}, \tag{8.16}$$

故 S_A 是 $\overline{X}_{\cdot 1}, \cdots, \overline{X}_{\cdot t}$ 的连续函数;而 $S_E = \sum_{i=1}^{t} (n_i - 1) S_i^2$ 是 $S_1^2, \cdots, S_t^2$ 的连续函数.根据辅助定理 5.1,我们证明了 S_A 与 S_E 独立.

当 H_0 成立时,有 $\mu_1 = \cdots = \mu_t = \mu$,(8.11)式指出 $\overline{X}_{\cdot i} \sim N(\mu, \sigma^2/n_i)$ ($i = 1, \cdots, t$).令 A 是 t 阶正交矩阵,它的第一行元素依次是 $\sqrt{n_1}/\sqrt{n}, \cdots, \sqrt{n_t}/\sqrt{n}$,则有

$$Z_i \triangleq \sqrt{n_i}(\overline{X}_{\cdot i} - \mu)/\sigma \sim N(0,1), \qquad i = 1, \cdots, t.$$

又令 $\qquad \begin{bmatrix} Y_1 \\ \vdots \\ Y_t \end{bmatrix} \triangleq A \begin{bmatrix} Z_1 \\ \vdots \\ Z_t \end{bmatrix},$

则 $\qquad Y_1 = \sum_{j=1}^{t} \dfrac{\sqrt{n_j}}{\sqrt{n}} Z_j,$

并且由 $\overline{X}_{\cdot 1}, \cdots, \overline{X}_{\cdot t}$ 的独立性推知 $Z_1 \cdots, Z_t$ 的独立性,进而推知 $Y_1, \cdots, Y_t$ 的独立性. 又 $Y_i \sim N(0,1)$ $(i = 1, \cdots, t)$,所以由(8.16)式,有

$$
\begin{aligned}
S_A / \sigma^2 &= \frac{1}{\sigma^2} \sum_{i=1}^{t} n_i (\overline{X}_{\cdot i} - \overline{X})^2 \\
&= \sum_{i=1}^{t} n_i \left[\frac{(\overline{X}_{\cdot i} - \mu)}{\sigma} - \frac{1}{n} \sum_{j=1}^{t} n_j \frac{(\overline{X}_{\cdot j} - \mu)}{\sigma} \right]^2 \\
&= \sum_{i=1}^{t} n_i \left[\frac{Z_i}{\sqrt{n_i}} - \frac{1}{\sqrt{n}} \sum_{j=1}^{t} \frac{\sqrt{n_j}}{\sqrt{n}} Z_j \right]^2 \\
&= \sum_{i=1}^{t} n_i \left(\frac{Z_i}{\sqrt{n_i}} - \frac{Y_1}{\sqrt{n}} \right)^2 \\
&= \sum_{i=1}^{t} Z_i^2 - 2 \sum_{i=1}^{t} \sqrt{n_i} \, Z_i Y_1 \Big/ \sqrt{n} + \sum_{i=1}^{t} n_i Y_1^2 / n \\
&= \sum_{i=1}^{t} Y_i^2 - 2 Y_1^2 + Y_1^2 = \sum_{i=2}^{t} Y_i^2 \sim \chi^2(t-1).
\end{aligned}
$$

最后,由 F 分布的定义即得在 H_0 成立时有(8.15)式. 这就证明了定理 8.1 中的全部论断.

这样,对于假设检验问题(8.7),由

$$ F = \overline{S}_A / \overline{S}_E > F_{1-a}(f_A, f_E) \tag{8.17} $$

所确定的拒绝域给出了显著性水平 α 的一个检验. 该检验法的直观解释是:当组之间的差异相对于组内的差异来说比较大时就拒绝 H_0.

在具体计算时,可以按以下较简便的公式来进行. 记

$$ T_{\cdot i} \triangleq \sum_{j=1}^{n_i} X_{ji}, \quad i = 1, \cdots, t, $$

$$ T_{\cdot\cdot} \triangleq \sum_{i=1}^{t} T_{\cdot i}, $$

即有

$$\begin{cases} S_T = \sum_{i=1}^{t} \sum_{j=1}^{n_i} X_{ji}^2 - n\overline{X}^2 = \sum_{i=1}^{t} \sum_{j=1}^{n_i} X_{ji}^2 - \dfrac{T_{..}^2}{n}, \\[2mm] S_A = \sum_{i=1}^{t} n_i \overline{X}_{\cdot i}^2 - n\overline{X}^2 = \sum_{i=1}^{t} \dfrac{T_{\cdot i}^2}{n_i} - \dfrac{T_{..}^2}{n}, \\[2mm] S_E = S_T - S_A. \end{cases}$$

$$(8.18)$$

以上的分析计算可排成表 8.3 的形式，称为方差分析表.

表 8.3　单因素试验方差分析表

方差来源	平方和	自由度	均方	F 比
因素 A	S_A	$t-1$	$\overline{S}_A$	$F_A = \overline{S}_A/\overline{S}_E$
误差	S_E	$n-t$	$\overline{S}_E$	
总和	S_T	$n-1$		

现在我们来研究未知参数的估计问题. 由定理 8.1 知，

$$E(\overline{S}_E) = \frac{\sigma^2}{n-t} E(S_E/\sigma^2) = \frac{\sigma^2}{n-t} \cdot (n-t) = \sigma^2,$$

所以 $\overline{S}_E$ 是 σ^2 的无偏估计. 另外，通过简单计算便知：样本总平均 $\overline{X}$ 是总体总平均 μ 的无偏估计；第 i 个样本均值 $\overline{X}_{\cdot i}$ 是第 i 个总体均值 μ_i 的无偏估计；$\overline{X}_{\cdot i} - \overline{X}$ 是第 i 个水平效应 a_i 的无偏估计 $(i = 1, \cdots, t)$.

如果对假设 (8.7) 的检验结果是拒绝 H_0，自然希望进一步找出因素 A 取何水平试验指标最佳. 这可以通过如下的两两比较检验问题

$$H_0^* : \mu_i = \mu_j \tag{8.19}$$

来解决，其中 $i \neq j, i, j = 1, \cdots, t$. 由定理 5.9 的证明知

$$\overline{X}_{\cdot i} - \overline{X}_{\cdot j} \sim N\left(\mu_i - \mu_j, \left(\frac{1}{n_i} + \frac{1}{n_j} \right) \sigma^2 \right)$$

与　　　　$S_E/\sigma^2 \sim \chi^2(n-t)$

独立，所以当 H_0^* 成立时，检验统计量

$$T_{ij} \triangleq \sqrt{\frac{n_i n_j}{n_i + n_j}} (\overline{X}_{\cdot i} - \overline{X}_{\cdot j}) / \sqrt{\overline{S}_E} \sim t(n-t).$$

于是，对于假设检验问题 (8.19)，由

$$|T_{ij}| > t_{1-\alpha/2}(f_E)$$

所确定的拒绝域为水平 α 的一个检验.

例 1(续) 由表 8.1,算得

(1) $n = 11, T_{\cdot 1} = 493.5, T_{\cdot 2} = 245.0, T_{\cdot 3} = 365.5,$

$T_{\cdot 4} = 244.5, T_{\cdot \cdot} = 1348.5, \sum\limits_{i=1}^{t}\sum\limits_{j=1}^{n_i} x_{ji}^2 = 165324.75;$

(2) 修正项 $T_{\cdot \cdot}^2./n = 165313.84;$

(3) 总平方和 $S_T = 165324.75 - 165313.84 = 10.91;$

(4) 因素 A 的平方和 $S_A = 4.43;$

(5) 误差平方和 $S_E = 10.91 - 4.43 = 6.48.$

列出方差分析表如表 8.4. 如取显著性水平 $\alpha = 0.10$,由于 $F_A = 1.60 < F_{1-\alpha}(f_A, f_E) = F_{0.90}(3.7) = 3.07$,所以原料萘的产地对萘酚熔点无显著影响.

表 8.4　例 1 的方差分析表

方差来源	平方和	自由度	均方	F 比
原料产地	4.43	3	1.48	1.60
误差	6.48	7	0.93	
总和	10.91	10		

参数估计: $\hat{\sigma}^2 = \bar{S}_E = 0.93, \hat{\mu} = T_{\cdot \cdot}/n = 122.6.$

例 2 鸡饲料配方试验. 试验指标:60 天鸡增重. 对 3 种不同鸡饲料配方,各用 10 只同品种的同一天孵出的雏鸡进行相同条件下的管理饲养,经过 60 天后称得鸡重量如表 8.5 所示. 请注意:表 8.5 中每只鸡增重已减去 1050 克. 设各饲料配方饲养的鸡增重总体均为正态,且方差相同. 又设各样本相互独立. 取水平 $\alpha = 0.05$,试检验各配方对 60 天鸡增重是否有显著差异.

解 分别以 μ_1, μ_2, μ_3 记 Ⅰ,Ⅱ,Ⅲ 种配方饲养的鸡增重的总体均值. 我们需检验 $H_0: \mu_1 = \mu_2 = \mu_3$. 现在 $t = 3, n_1 = n_2 = n_3 = 10,$ $n = 30.$ 将 $T_{\cdot i}, T_{\cdot \cdot}, \sum\limits_{i=1}^{t}\sum\limits_{j=1}^{n_i} x_{ji}^2$ 的计算结果写在试验数据表 8.5 的下半

部分(单位为克).检验 H_0 的方差分析表为表 8.6(单位为克).

表 8.5　不同饲料配方的鸡增重(－1050 克)

饲料配方	I		II		III			
60 天鸡增重	23	－ 24	－ 34	－ 5	34	40		
－ 1050 克	8	3	8	－ 6	19	29		
	21	－ 1	－ 12	11	56	44		
	16	15	－ 8	－ 16	28	61		
	－ 13	1	－ 30	－ 1	25	42	合 计	
$n_{\cdot i}$	10		10		10		$n = 30$	
$T_{\cdot i}$	49		－ 93		378		$T.. = 334$	
$\sum\limits_{j=1}^{n_i} x_{ji}^2$	2271		2767		15924		20962	

表 8.6　例 2 的方差分析表

方差来源	平方和	自由度	均方	F 比
饲料配方	11675	2	5838	28.34
误　　差	5568	27	206	
总　　和	17243	29		

由 $\alpha = 0.05$,查表得 $F_{1-\alpha}(f_A, f_E) = F_{0.95}(2, 27) = 3.35$. 因 $F_A = 28.34 > 3.25$,故得统计结论:在显著性水平 0.05 下,3 种饲料配方对鸡增重的影响有显著的差异.

如要作参数估计,则各总体的公共方差 σ^2 的无偏估计为 $\hat{\sigma}^2 = \overline{S}_E = 206$;而 $\hat{\mu}_1 = 4.9 + 1050 = 1054.9$,$\hat{\mu}_2 = 1040.7$,$\hat{\mu}_3 = 1087.8$. 所以第 III 号配方的效果最佳. 又由

$$T_{13} = \sqrt{\frac{10 \times 10}{10 + 10}}(1054.9 - 1087.8)/\sqrt{206} = － 5.125,$$

取 $\alpha = 0.05$,则 $t_{1-\alpha/2}(f_E) = t_{0.975}(27) = 2.0518 < |T_{13}|$,故第 III 号配方比 I 号(当然也比 II 号)配方对试验指标的影响是有显著差异的.

8.2 双因素试验的方差分析

8.2.1 交互效应与双因素试验的数据结构

在双因素试验中,设因素 A 取 t 个水平 $A_1,\cdots,A_t$,因素 B 取 S 个水平 $B_1,\cdots,B_S$. 又设因素 A 在水平 A_i 下且因素 B 在 B_j 下(记为在水平搭配 $(A_i \times B_j)$ 下),试验指标总体服从 $N(\mu_{ij},\sigma^2)$ 分布 $(i=1,\cdots,t;j=1,\cdots,s)$. 如果在每一种水平搭配 $(A_i \times B_j)$ 下都有观测值,则称试验为**完全的设计**;否则,称为**不完全的设计**. 如对 $i=1,\cdots,t;j=1,\cdots,s$,在 $(A_i \times B_j)$ 下的观测次数都是相等时,称为**平衡的设计**.

记
$$\begin{cases} \mu \triangleq \dfrac{1}{ts}\sum_{i=1}^{t}\sum_{j=1}^{s}\mu_{ij}, \\[2mm] \mu_{i\cdot} \triangleq \dfrac{1}{s}\sum_{j=1}^{s}\mu_{ij}, & i=1,\cdots,t, \\[2mm] \mu_{\cdot j} \triangleq \dfrac{1}{t}\sum_{i=1}^{t}\mu_{ij}, & j=1,\cdots,s. \end{cases}$$

$$(8.20)$$

并称 μ 为总平均,称 $\mu_{i\cdot}$ 为因素 A 的第 i 个水平的平均,称 $\mu_{\cdot j}$ 为因素 B 的第 j 个水平的平均. 称

$$a_i \triangleq \frac{1}{s}\sum_{j=1}^{s}(\mu_{ij}-\mu_{\cdot j})=\mu_{i\cdot}-\mu, \quad i=1,\cdots,t \qquad (8.21)$$

为因素 A 的第 i 水平 A_i 的**主效应**. 由(8.20)式、(8.21)式知,A_i 的主效应 a_i 是依赖于另一因素 B 的水平的选取. 同样,称

$$b_j \triangleq \mu_{\cdot j}-\mu, \qquad j=1,\cdots,s \qquad (8.22)$$

为因素 B 的第 j 水平 B_j 的**主效应**,它也依赖于因素 A 的水平的选取. 又记

$$\begin{aligned} c_{ij} &\triangleq \mu_{ij}-a_i-b_j-\mu = \mu_{ij}-\mu_{i\cdot}-\mu_{\cdot j}+\mu \\ &= (\mu_{ij}-\mu_{\cdot j})-(\mu_{i\cdot}-\mu), \\ &\qquad\qquad i=1,\cdots,t,j=1,\cdots,s. \end{aligned} \qquad (8.23)$$

并称 c_{ij} 为 A_i 与 B_j 的交互效应. 因而总有

$$\mu_{ij} = \mu + a_i + b_j + c_{ij}, \quad i = 1, \cdots, t, j = 1, \cdots, s.$$

(8.24)

上式左边的参数 μ_{ij} 共有 ts 个;右边的参数有 $1 + t + s + ts$ 个,但由 (8.21) 式、(8.22) 式和 (8.23) 式的定义知,它们满足下列的线性约束条件[①]

$$\begin{cases} \sum_{i=1}^{t} a_i = 0, \quad \sum_{j=1}^{s} b_j = 0, \\ \sum_{j=1}^{s} c_{ij} = 0, \quad i = 1, \cdots, t, \\ \sum_{i=1}^{t} c_{ij} = 0, \quad j = 1, \cdots, s-1. \end{cases}$$

(8.25)

所以实质上只有

$$(1 + t + s + ts) - [1 + 1 + t + (s - 1)] = ts$$

个独立的参数.

在单因素试验中,因素各水平的效应(参见(8.5)式)反映了该因素对试验指标的影响. 但是,在双因素试验中,因素 A 取 A_i 水平而因素 B 取 B_j 水平时对试验指标的影响,并不一定恰好是因素 A 取 A_i 水平的主效应 a_i 和因素 B 取 B_j 水平的主效应 b_j 的叠加. 这可以通过一个简单的例子加以说明.

例 1 为研究施氮肥量(因素 N)和施磷肥量(因素 P)对大豆亩产量的影响,将这两个因素各取两个水平,在土质等其他条件相同的 4 块田上进行了多次的试验. 施氮肥量与施磷肥量不同方式的搭配

[①]　由于(8.25)式中后 $t + (s-1)$ 个条件可推出

$$\sum_{i=1}^{t} c_{is} = \sum_{i=1}^{t} \left(\sum_{j=1}^{s} c_{ij} \right) - \sum_{j=1}^{s-1} \left(\sum_{i=1}^{t} c_{ij} \right) = \sum_{i=1}^{t} \left(\sum_{j=1}^{s} c_{ij} \right) - \sum_{j=1}^{s-1} \left(\sum_{i=1}^{t} c_{ij} \right) = 0,$$

故 $\sum_{i=1}^{t} c_{is} = 0$ 与这 $t + (s-1)$ 个条件不独立.

下,大豆亩产量的均值如表 8.7 所列.

表 8.7　大豆施肥效果的分析

（单位：千克）

μ_{ij}	$P_1 = 0$	$P_2 = 2$	$\mu_{i\cdot}$	a_i
$N_1 = 0$	200	225	212.5	-17.5
$N_2 = 3$	215	280	247.5	17.5
$\mu_{\cdot j}$	207.5	252.5	$\mu = 230$	
b_j	-22.5	22.5		

按(8.20)～(8.22)式算得因素 N 和因素 P 的主效应如表 8.7 中所示.在总平均 $\mu=230$ 的基础上,叠加施 3 千克氮肥的主效应 a_2 $=17.5$ 和施 2 千克磷肥的主效应 $b_2=22.5$ 后为 $230+17.5+22.5$ $=270$.这比 $\mu_{22}=280$ 少 10 千克.这 10 千克就是这两个因素在所给水平搭配 $(N_2 \times P_2)$ 下的交互效应 c_{22}.

就像在乒乓球比赛中,男、女单打冠军的搭配不一定就是混合双打的最佳搭配,两个因素不同水平的搭配对试验指标的联合影响并不一定恰好是每个因素的同样水平单独影响的叠加.我们把各个因素的不同水平搭配所产生的新的影响称为**交互作用**.因素 A 与 B 之间的交互作用记为 $A \times B$.由(8.23)式定义的交互效应就反映了这种两个因素之间的交互作用.

为了分析因素之间的交互效应,在同一水平搭配 $(A_i \times B_j)$ 下,必须重复做 $r(>1)$ 次试验.设 X_{ijk} 是其中第 k 次的试验指标数据.设 ts 个样本 $(X_{ij1}, \cdots, X_{ijr})$ 是相互独立的.因 $X_{ijk} \sim N(\mu_{ij}, \sigma^2)$,通过引进随机误差 $\varepsilon_{ijk} \triangleq X_{ijk} - \mu_{ij}$,试验指标数据的结构用(8.24)式就可写成

$$X_{ijk} = \mu + a_i + b_j + c_{ij} + \varepsilon_{ijk},$$
$$i = 1, \cdots, t, \ j = 1, \cdots, s, \ k = 1, \cdots, r. \quad (8.26)$$

结合(8.25)式,可以建立如下的交互效应模型：

$$\begin{cases} X_{ijk} = \mu + a_i + b_j + c_{ij} + \varepsilon_{ijk}, \ i=1,\cdots,t, j=1,\cdots,s, k=1,\cdots,r, \\ \sum\limits_{i=1}^{t} a_i = 0, \sum\limits_{j=1}^{s} b_j = 0, \sum\limits_{j=1}^{s} c_{ij} = 0, \quad i=1,\cdots,t, \\ \sum\limits_{i=1}^{t} c_{ij} = 0, \quad j=1,\cdots,s, \\ \varepsilon_{111},\cdots,\varepsilon_{11r},\cdots,\varepsilon_{ts1},\cdots,\varepsilon_{tsr} \ \text{独立,且服从} \ N(0,\sigma^2) \ \text{分布.} \end{cases}$$

$$(8.27)$$

其中,$\mu,a_1,\cdots,a_t,b_1,\cdots,b_s,c_{11},\cdots,c_{ts},\sigma^2$ 都是未知参数.

由(8.21)式知,对某一 $i=1,\cdots,t$,如果 A_i 相对于每一个 B_j 的主效应($\mu_{ij}-\mu._j$)都相等($j=1,\cdots,s$),这时就有 $\mu_{ij}-\mu._j=\mu_i.-\mu$ 对一切 $j=1,\cdots,s$ 成立,从而由(8.23)知交互效应 $c_{ij}=0$ 对一切 $j=1,\cdots,s$ 成立. 若对一切 $i=1,\cdots,t$ 以及一切 $j=1,\cdots,s,A_i$ 相对于 B_j 的主效应($\mu_{ij}-\mu._j$)都与 j 无关,则有 $c_{ij}=0(i=1,\cdots,t;j=1,\cdots,s)$. 这直观地被理解为:如果一个因素对试验指标的影响仅仅是由它本身的水平所决定的,而与另一个因素处于哪一个水平无关,这时就可以认为两个因素的交互作用的影响可以忽略不计. 当所有的交互效应 $c_{ij}=0(i=1,\cdots,t;j=1,\cdots,s)$时,指标数据结构(8.26)可简写成

$$X_{ijk} = \mu + a_i + b_j + \varepsilon_{ijk} \qquad (8.28)$$

这样,可以建立如下的可加效应模型:

$$\begin{cases} X_{ijk} = \mu + a_i + b_j + \varepsilon_{ijk}, \\ \qquad\qquad i=1,\cdots,t, j=1,\cdots,s, k=1,\cdots,r, \\ \sum\limits_{i=1}^{t} a_i = 0, \sum\limits_{j=1}^{s} b_j = 0, \\ \varepsilon_{111},\cdots,\varepsilon_{11r},\cdots,\varepsilon_{ts1},\cdots,\varepsilon_{tsr} \ \text{独立,且服从} \ N(0,\sigma^2) \ \text{分布.} \end{cases}$$

$$(8.29)$$

这里,$\mu,a_1,\cdots,a_t,b_1,\cdots,b_s,\sigma^2$ 都是未知参数,其中实际上只有$(1+t+s+1)-(1+1)=t+s$ 个独立的未知参数.

可加效应模型(8.29)比交互效应模型(8.27)的未知参数个数大为减少. 在采用可加效应模型进行方差分析时,在试验设计上可以

减少试验次数. 允许(8.29)中的 $r = 1$,即对每一个水平搭配 $A_i \times B_j$,可以只从总体中抽取大小为 1 的样本,不做重复的试验. 这时,就有如下的双因素试验的可加效应模型:

$$\begin{cases} X_{ij} = \mu + a_i + b_j + \varepsilon_{ij}, \quad i = 1,\cdots,t, j = 1,\cdots,s, \\ \sum_{i=1}^{t} a_i = 0, \quad \sum_{j=1}^{s} b_j = 0, \\ \varepsilon_{11},\cdots,\varepsilon_{1s},\cdots,\varepsilon_{t1},\cdots,\varepsilon_{ts} \text{ 独立,且服从 } N(0,\sigma^2) \text{ 分布.} \end{cases}$$

(8.30)

其中, $\mu, a_1,\cdots,a_t, b_1,\cdots,b_s, \sigma^2$ 为未知参数.

8.2.2 可加效应模型下的方差分析

在可加效应模型(8.30)中,参数 μ 是 ts 个总体的均值

$$\mu_{ij} = \mu + a_i + b_j, \quad i = 1,\cdots,t, j = 1,\cdots,s \qquad (8.31)$$

的平均. (8.31)式表示 A, B 两个因素的联合影响可以用各个因素简单的主效应的叠加来描述. 参数 a_i, b_j 分别表示因素 A 的 A_i 水平、因素 B 的 B_j 水平影响的大小. 因此,要判断因素 A 的影响是否显著就等价于要检验假设

$$H_{01}: a_1 = \cdots = a_t = 0. \qquad (8.32)$$

类似地,要判断因素 B 的影响是否显著就等价于检验假设

$$H_{02}: b_1 = \cdots = b_s = 0. \qquad (8.33)$$

为了检验这些假设,我们需要将反映全体数据的波动程度的离差总平方和进行分解. 记

$$\begin{cases} \overline{X}_{i\cdot} \triangleq \frac{1}{s} \sum_{j=1}^{s} X_{ij}, \qquad i = 1,\cdots,t, \\ \overline{X}_{\cdot j} \triangleq \frac{1}{t} \sum_{i=1}^{t} X_{ij}, \qquad j = 1,\cdots,s, \\ \overline{X} \triangleq \frac{1}{ts} \sum_{i=1}^{t} \sum_{j=1}^{s} X_{ij} = \frac{1}{t} \sum_{i=1}^{t} \overline{X}_{i\cdot} = \frac{1}{s} \sum_{j=1}^{s} \overline{X}_{\cdot j}, \\ n \triangleq ts. \end{cases}$$

(8.34)

记统计量

$$S_T \triangleq \sum_{i=1}^{t} \sum_{j=1}^{s} (X_{ij} - \overline{X})^2,$$

$$S_A \triangleq s \sum_{i=1}^{t} (\overline{X}_{i.} - \overline{X})^2,$$

$$S_B \triangleq t \sum_{j=1}^{s} (\overline{X}_{.j} - \overline{X})^2,$$

$$S_E \triangleq \sum_{i=1}^{t} \sum_{j=1}^{s} (X_{ij} - \overline{X}_{i.} - \overline{X}_{.j} + \overline{X})^2.$$

利用(8.34)各式,通过直接的计算就可证得有

$$S_T = S_A + S_B + S_E, \tag{8.35}$$

这被称为平方和分解公式.

直观上看,S_T 反映了整批数据的波动程度;S_A 反映了由于因素 A 的各个水平的不同作用而引起数据的波动程度;S_B 反映了由于因素 B 的各个水平的不同作用而引起数据的波动程度;最后,由(8.35)式,S_T 中减去了因素 A 与 B 对数据的影响之后的剩余部分 S_E,在可加效应模型下反映了由于随机误差引起数据的波动程度. 称 S_T 为**总平方和**;称 S_A 为**因素 A 的平方和**;称 S_B 为**因素 B 的平方和**;称 S_E 为**误差平方和**.

可以证明:在可加效应模型(8.30)下,有如下的结果:

(1) S_A, S_B, S_E 相互独立;

(2) $S_E / \sigma^2 \sim \chi^2((t-1)(s-1))$; $\tag{8.36}$

(3) $E\left(\dfrac{S_A}{\sigma^2}\right) = (t-1) + \dfrac{s}{\sigma^2} \sum_{i=1}^{t} a_i^2$; $\tag{8.37}$

(4) $E\left(\dfrac{S_B}{\sigma^2}\right) = (s-1) + \dfrac{t}{\sigma^2} \sum_{j=1}^{s} b_j^2$; $\tag{8.38}$

(5) 当 H_{01} 成立时,有 $\dfrac{S_A}{\sigma^2} \sim \chi^2(t-1)$; $\tag{8.39}$

(6) 当 H_{02} 成立时,有 $\dfrac{S_B}{\sigma^2} \sim \chi^2(s-1)$. $\tag{8.40}$

由此可知,当原假设 H_{01} 成立时,有

$$F_A \triangleq \frac{\overline{S}_A}{\overline{S}_E} \sim F(t-1,(t-1)(s-1)), \tag{8.41}$$

其中 $\qquad \overline{S}_A \triangleq S_A/(t-1),$ $\tag{8.42}$

$$\overline{S}_E \triangleq S_E/(t-1)(s-1). \tag{8.43}$$

此时,有 $E(S_A/\sigma^2)=t-1$;而当 H_{01} 不成立时,由(8.37)式知 S_A/σ^2 的取值有偏大的趋势.直观上,对假设检验问题(8.32)的拒绝域应取 $F_A>F$ 的形式.我们得到,由

$$F_A>F_{1-a}(t-1,(t-1)(s-1)) \tag{8.44}$$

所确定的拒绝域是 H_{01} 的水平 α 的一个检验.

同理,记 $F_B \triangleq \overline{S}_B/\overline{S}_E$,其中 $\overline{S}_B \triangleq S_B/(s-1)$,则由

$$F_B>F_{1-a}(s-1,(s-1)(t-1))$$

所确定的拒绝域是 H_{02} 的水平 α 的一个检验.

在具体计算中,常用表 8.8 形式的方差分析表.

表 8.8 可加效应模型的方差分析表

方差来源	平方和	自由度	均方	F 比
因素 A	$S_A = \dfrac{1}{s}\sum\limits_{i=1}^{t} T_{i\cdot}^2 - \dfrac{1}{ts}T^2$	$t-1$	$\overline{S}_A = \dfrac{S_A}{t-1}$	$F_A = \overline{S}_A/\overline{S}_E$
因素 B	$S_B = \dfrac{1}{t}\sum\limits_{j=1}^{s} T_{\cdot j}^2 - \dfrac{1}{ts}T^2$	$s-1$	$\overline{S}_B = \dfrac{S_B}{s-1}$	$F_B = \overline{S}_B/\overline{S}_E$
误差	$S_E = S_T - S_A - S_B$	$(t-1)$ $\cdot(s-1)$	$\overline{S}_E = \dfrac{S_E}{(t-1)\cdot(s-1)}$	
总和	$S_T = \sum\limits_{i=1}^{t}\sum\limits_{j=1}^{s} X_{ij}^2$ $\quad - \dfrac{1}{ts}T^2$	$ts-1$		

表 8.8 中,

$$T \triangleq \sum_{i=1}^{t}\sum_{j=1}^{s} X_{ij}, \ T_{i\cdot} \triangleq \sum_{j=1}^{s} X_{ij}, \qquad i=1,\cdots,t,$$

$$T_{.j} \triangleq \sum_{i=1}^{t} X_{ij}, \qquad j = 1, \cdots, s.$$

例 2 为了研究 4 种小麦品种对产量有无显著影响,分别把每种小麦品种种在 5 块地上,总共种了 20 块地. 每一块地在方差分析中称为一个试验单位. 虽然每块地的面积是相同的,但各块地的土地素质可能有较大的差异. 为获得试验结果的正确性,把 20 个试验单位按土地质量分为 5 类,每一个类称为一个区组. 每个区组内有 4 个试验单位,它们的基本条件认为是相同的. 在每一区组中,4 种品种的小麦种子随机地播种在其中的一个试验单位上. 这种试验设计称为随机区组设计,在农业、林业、生物、医学、工业上常被使用.

表 8.9 是将 4 个品种的小麦播种在 5 个区组上测得收获量的数据(单位:千克). 在每一试验单位上小麦的播种量及管理方法都相同. 设各水平搭配下收获量的总体都服从正态分布且方差相同,问在水平 $\alpha = 0.05$ 下,品种对小麦收获量有无显著影响.

表 8.9　小麦的收获量的分析

区组 B 品种 A	B_1	B_2	B_3	B_4	B_5	$T_{i.}$
A_1	32.3	34.0	34.7	36.0	35.5	172.5
A_2	33.2	33.6	36.8	34.3	36.1	174.0
A_3	30.8	34.4	32.3	35.8	32.8	166.1
A_4	29.5	26.2	28.1	28.5	29.4	141.7
$T_{.j}$	125.8	128.2	131.9	134.6	133.8	$T = 654.3$
$\sum\limits_{i=1}^{t} X_{ij}^2$	3964.42	4154.76	4391.23 4566.38		4503.66 21580.45	

解　按有关的公式,依表 8.9 的下半部分与右半部分的格式算出诸 $T_{i.}, T_{.j}, T$ 及 $\sum\limits_{i=1}^{t} \sum\limits_{j=1}^{s} X_{ij}^2$,以下的计算可以在方差分析表上续算完毕,见表 8.10.

表 8.10 例 2 的方差分析表

方差来源	平方和	自由度	均方	F 比
品种 A	$S_A = 134.646$	3	$\bar{S}_A = 44.882$	$F_A = 20.49$
地块 B	$S_B = 14.098$	4	$\bar{S}_B = 3.5245$	$F_B = 1.61$
误差	$S_E = 26.282$	12	$\bar{S}_E = 2.1902$	
总和	$S_T = 175.026$	19		

查 F 分布分位数表得 $F_{1-a}(t-1,(t-1)(s-1)) = F_{0.95}(3,12) = 3.49$,今 $F_A > 3.49$,表明不同的小麦品种对小麦收获量有显著的影响.

例 3 某合成反应,在其他条件固定的情况下考察反应温度和反应压力对产品的产量是否有显著影响.因素 A 为反应温度,取四个水平;因素 B 为反应压力,取三个水平.将每对水平组合各进行一次试验,所得产品产量千克数如表 8.11 所示.设各水平组合下产品产量总体服从正态分布且方差相同.问在水平 $\alpha = 0.05$ 下,不同的温度与不同的压力是否对产量有显著的影响.

表 8.11 合成反应的产量

压力 B \ 温度 A	B_1	B_2	B_3
A_1	158.2	156.2	165.3
A_2	149.1	154.1	151.6
A_3	160.1	170.9	139.2
A_4	175.8	158.2	148.7

解 按所给数据可算出方差分析表如表 8.12 所列.

表 8.12 例 3 的方差分析表

方差来源	平方和	自由度	均方	F 比
温度 A	157.6	3	52.5	$F_A = 0.43$
压力 B	223.9	2	112.0	$F_B = 0.92$
误差	731.9	6	122.0	
总和	1113.4	11		

对于水平 $\alpha = 0.05$, 查得 $F_{0.95}(3,6) = 4.76$, $F_{0.95}(2,6) = 5.14$, 由于 $F_A = 0.43 < F_{0.95}(3,6)$, $F_B = 0.92 < F_{0.95}(2,6)$, 统计结论为:判断反应温度和反应压力两因素对产量均无显著的影响.

一般 F 比特别小的情况, 是不会发生的. 如果发生了, 需要从以下几方面寻找原因, 切不可轻易放过:试验与测量中有否系统误差;在试验过程中应该固定的其他因素是否发生了变化;所考虑的模型是否符合实际情况等. 可以用误差均方的算术平方根 $\sqrt{S_E}$ 来估计试验的误差. 本例出现了较大的误差, 这可能是所考虑的可加效应模型不正确, 应该改为考虑交互效应模型(参见例 4), 这需要在每组水平搭配下至少再重复做一次试验以获得更多的数据信息.

8.2.3 交互效应模型下的方差分析

在交互效应模型(8.27)中, 我们除了要检验(8.32)的原假设 H_{01} 与(8.33)的原假设 H_{02} 外, 首先对因素 A 与因素 B 的交互作用是否显著感兴趣, 即要检验原假设

$$H_{03} : C_{11} = \cdots = C_{1s} = \cdots = C_{t1} = \cdots = C_{ts} = 0. \qquad (8.45)$$

记

$$\begin{cases} \overline{X}_{ij\cdot} \triangleq \dfrac{1}{r}\sum_{k=1}^{r} X_{ijk}, \qquad i=1,\cdots,t,\ j=1,\cdots,s, \\[2mm] \overline{X}_{i\cdot\cdot} \triangleq \dfrac{1}{s}\sum_{j=1}^{s}\overline{X}_{ij\cdot} = \dfrac{1}{sr}\sum_{j=1}^{s}\sum_{k=1}^{r} X_{ijk}, \qquad i=1,\cdots,t, \\[2mm] \overline{X}_{\cdot j\cdot} \triangleq \dfrac{1}{t}\sum_{i=1}^{t}\overline{X}_{ij\cdot} = \dfrac{1}{tr}\sum_{i=1}^{t}\sum_{k=1}^{r} X_{ijk}, \qquad j=1,\cdots,s, \\[2mm] \overline{X} \triangleq \dfrac{1}{tsr}\sum_{i=1}^{t}\sum_{j=1}^{s}\sum_{k=1}^{r} X_{ijk} = \dfrac{1}{ts}\sum_{i=1}^{t}\sum_{j=1}^{s}\overline{X}_{ij\cdot} \\[2mm] \qquad = \dfrac{1}{t}\sum_{i=1}^{t}\overline{X}_{i\cdot\cdot} = \dfrac{1}{s}\sum_{j=1}^{s}\overline{X}_{\cdot j\cdot}\,. \end{cases} \tag{8.46}$$

记统计量

$$S_T \triangleq \sum_{i=1}^{t}\sum_{j=1}^{s}\sum_{k=1}^{r}(X_{ijk}-\overline{X})^2,$$

$$S_A \triangleq sr\sum_{i=1}^{t}(\overline{X}_{i\cdot\cdot}-\overline{X})^2,$$

$$S_B \triangleq tr\sum_{j=1}^{s}(\overline{X}_{\cdot j\cdot}-\overline{X})^2,$$

$$S_{A\times B} \triangleq r\sum_{i=1}^{t}\sum_{j=1}^{s}(\overline{X}_{ij\cdot}-\overline{X}_{i\cdot\cdot}-\overline{X}_{\cdot j\cdot}+\overline{X})^2,$$

$$S_E \triangleq \sum_{i=1}^{t}\sum_{j=1}^{s}\sum_{k=1}^{r}(X_{ijk}-\overline{X}_{ij\cdot})^2.$$

利用(8.46)各式,可证

$$S_T = S_A + S_B + S_{A\times B} + S_E, \tag{8.47}$$

这是交互效应模型下的平方和分解公式.

称 S_T 为**总平方和**;称 S_A 为**因素 A 的平方和**;称 S_B 为**因素 B 的平方和**;称 S_E 为**误差平方和**;称 $S_{A\times B}$ 为**交互效应的平方和**.

可以证明:在交互效应模型(8.27)下,$S_A, S_B, S_{A\times B}, S_E$ 相互独立,且 $S_E/\sigma^2 \sim \chi^2(ts(r-1))$;当 H_{01} 成立时,$S_A/\sigma^2 \sim \chi^2(t-1)$;当 H_{02} 成立时,$S_B/\sigma^2 \sim \chi^2(s-1)$;当 H_{03} 成立时,$S_{A\times B}/\sigma^2 \sim \chi^2((t-$

$1)(s-1))$.

据此，对于假设检验问题(8.45)，当 H_{03} 成立时，统计量

$$F_{A\times B} \triangleq \overline{S}_{A\times B}/\overline{S}_E \sim F((t-1)(s-1), ts(r-1)),$$

(8.48)

其中，$\overline{S}_{A\times B} \triangleq S_{A\times B}/(t-1)(s-1)$，$\overline{S}_E \triangleq S_E/ts(r-1)$. 因此

$$F_{A\times B} > F_{1-a}((t-1)(s-1), ts(r-1)) \tag{8.49}$$

所确定的拒绝域给出了 H_{03} 的水平 α 的一个检验.

我们强调指出，首先应该检验 H_{03}. 如果不等式(8.49)成立，则推断因素 A 与因素 B 的交互效应是显著的. 在这种情况，因素 A 和因素 B 都对试验指标具有重要的作用. 如果还对假设检验问题(8.32)与(8.33)感兴趣，那么由

$$F_A \triangleq \overline{S}_A/\overline{S}_E > F_{1-a}(t-1, ts(r-1)), \tag{8.50}$$

其中，$\overline{S}_A \triangleq S_A/(t-1)$，所确定的拒绝域给出了 $H_{01}:a_1 = \cdots = a_t = 0$ 的水平 α 的一个检验；而由

$$F_B \triangleq \overline{S}_B/\overline{S}_E > F_{1-a}(s-1, ts(r-1)), \tag{8.51}$$

其中，$\overline{S}_B \triangleq S_B/(s-1)$，所确定的拒绝域给出了 $H_{02}:b_1 = \cdots = b_s = 0$ 的水平 α 的一个检验.

如果用作检验问题(8.45)的不等式(8.49)不成立，亦判断交互效应不显著，我们不能拒绝原假设 H_{03}. 在实际应用中，当 $F_{A\times B}$ 接近于 1 时，可以认为所有的交互效应 $c_{ij} = 0$ $(i=1,\cdots,t; j=1,\cdots,s)$. 此时交互效应模型就成为有重复试验的可加模型(8.29). 由于进行 F 检验第二自由度越大，犯第二类错误的概率越小，因此合并 $S_{A\times B}$ 与 S_E 作为新的误差平方和，记为

$$S_{E'} = S_{A\times B} + S_E.$$

由辅助定理 5.1，$S_A, S_B, S_{E'}$ 互独立的，且由 χ^2 分布的可加性知，$S_{E'}/\sigma^2 \sim \chi^2(f_{E'})$，其中 $f_{E'} = tsr - t - s + 1$. 以新的误差均方 $\overline{S}_{E'} \triangleq S_{E'}/f_{E'}$ 与 $f_{E'}$ 代替(8.50)式与(8.51)式中的 $\overline{S}_E$ 与 $ts(r-1)$，就可以对因素 A 与 B 的主效应作显著性检验.

表 8.13　交互效应模型的方差分析表

方差来源	平方和	自由度	均方	F 比
因素 A	$S_A = \dfrac{1}{sr}\sum_{i=1}^{t} T_{i\cdot\cdot}^2 - T^2/n$	$f_A = t-1$	$\overline{S}_A = \dfrac{S_A}{f_A}$	$F_A = \overline{S}_A/\overline{S}_E$
因素 B	$S_B = \dfrac{1}{tr}\sum_{j=1}^{s} T_{\cdot j\cdot}^2 - T^2/n$	$f_B = s-1$	$\overline{S}_B = \dfrac{S_B}{f_B}$	$F_B = \overline{S}_B/\overline{S}_E$
交互作用 $A\times B$	$S_{A\times B} = S_T - (S_A + S_B + S_E)$	$f_{A\times B} = f_A \cdot f_B$	$\overline{S}_{A\times B} = S_{A\times B}/f_{A\times B}$	$F_{A\times B} = \overline{S}_{A\times B}/\overline{S}_E$
误差	$S_E = \sum_{i=1}^{t}\sum_{j=1}^{s}\sum_{j=1}^{r} X_{ijk}^2 - \dfrac{1}{r}\sum_{i=1}^{t}\sum_{j=1}^{s} T_{ij\cdot}^2$	$f_E = ts(r-1)$	$\overline{S}_E = S_E/f_E$	
总和	$S_T = \sum_{i=1}^{t}\sum_{j=1}^{s}\sum_{j=1}^{r} X_{ijk}^2 - T^2/n$	$f_T = tsr-1$		

在具体问题中，双因素试验交互效应模型下的方差分析的假设检验，常用表 8.13 形式的方差分析表. 在表 8.13 中

$$n \triangleq tsr;$$

$$T_{ij\cdot} \triangleq \sum_{k=1}^{r} X_{ijk}, \quad i=1,\cdots,t, j=1,\cdots,s;$$

$$T_{i\cdot\cdot} \triangleq \sum_{j=1}^{s} T_{ij\cdot}, \quad i=1,\cdots,t;$$

$$T_{\cdot j\cdot} \triangleq \sum \cdots_{\cdot j\cdot}, \quad j=1,\cdots,s;$$

$$T \triangleq \sum_{i=1}^{t} T_{i\cdot\cdot} = \sum^{s} T_{\cdot j\cdot}.$$

例 4　在例 3 中，每对……搭配再重复进行一次试验，得结果如表 8.14 所示. 问反应温度、反……以及它们的交互作用对产量的影响是否显著？

解　首先将表 8.11 的首次试验……的数据合并成重复试验数据，然后计算……与表 8.14 的第二次试验……，$T_{\cdot j\cdot}$，T，如表 8.15

$1)(s-1))$.

据此,对于假设检验问题(8.45),当 H_{03} 成立时,统计量

$$F_{A\times B} \triangleq \overline{S}_{A\times B}/\overline{S}_E \sim F((t-1)(s-1),ts(r-1)),$$

$$(8.48)$$

其中,$\overline{S}_{A\times B} \triangleq S_{A\times B}/(t-1)(s-1)$,$\overline{S}_E \triangleq S_E/ts(r-1)$. 因此

$$F_{A\times B} > F_{1-a}((t-1)(s-1),ts(r-1)) \qquad (8.49)$$

所确定的拒绝域给出了 H_{03} 的水平 α 的一个检验.

我们强调指出,首先应该检验 H_{03}. 如果不等式(8.49)成立,则推断因素 A 与因素 B 的交互效应是显著的. 在这种情况,因素 A 和因素 B 都对试验指标具有重要的作用. 如果还对假设检验问题(8.32)与(8.33)感兴趣,那么由

$$F_A \triangleq \overline{S}_A/\overline{S}_E > F_{1-a}(t-1,ts(r-1)), \qquad (8.50)$$

其中,$\overline{S}_A \triangleq S_A/(t-1)$,所确定的拒绝域给出了 $H_{01}:a_1 = \cdots = a_t = 0$ 的水平 α 的一个检验;而由

$$F_B \triangleq \overline{S}_B/\overline{S}_E > F_{1-a}(s-1,ts(r-1)), \qquad (8.51)$$

其中,$\overline{S}_B \triangleq S_B/(s-1)$,所确定的拒绝域给出了 $H_{02}:b_1 = \cdots = b_s = 0$ 的水平 α 的一个检验.

如果用作检验问题(8.45)的不等式(8.49)不成立,就判断交互效应不显著,我们不能拒绝原假设 H_{03}. 在实际应用中,当 $F_{A\times B}$ 接近于 1 时,可以认为所有的交互效应 $c_{ij} = 0$ $(i = 1,\cdots,t;j = 1,\cdots,s)$. 此时交互效应模型就成为有重复试验的可加效应模型(8.29). 由于进行 F 检验第二自由度越大,犯第二类错误的概率越小,因此合并 $S_{A\times B}$ 与 S_E 作为新的误差平方和,记为

$$S_{E'} = S_{A\times B} + S_E.$$

由辅助定理 5.1,$S_A,S_B,S_{E'}$ 仍是相互独立的,且由 χ^2 分布的可加性知,$S_{E'}/\sigma^2 \sim \chi^2(f_{E'})$,其中 $f_{E'} = tsr - t - s + 1$. 以新的误差均方 $\overline{S}_{E'} \triangleq S_{E'}/f_{E'}$ 与 $f_{E'}$ 代替(8.50)式与(8.51)式中的 $\overline{S}_E$ 与 $ts(r-1)$,就可以对因素 A 与因素 B 的主效应作显著性检验.

表 8.13　交互效应模型的方差分析表

方差来源	平方和	自由度	均方	F 比
因素 A	$S_A = \dfrac{1}{sr}\sum\limits_{i=1}^{t}T_{i..}^2 - T^2/n$	$f_A = t-1$	$\overline{S}_A = \dfrac{S_A}{f_A}$	$F_A = \overline{S}_A/\overline{S}_E$
因素 B	$S_B = \dfrac{1}{tr}\sum\limits_{j=1}^{s}T_{.j.}^2 - T^2/n$	$f_B = s-1$	$\overline{S}_B = \dfrac{S_B}{f_B}$	$F_B = \overline{S}_B/\overline{S}_E$
交互作用 $A \times B$	$\begin{aligned}S_{A\times B} = S_T - \\ (S_A + S_B + S_E)\end{aligned}$	$f_{A\times B} = f_A \cdot f_B$	$\begin{aligned}\overline{S}_{A\times B} = \\ S_{A\times B}/f_{A\times B}\end{aligned}$	$\begin{aligned}F_{A\times B} = \\ \overline{S}_{A\times B}/\overline{S}_E\end{aligned}$
误差	$\begin{aligned}S_E = \sum\limits_{i=1}^{t}\sum\limits_{j=1}^{s}\sum\limits_{j=1}^{r}X_{ijk}^2 \\ -\frac{1}{r}\sum\limits_{i=1}^{t}\sum\limits_{j=1}^{s}T_{ij.}^2\end{aligned}$	$f_E = ts(r-1)$	$\overline{S}_E = S_E/f_E$	
总和	$\begin{aligned}S_T = \sum\limits_{i=1}^{t}\sum\limits_{j=1}^{s}\sum\limits_{j=1}^{r}X_{ijk}^2 \\ -T^2/n\end{aligned}$	$f_T = tsr-1$		

在具体问题中,双因素试验交互效应模型下的方差分析的假设检验,常用表 8.13 形式的方差分析表. 在表 8.13 中

$$n \overset{\triangle}{=} tsr;$$

$$T_{ij.} \overset{\triangle}{=} \sum_{k=1}^{r} X_{ijk}, \quad i=1,\cdots,t, j=1,\cdots,s;$$

$$T_{i..} \overset{\triangle}{=} \sum_{j=1}^{s} T_{ij.}, \quad i=1,\cdots,t;$$

$$T_{.j.} \overset{\triangle}{=} \sum_{i=1}^{t} T_{ij.}, \quad j=1,\cdots,s;$$

$$T \overset{\triangle}{=} \sum_{i=1}^{t} T_{i..} = \sum_{j=1}^{s} T_{.j.}\ .$$

例 4　在例 3 中,每对水平搭配再重复进行一次试验,得结果如表 8.14 所示. 问反应温度、反应压力以及它们的交互作用对产量的影响是否显著?

解　首先将表 8.11 的首次试验的数据与表 8.14 的第二次试验的数据合并成重复试验数据,然后计算 $T_{ij.}, T_{i..}, T_{.j.}, T$,如表 8.15

· 232 ·

所示. 再按表 8.13 列出本例的方差分析表，如表 8.16 所示.

表 8.14　重复试验下的产量数据

压力 B 温度 A	B_1	B_2	B_3
A_1	152.6	141.2	160.8
A_2	142.8	150.5	148.4
A_3	158.3	173.2	140.7
A_4	171.5	151.0	141.4

表 8.15　例 4 的试验数据及其初步分析

B A	X_{i1k}	$T_{i1\cdot}$	X_{i2k}	$T_{i2\cdot}$	X_{i3k}	$T_{i3\cdot}$	$T_{i\cdot\cdot}$
A_1	158.2 152.6	310.8	156.2 141.2	297.4	165.3 160.8	326.1	943.3
A_2	149.1 142.8	291.9	154.1 150.5	304.6	151.6 148.4	300.0	896.5
A_3	160.1 158.3	318.4	170.9 173.2	344.1	139.2 140.7	279.9	942.4
A_4	175.8 171.5	347.3	158.2 151.0	309.2	148.7 141.4	290.1	946.6
$T_{\cdot j\cdot}$	1268.4		1255.3		1196.1		$T = 3719.8$

表 8.16　例 4 的方差分析表

方差来源	平方和	自由度	均方	F 比
温度 A	261.7	3	87.2	4.43
压力 B	371.0	2	185.5	9.42
交互作用 $A \times B$	1768.7	6	294.8	14.96
误差	236.9	12	19.7	
总和	2638.3	23		

因 $F_{A\times B}=14.96>F_{0.99}(6,12)=4.82$,故温度与压力的交互作用在水平 $\alpha=0.01$ 下特别显著. 又 $F_B=9.42>F_{0.99}(2,12)=6.93$,所以压力 B 的主效应在水平 $\alpha=0.01$ 下也特别显著. 而 $F_A=4.43$ $<F_{0.99}(3,12)=5.95$,但 $F_A>F_{0.95}(3,12)=3.49$,所以温度 A 的主效应在水平 $\alpha=0.05$ 下是显著的.

根据上述推断,由于反应温度与反应压力存在特别显著的交互作用,比较表 8.15 中诸 $T_{ij}.$,得最大者为 $T_{41.}=347.3$,所以选择 A_4 与 B_1 的搭配为最佳的工艺条件.

习　题　8

1. 设有 3 台机器,用来生产规格相同的铝合金薄板. 随机选取每台机器所轧制的 5 块铝板,测得它们的厚度(单位:cm)如下表所列:

机器　I	0.236	0.238	0.248	0.245	0.243
机器　II	0.257	0.253	0.255	0.254	0.261
机器　III	0.258	0.264	0.259	0.267	0.262

设各台机器所生产的薄板的厚度服从相同方差的正态分布,试在显著性水平 0.05 下检验各台机器生产的薄板厚度有无显著的差异. 若差异是显著的,试求总体方差、各总体的平均值的点估计以及均值两两相等的显著性水平为 0.05 的假设检验.

2. 一个年级有三个小班. 他们进行了一次数学考试. 现从各个班级随机地抽取了一些学生,记录其成绩如下:

I		II		III	
73	66	88	77	68	41
89	60	78	31	79	59
82	45	48	78	56	68
43	93	91	62	91	53
80	36	51	76	71	79
73	77	85	96	71	15
		74	80	87	
		56			

试在显著性水平 0.05 下检验各班级的平均分数有无显著差异. 设各个总体

服从正态分布,且方差相等.

3. 用相同原料按 5 种工艺条件单锅合成某有机产品,每种工艺合成 4 锅,分别测定副产物的含量(%),得到下表中的结果:

含量 / 工艺 / 锅号	I	II	III	IV	V
1	4.3	6.1	6.5	9.3	9.5
2	7.8	7.3	8.3	8.7	8.8
3	3.2	4.2	8.6	7.2	11.4
4	6.5	4.1	8.2	10.1	7.8

设各总体服从正态分布,且方差相同,问不同的工艺条件对反应后副产物含量是否有显著的影响?

4. 将抗生素注入人体会产生抗生素与血浆蛋白质结合的现象,以致减少了药效,下表列出 5 种常用的抗生素注入到牛的体内时,抗生素与血浆蛋白质结合的百分比测试值:

青霉素	四环素	链霉素	红霉素	氯霉素
29.6	27.3	5.8	21.6	29.2
24.3	32.6	6.2	17.4	32.8
28.5	30.8	11.0	18.3	25.0
32.0	34.8	8.3	19.0	24.2

试在水平 $\alpha = 0.05$ 下检验这些百分比有无显著的差异.设各总体服从正态分布,且方差相同.

5. 某地为了了解 3 种不同配合饲料对猪的生长影响的差异,用 3 种不同品种的猪各 3 头,测得 9 头猪在一个月后的体重增加量(千克)如下表:

饲料品种	猪的品种		
	I	II	III
1	25.5	28.0	22.5
2	26.5	28.5	24.5
3	26.0	29.0	23.5

假设在诸水平搭配下猪的月增重的总体服从正态分布,且方差相等. 试在水平 $\alpha = 0.05$ 下检验:猪的不同品种对月增重有无显著差异;饲料的不同品种对猪的月增重有无显著差异.

6. 车间里有 5 名工人,有 3 台不同型号的车床,生产同一品种的产品,现在让每个工人轮流在 3 台车床上操作,记录其日产量(件)如下表:

车床型号 \ 工人	1	2	3	4	5
1	64	73	63	81	78
2	75	66	61	73	80
3	78	67	80	69	71

设在诸水平搭配下各总体服从相同方差的正态分布,试检验这 5 名工人技术之间和不同车床型号之间对产量有无显著的影响?

7. 在某种金属材料的生产过程中,对热处理时间(A)与温度(B)各取两个水平,产品强度的测定结果(相对值)如下表所示:

A \ B	B_1	B_2
A_1	38.0,38.6	47.0,44.8
A_2	45.0,43.8	42.4,40.8

在同一水平搭配下各做两次重复试验. 设各水平搭配下强度的总体服从正态分布且方差相同. 问热处理时间、温度以及这两者的交互作用对产品强度是否有显著的影响(取 $\alpha = 0.05$)?

8. 在某橡胶产品的配方中,考虑了 3 种不同的促进剂,4 种不同分量的氧化锌. 同样的配方重复一次试验,测得 300% 定强指标如下:

促进剂 A \ 氧化锌 B	B_1	B_2	B_3	B_4
A_1	31,33	34,36	35,36	39,38
A_2	33,34	36,37	37,39	38,41
A_3	35,37	37,38	39,40	42,44

假设在诸水平搭配下胶料的定强指标服从正态分布,且方差相等. 问:氧化

锌分量、促进剂以及它们的交互作用对定强指标有无显著的影响?

9. 下表给出某种化工过程在 3 种浓度、4 种温度水平下得率的数据.

浓度(%)	温 度 （℃）			
	10	24	38	52
2	14	11	13	10
	10	11	9	12
4	9	10	7	6
	7	8	11	10
6	5	13	12	14
	11	14	13	10

假设在诸水平搭配下得率的总体服从正态分布,且方差相等. 试在水平 $\alpha = 0.05$ 下检验:在不同浓度下得率有无显著差异;在不同温度下得率是否有显著差异;交互作用效应是否显著.

第 9 章

回归分析

在工农业生产和科学研究中,常常需要研究变量之间的关系.变量之间的关系一般来说可分为确定性的与非确定性的两种.确定性关系就是指存在某种函数关系.然而,更常见的变量之间的关系表现出某种不确定性.例如某种日用商品的销售量与当地人口有关.人口越多,销售量越大.但人口与销售量之间并无确定性的数值对应关系.这种既有关联,又不存在确定性的数值对应的相互关系,就称为相关关系.我们在本章所介绍的回归分析,是处理变量之间相关关系的一种数理统计方法.

9.1   一元线性回归

我们在本节考虑影响因变量 Y 的只有一个自变量 x 的情况.

例 1 26×2.5 力车胎胶料扯断力 Y 的测定值与测定时的室温 x 的对应数据如下:

室温 x_i(℃)	17	19	20	21	23	27	30	31	34
扯断力 y_i($10 \times N/cm^2$)	202	194	195	191	190	181	173	172	167

我们要用室温 x 这个变量的值去估计另一变量扯断力 Y 所取的值.

在例 1 中,当变量 x 的值确定后,Y 的值不能随着确定,而遵循一定的分布而取值.换句话说,对于 x 的每一确定值,Y 是一个随机变量.若 Y 的数学期望存在,则它是 x 的函数,记为 $\mu(x)$.由于 x 与

Y 之间不存在确定的函数关系,自然退而求其次,研究随机变量 Y 的均值 $\mu(x)$ 与给定的 x 之间的函数关系. 我们只讨论自变量 x 是一般的实值变量,它是可以精确测量或严格控制的变量的情况.

利用不全相同的 $x_1, x_2, \cdots, x_n$ 对 Y 作 n 次观测所得的数据

$$(x_1, y_1), (x_2, y_2), \cdots, (x_n, y_n), \tag{9.1}$$

来推断 $\mu(x)$ 的问题称为求 Y 关于 x 的**回归问题**. 回归这个名词用在此处是来源于 F. Galton 在 1885 年发表的关于这个课题的第一篇论文的标题. 遗憾的是它并没有反映出这种方法的重要性和应用的广度.

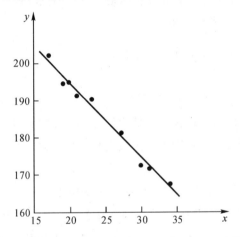

图 9-1 例 1 的散点图及 $y = 234.5 - 2.007x$ 直线

如何利用观测数据 (9.1) 来推断因变量 Y 的均值 $\mu(x)$ 呢?还是让我们通过例 1 来说明解决此问题的思想方法. 把例 1 中 $n = 9$ 对数据 (x_i, y_i) $(i = 1, \cdots, n)$ 标在直角坐标系中(参见图 9-1),在回归分析中称这种图形为**散点图**. 散点图有助于我们粗略地了解两个变量之间大致上存在怎样的相关关系. 由图 9-1 可见,所有 n 个点大致分布在某一条直线附近. 可以初步判断扯断力 Y 与室温 x 之间大致上存在线性相关关系,因而可以考虑均值 $\mu(x)$ 为线性函数:$\mu(x) = \beta_0 + \beta_1 x$. 此时推断 $\mu(x)$ 的问题称为**一元线性回归问题**. 本节我们只讨论这个问题.

9.1.1 最小二乘法与经验回归方程

在一元线性回归问题中,如何根据数据(9.1)来推断

$$\mu(x) = \beta_0 + \beta_1 x \qquad (9.2)$$

呢?一种很直观的想法自然是,在散点图上确定一条直线 $L:y = a + bx$,使得所有 n 个点"总的来看"最接近这条直线. 这时,把直线 L 的截距 a 与斜率 b 作为 β_0 与 β_1 的估计值是比较合适的. 由于一般我们不可能找到一条直线通过 n 个点,我们转而要求直线 L,使得第 i 个散点 (x_i, y_i) 与直线 L 上具有相同横坐标 x_i 的点 $(x_i, \hat{y}_i)$,其中 $\hat{y}_i = a + bx_i$,它们的距离平方和

$$Q(a,b) \triangleq \sum_{i=1}^{n} (y_i - \hat{y}_i)^2$$

$$= \sum_{i=1}^{n} [y_i - (a + bx_i)]^2 \qquad (9.3)$$

达到最小. 这样的一条直线就是我们最感兴趣的直线.

应该指出,(9.1)中的 y_i 实质上是从均值为

$$\mu(x_i) = \beta_0 + \beta_1 x_i \qquad (9.4)$$

的总体中抽取的容量为 1 的样本 Y_i 的观测值.

定义 9.1　如果 $\hat{\beta}_0(y_1, \cdots, y_n)$ 和 $\hat{\beta}_1(y_1, \cdots, y_n)$ 满足

$$Q(\hat{\beta}_0(y_1, \cdots, y_n), \hat{\beta}(y_1, \cdots, y_n)) = \min_{a,b \in \mathbf{R}} Q(a,b), \qquad (9.5)$$

则称 $\hat{\beta}_0(y_1, \cdots, y_n)$, $\hat{\beta}_1(y_1, \cdots, y_n)$ 分别是 β_0, β_1 的**最小二乘估计值**,称相应的统计量 $\hat{\beta}_0 = \hat{\beta}_0(Y_1, \cdots, Y_n)$, $\hat{\beta}_1 = \hat{\beta}_1(Y_1, \cdots, Y_n)$ 分别是 β_0, β_1 的**最小二乘估计量**,简称为 **L.S. 估计**.

我们用 $\hat{\beta}_0 + \hat{\beta}_1 x$ 作为 $\mu(x)$ 的估计,称

$$\hat{y} = \hat{\beta}_0 + \hat{\beta}_1 x \qquad (9.6)$$

为**经验回归方程**,或简称为**回归方程**.

现在我们来求 β_0, β_1 的 L.S. 估计. 在(9.3)式中,x_i 与 y_i 都是已知的,因此 $Q(a,b)$ 是 a 和 b 的二元函数. 要使 Q 达到最小值,必要条件是 a,b 满足

$$\begin{cases} \dfrac{\partial Q}{\partial a} = -2\sum_{i=1}^{n}(y_i - a - bx_i) = 0, \\[2mm] \dfrac{\partial Q}{\partial b} = -2\sum_{i=1}^{n}(y_i - a - bx_i)x_i = 0, \end{cases}$$

即

$$\begin{cases} na + n\bar{x}b = n\bar{y}, \\[2mm] n\bar{x}a + \left(\sum_{i=1}^{n}x_i^2\right)b = \sum_{i=1}^{n}x_iy_i, \end{cases}$$

(9.7)

其中，$\bar{x} \triangleq \dfrac{1}{n}\sum_{i=1}^{n}x_i, \bar{y} \triangleq \dfrac{1}{n}\sum_{i=1}^{n}y_i.$ (9.7) 式称为**正规方程组**.

由于 x_i 不全相同，可以解得正规方程组的惟一解：

$$\begin{cases} b = l_{xy}/l_{xx}, \\ a = \bar{y} - b\bar{x}, \end{cases}$$

(9.8)

其中，$l_{xx} \triangleq \sum_{i=1}^{n}(x_i - \bar{x})^2, l_{xy} \triangleq \sum_{i=1}^{n}(x_i - \bar{x})(y_i - \bar{y}).$ 因

$$\left(\frac{\partial^2 Q}{\partial a \partial b}\right)^2 - \frac{\partial^2 Q}{\partial a^2} \cdot \frac{\partial^2 Q}{\partial b^2} = (2n\bar{x})^2 - 2n \times 2\sum_{i=1}^{n}x_i^2$$
$$= -4nl_{xx} < 0$$

及 $\qquad \dfrac{\partial^2 Q}{\partial a^2} = 2n > 0,$

所以由 (9.8) 式得出的 a, b 使 $Q(a,b)$ 取到最小值. 这样，β_0, β_1 的 L.S. 估计值为

$$\begin{cases} \hat{\beta}_1 = l_{xy}/l_{xx}, \\ \hat{\beta}_0 = \bar{y} - \hat{\beta}_1\bar{x}. \end{cases}$$

(9.9)

称 y_i 为第 i 次**观测值**；称 $\hat{y}_i \triangleq \hat{\beta}_0 + \hat{\beta}_1 x_i$ 为第 i 次**拟合值**；称 $e_i \triangleq y_i - \hat{y}_i$ 为第 i 个**残差**. 残差平方和

$$Q \triangleq Q(\hat{\beta}_0, \hat{\beta}_1) = \sum_{i=1}^{n} e_i^2 = \sum_{i=1}^{n} [y_i - (\hat{\beta}_0 + \hat{\beta}_1 x_i)]^2$$

$$= \sum_{i=1}^{n} [(y_i - \overline{y}) - \hat{\beta}_1 (x - \overline{x})]^2$$

$$= \sum_{i=1}^{n} (y_i - \overline{y})^2 - 2\hat{\beta}_1 l_{xy} + \hat{\beta}_1^2 l_{xx},$$

记 $l_{yy} \triangleq \sum_{i=1}^{n} (y_i - \overline{y})^2$，则有

$$Q = l_{yy} - \hat{\beta}_1 l_{xy}. \tag{9.10}$$

例 1（续） 由例 1 所给出的数据算得

$$\overline{x} = 24.67, \ l_{xx} = 290, \ \overline{y} = 185, l_{xy} = -582, l_{yy} = 1184,$$

所以, β_0, β_1 的 L.S. 估计值分别为 $\hat{\beta}_0 = 234.5, \hat{\beta}_1 = -2.007$；经验回归方程为

$$\hat{y} = 234.5 - 2.007x; \tag{9.11}$$

残差平方和

$$Q(\hat{\beta}_0, \hat{\beta}_1) = 1184 - (-2.007) \times (-582) = 15.926.$$

9.1.2 回归系数的假设检验和置信区间

利用最小二乘法得到的经验回归方程(9.6)所揭示的规律性强不强,它的效果如何,还需要通过对回归系数 β_1 的如下的假设检验问题作出判断:

$$H_0 : \beta_1 = 0, \quad (H_1 : \beta_1 \neq 0). \tag{9.12}$$

如果拒绝 H_0,那么可以认为所考虑的自变量 x 对因变量 Y 有显著的影响,此时认为经验回归方程(9.6)的效果是显著的. 我们进而可以利用经验回归方程来预报因变量 Y 的取值,以及讨论预报的精度等问题.

由(9.9)式,有

$$U \triangleq \sum_{i=1}^{n} (\hat{y}_i - \overline{y})^2 = \sum_{i=1}^{n} [\hat{\beta}_1 (x_i - \overline{x})]^2 = \hat{\beta}_1^2 l_{xx}$$

$$= \hat{\beta}_1 l_{xy}. \tag{9.13}$$

于是根据(9.10)式我们得到如下的平方和分解式

$$l_{yy} = U + Q. \tag{9.14}$$

称 U 为**回归平方和**,它反映了在总的离差平方和 l_{yy} 中,由于 x 和 Y 的线性回归系数 β_1 的作用而引起的波动部分.残差平方和 Q 是除了 x 对 Y 的线性影响以外的一切因素(包括非线性影响及随机误差等)引起 Y 的数据波动部分.回归平方和 U 越大,或即残差平方和 Q 越小,回归的效果就越好.严格地说,线性回归效果的好坏取决于 U 在总平方和 l_{yy} 中的比 U/l_{yy} 的大小.这个比越大,回归的效果越好.

在讨论一元线性回归问题时,需要一些基本的假设.回顾(9.4)式,通过引入误差

$$\varepsilon_i \triangleq Y_i - (\beta_0 + \beta_1 x_i), \qquad i = 1, \cdots, n, \tag{9.15}$$

并对它们加上适当的条件,就得到了基本假设

$$\Omega: \begin{cases} Y_i = \beta_0 + \beta_1 x_i + \varepsilon_i, \\ \varepsilon_i \sim N(0, \sigma^2), \qquad i = 1, \cdots, n, \\ \varepsilon_1, \varepsilon_2, \cdots, \varepsilon_n \text{ 相互独立.} \end{cases}$$

$$\tag{9.16}$$

其中,$\beta_0, \beta_1, \sigma^2$ 未知.称基本假设 Ω 为**一元正态线性模型**.

与定理8.1的证明方法类似,可以证明在基本假设 Ω 下,有如下的一些结果:

1° $\overline{Y} \triangleq \dfrac{1}{n} \sum\limits_{i=1}^{n} Y_i \sim N(\beta_0 + \beta_1 \bar{x}, \sigma^2/n);$ (9.17)

2° $\hat{\beta}_1 \sim N(\beta_1, \sigma^2/l_{xx});$ (9.18)

3° $Q/\sigma^2 \sim \chi^2(n-2);$ (9.19)

4° $\overline{Y}, \hat{\beta}_1$ 与 Q 相互独立; (9.20)

由此再可推得

5° $\hat{\beta}_0 \sim N\left(\beta_0, \sigma^2\left(\dfrac{1}{n} + \dfrac{\overline{x^2}}{l_{xx}}\right)\right).$ (9.21)

由(9.19)式,知

$$\hat{\sigma}^2 \triangleq Q/(n-2) \tag{9.22}$$

是方差 σ^2 的无偏估计. 我们称

$$\hat{\sigma} \triangleq \sqrt{\hat{\sigma}^2} = \sqrt{Q/(n-2)} \qquad (9.23)$$

为**剩余标准差**. 由 (9.21) 式和 (9.18) 式知, $\hat{\beta}_0, \hat{\beta}_1$ 分别是 β_0, β_1 的无偏估计, 且

$$(\hat{\beta}_1 - \beta_1)\sqrt{l_{xx}}/\sigma \sim N(0,1). \qquad (9.24)$$

我们再引进反映自变量 x 与因变量 Y 的线性相关关系密切程度的统计量

$$R \triangleq \frac{l_{xY}}{\sqrt{l_{xx}l_{YY}}}, \qquad (9.25)$$

其中 $\quad l_{xY} \triangleq \sum\limits_{i=1}^{n}(x_i - \overline{x})(Y_i - \overline{Y}), \quad l_{YY} \triangleq \sum\limits_{i=1}^{n}(Y_i - \overline{Y})^2.$

称 R 为**简单相关系数**, 简称为**相关系数**. 它的观测值

$$r \triangleq l_{xy}/\sqrt{l_{xx}l_{yy}} \qquad (9.26)$$

称为**经验简单相关系数**或**样本相关系数**. 在不致混淆的情况下, 也简称为**相关系数**. 由 (9.13) 式与 (9.9) 式知

$$U/l_{yy} = \hat{\beta}_1^2 l_{xx}/l_{yy} = l_{xy}^2/(l_{xx}l_{yy}) = r^2. \qquad (9.27)$$

根据 (9.14) 式知 $|r| \leqslant 1$. 由上式知 $|r|$ 越大, 线性回归的效果越好. 极端情况 $|r| = 1$ 当且仅当 $Q = 0$, 此时 n 个散点 (x_i, y_i) $(i = 1, \cdots, n)$, 全部落在经验回归直线 $\hat{y} = \hat{\beta}_0 + \hat{\beta}_1 x$ 上.

现在我们可以确定原假设 (9.12) 的拒绝域.

由 (9.24) 知, 当 H_0 成立时, $U/\sigma^2 \sim \chi^2(1)$, 且 $U = \hat{\beta}_1^2 l_{xx}$ 与 Q 独立, 故

$$F \triangleq U/\hat{\sigma}^2 = \frac{U/\sigma^2}{\dfrac{Q}{n-2}/\sigma^2} \sim F(1, n-2). \qquad (9.28)$$

因此, 在显著性水平 α 下, 由

$$F > F_{1-\alpha}(1, n-2) \qquad (9.29)$$

确定了一个检验 H_0 的拒绝域. 在实际问题中, 常采用拒绝域

(9.29),在具体计算时可列成表 9.1 格式的方差分析表.

表 9.1   一元正态线性模型方差分析表

方差来源	平方和	自由度	均方	F 比
回归	$U = \hat{\beta}_1 l_{xy}$	1	U	$F = U/\hat{\sigma}^2$
残差	$Q = l_{yy} - U$	$n - 2$	$\hat{\sigma}^2 = Q/(n-2)$	
总和	l_{yy}	$n - 1$		

如果经过检验,得到了拒绝 H_0 的统计结论,我们也称回归系数 $\hat{\beta}_1$ 的效果是显著的;否则也称回归系数 $\hat{\beta}_1$ 的效果不显著. 造成回归系数 β_1 效果不显著的原因可能是:(1)自变量 x 对因变量 Y 没有显著的影响,这时应丢弃这个自变量转而考虑其他的变量;(2)自变量 x 对 Y 有显著的影响,但这种影响不是线性的,这时应考虑非线性回归;(3)除了自变量 x 以外,还有另外的对 Y 有影响的自变量存在,这时应考虑选用下一节介绍的多元线性回归. 值得指出,即使在拒绝 H_0 时,也应考虑是否有更合理的非线性回归以及另外的对 Y 有影响的自变量的问题. 当然,所有这些问题的探讨和分析都离不开专业知识.

最后当拒绝 H_0 时,我们给出回归系数 β_1 的置信区间.

由(9.24)式与(9.19)式、(9.20)式可推得

$$\sqrt{l_{xx}}(\hat{\beta}_1 - \beta_1)/\hat{\sigma} \sim t(n-2). \tag{9.30}$$

由此对置信度 $1 - \alpha$,回归系数 β_1 的置信区间的上、下限为:

$$\hat{\beta}_1 \pm t_{1-\alpha/2}(n-2) \cdot \hat{\sigma}/\sqrt{l_{xx}}. \tag{9.31}$$

例 2   在例 1 中,(1)取显著性水平 $\alpha = 0.01$,检验 $H_0 : \beta_1 = 0$;(2)取置信度 $1 - \alpha = 0.95$,求 β_1 的双侧置信区间.

解   (1)由 $\alpha = 0.01$,查得分位数 $F_{0.99}(1,7) = 12.25$,利用上一小节中对本例已算得的结果,可列表如下:

方差来源	平方和	自由度	均方	F 比
回归	1168.074	1	1168.074	513.4
残差	15.926	7	2.275	
总和	1184	8		

由于 F 比 $513.4 > 12.25$，因此拒绝 H_0，判断经验回归方程 (9.11) 的效果十分显著. 这由经验简单相关系数 $r = 0.993$ 接近于 1 也可看出.

(2) 由置信度 $1 - \alpha = 0.95$，算出 $1 - \alpha/2 = 0.975$，查得 $t_{0.975}(7) = 2.3646$，回归系数 β_1 的 95% 置信区间的上下限为：

$$-2.007 \pm 2.3646 \times \sqrt{2.275} / \sqrt{290} = -2.007 \pm 0.209,$$

得 β_1 的置信区间为 $[-2.216, -1.798]$.

9.1.3 预测

本小节讨论的关于因变量的预测问题，是在假设 (9.12) 经过检验被拒绝后进行的. 如果 H_0 不能拒绝，那就意味着自变量 x 对因变量 Y 是不起线性作用的. 此时算得的 $\hat{\beta}_1$ 实际上没有意义.

设在自变量 $x = x_0$ 时因变量为 Y_0，并设

$$Y_0 = \beta_0 + \beta_1 x_0 + \varepsilon_0, \quad \varepsilon_0 \sim N(0, \sigma^2). \tag{9.32}$$

在一元正态线性模型 (9.16) 下，再设 $\varepsilon_0, \varepsilon_1, \varepsilon_2, \cdots, \varepsilon_n$ 是相互独立的. 在这些假设下，我们先求出参数 $\mu(x_0) = \beta_0 + \beta_1 x_0$ 的置信区间，再求出 Y_0 的预测区间①，以作比较. Y_0 的预测值可取 x_0 处的拟合值

$$\hat{Y}_0 = \hat{\beta}_0 + \hat{\beta}_1 x_0,$$

由 (9.17) 式、(9.18) 式与 (9.20) 式可知

$$\hat{Y}_0 = \overline{Y} + \hat{\beta}_1(x_0 - \overline{x}) \sim N\left(\beta_0 + \beta_1 x_0, \left[\frac{1}{n} + \frac{(x_0 - \overline{x})^2}{l_{xx}}\right]\sigma^2\right),$$

$$\tag{9.33}$$

又由 (9.20) 式得，$\hat{Y}_0$ 与 Q 独立，故

---

① 预测区间的意义与置信区间的意义相似，只是后者是对未知参数而言，前者是对随机变量而言.

$$\frac{[\hat{Y}_0 - \mu(x_0)]\Big/\sigma\sqrt{\dfrac{1}{n} + \dfrac{(x_0 - \bar{x})^2}{l_{xx}}}}{\sqrt{Q/\sigma^2/(n-2)}}$$

$$= \frac{[\hat{Y}_0 - \mu(x_0)]}{\sqrt{\dfrac{1}{n} + \dfrac{(x_0 - \bar{x})^2}{l_{xx}}} \cdot \hat{\sigma}} \sim t(n-2).$$

于是 $\mu(x_0) = E(Y_0)$ 的 $1 - \alpha$ 置信区间的上、下限为

$$\hat{Y}_0 \pm t_{1-\alpha/2}(n-2) \cdot \hat{\sigma} \cdot \sqrt{\frac{1}{n} + \frac{(x_0 - \bar{x})^2}{l_{xx}}}. \tag{9.34}$$

现在转向求 Y_0 的预测区间. 由于 Y_0 与 $Y_1, \cdots, Y_n$ 独立,而 $\hat{Y}_0$ 与 Q 独立,从而 $Y_0, \hat{Y}_0, Q$ 独立,得到 $Y_0 - \hat{Y}_0$ 与 Q 独立. 又

$$E(Y_0 - \hat{Y}_0) = E(Y_0) - E(\hat{Y}_0) = 0,$$

且
$$D(Y_0 - \hat{Y}_0) = D(Y_0) + D(\hat{Y}_0)$$

$$= \left[1 + \frac{1}{n} + \frac{(x_0 - \bar{x})^2}{l_{xx}} \right]\sigma^2,$$

故
$$(Y_0 - \hat{Y}_0)\Big/\sigma\sqrt{1 + \frac{1}{n} + \frac{(x_0 - \bar{x})^2}{l_{xx}}} \sim N(0,1),$$

得
$$(Y_0 - \hat{Y}_0)\Big/\hat{\sigma}\sqrt{1 + \frac{1}{n} + (x_0 - \bar{x})^2/l_{xx}} \sim t(n-2).$$

于是有

$$P\left\{ |Y_0 - \hat{Y}_0|\Big/\hat{\sigma}\sqrt{1 + \frac{1}{n} + (x_0 - \bar{x})^2/l_{xx}} < t_{1-\alpha/2}(n-2) \right\}$$

$$= 1 - \alpha,$$

得到 Y_0 的置信度为 $1 - \alpha$ 的**预测区间**

$$\left(\hat{Y}_0 \pm t_{1-\alpha/2}(n-2) \cdot \hat{\sigma}\sqrt{1 + \frac{1}{n} + (x_0 - \bar{x})^2/l_{xx}} \right).$$

$$\tag{9.35}$$

比较 (9.34) 式与 (9.35) 式,可以看到 Y_0 的预测区间比在同样置信度下的均值 $\mu(x_0)$ 的置信区间要宽一些,对 Y_0 的预测中额外的不确定性来自方差 $D(Y_0 - \hat{Y}_0)$ 比 $D(\hat{Y}_0)$ 多了一项 $D(Y_0)$,这反映了

未知误差项 ε_0 的存在. 另外, 对给定的数据(9.1)和给定的置信度 $1-\alpha$, 当 x_0 越靠近 $\bar{x}$ 时, $E(Y_0)$ 的置信区间和 Y_0 的预测区间的宽度就越窄, 预测就越精密.

例 2(续) 当室温 $x = 25℃$ 时, 拟合值为

$$\hat{y}_0 = \hat{\beta}_0 + \hat{\beta}_1 x_0 = 234.5 - 2.007 \times 25 = 184.325.$$

取 $1-\alpha = 0.95$, 均值 $\mu(x_0)$ 的置信区间为 $[183.1, 185.5]$; 由(9.35)式可算得 Y_0 的预测区间为 $[180.6, 188.1]$.

由本节的讨论可见, 若相关系数 r 的绝对值越接近于 1, 经验回归方程的效果越显著; 而若剩余标准差 $\hat{\sigma}$ 越小, 则用经验回归方程预报 Y 的精度越高.

9.2　多元线性回归

在很多实际问题中, 常常有多个自变量同时对因变量起作用.

例 1 在生产工业苯甲酸的过程中, 为了提高苯甲酸的产量, 需要研究甲苯氧化工艺条件. 根据经验, 粗苯甲酸的生成含量 Y 与甲苯氧化工艺中的氧化塔通风时间 x_1、氧化反应速度 x_2 及氧气消耗量 x_3 有关. 为此收集试验数据如下表, 试分析 Y 与 (x_1, x_2, x_3) 之间的关系.

例 1 中变量的数据表

试验序号 i	1	2	3	4	5	6	7	8	9	10
x_{i1}(h)	1	2	3	4	5	6	7	8	9	10
$x_{i2}(\Delta W\%)$	2.64	3.56	4.16	6.85	7.27	6.43	7.01	7.68	8.08	8.09
x_{i3}(kg/h)	22.39	30.19	35.16	57.89	61.44	54.36	59.25	64.91	68.33	68.33
$y_i(W\%)$	6.29	10.35	14.51	21.36	28.63	35.06	42.07	49.75	57.85	65.91

我们把例 1 的问题一般化, 设对 $p \geqslant 2$ 个自变量 $x_1, \cdots, x_p$ 的一组确定的值, 因变量 Y 是随机变量, Y 的均值存在, 它是 $x_1, \cdots, x_p$ 的函数, 记为 $\mu(x_1, \cdots, x_p)$, 并被称为 Y 关于 $x_1, \cdots, x_p$ 的回归. 在本节

我们只考虑 $\mu(x_1, \cdots, x_p)$ 是自变量的线性函数的情况. 设

$$\mu(x_1, \cdots, x_p) = \beta_0 + \beta_1 x_1 + \cdots + \beta_p x_p.$$

称 $\qquad y = \beta_0 + \beta_1 x_1 + \cdots + \beta_p x_p \qquad$ (9.36)

为 **p 元线性回归方程**;称 $\beta_1, \cdots, \beta_p$ 为**偏回归系数**. 因变量 Y 与 p 个自变量 $x_1, \cdots, x_p$ 的相关关系为:

$$Y = \beta_0 + \beta_1 x_1 + \cdots + \beta_p x_p + \varepsilon, \qquad (9.37)$$

其中,ε 是随机变量. 如设

$$\varepsilon \sim N(0, \sigma^2), \qquad (9.38)$$

则称(9.38)和(9.37)式为 **p 元正态线性模型**.

对 n 组 $(x_1, \cdots, x_p)$,对相应的 Y 作独立的观测,得到数据

$$(x_{i1}, \cdots, x_{ip}, y_i), \qquad i = 1, \cdots, n. \qquad (9.39)$$

要对 β_0 及偏回归系数 $\beta_1, \beta_2, \cdots, \beta_p$,作出估计,$n > p+1$ 是必要的.

采用矩阵和向量的表达形式来研究多元线性回归的问题不仅很简明,而且会带来方便.

记

$$Y \triangleq \begin{bmatrix} Y_1 \\ \vdots \\ Y_n \end{bmatrix}, \varepsilon \triangleq \begin{bmatrix} \varepsilon_1 \\ \vdots \\ \varepsilon_n \end{bmatrix}, X \triangleq \begin{bmatrix} 1 & x_{11} & \cdots & x_{1p} \\ \vdots & \vdots & & \vdots \\ 1 & x_{n1} & \cdots & x_{np} \end{bmatrix}, \beta \triangleq \begin{bmatrix} \beta_0 \\ \beta_1 \\ \vdots \\ \beta_p \end{bmatrix},$$

则 p 元正态线性模型就是如下的基本假设 Ω:

$$Y = X\beta + \varepsilon, \varepsilon \sim N(0, \sigma^2 I_n), \qquad (9.40)$$

这等价于

$$\begin{cases} Y_i = \beta_0 + \beta_1 x_{i1} + \cdots + \beta_p x_{ip} + \varepsilon_i, \\ \varepsilon_i \sim N(0, \sigma^2), \quad i = 1, \cdots, n, \\ \varepsilon_1, \cdots, \varepsilon_n \text{ 相互独立.} \end{cases}$$

$$(9.41)$$

假定 $n \times (p+1)$ 阶矩阵 X 是列满秩的. 因为在 X 的列向量线性相关的情况下,可以适当改写模型以减少偏回归系数的个数使这个假定成立.

9.2.1 多元线性回归方程的计算

在 (9.36) 中，系数 $\beta_0, \beta_1, \cdots, \beta_p$ 都是待估计的未知参数. 设 b $\triangleq (b_0, b_1, \cdots, b_p)'$，令 $Q(b) \triangleq (y - Xb)'(y - Xb) = \sum_{i=1}^{n} (y_i - \sum_{j=0}^{p} x_{ij}b_j)^2$，其中 $y \triangleq (y_1, \cdots, y_n)'$，$x_{10} = \cdots = x_{n0} = 1$. 使 $Q(b)$ 达到最小值的估计 $\hat{\beta}$ 称为 β 的最小二乘估计，即 β 的 L.S. 估计. $\hat{\beta}$ 满足

$$Q(\hat{\beta}) = \min_b Q(b). \tag{9.42}$$

L.S. 估计 $\hat{\beta}$ 满足必要条件

$$\frac{\partial}{\partial b_k} Q(b) = 0, \quad k = 0, 1, \cdots, p,$$

即

$$\sum_{j=0}^{p} (\sum_{i=1}^{n} x_{ik}x_{ij})b_j = \sum_{i=1}^{n} x_{ik}y_i, \quad k = 0, 1, \cdots, p,$$

$$\tag{9.43}$$

或

$$X'Xb = X'y. \tag{9.44}$$

(9.43) 式、(9.44) 式称为**正规方程（组）**.

容易证明由正规方程 (9.44) 给出的解 $\hat{\beta}$：

$$X'X\hat{\beta} = X'y \quad 即 \quad \hat{\beta} = (X'X)^{-1}X'y \tag{9.45}$$

一定使 $Q(b)$ 达到最小. 事实上，

$$
\begin{aligned}
Q(b) &= (y - Xb)'(y - Xb) \\
&= [(y - X\hat{\beta}) + X(\hat{\beta} - b)]'[(y - X\hat{\beta}) + X(\hat{\beta} - b)] \\
&= Q(\hat{\beta}) + (\hat{\beta} - b)'(X'X)(\hat{\beta} - b) \\
&\quad + (\hat{\beta} - b)'(X'y - X'X\hat{\beta}) \\
&\quad + (X'y - X'X\hat{\beta})'(\hat{\beta} - b),
\end{aligned}
$$

由 (9.45) 式，上式右端最后两项为零，而第二项恒非负，故 $Q(b) \geqslant Q(\hat{\beta})$ 对一切 b 成立.

记

$$\begin{cases} \overline{y} \triangleq \dfrac{1}{n}\sum_{i=1}^{n} y_i, \ \ \overline{x}_j \triangleq \dfrac{1}{n}\sum_{i=1}^{n} x_{ij}, \qquad j = 1,\cdots,p, \\[2mm] l_{ky} \triangleq \sum_{i=1}^{n}(x_{ik}-\overline{x}_k)(y_i-\overline{y}), \\[2mm] l_{kj} \triangleq \sum_{i=1}^{n}(x_{ik}-\overline{x}_k)(x_{ij}-\overline{x}_j), \qquad k,j = 1,\cdots,p, \end{cases}$$

正规方程组(9.43)成为

$$\begin{cases} b_0 = \overline{y} - \sum_{j=1}^{p} b_j \overline{x}_j, & (9.46) \\[2mm] \sum_{j=1}^{p} l_{kj} b_j = l_{ky}, \qquad k = 1,\cdots,p. & (9.47) \end{cases}$$

记方程组(9.47)的系数矩阵为 $L \triangleq (l_{kj})_{p\times p}$,由于 $|X'X| = n|L|$,故 L 也是非奇异的. 所以偏回归系数 $\beta_1,\cdots,\beta_p$ 的 L.S. 估计 $\hat{\beta}_1,\cdots,\hat{\beta}_p$ 可由下式求出:

$$\begin{bmatrix} \hat{\beta}_1 \\ \vdots \\ \hat{\beta}_p \end{bmatrix} = L^{-1} \begin{bmatrix} l_{1y} \\ \vdots \\ l_{py} \end{bmatrix} \qquad (9.48)$$

再由

$$\hat{\beta}_0 = \overline{y} - \sum_{j=1}^{p} \hat{\beta}_j \overline{x}_j \qquad (9.49)$$

算出 β_0 的 L.S. 估计. 这种计算方法要比(9.45)式简便一些,因为求逆矩阵 L^{-1} 的运算比求 $(X'X)^{-1}$ 降低了一阶的计算工作量. 称

$$\hat{y} = \hat{\beta}_0 + \hat{\beta}_1 x_1 + \cdots + \hat{\beta}_p x_p \qquad (9.50)$$

为 **p 元经验回归方程**,简称为 **p 元回归方程**.

对例 $1,p = 3,n = 10$. 正则方程组(9.47)为

$$\begin{cases} 82.5b_1 + 48.965b_2 + 413.095b_3 = 556.92, \\ 48.965b_1 + 35.37281b_2 + 298.41085b_3 = 321.93064, \\ 413.095b_1 + 298.41085b_2 + 2517.4512b_3 = 2716.1207, \end{cases}$$

$$(9.51)$$

解得 $\hat{\beta}_1 = 7.5415, \hat{\beta}_2 = -128.7299, \hat{\beta}_3 = 15.1007$,再由式(9.49)算得 $\hat{\beta}_0 = -1.77$,于是所求的线性回归方程为:

$$\hat{y} = -1.77 + 7.5415x_1 - 128.7299x_2 + 15.1007x_3.$$

$$(9.52)$$

9.2.2　线性回归方程效果的检验

在实际问题中,事先我们常常不能断定 Y 与 $x_1, \cdots, x_p$ 之间是否存在线性相关关系. 在求线性回归方程(9.50)之前,线性模型(9.37)只是一种假设.尽管这种假设有时有专业知识或实际经验为依据,但在求得经验回归方程之后,还需要对它的效果作显著性检验.

我们提出对偏回归系数进行检验的原假设

$$H_0: \beta_1 = \cdots = \beta_p = 0,$$

$$(9.53)$$

如果这个假设 H_0 不能拒绝,那就意味着因子 $x_1, \cdots, x_p$ 对因变量 Y 不起线性的作用. 此时得到的经验回归方程(9.50)没有实际的意义.如果经过检验 H_0 被拒绝了,则判断因子 $x_1, \cdots, x_p$ 对 Y 是有作用的,认为经验回归方程的效果是显著的.

与一元的情况类似,为检验 H_0,我们需要引进一些统计量.

记　$\overline{Y} \triangleq \dfrac{1}{n} \sum_{i=1}^{n} Y_i, \quad l_{YY} \triangleq \sum_{i=1}^{n} (Y_i - \overline{Y})^2,$

$$l_{kY} \triangleq \sum_{i=1}^{n} (x_{ik} - \overline{x}_k)(Y_i - \overline{Y}), \qquad k = 1, \cdots, p,$$

则偏回归系数 β_j 的 L.S.估计量 $\hat{\beta}_j$ 满足:

$$\sum_{j=1}^{p} l_{kj}\hat{\beta}_j = l_{kY}, \qquad k = 1, \cdots, p,$$

$$(9.54)$$

与　　　$\hat{\beta}_0 = \overline{Y} - \sum_{j=1}^{p} \hat{\beta}_j \overline{x}_j.$

$$(9.55)$$

经验回归方程(9.50)的右端在 $x_1 = x_{i1}, \cdots, x_p = x_{ip}$ 处的值

$$\hat{Y}_i \triangleq \hat{\beta}_0 + \hat{\beta}_1 x_{i1} + \cdots + \hat{\beta}_p x_{ip}, \qquad i = 1, \cdots, n$$

$$(9.56)$$

称为**拟合值**或**回归值**,称

$$e_i \triangleq Y_i - \hat{Y}_i = (Y_i - \overline{Y}) - \sum_{j=1}^{p} \hat{\beta}_j (x_{ij} - \overline{x}_j),$$

$$i = 1, \cdots, n$$

为第 i 个残差. 称

$$Q \triangleq \sum_{i=1}^{n} (Y_i - \hat{Y}_i)^2 = \sum_{i=1}^{n} e_i^2 \qquad (9.57)$$

为残差平方和；称

$$U \triangleq \sum_{i=1}^{n} (\hat{Y}_i - \overline{Y})^2 \qquad (9.58)$$

为回归平方和. 由于

$$\begin{aligned}
l_{YY} &= \sum_{i=1}^{n} (Y_i - \overline{Y})^2 \\
&= \sum_{i=1}^{n} [(Y_i - \hat{Y}_i) + (\hat{Y}_i - \overline{Y})]^2 \\
&= Q + U + 2 \sum_{i=1}^{n} (Y_i - \hat{Y}_i)(\hat{Y}_i - \overline{Y}),
\end{aligned}$$

利用(9.54)式可知上式右端最后一项等于零，所以有平方和的分解
式

$$l_{YY} = Q + U. \qquad (9.59)$$

与一元的情况类似，可以证明，在(9.41)式的基本假设 Ω 下，有
如下的一些结果：

$1°$ $\hat{\beta}, U$ 分别与 Q 相互独立； $\qquad\qquad (9.60)$

$2°$ $Q/\sigma^2 \sim \chi^2(n-p-1)$； $\qquad\qquad (9.61)$

$3°$ 当 $H_0: \beta_1 = \cdots = \beta_p = 0$ 成立时，$U/\sigma^2 \sim \chi^2(p)$； $\quad (9.62)$

$4°$ $\hat{\beta}_j \sim N(\beta_j, \sigma^2 c_{jj})$, $j = 1, \cdots, p.$ $\qquad\qquad (9.63)$

其中，c_{jj} 是正规方程组(9.47)的系数矩阵 L 的逆矩阵中主对角线上
的第 j 个元素，即设有

$$\begin{bmatrix} c_{11} & \cdots & c_{1p} \\ \vdots & & \vdots \\ c_{p1} & \cdots & c_{pp} \end{bmatrix} \triangleq L^{-1}. \qquad (9.64)$$

由 (9.60) ～ (9.62)，对于假设检验问题(9.53)，由回归平方和的均方 U/p 与残差平方和的均方 $Q/(n-p-1)$ 之比

$$F \triangleq \frac{U/p}{Q/(n-p-1)} > F_{1-\alpha}(p, n-p-1) \qquad (9.65)$$

所确定的拒绝域给出了显著性水平 α 的一个检验. 在具体计算时，由于

$$\sum_{i=1}^{n}(\hat{y}_i - \bar{y})^2 = \sum_{i=1}^{n}\Big[\sum_{j=1}^{p}\hat{\beta}_j(x_{ij} - \bar{x}_j)\Big] \cdot \Big[\sum_{k=1}^{p}\hat{\beta}_k(x_{ik} - \bar{x}_k)\Big]$$

$$= \sum_{j=1}^{p}\hat{\beta}_j \sum_{k=1}^{p}\hat{\beta}_k l_{jk} = \sum_{j=1}^{p}\hat{\beta}_j l_{jy},$$

得到计算 U 与 Q 的最方便的公式：

$$U = \sum_{j=1}^{p}\hat{\beta}_j l_{jy}, \quad Q = l_{yy} - U. \qquad (9.66)$$

计算 F 比的过程常列成方差分析表，见表 9.3.

表 9.3　p 元线性回归方程效果的方差分析表

方差来源	平方和	自由度	均方	F 比
回归	$U = \sum\limits_{j=1}^{p}\hat{\beta}_j l_{jy}$	p	U/p	$F = \dfrac{(n-p-1)U}{pQ}$
残差	$Q = l_{yy} - U$	$n-p-1$	$\dfrac{Q}{n-p-1}$	
总和	l_{yy}	$n-1$		

回归平方和 U 反映了回归方程中全部 p 个因子 $x_1, \cdots, x_p$，对因变量 Y 取值波动的总贡献. 而残差平方和 Q 反映除了因子 $x_1, \cdots, x_p$ 对 Y 的线性影响之外，其他因素(包括因子 $x_1, \cdots, x_p$ 的非线性影响，其余未考虑因子的影响以及随机误差等)对 Y 的影响. 对给定的数据(9.39)而言，l_{yy} 是不变的. 所以 Q 大则 U 小；反之 Q 小则 U 大. 但是 Q 与 U 的大小都依赖于 Y 的计量单位. 而

$$R \triangleq \sqrt{U/l_{yy}} = \sqrt{1 - Q/l_{yy}} \qquad (9.67)$$

是一个无量纲的指标,称 R 为**经验复相关系数**,简称为**复相关系数**.
由于 $0 \leqslant U \leqslant l_{yy}$,故 $0 \leqslant R \leqslant 1$.复相关系数 R 反映了因变量 Y 与因子 $x_1, \cdots, x_p$ 整体之间相关程度的大小.

又由(9.61)知 $\hat{\sigma}^2 \triangleq Q/(n-p-1)$ 是未知参数 σ^2 的无偏估计,
称
$$S_y \triangleq \sqrt{Q/(n-p-1)} \tag{9.68}$$
为 p 元线性回归方程(9.50)的**剩余标准差**.

对于例 1 已算得的回归方程(9.52),它的效果的方差分析表可算出,如表 9.4 所列.因为 F 比
$$F = 441.3 > F_{0.99}(3,6) = 9.78,$$
所以对水平 $\alpha = 0.01$,拒绝假设 $H_0 : \beta_1 = \beta_2 = \beta_3 = 0$,认为甲苯氧化工艺中,回归方程(9.52)的效果是十分显著的.

表 9.4　例 1 的方差分析表

方差来源	平方和	自由度	均方	F 比
回归	3773.2	3	1257.7	441.3
残差	17.1	6	2.85	
总和	3790.3	9		

该例中,复相关系数 $R = \sqrt{U/l_{yy}} = 0.9977$,剩余标准差 $S_y = \sqrt{Q/(n-p-1)} = 1.69$.

在实际应用中,应注意如下的问题,以使研究工作深入下去:(1)多元线性回归效果显著,并不排斥有更合理的多元回归方程的存在.这可从是否存在更合理的非线性回归,以及是否还有别的对 Y 有影响的因子等方面加以考虑;(2)多元线性回归效果显著,并不排斥其中存在着与 Y 没有线性关系的因子的可能性.

9.2.3　偏回归平方和与偏回归系数的检验

在多元回归方程获得以后,我们并不满足于它的效果是显著的结论.因为全部因子总体的效果显著,并不意味着每一个因子对因变

量 Y 的影响都是重要的. 我们总是要从回归方程中剔除那些次要的、可有可无的因子,重新建立更为简洁有效的线性回归方程.

如果在 p 元线性回归方程(9.50)中,第 j 个因子 x_j 的偏回归系数 $\beta_j = 0$,则该因子在(9.50)式中就起不到任何作用. 因此,检验因子 x_j 的作用是否显著等价于检验偏回归系数 β_j 的原假设:

$$H_0: \beta_j = 0. \tag{9.69}$$

在正态线性模型(9.41)下,由(9.63)式知当假设(9.69)成立时,$\hat{\beta}_j^2/(\sigma^2 c_{jj}) \sim \chi^2(1)$,且它与 Q/σ^2 独立. 故如记

$$V_j \triangleq \hat{\beta}_j^2/c_{jj}, \qquad j = 1, \cdots, p, \tag{9.70}$$

则由

$$F_j \triangleq (n - p - 1)V_j/Q > F_{1-\alpha}(1, n - p - 1) \tag{9.71}$$

所确定的拒绝域对假设检验问题(9.69)式给出了显著性水平 α 的一个检验.

由(9.70)式定义的 V_j 称为 p 元线性回归方程中因子 x_j 的**偏回归平方和**. 下面给出偏回归平方和较直观的解释. 为了考察因子 x_j 的重要性,将 x_j 从 p 元线性回归方程(9.50)中去掉,重新计算剩下来的 $p - 1$ 个因子的 $p - 1$ 元线性回归方程

$$\hat{y} = \hat{\beta}_0^* + \sum_{k \neq j} \hat{\beta}_k^* x_k \tag{9.72}$$

中新的偏回归系数 $\hat{\beta}_k^* (k \neq j)$,以及新的残差平方和

$$Q^* = \sum_{i=1}^n \left[(y_i - \bar{y}) - \sum_{k \neq j} \hat{\beta}_k^* (x_{ik} - \bar{x}_k) \right]^2.$$

易知 $Q^* \geqslant Q$,故新的回归平方和

$$U^* = l_{yy} - Q^* \leqslant l_{yy} - Q = U.$$

所以在一个多元线性回归方程中去掉一个因子,残差平方和将会增大,而回归平方和将会减少. 一般,对 $k \neq j$,因子 x_k 在(9.72)式中的新的偏回归系数 $\hat{\beta}_k^*$ 不等于它在(9.50)式中的偏回归系数 β_k. 但可以证明[3],有如下的关系式

$$\hat{\beta}_k^* = \hat{\beta}_k - \hat{\beta}_j \cdot c_{jk}/c_{jj}, \quad k \neq j. \tag{9.73}$$

由(9.66)式,有 $U^* = \sum\limits_{k \neq j} \hat{\beta}_k^* l_{ky}$,于是

$$U - U^* = Q^* - Q = \sum_{k=1}^{p} \hat{\beta}_k l_{ky} - \sum_{k \neq j} \hat{\beta}_k^* l_{ky}$$

$$= \sum_{k=1}^{p} \hat{\beta}_k l_{ky} - \sum_{k \neq j} (\hat{\beta}_k - \hat{\beta}_j c_{jk}/c_{jj}) l_{ky}$$

$$= \hat{\beta}_j l_{jy} + (\hat{\beta}_j/c_{jj}) \sum_{k \neq j} c_{jk} l_{ky}$$

$$= (\hat{\beta}_j/c_{jj}) \sum_{k=1}^{p} c_{jk} l_{ky} = \hat{\beta}_j^2/c_{jj}.$$

由(9.70)式,得

$$V_j = Q^* - Q = U - U^*. \tag{9.74}$$

也就是说,在 p 元回归方程中去掉因子 x_j 后,引起的残差平方和的增大量 $Q^* - Q$,即回归平方和的减小量 $U - U^*$,就是因子 x_j 的偏回归平方和 V_j. 它反映了在 p 元线性回归方程中,因子 x_j 对因变量 Y 取值的单独的贡献大小. 我们强调指出:偏回归平方和 V_j 的大小不仅与因子 x_j 本身有关,也与回归方程中其余因子有关.

对例1,算出正规方程组(9.51)系数矩阵 L 的逆矩阵为

$$L^{-1} = \begin{bmatrix} c_{11} & c_{12} & c_{13} \\ c_{21} & c_{22} & c_{23} \\ c_{31} & c_{32} & c_{33} \end{bmatrix}$$

$$= \begin{bmatrix} 0.0681223 & 1.1834 & -0.151456 \\ 1.1834 & 8715.964 & -1033.365 \\ -0.151456 & -1033.365 & 122.5171 \end{bmatrix}.$$

由(9.70)式算得各因子的偏回归平方和为

$$V_1 = 834.88, \ V_2 = 1.90, \ V_3 = 1.86.$$

再由(9.71)式算得各 F 比为

$$F_1 = 292.9, \ F_2 = 0.66, \ F_3 = 0.65.$$

查表得分位数 $F_{0.99}(1,6) = 13.75$, $F_{0.90}(1,6) = 3.78$. 因 $F_1 > F_{0.99}(1,6)$,所以在回归方程(9.52)中,在显著性水平 0.01 下,因子 x_1 的作用是十分显著的;而 $F_2 < F_{0.90}(1,6)$,$F_3 < F_{0.90}(1,6)$,所以在

显著性水平 0.10 下，对单个因子 x_2 或 x_3 而言，它在回归方程中的作用不显著.

在实用上务必注意：(1) 凡是偏回归平方和大于 $\hat{\sigma}^2 F_{1-\alpha}(1, n-p-1)$ 的，一定是对 Y 有重要作用的因子；(2) 如果经过检验判断为不显著的因子不止一个，则还不能立即断言这些因子都不是影响 Y 的重要因子. 这是因为一个因子的偏回归平方和的大小不仅与该因子单独的贡献有关，而且还与已在回归方程中的所有因子的总贡献有关. 特别当这些判断为不显著的因子彼此之间有很密切的线性相关关系时，尤其是这样. 所以我们不能同时剔除经过检验判断为不显著的那些因子，而只能先在这些因子中剔除对 Y 的作用最小的那个因子. 剔除一个因子后，各因子的偏回归平方和的大小一般都会起变化，这时必须重新对它们做显著性检验.

回到例 1，因 $V_3 < V_2$，故要剔除因子 x_3. 剔除后的回归方程 $\hat{y} = \beta_0^* + \beta_1^* x_1 + \beta_2^* x_2$ 中新的偏回归系数可由 (9.73) 式算得为 $\beta_1^* = 7.5602, \beta_2^* = -1.3646$. 而 $\hat{\beta}_0^* = \bar{y} - \hat{\beta}_1^* \bar{x}_1 - \hat{\beta}_2^* \bar{x}_2 = 0.026$. 得二元回归方程

$$\hat{y} = 0.026 + 7.5602 x_1 - 1.3646 x_2. \tag{9.75}$$

二元回归方程 (9.75) 新的回归平方和为

$$U^* = \hat{\beta}_1^* l_{1y} + \hat{\beta}_2^* l_{2y} = 3771.2,$$

新的残差平方和为

$$Q^* = l_{yy} - U^* = 3790.3 - 3771.2 = 19.1,$$

此时 U^* 的自由度为 2，Q^* 的自由度为 7.

按 (9.65) 式算出新的 F 比为

$$F^* = \frac{U^*/2}{Q^*/7} = 690 > F_{0.99}(2,7) = 9.55,$$

故二元回归方程 (9.75) 式的效果是十分显著的.

为检验因子 x_1 与 x_2 在 (9.75) 式中单独的贡献，需要重新计算它们在该方程中新的偏回归平方和 V_1^* 与 V_2^*. 按 (9.70) 式，有 $V_j^* = (\hat{\beta}_j^*)^2/c_{jj}^*(j=1,2)$，其中 c_{jj}^* 是新的正规方程组系数矩阵

$$\begin{bmatrix} l_{11} & l_{12} \\ l_{21} & l_{22} \end{bmatrix}$$

的逆矩阵中的元素. 但本例至此还是利用(9.74)式计算 V_j^* 来得方便.

先算 V_2^*. 在二元回归方程(9.75)中剔除 x_2, 只剩下 x_1 一个因子后的一元回归方程的回归平方和, 由(9.9)式和(9.13)式知为 $(l_{1y}/l_{11}) \cdot l_{1y} = 3759.5$. 所以由(9.74)式算得 $V_2^* = U^* - 3759.5 = 11.7$.

类似的方法可算得 $V_1^* = 841$.

由(9.71)式, 算得 F 比

$$F_1^* = 7V_1^*/Q^* = 308.2 > F_{0.95}(1,7) = 5.59,$$

$$F_2^* = 7V_2^*/Q^* = 4.29 > F_{0.90}(1,7) = 3.59.$$

所以在二元线性回归方程(9.75)中, 因子 x_1 在 0.05 水平上显著; 因子 x_2 在 0.10 水平上显著. 此时不再剔除任何因子了.

二元回归方程(9.75)的复相关系数

$$R^* = \sqrt{U^*/l_{yy}} = 0.9975,$$

剩余标准差 $S_y^* = \sqrt{Q^*/7} = 1.65$. 我们看到, 方程(9.75)虽比(9.52)少了一个因子, $Q^* = 19.1$ 比 $Q = 17.1$ 大, 但 $S_y^* = 1.65$ 却比 $S_y = 1.69$ 小.

9.3　一元与多元非线性回归的例子

以上我们讨论了一元线性回归和多元线性回归的问题. 在实际中常会遇到更为复杂的回归问题. 但在某些情况下, 可以通过适当的变量变换, 将变量间的关系化为线性的形式.

9.3.1　一元非线性回归的例子

在许多实际问题中, 因变量 Y 的均值 $\mu(x)$ 与变量 x 之间的函数关系不是线性的. 这时就要分两步进行: (1)确定 $\mu(x)$ 的函数类型;

（2）确定该类型中未知参数的估计.

$\mu(x)$ 的类型问题,主要依靠专业知识,从理论上或根据实际经验加以确定.当仍不能确定时,可根据散点图中散点的分布趋势的形状与已知的初等函数的图形相比较来进行选择.选择一种通过适当的变量变换化为线性回归的函数.

例 1 出钢时所用的盛钢水的钢包,由于钢水对耐火材料的浸蚀,容积不断增大.我们希望指出使用次数与增大的容积之间的关系.收集了 $n=15$ 组数据如下表所示:

使用次数 x_i	2	3	4	5	6	7	8	9
增大容积 y_i	6.42	8.20	9.58	9.50	9.70	10.00	9.93	9.99
使用次数 x_i	10	11	12	13	14	15	16	
增大容积 y_i	10.49	10.59	10.60	10.80	10.60	10.90	10.76	

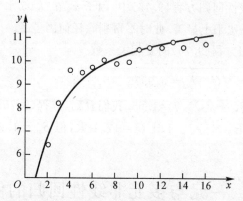

图 9-2 例 1 的散点图

由散点图(图 9-2)可见,散点呈曲线形状分布.由于钢包的容积不会随着 x 的增大而无限增大,这反映在曲线上应有一条水平的渐近线.据此特点,我们选如下的双曲线来描述 $\mu(x)$:

$$\frac{1}{y} = a + \frac{b}{x}. \tag{9.76}$$

作变换 $y' = 1/y, x' = 1/x$. 由此通过原始数据 (x_i, y_i) $(i = 1,$

$\cdots, n)$, 得到新变量的数据 (x'_i, y'_i) $(i = 1, \cdots, n)$, 然后利用 (9.9) 式算得一元线性回归方程

$$\hat{y}' = 0.0823 + 0.1312x'.$$

于是我们得到经验曲线回归方程

$$\frac{1}{\hat{y}} = 0.0823 + \frac{0.1312}{x},$$

即

$$\hat{y} = \frac{x}{0.0823x + 0.1312}.$$

我们强调指出: 由于对因变量作了变换, 再用最小二乘法得到的参数估计 $\hat{a} = 0.0823, \hat{b} = 0.1312$. 一般而言, 它已不是关于原来因变量 y 的残差平方和达到最小值的 L.S. 估计了. 对这种情况, 残差平方和与简单相关系数的概念, 以及相应的计算公式都要重新考虑. 称

$$\hat{y}_i \triangleq \frac{x_i}{0.0823x_i + 0.1312}, \qquad i = 1, \cdots, n$$

为第 i 个**拟合值**或**回归值**. **残差平方和**定义为

$$Q \triangleq \sum_{i=1}^{n} (y_i - \hat{y}_i)^2; \tag{9.77}$$

称

$$R^2 \triangleq 1 - Q / \sum_{i=1}^{n} (y_i - \overline{y})^2 \tag{9.78}$$

为**相关指数**; 称 $R = \sqrt{R^2}$ 为**相关系数**. 称

$$S_y \triangleq \sqrt{Q/(n-2)} \tag{9.79}$$

为**剩余标准差**. 有 $0 \leqslant R \leqslant 1$. 当 R 越接近于 1, Q 或 S_y 越小, 回归的效果越好.

对例 1, 可算得 $Q = 1.4396, R = 0.9627, S_y = 0.3328$.

最好能用几种可能的函数类型来描述 $\mu(x)$, 然后分别计算得到几个不同的曲线回归方程. 通过对相关系数或剩余标准差的比较, 找出其中的最优者. 对例 1, 由图 9-2 可见, 也可用如下的指数函数来描述 $\mu(x)$:

$$y = a\mathrm{e}^{b/x}.$$

由变换 $y' = \ln y$, $x' = 1/x$, $a' = \ln a$, 将原始数据(x_i, y_i)化为新变量的数据(x'_i, y'_i) $(i = 1, \cdots, n)$, 利用一元线性回归得到关系式 $\hat{y}' = 2.4578 - 1.1107x'$. 于是得到原变量的曲线回归方程

$$\hat{y} = 11.6789 e^{-1.1107/x},$$

并算得剩余标准差 $S_y = 0.2618$, 相关系数 $R = 0.9771$. 从 S_y 或 R 来看, 对例1, 指数函数的曲线回归拟合要比双曲线回归拟合更好一些.

9.3.2 多元非线性回归的例子

例2 某橡胶厂为研究丁基内胎的各项质量指标与胶料配方中三种成分:半补强炭黑 x_1、硫磺 x_2 与促进剂 T.T. x_3 的关系, 将丁基胶、氧化锌、硬脂酸、石蜡、炭黑等成分采用良好的固定值, 收集数据如表9.5所示. 其中的质量指标 y 为强力这一项物理机械性能.

考虑强力 Y 对三个变量的二次完全式的回归模型:

$$Y = \beta_0 + \beta_1 x_1 + \beta_2 x_2 + \beta_3 x_3 + \beta_4 x_1^2 + \beta_5 x_2^2 + \beta_6 x_3^2$$
$$+ \beta_7 x_1 x_2 + \beta_8 x_1 x_3 + \beta_9 x_2 x_3 + \varepsilon, \tag{9.80}$$

如何求得这个非线性回归方程?

表 9.5 例 2 的变量数据

试验序号 i	1	2	3	4	5	6	7	8
x_{i1}	38.23	38.23	38.23	38.23	21.77	21.77	21.77	21.77
x_{i2}	1.894	1.894	0.906	0.906	1.894	1.894	0.906	0.906
x_{i3}	2.076	0.924	2.076	0.924	2.076	0.924	2.076	0.924
y_i	128	130	128	131	135	145	148	155
试验序号 i	9	10	11	12	13	14	15	
x_{i1}	40	20	30	30	30	30	30	
x_{i2}	1.4	1.4	2	0.8	1.4	1.4	1.4	
x_{i3}	1.5	1.5	1.5	1.5	2.2	0.8	1.5	
y_i	116	140	139	141	136	154	140	

对非线性回归模型(9.80),通过相应的变量变换,增加变量的个数,可以转化成多元线性回归模型的问题.令

$$x_4 = x_1^2, x_5 = x_2^2, x_6 = x_3^2, x_7 = x_1 x_2, x_8 = x_1 x_3, x_9 = x_2 x_3,$$

(9.80) 式就转化为 9 元线性回归.用上一节的方法计算可得 3 元完全二次式的经验回归方程:

$$\begin{aligned}
\hat{y} = {}& 174.6 + 3.74x_1 - 36.59x_2 - 55.85x_3 - 0.1036x_1^2 \\
& + 4.546x_2^2 + 13.543x_3^2 + 0.676x_1 x_2 + 0.316x_1 x_3 \\
& - 0.879x_2 x_3,
\end{aligned}$$

此回归方程的复相关系数 $R = 0.9776$,剩余标准差 $S_y = 3.35$.

9.4 逐步回归分析

9.4.1 逐步回归分析能解决哪些问题

在实际问题中,影响因变量的因子常常是很多的.利用 9.2 节中介绍的方法,就是把所有因子作为自变量,在算得多元线性回归方程后,通过对偏回归系数的显著性检验,剔除那些不重要的因子.但是由于要筛选的因子很多,而重要的因子又很少,这种经典的"只出不进"计算方式必然是低效率的.当正规方程组的变量个数 p 过大时,解的精度必然下降.不仅如此,当因子之间的数据近似线性相关时(实际问题中常有这种情况出现),就会造成计算上的困难(出现"病态"或"退化").特别,当参加筛选的因子个数 p 大于观测次数 n 时,这个方法就更束手无策了.但是所有这些问题,都可以利用**逐步回归分析方法**得到解决.

逐步回归分析能够将对所考虑的因变量中贡献较大的因子经过显著性检验,逐个地选入回归方程中去,并随时把由于其他因子的进入而失去其原有重要性的因子剔除出去.在这个过程中,那些不重要的、或描述得不恰当的因子,或者与已选入回归方程中的因子近似线性相关的因子,则始终不会被选入回归方程中去,避免了求解正规方程组的计算中出现病态甚至退化的问题.

9.4.2 是否接受新因子的显著性检验

在 9.2 节我们已经介绍了从回归方程中如何剔除贡献不大的因子的方法. 那么我们如何作新因子的挑选及它进入回归方程后贡献大小的显著性检验？

假设考虑对 Y 可能有影响的因子共有 q 个，它们是 $x_1, x_2, \cdots, x_q$. 又假定某一步已选取 p 个 $(p < q)$，为书写方便起见，不妨假设这 p 个因子就是 $x_1, \cdots, x_p$，即当前的回归方程为

$$\hat{y} = \hat{\beta}_0 + \hat{\beta}_1 x_1 + \cdots + \hat{\beta}_p x_p. \tag{9.81}$$

设 p 元回归方程 (9.81) 的残差平方为 Q.

在剩下的未进入回归方程的 $q-p$ 个因子 $x_{p+1}, \cdots, x_q$ 中，任取一个因子 $x_k (k = p+1, \cdots, q)$. 假设 x_k 再进入回归方程 (9.81) 后，新的 $p+1$ 元回归方程成为

$$\hat{y} = \hat{\beta}_0^* + \hat{\beta}_1^* x_1 + \cdots + \hat{\beta}_p^* x_p + \hat{\beta}_k^* x_k. \tag{9.82}$$

新的残差平方和 Q_k^* 将比 Q 小. 我们称

$$V_k \triangleq Q - Q_k^*$$

为未进入回归方程 (9.81) 的因子 x_k 的偏回归平方和. 在剩下的 $q-p$ 个因子中，如果只挑选一个因子进入回归方程，我们当然选择使残差平方和的减小量 V_k 最大的那个因子 (不妨仍设为 x_k) 进入回归方程 (9.81). 但择优选择的因子 x_k 进入回归方程前，还要对它的贡献大小进行显著性检验.

因为把因子 x_k 从 p 元回归方程 (9.81) 外选入这个回归方程后的残差平方和的减少量，就是把它从 $p+1$ 元线性回归方程 (9.82) 中剔除后的残差平方和的增大量. 所以，一个从 p 元回归方程外选入新因子的检验，就是把它从选入后的 $p+1$ 元回归方程中剔除出去的显著性检验. 由检验拒绝域 (9.71) 式，我们可立即得到

$$F_k \triangleq (n-p-2) V_k / Q_k^* > F_{1-\alpha}(1, n-p-2) \tag{9.83}$$

就是是否接受新因子 x_k 的显著性检验. 当不等式 (9.83) 成立时，要将因子 x_k 选入回归方程；否则如它不成立，表示因子 x_k 选入回归方程后贡献不显著，就不应该选入. 当然此时未进入回归方程 (9.81) 的

其他的因子,由于偏回归平方和不比 V_k 大,也不应该选入回归方程(9.81)了.

逐步回归是首先考虑已在回归方程中的因子的剔除问题,在不能剔除后才考虑择优选取未进入回归方程的因子.所以当不等式(9.83)不成立时,逐步回归剔选因子的计算即告结束.

9.4.3 标准化正规方程组与标准偏回归系数

逐步回归分析在计算上的技巧,是将正规方程组(9.47)中第 k 个方程的两边除以 $\sqrt{l_{kk}}\sqrt{l_{yy}}$,成为

$$\sum_{j=1}^{p} \frac{l_{kj}}{\sqrt{l_{kk}l_{yy}}}b_j = \frac{l_{ky}}{\sqrt{l_{kk}l_{yy}}}, \qquad k=1,\cdots,p, \tag{9.84}$$

由简单相关系数的定义(9.26)式,上式右端为 r_{ky}.令

$$b_k' \triangleq b_k \sqrt{l_{kk}}/\sqrt{l_{yy}}, \quad r_{kj} \triangleq l_{kj}/\sqrt{l_{kk}l_{jj}}, k, \quad j=1,\cdots,p,$$

则由(9.84)式,求解偏回归系数 $\hat{\beta}_1,\cdots,\hat{\beta}_p$ 的问题,转化为求解下面的称为**标准化正规方程组**的问题:

$$\sum_{j=1}^{p} r_{kj}b_j' = r_{ky}, \qquad k=1,\cdots,p. \tag{9.85}$$

(9.85)式的解记为 $\hat{\beta}_1',\cdots,\hat{\beta}_p'$,被称为**标准偏回归系数**.由

$$\hat{\beta}_j' = \hat{\beta}_j \sqrt{l_{yy}}/\sqrt{l_{jj}}, \qquad j=1,\cdots,p$$

可算得要求的偏回归系数.

由于标准化正规方程组(9.85)中所有的系数 r_{kj} 都有 $|r_{kj}| \leqslant 1$ 的性质,而且它们都是无量纲的标量,所以它们之间的差异要比正规方程组(9.47)的系数 l_{kj} 之间的差异小,因此保证了求解方程组计算的精确度.更重要的是,采用标准化正规方程组求解,能使逐步回归在剔除或选入一个因子的计算过程有一个统一的计算方法.

9.4.4 逐步回归分析的计算步骤

已知 $m-1$ 个因子 $X_1,\cdots,X_{m-1}$ 和因变量 $X_m=Y$ 的 N 次观测数据为 $(x_{i1},\cdots,x_{im-1},x_{im})(i=1,\cdots,N)$.

(1) 准备阶段

计算简单相关系数矩阵

$$R^{(0)} \triangleq \begin{bmatrix} r_{11}^{(0)} & \cdots & r_{1m}^{(0)} \\ \vdots & & \vdots \\ r_{m1}^{(0)} & \cdots & r_{mm}^{(0)} \end{bmatrix},$$

其中　　　$r_{ij}^{(0)} \triangleq l_{ij}/\sqrt{l_{ii}l_{jj}}$, $l_{ij} \triangleq \sum_{k=1}^{N}(x_{ki}-\bar{x}_i)(x_{kj}-\bar{x}_j)$,

$$\bar{x}_i \triangleq \frac{1}{N}\sum_{k=1}^{N}x_{ki},\ \sigma_i \triangleq \sqrt{l_{ii}},\qquad i,j=1,\cdots,m.$$

(2) 逐步变换阶段

第 1 步：计算 $V_i^{(0)} \triangleq r_{mi}^{(0)}r_{im}^{(0)}/r_{ii}^{(0)}(i=1,\cdots,m-1)$，并找出最大者，设为 $V_{k_1}^{(0)}$. 令 $\Phi^{(1)} \triangleq N-2$，计算 $F_{1k_1}^{(1)} = \Phi^{(1)}V_{k_1}^{(0)}/(r_{mm}^{(0)}-V_{k_1}^{(0)})$ 以供判别. 如 $F_{1k_1}^{(1)} \leqslant F_{1-\alpha}(1,\Phi^{(1)})$ 成立，说明这 $m-1$ 个因子和 X_m 没有多大的线性相关关系，另找因子重算或增大显著性水平 α 重新判别；否则，继续下面的计算：对矩阵 $\boldsymbol{R}^{(0)}$ 作以 $r_{k_1k_1}^{(0)}$ 为主元素的**逐步回归消去变换**：

$$\begin{cases} r_{k_1j}^{(1)} = r_{k_1j}^{(0)}/r_{k_1k_1}^{(0)}, & j \neq k_1, \\ r_{ik_1}^{(1)} = -r_{ik_1}^{(0)}/r_{k_1k_1}^{(0)}, & i \neq k_1, \\ r_{ij}^{(1)} = r_{ij}^{(0)} - r_{ik_1}^{(0)}r_{k_1j}^{(0)}/r_{k_1k_1}^{(0)}, & i \neq k_1, j \neq k_1, \\ r_{k_1k_1}^{(1)} = 1/r_{k_1k_1}^{(0)}. \end{cases}$$

得到第 1 步变换后的矩阵 $R^{(1)} = [r_{ij}^{(1)}]_{m\times m}$. 这表示第 1 步已选入因子 X_{k_1}.

第 2 步：选取**防退化的容许值 T**. 一般取 $T = 0.0001$. 计算

$$V_i^{(1)} = r_{mi} \cdot r_{im}^{(1)}/r_{ii}^{(1)},\quad i=1,\cdots,m-1,\text{且 } r_{ii}^{(1)} > T,$$

并逐个比较，找出所有大于零的最大者，设为 $V_{k_2}^{(1)}$. 令 $\Phi^{(2)} = \Phi^{(1)} - 1$，计算

$$F_{1k_2}^{(2)} = \Phi^{(2)}V_{k_2}^{(1)}/(r_{mm}^{(1)}-V_{k_2}^{(1)}).$$

若 $F_{1k_2}^{(2)} \leqslant F_{1-\alpha}(1,\Phi^{(2)})$，则进入下一阶段的计算；否则继续下面的计

算:对矩阵 $R^{(1)}$ 作以 $r_{k_2 k_2}^{(1)}$ 为主元素的逐步回归消去变换

$$\begin{cases} r_{k_2 j}^{(2)} = r_{k_2 j}^{(1)} / r_{k_2 k_2}^{(1)}, & j \neq k_2, \\ r_{i k_2}^{(2)} = - r_{i k_2}^{(1)} / r_{k_2 k_2}^{(1)}, & i \neq k_2, \\ r_{ij}^{(2)} = r_{ij}^{(1)} - r_{i k_2}^{(1)} r_{k_2 j}^{(1)} / r_{k_2 k_2}^{(1)}, & i \neq k_2, j \neq k_2, \\ r_{k_2 k_2}^{(2)} = 1 / r_{k_1 k_1}^{(1)}. \end{cases}$$

得到第 2 步变换后的矩阵 $R^{(2)} = [r_{ij}^{(2)}]_{m \times m}$. 这表示又选入了第 2 个因子 X_{k_2}.

第 3 步:计算

$$V_i^{(2)} = r_{mi}^{(2)} \cdot r_{im}^{(2)} / r_{ii}^{(2)}, \quad (i = 1, \cdots, m - 1, \text{且 } r_{ii}^{(2)} > T),$$

找出其中所有大于零的最大者 $V_{k_3}^{(2)}$;并找出其中所有小于零的最大者,设为 $V_{k_3'}^{(2)}$. 计算

$$F_{2 k_3'}^{(3)} = V_{k_3'}^{(2)} \Phi^{(2)} / r_{mm}^{(2)}$$

作为是否剔除因子 $X_{k_3'}$ 的判别用的统计量. 如

$$F_{2 k_3'}^{(3)} \leqslant F_{1-\beta}(1, \Phi^{(2)}), \tag{9.86}$$

则将已选入的因子 $X_{k_3'}$ 从回归方程中剔除掉,这相当于对矩阵 $R^{(2)}$ 作以 $r_{k_3' k_3'}^{(2)}$ 为主元素的逐步回归消去变换,得到第 3 步变换后的矩阵

$$R^{(3)} = [r_{ij}^{(3)}]_{m \times m},$$

再令 $\Phi^{(3)} = \Phi^{(2)} + 1$ 后进入第 4 步. 为避免使刚选入回归方程的因子在下一步又立即被剔除出去,要求 $\beta \geqslant \alpha$,即要使 $F_{1-\beta}(1, \Phi^{(2)}) \leqslant F_{1-\alpha}(1, \Phi^{(2)})$ 成立.

当不等式(9.86)不成立时,继续下面的先检验后选入因子的计算. 令 $\Phi^{(3)} = \Phi^{(2)} - 1$,计算

$$F_{1 k_3}^{(3)} = \Phi^{(3)} V_{k_3}^{(2)} / (r_{mm}^{(2)} - V_{k_3}^{(2)}).$$

如 $F_{1 k_3}^{(3)} \leqslant F_{1-\alpha}(1, \Phi^{(3)})$,则停止这一阶段的计算,进入下一阶段的计算;否则,对矩阵 $R^{(2)}$ 作以 $r_{k_3 k_3}^{(2)}$ 为主元素的逐步回归消去变换(这相当于又选入新因子 X_{k_3}),得到第 3 步变换后的矩阵 $R^{(3)} = [r_{ij}^{(3)}]_{m \times m}$.

第 4 步:只要将 $\Phi^{(3)}, R^{(3)}$ 看成第 3 步开始时的 $\Phi^{(2)}, R^{(2)}$,所有的

计算和判别方法都与第 3 步中的完全一样.

以下每一步都照此循环,直至某一步经检验不选入新的因子或全部因子都选入回归方程又不能剔除任何因子时为止,再进入下一阶段.

（3）计算最后结果阶段

设上面的第二阶段逐步变换共进行了 t 步,得出 $\Phi^{(t)}$ 和矩阵 $R^{(t)} = [r_{ij}^{(t)}]_{m \times m}$. 据此计算:

经验偏回归系数 $\hat{\beta}_j$:当 $r_{mi}^{(t)}$ 与 $r_{im}^{(t)}$ 异号时,令 $\hat{\beta}_i = r_{im}^{(t)} \sigma_m / \sigma_i$;否则令 $\hat{\beta}_i = 0$ $(i = 1, \cdots, m-1)$;

经验回归方程常数项 $\hat{\beta}_0$:$\hat{\beta}_0 = \bar{x}_m - \sum\limits_{i=1}^{m-1} \hat{\beta}_j \bar{x}_i$;

剩余平方和 Q:$Q = \sigma_m^2 r_{mm}^{(t)}$;

剩余标准差 S_y:$S_y = \sigma_m \sqrt{r_{mm}^{(t)} / \Phi^{(t)}}$;

复相关系数 R:$R = \sqrt{1 - r_{mm}^{(t)}}$.

习 题 9

1. 设用光电比色计检验尿汞时,对给定的尿汞含量 x(mg/l),消光系数读数 Y 服从正态分布,且方差与 x 无关,测得数据如下表:

尿汞含量 x_i	2	4	6	8	10
消光系数 y_i	64	138	205	285	360

试求 Y 对 x 的线性回归方程,并检验这个方程的效果是否显著($\alpha = 0.05$)?

2. 下表列出在不同挂物的重量 x 下,弹簧长度 Y 的测量值:

挂物的重量 x_i(N)	50	100	150	200	250	300
弹簧的长度 y_i(cm)	7.25	8.12	8.95	9.90	10.9	11.8

设测量值 Y 对给定的 x 服从正态分布($\beta_0 + \beta_1 x, \sigma^2$),其中 σ^2 与 x 无关.(1) 画出散点图;(2) 求线性回归方程 $\hat{y} = \hat{\beta}_0 + \hat{\beta}_1 x$;(3) 检验假设 $H_0: \beta_1 = 0, H_1: \beta_1 \neq 0$;(4) 若回归效果显著,求 β_1 的置信度为 0.95 的置信区间;(5) 求在 $x = 160$N 时,Y 的 0.95 的预测区间.

3. K. Pearson 收集大量父亲身高 x 与儿子身高 Y 的资料,其中 10 对数据如下 (此系著名结果,故单位仍用时,未予改动,1 吋 = 2.54cm):

父亲身高 x_i(吋)	60	62	64	65	66	67	68	70	72	74
儿子身高 y_i(吋)	63.6	65.2	66.0	65.5	66.9	67.1	67.4	68.3	70.1	70.0

设对于给定的 x 和 Y 为正态变量,且方差与 x 无关. (1) 求经验回归方程 $\hat{y} = \hat{\beta}_0 + \hat{\beta}_1 x$;(2) 检验假设 $H_0 : \beta_1 = 0, H_1 : \beta_1 \neq 0, (\alpha = 0.05)$;(3) 若回归效果显著,求 β_1 的置信度为 0.95 的置信区间.

4. 合成纤维抽丝工段第一导丝盘的速度 Y 对丝的质量是很重要的因素,今发现它和电流的周波 x 有密切的关系,由生产记录得

x_i	49.2	50.0	49.3	49.0	49.0	49.5	49.8	49.9	50.2	50.2
y_i	16.7	17.0	16.8	16.6	16.7	16.8	16.9	17.0	17.0	17.1

设 Y 对给定的 x 服从正态分布 $N(\beta_0 + \beta_1 x, \sigma^2)$. (1) 求经验回归方程 $\hat{y} = \hat{\beta}_0 + \hat{\beta}_1 x$;(2) 求剩余标准差 $\hat{\sigma}$;(3) 求 x 与 Y 的经验相关系数 r.

5. 养猪场需经常了解猪的重量 Y,而又不便于将猪直接过磅称量,通常是通过测量猪的身长和肚围来估算猪的重量. 今测量了 14 口猪的身长 x_1(cm),肚围 x_2(cm)与体重 Y(kg)的数据如下表:

x_{1i}	41	45	51	52	59	62	69	72	78	80	90	92	98	103
x_{2i}	49	58	62	71	62	74	71	74	79	84	85	94	91	95
y_i	28	39	41	44	43	50	51	57	63	66	70	76	80	84

设对于给定的 x_1 和 x_2,Y 为正态变量,且方差与 x_1, x_2 无关,试求 Y 的二元线性回归方程.

6. 某公司在 15 个地区调查了该公司的某种商品的销售量 Y,与各地区人口数 x_1 和平均每户总收入 x_2 的资料如下表所示:

人口数 x_{1i}(千人)	274	180	375	205	86	265	98	330
每户总收入 x_{2i}(元)	7450	8254	8802	7838	7347	8782	8008	7450
销售量 y_i(件)	162	120	223	131	67	169	81	192
人口数 x_{1i}(千人)	195	53	430	372	236	157	370	
每户总收入 x_{2i}(元)	7137	7560	9020	9427	7660	7088	7605	
销售量 y_i(件)	116	55	252	232	144	103	212	

设 $y_i = \beta_0 + \beta_1 x_{1i} + \beta_2 x_{2i} + \varepsilon_i, (i = 1, 2, \cdots, 15)$,且各 ε_i 相互独立,均服从分布

$N(0,\sigma^2)$. (1) 求线性回归方程 $\hat{y}=\beta_0+\beta_1x_1+\beta_2x_2$;(2) 检验假设 $H_0:\beta_1=\beta_2$ $=0$,($\alpha=0.05$).

7. 在无芽酶试验中,发现吸氨量 Y 与底水 x_1 及吸氨时间 x_2 都有关系,在水温 $17\pm1℃$ 下,进行 11 次试验,得到如下的数据:

x_{1i}	136.5	136.5	136.5	138.5	138.5	138.5	140.5	140.5	140.5	138.5	138.5
x_{2i}	215	250	180	250	180	215	180	215	250	215	215
y_i	6.2	7.5	4.8	5.1	4.6	4.6	2.8	3.1	4.3	4.9	4.1

设 $y_i=\beta_0+\beta_1x_{1i}+\beta_2x_{2i}+\varepsilon_i$,($i=1,2,\cdots,11$),且各 ε_i 独立,$\varepsilon_i\sim N(0,\sigma^2)$.(1) 求正规方程组;(2) 求二元回归方程;(3) 求回归平方和 u;(4) 求复相关系数 R;(5) 求剩余标准差;(6) 检验 $H_0:\beta_1=\beta_2=0$,($\alpha=0.05$);(7) 求偏回归平方和 V_1,V_2;(8) 取水平 $\alpha=0.05$,检验假设 $H_{0j}:\beta_j=0$,($j=1,2$).

8. 某种合金中的主要成分为金属 A 和金属 B.经过试验和分析,发现这两种金属成分之和 x 与合金的膨胀系数 Y 之间有一定数量关系,如下表所示:

x_i	37.0	37.5	38.0	38.5	39.0	39.5	40.0	40.5	41.0	41.5	42.0	42.5	43.0
y_i	3.40	3.00	3.00	3.27	2.10	1.83	1.53	1.70	1.80	1.90	2.35	2.54	2.90

设 $y_i=\beta_0+\beta_1x+\beta_2x^2+\varepsilon_i$,$\varepsilon_i\sim N(0,\sigma^2)$ ($i=1,2,\cdots,13$),各 ε_i 独立.

(1) 试建立 y 与 x 之间的关系式;(2) 求出使膨胀系数 Y 的均值为最小的金属 A,B 成分之和的值.

9. 在彩色显影中,形成染料光学密度 Y 与析出银的光学密度 x 间有密切的相关关系.测试 11 组数据如下:

x_i	0.05	0.06	0.07	0.10	0.14	0.20	0.25	0.31	0.38	0.43	0.47
y_i	0.10	0.14	0.23	0.37	0.59	0.79	1.00	1.12	1.19	1.25	1.29

试求 $y=Ae^{-\beta/x}$,($\beta>0$)型的非线性回归方程,并求相关系数 R 及剩余标准差 S_y.

10. 将下面数学模型化为一元或多元线性回归模型:

(1) $\dfrac{1}{y_i}=a+\dfrac{b}{x_i}+\varepsilon_i$, $a>0,b<0$;

(2) $y_i=ax_i^b\varepsilon_i$, $a>0$;

(3) $y_i=ae^{bx_i}\varepsilon_i$, $b\neq0$;

(4) $y_i=\dfrac{1}{a+be^{-x_i}+\varepsilon_i}$, $b>0$;

(5) $y_i=kx_{1i}^ax_{2i}^b\varepsilon_i$;

(6) $y_i = b_0 + b_1 x_i + b_2 x_i^2 + \cdots + b_p x_i^p + \varepsilon_i.$

11. 在经济模型中,假定产出 Q 与劳动投入 L、资本投入 K 有关系

$$Q = AL^\alpha K^\beta \quad (\text{其中 } \alpha + \beta = 1)$$

称为 Cobb-Douglas 生产函数模型,其中 α 是劳动弹性,β 是资本弹性,$A = a_0 e^{mt}$,a_0 为常数,t 为年份,m 可解释为技术进步率,$\alpha + \beta = 1$ 表示规模报酬不变,令 $q = Q/L$,$k = K/L$,模型成为

$$q = a_0 e^{mt} k^{1-a}.$$

某造纸公司 1963—1978 年间生产增长统计数据如下所示:

年度 t_i	1963	1964	1965	1966	1967	1968	1969	1970
固定资产装备率 k_i(元/人)	7164.9	7655.9	6634.2	7161.1	7555.6	7380.8	7607.3	8246.2
劳动生产率 q_i(元/人年)	19945	22034	24143	23970.	21166	20778	22880	23393
年度 t_i	1971	1972	1973	1974	1975	1976	1977	1978
固定资产装备率 k_i(元/人)	8662.4	8748.6	9154.0	9292.2	9589.3	9820.6	10379.9	9480.3
劳动生产率 q_i(元/人年)	24917	26235	28946	30214	32187	31917	31801	29790

试求生产函数 $Q = a_0 e^{mt} L^a K^\beta$ 的经验回归方程.

12. 在维尼纶缩醛化试验中,固定其他因素,考虑甲醛浓度 x_1、反应时间 x_2 对醛化度 Y 的影响,得到如下一批数据.

x_{1i}	32.10	32.10	32.10	32.10	32.10	32.10	33.00	33.00	33.00
x_{2i}	3	5	7	12	20	30	3	5	7
y_i	17.8	22.9	25.9	29.9	32.9	35.4	18.2	22.9	25.1
x_{1i}	33.00	33.00	33.00	27.60	27.60	27.60	27.60	27.60	27.60
x_{2i}	12	20	30	3	5	7	12	20	30
y_i	28.6	31.2	34.1	16.8	20.0	23.6	28.0	30.0	33.1

试求 $y = a + b_1 x_1 + b_2 / x_2$ 型的回归方程.

13. 赤马山二号矿体共有 5 个标高,标高的取值是矿体头部为 1,尾部为 0. 为计算方便,共取矿样 123 个,将每个标高的矿样按剖面进行合并,得原始数据如下表,其中 H 为矿体标高,x_1, x_2, x_3, x_4 依次为 Cu,Ag,W,Mo 元素含量的对数值.

| | | x_{1i} | x_{2i} | x_{3i} | x_{4i} | y_i |
		Cu	Ag	W	Mo	H
1	地表 14 线	3.7220	0.1931	1.2773	0.1290	1
2	15 线	3.7937	0.1931	0.9479	0.2996	1
3	16 线	3.4445	0.3693	0.3010	0.0753	1
4	100m15 线	3.3584	0.4276	0.8332	0.9389	0.8
5	15 线	3.4364	0.2422	0.5900	0.6299	0.8
6	16 线	4.2385	0.8305	1.5680	0.6505	0.8
7	50m15 线	4.2705	1.1988	1.1220	1.1170	0.6
8	16 线	4.1728	0.9989	1.1798	0.4947	0.6
9	17 线	3.8432	0.7802	1.2150	0.2802	0.6
10	19 线	4.0395	1.0000	1.6215	0.6020	0.6
11	0m15 线	4.2415	1.0425	0.9210	0.3368	0.4
12	16 线	4.0539	0.8871	1.2178	0.3384	0.4
13	17 线	4.1291	0.9509	1.0464	0.3259	0.4
14	−50m16 线	4.1883	1.0005	0.4838	0.3967	0.2
15	17 线	4.5298	1.1833	0.6977	0.2092	0.2
16	18 线	4.3333	1.2177	1.3303	0.3920	0.2
$\sum$		63.7984	12.5157	16.2527	7.2161	9.6

(1) 已算得简单相关系数矩阵的上三角部分为：

$$R^{(0)} = \begin{bmatrix} 1 & 0.8754 & 0.3698 & -0.0066 & -0.7490 \\ & 1 & 0.2962 & 0.1905 & -0.8492 \\ & & 1 & 0.2334 & -0.0210 \\ & & & 1 & 0.0385 \\ & & & & 1 \end{bmatrix}$$

逐步回归分析的第 1 步应选哪一个变量？接受这个变量的显著性检验如何进行（取 $\alpha = 0.10$）？

(2) 如果 $R^{(0)}$ 经过若干次逐步回归消去变换后成为下面的矩阵：

$$\begin{bmatrix} 0.220289 & -0.839520 & -0.121135 & -0.194802 & -0.033536 \\ 0.839520 & 1.096172 & -0.324686 & 0.133039 & -0.924051 \\ 0.121135 & -0.324686 & 1.096172 & 0.193994 & 0.252704 \\ -0.194802 & -0.133039 & -0.193994 & 0.929378 & 0.155551 \\ -0.033536 & 0.924051 & -0.252704 & 0.155551 & 0.220603 \end{bmatrix},$$

问回归方程中包含哪几个变量？逐步回归分析剔选因子阶段是否到此结束，如何检验（取 $\alpha = 0.10$）？

（3）计算逐步回归分析的最后结果，包括：经验回归方程，剩余标准差 S_y，复相关系数 R.

14. 某种水泥在凝固时放出的热量 Y（卡/克）与水泥中下列 4 种化学成分有关：

$x_1 : 2Cao \cdot Al_2O_3$ 的成分（%），

$x_2 : 3Cao \cdot SiO_2$ 的成分（%），

$x_3 : 4Cao \cdot Al_2O_3$ 的成分（%），

$x_4 : 2Cao \cdot SiO_2$ 的成分（%），

原始数据如下表，作 Y 对 x_1, x_2, x_3, x_4 的逐步回归分析（取 $\alpha = 0.05$）.

i	x_{1i}	x_{2i}	x_{3i}	x_{4i}	y_i
1	7	26	6	60	78.5
2	1	29	15	52	74.3
3	11	56	8	20	104.3
4	11	31	8	47	87.6
5	7	52	6	33	95.9
6	11	55	9	22	109.2
7	3	71	17	6	102.7
8	1	31	22	44	72.5
9	2	54	18	22	93.1
10	21	47	4	26	115.9
11	1	40	23	34	83.8
12	11	66	9	12	113.3
13	10	68	8	12	109.4
$\sum$	97	626	153	390	1240.5

（1）设已算得简单相关系数矩阵的上三角部分为：

$$R^{(0)} = \begin{bmatrix} 1 & 0.228579 & -0.824134 & -0.245445 & 0.730717 \\ & 1 & -0.139242 & -0.972955 & 0.816252 \\ & & 1 & 0.029537 & -0.534670 \\ & & & 1 & -0.821304 \\ & & & & 1 \end{bmatrix}$$

逐步回归分析的第 1 步应选哪一个变量？如何进行它的显著性检验？

(2) 设依次选入变量 x_4, x_1, x_2 后，$R^{(0)}$ 经过 3 次逐步回归消去变换后成为下面的矩阵：

$$R^{(3)} =$$

$$\begin{bmatrix} 1.066330 & 0.204391 & -0.893654 & 0.460589 & 0.567737 \\ 0.204391 & 18.780351 & -2.242271 & 18.322604 & 0.430415 \\ 0.893654 & 2.242271 & 0.021336 & 2.371435 & 0.000926 \\ 0.460589 & 18.322604 & -2.371435 & 18.940119 & -0.263182 \\ -0.567737 & -0.430415 & 0.000926 & 0.263182 & 0.017664 \end{bmatrix}$$

逐步回归分析的第 4 步是剔除变量还是选取变量呢？为什么？

(3) 计算逐步回归分析的最后结果，包括：经验回归方程，剩余标准差 S_y，复相关系数 R.

第 10 章

正交试验设计法

在生产和科学研究中,经常要做许多试验.试验安排得好,试验次数不多,就能得到满意的结果;试验安排得不好,次数增多,浪费大量的人力和物力,有时还会由于时间拖长,使试验条件发生变化而导致试验失败.因此,如何合理地设计试验是很值得研究的一个问题.一项科学的合理的试验设计应该做到试验次数尽可能地少,又便于分析试验数据,得到满意的结果.试验设计的基本思想是由英国生物统计学家费歇(R. A. Fisher)在进行农业田间试验时首先提出的. 19世纪 30、40 年代,在英国、美国、前苏联等国已将试验设计逐步推广到工业生产领域中去.在第二次世界大战之后,在日本全国普遍推广的正交试验设计法,对日本经济飞速发展起了十分重要的作用.

试验设计的内容十分丰富.本章我们介绍正交试验设计法.

10.1 正交试验设计的基本方法

正交试验设计法是利用一套现成的规格化的表——**正交表**,科学地安排与分析多因素试验的一种方法.它的主要优点是:能在众多的试验条件中选出代表性强的少数试验条件,并能通过这些较小次数的试验,找到较好的生产条件.它不仅效率较高,而且使用十分方便.

10.1.1 正交表

正交表是已经制作好的表格,是正交试验设计的工具.本书附表九列出了最常用的正交表. 例如正交表 $L_8(2^7)$ 有 8 行 7 列,每列由两个字码"1"和"2"组成. 有两个特性:

1° 任意一列中各字码出现的次数相同;

2° 任意两列,从横向数对来看,所有各种可能的数对 (1,1),(1,2),(2,1),(2,2) 出现的次数都相同,各出现两次.

最一般的正交表可表示为 $L_n(t_1 \times t_2 \times \cdots \times t_q)$,其中 L 是正交表的代号,是 Latin Square 的第一个字母;下标 n 是正交表的行数;q 表示正交表中的列数;t_j 表示第 j 列出现的不同的数字数,称为第 j 列的水平数. $t_1, \cdots, t_q$ 可以不等,也可以全部相等. 正交表都具有 $L_8(2^7)$ 的上述两个特性,即具有如下的 **正交性**:

1° 任意一列,各数字出现的次数都相同. 如第 j 列,每个不同的数字出现的次数为

$$r_j = n/t_j, \qquad j = 1, \cdots, q; \tag{10.1}$$

2° 任意两列,横向形成的数对,就一切可能的数对来说,出现的次数都相同. 如第 j 列与第 k 列 $(j \neq k)$,每个数对出现的次数都为

$$R_{jk} = n/(t_j t_k). \tag{10.2}$$

关于正交表的构造原理,要涉及较多的抽象代数知识,此处不作介绍.

10.1.2 正交试验的实施

我们通过例子来说明制定试验方案的步骤.

例 1 为提高某化工产品的收率,选择了三个有关的因素:反应温度(A)、加碱量(B)、催化剂种类(C). 这三个因素各选了三个水平,列成 **因素水平表**,如表 10.1 所示.

表 10.1 例 1 的因素水平表

因素 水平	$A(\text{℃})$	$B(\text{kg})$	C
1	80	35	甲
2	85	45	乙
3	90	55	丙

对一个试验设计问题,首先要明确试验目的,确定**试验指标**,挑选**因素**,选取**水平**.这一步需由试验设计者按实际情况,根据经验和专业知识确定.

在因素水平表中,各个因素的水平编号可以任意安排,最好是打乱次序随机地安排.但一经排定,以后就不许再变了.

在因素水平表制定以后,对因素水平数都一样的试验,可选用 $L_n(t^q)$ 型的正交表,使得列数 q 不小于因素的个数,并且底数 t 与水平数相等.这些要求满足后,一般选用行数 n 较小的正交表.如对例 1,可选用正交表 $L_9(3^4)$.

正交表选定后就可确定试验方案.为此首先要因素"上列":把各因素放在正交表表头上,每个因素放一列.这称为**表头设计**.因素的表头设计可以随机化,也可以依次放因素于前面的各个列.如有多余的列未放因素,则在确定试验条件时不起作用,可以抹掉.不放因素的列称为**空列**.例 1 中三个因素依次放到 $L_9(3^4)$ 的前三列,可将第 4 列抹掉(参见表 10.2).

各个因素在正交表的表头上放好后,要把相应的水平,按因素水平表所确定的关系,对号入座:如例 1 选用 $L_9(3^4)$ 的第 1 列由因素 A 所占,那么第 1 列的三个数字"1"的后面,都写上"(80℃)",即 A_1;在第 1 列的三个数字"2"的后面,都写上"(85℃)",即 A_2;在第 1 列的三个数字"3"的后面都写上"(90℃)",即 A_3.第 2、3 列的填法类似(参见表 10.2).

表 10.2 的每一横行代表要试验的一种条件.每种条件做一次试验,共做 9 次试验.因此正交表的行数即为要做试验的次数.由表 10.2 知例 1 的试验方案是:第 1 号试验的工艺条件是反应温度 80℃,加碱量 35kg,用甲种催化剂……第 9 号试验的工艺条件是反应温度 90℃,加碱量 55kg,用乙种催化剂.

表 10.2　例 1 试验方案制定表

试验号 \ 因素（列号）	温度 A (℃)	用碱量 B (kg)	催化剂种类 C
	1	2	3
1	1(80)	1(35)	1(甲)
2	1(80)	2(45)	2(乙)
3	1(80)	3(55)	3(丙)
4	2(85)	1(35)	2(乙)
5	2(85)	2(45)	3(丙)
6	2(85)	3(55)	1(甲)
7	3(90)	1(35)	3(丙)
8	3(90)	2(45)	1(甲)
9	3(90)	3(55)	2(乙)

10.1.3　正交试验结果的直观分析

利用正交表制定试验方案后,就要严格按照方案中规定的每号试验条件做试验,并记录每号条件的试验结果.即使凭借专业知识或实际经验可以断定其中某号试验的效果肯定不好,仍要认真完成,因为每号试验的结果都将从不同的角度提供有用的信息.

除了在制定因素水平表时对因素水平的编号进行随机化外,也要对试验号码随机化以确定试验进行的次序.这样做是减少试验中由于先后掌握不匀带来的误差干扰.这个办法并非对所有试验都适用.例如有时必须照顾操作的方便来决定试验的次序.另外,有些试验的次序是不能随意改变的.

把试验结果填入表 10.2 的右方,就得到试验结果分析表(见表10.3)的上半部分.

表 10.3 例 1 试验结果分析表

试验方案				试验指标
因素 列号 试验号	A 1	B 2	C 3	收率(%)
1	1(80℃)	1(35kg)	1(甲)	51
2	1	2(45kg)	2(乙)	62
3	1	3(55kg)	3(丙)	58
4	2(85℃)	1	2	82
5	2	2	3	69
6	2	3	1	59
7	3(90℃)	1	3	77
8	3	2	1	85
9	3	3	2	81
$T_1^{(j)}$	171	210	195	
$T_2^{(j)}$	210	216	225	
$T_3^{(j)}$	243	198	204	
$t_1^{(j)}$	57	70	65	
$t_2^{(j)}$	70	72	75	
$t_3^{(j)}$	81	66	68	
$R^{(j)}$	24	6	10	

用简单的"**直观分析法**"能分析试验结果.

(1) 直接看:直接比较已做的 9 次试验得到的收率,容易看出第 8 号试验的收率 85%最高. 第 8 号试验的水平组合 $A_3B_2C_1$ 称为"**直接看**"的好条件.它是通过试验的实践直接得到的,比较可靠.

(2) 算一算:对正交试验的结果,通过简单的计算,可以分析各因素的哪一个水平较好,往往由此能找出较好的条件,也能粗略地估计一下哪些因素比较重要.

令 $T_i^{(j)}$ 为第 j 列水平 i 所对应的试验指标值的和($i=1,2,3;j=1,2,3$). 例如 $T_1^{(1)}=51+62+58=171$, $T_2^{(3)}=52+82+81=225$, 等等, 算出填入表 10.3. 又令

$$t_i^{(j)}=T_i^{(j)}/3, \qquad i=1,2,3, \quad j=1,2,3.$$

则 $t_1^{(1)},t_2^{(1)},t_3^{(1)}$ 分别表示放在第 1 列的因素 A, 即反应温度取 A_1,A_2, A_3 水平时的平均收率. 比较 $t_1^{(1)}=57,t_2^{(1)}=70,t_3^{(1)}=81$ 的大小, 知温度取水平 A_3 时平均收率较取 A_1,A_2 时为优, 所以 A_3 的效果最好. 这种可比性的基础, 是由正交表的正交性所反映的**整齐可比性**的特点所决定的. 在某因素同一水平的各次试验中, 其他各因素均遍取各种水平, 而且各种水平出现的次数相同. 故平均指标中, 虽然其他因素在变动, 但这种变动是"平等"的. 所以通过平均指标的对比, 就能反映某因素的各水平不同的影响大小. 如此也可找出因素 B,C 的较好水平为 B_2,C_2. 于是通过"算一算", 得到了一个较优的水平组合 $A_3B_2C_2$, 称为**"算一算"的好条件**.

把每个因素各个水平的平均指标的最大者与最小者的差, 称为该因素的**极差**. 如某因素排在第 j 列, 该因素的极差记为 $R^{(j)}$, 有

$$R^{(j)}=\max_i\{t_i^{(j)}\}-\min_i\{t_i^{(j)}\}.$$

极差的大小, 反映了因素水平变化时试验指标的变化幅度. 因此, 某因素的极差越大, 说明该因素对试验指标的影响越大, 它就越重要. 由表 10.3 的极差计算结果, 依极差从大到小, 可以排出例 1 中各因素的主次顺序是:

主——→次

$A;C;B.$

在"算一算"的好条件中, 是否每个因素一定要取平均指标最优的水平呢? 回答是不一定. 因为各个因素对试验指标的影响不同, 可以区别对待. 例如在例 1 中, 对于极差大的主要因素 A, 必须将它控制在最好水平 A_3 上. 因素 C 极差居中, 但用乙种催化剂比甲、丙种的收率要高, 所以应取乙种. 因素 B 是次要因素. 对于次要因素不一定取平均指标最优的水平. 由表 10.3 可知, 加碱量用 35kg 时平均收

率为 70%，用 45kg 时平均收率为 72%，两者相差不多. 核算增加加碱量与提高收率两者的经济效益，考虑到既要节约用碱量又要保证收率的提高，也可取加碱量为 35kg. 因此 $A_3B_1C_2$ 也可能是一个较优的水平搭配.

10.1.4　验证试验与下一轮试验

通过对正交试验结果的直观分析，得到的"直接看"好条件 $A_3B_2C_1$，"算一算"好条件 $A_3B_2C_2$ 与 $A_3B_1C_2$ 中，三者中究竟哪一个是较优的工艺条件呢？由于在例 1 中，$A_3B_2C_2$ 与 $A_3B_1C_2$ 两组条件均未做过试验，应该补充各做一次试验，以便验证比较. 试验结果是 $A_3B_2C_2$ 的收率是 90%，$A_3B_1C_2$ 的收率为 89%，都比 $A_3B_2C_1$ 的收率好. 从保证收率高的原则下考虑节约用碱量，可选用 $A_3B_1C_2$ 作为好的条件进行生产.

如拟进一步改善试验指标，可以设计下一轮正交试验，寻找更好的条件. 下一轮试验应对这一轮试验分析得到的主要因素详尽考察. 由表 10.3 可见，收率随温度的增加而增加. 且试验的最佳点在试验范围的边界上. 为了探索更好的工艺条件，在下一轮试验中，应在 90℃ 附近扩大反应温度的试验范围，再行探索. 对于很次要的因素，如果不影响其他的考核指标，可以选用适当的水平加以固定，以减少下一轮试验的次数. 如果要考察在这一轮试验中固定的因素，可在下一轮试验中加以考察.

10.2　水平数不同的试验，多指标试验

前面我们介绍了水平数相同的正交试验. 在实际问题中也有另外的情况，有些因素希望重点考察而多取几个水平，而另一些定性因素（例如原料品种、设备套数、催化剂种类等）的水平是自然取定的，不能随意更改. 这样就会碰到水平数不同的多因素试验. 安排水平数不同的正交试验的基本方法是利用各列水平数不同的混合水平正交表，另外还有拟水平法.

10.2.1 利用混合水平正交表

例1 污水去镉去锌的试验

试验目的:某化工厂对于含有锌、镉等有毒物质的废水进行处理试验,探索应用沉淀法进行一级处理的优良条件.

考核指标:处理后废水含锌含镉量.

1. 确定试验方案

(1)制定因素水平表,如表10.4.

pH值对去锌、去镉的一级处理有较大的影响.从pH值7到11排了四个水平,进行重点考察.加凝聚剂(聚丙烯酰胺)和$CaCl_2$的目的,都是为了加快沉淀速度,但不知对于去锌、去镉有无影响,所以都分别比较一下"加"和"不加"两个水平.至于沉淀剂,过去一直用Na_2CO_3,但考虑到邻厂有大量NaOH废液,因此需要考察一下用NaOH代替Na_2CO_3的可能性.

表10.4 例1的因素水平表

因素 水平	pH值 A	沉淀剂种类 B	$CaCl_2$ C	废水浓度 D	凝聚剂 E
1	7~8	Na_2CO_3	加	稀	加
2	8~9	NaOH	不加	浓	不加
3	9~10				
4	10~11				

(2)利用混合水平正交表,确定试验方案.

混合水平正交表$L_8(4×2^4)$,最多能安排一个4水平因素和四个2水平因素.本例用它正是恰到好处.将试验方案、试验得到的指标数据以及下面介绍的计算结果一并列入,得到表10.5.

表 10.5　例 1 试验结果分析表

列号 \ 因素 \ 试验号	A 1	B 2	C 3	D 4	E 5	含镉量 x(mg/L)	含锌量 y(mg/L)	综合指标
1	1(7~8)	1(Na$_2$CO$_3$)	1(加)	1(稀)	1(加)	0.72	1.36	45
2	1	2(NaOH)	2(不加)	2(浓)	2(不加)	0.53	0.42	85
3	2(8~9)	1	1	2	2	0.80	0.96	55
4	2.	2	2	1	1	0.30	0.50	90
5	3(9~10)	1	2	1	2	0.52	0.90	70
6	3	2	1	2	1	0.21	0.42	95
7	4(10~11)	1	2	2	1	0.60	1.00	65
8	4	2	1	1	2	0.13	0.40	100
$T_1^{(j)}$	130	235	295	305	295			
$T_2^{(j)}$	145	370	310	300	310			
$T_3^{(j)}$	165							
$T_4^{(j)}$	165							
$t_1^{(j)}$	65	58.75	73.75	76.25	73.75			
$t_2^{(j)}$	72.5	92.50	77.50	75.00	77.50			
$t_3^{(j)}$	82.5							
$t_4^{(j)}$	82.5							
$R^{(j)}$	17.5	33.75	3.75	1.25	3.75			

2. 试验结果的分析,综合评分

本试验有两个指标,一个是含锌量,另一个是含镉量.这是一个多指标的问题,与上节例 1 有明显的不同.虽然我们可以将两个指标拆开,分别按单个指标的情况处理,然后综合平衡兼顾两个指标,找出较好的条件.但是这样做较麻烦,有时甚至很难兼顾多个指标.

对于多指标的试验,我们通常采用**综合评分法**.简单易行的是**排队评分法**.具体来说,对例 1,按 8 个试验结果的去锌、去镉的全面情况进行综合考虑,从优到劣排个队,然后评分.最好的是第 8 号,去锌、去镉的效果都好,给 100 分;其次为第 6 号,给 95 分.其余逐个减下去,少给多少分大体上也与它们效果的差距相应.此法虽较粗糙(评分带有评分者的主观性),但比分别按单指标处理,要简便有效.

(1) **直接看**:由综合评分直接比较,第 8 号试验的条件 $A_4B_2C_1D_1E_2$ 为"直接看"的好条件.

(2) **算一算**:对每个因素,计算各水平的综合评分之和 $T_i^{(j)}$、平均综合评分 $t_i^{(j)}$,以及极差 $R^{(j)}$,计算方法与上节例 1 相似,但 $t_i^{(1)} = T_i^{(1)}/2$ $(i=1,2,3,4)$,而 $t_i^{(j)} = T_i^{(j)}/4$ $(j=2,3,4,5;i=1,2)$.因素 B 的极差 $R^{(2)} = 33.75$ 最大,是重要因素,取 B_2 为优水平,用 NaOH 作沉淀剂比 Na_2CO_3 好.因素 A 的极差 $R^{(1)} = 17.5$,居中,是较重要的因素,取 A_3 或 A_4,即取 pH 值 9~11 较好.其余三个因素是次要因素.废水浓度关系不大,说明这种处理污水的方法应用面较宽,同时适用不同浓度的废水处理.至于 $CaCl_2$ 和凝聚剂,加不加对去锌、去镉量影响不大.但经过验证试验知道.加凝聚剂可以加快沉淀速度,而加 $CaCl_2$ 效果不明显.所以决定加凝聚剂而不加 $CaCl_2$.得到处理该厂污水的优良条件是,不论废水浓度稀或浓,都采用 pH 值 9~11,加凝聚剂,用 NaOH 作沉淀剂,不加 $CaCl_2$.

排除评分法不只是限于应用在多指标的情况,对于某些定性的单指标(例如色泽、图像清晰度等)也需要用它来处理.

对于多指标问题,还有一种将它转化为单指标的办法,即所谓**公式评分法**.如对例 1,由于处理后的废水含镉量指标 x 与含锌量指标 y 的重要性相差不大,可采用综合评分公式:$x+y$. $x+y$ 越小,相应的试验越好.

10.2.2 拟水平法

例 2 为提高某化工产品的综合收率,考察温度(A)、甲醇钠量(B)、醛的状态(C)、缩合剂用量(D)四个因素,除醛的状态只有固态与液态两个水平外,其余三因素都取 3 水平.

表 10.6　例 2 的因素水平表和试验结果分析表

试验方案					试验指标
因素 列号 试验号	A	B	C	D	收率(%)
	1	2	3	4	
1	1(35℃)	1(3kg)	1(固)	1(0.9kg)	69.2
2	1	2(5kg)	2(液)	2(1.2kg)	71.8
3	1	3(4kg)	3(液)	3(1.5kg)	78.0
4	2(25℃)	1	2	3	74.1
5	2	2	3	1	77.6
6	2	3	1	2	66.5
7	3(45℃)	1	3	2	69.2
8	3	2	1	3	69.7
9	3	3	2	1	78.8
$T_1^{(j)}$	219	212.5	205.4	225.6	
$T_2^{(j)}$	218.2	219.1	449.5	207.5	
$T_3^{(j)}$	217.7	223.3		221.8	
$t_1^{(j)}$	73.0	70.8	68.5	75.2	
$t_2^{(j)}$	72.7	73.0	74.9	69.2	
$t_3^{(j)}$	72.6	74.4		73.9	
$R^{(j)}$	0.4	3.6	6.4	6.0	

由(10.2)式知,正交表的行数 n 能被任意两列水平数的积整除,故本例需要进行 18 次试验,可用混合水平正交表 $L_{18}(2\times3^7)$.但能否仍用表 $L_9(3^4)$ 来安排,以减少试验次数呢？这是可能的.解决的办法就是把因素 C 凑成 3 水平.如果 C 是定量因素,这很容易办到.但现在 C 是定性因素,其水平是自然形成的,只有固、液态两种.我们可以把 C_1 或 C_2 中的一个水平(一般把估计效果好的或着重考察的

那个水平)虚设为因素 C 的第 3 水平,凑成 3 水平. 这个虚拟的第 3 个水平称为拟水平.

列出因素水平表如表 10.6 中所示,然后按通常的方法制定试验方案. 试验结果的计算分析与表 10.5 类似,见表 10.6. 只要注意放有拟水平的列,按实际水平计算它们的总和及平均指标即可. 本例 $t_1^{(3)} = T_1^{(3)}/3$,而 $t_2^{(3)} = T_2^{(3)}/6$.

所做的 9 次试验中,第 9 号试验的收率最好,"直接看"好条件为 $A_3B_3C_2D_1$. 而"算一算"的好条件为 $A_1B_3C_2D_1$. 但考虑到第 1 列的极差很小,因素 A 是次要因素,而 A_2(25℃)比 A_1(35℃)消耗能源少,所以选用 $A_2B_3C_2D_1$ 投入试生产.

10.3　考虑交互作用的正交试验设计法

10.3.1　交互作用列

$L_{t^k}(t^q)$ 型(其中 t 是素数)正交表,是**完备型**的正交表,表内任意两列的交互作用列都在原表内,而且两列的交互作用列是表内另外的 $(t-1)$ 列. 这些正交表都附有"**两列间的交互作用列表**",或说明任意两列的交互作用列是另外的列. 但不是所有正交表的任意两列的交互作用列都在原表内,例如正交表 $L_{12}(2^{11})$,$L_{18}(2\times3^7)$ 等就不具有这种性质.

表 10.7 是 $L_8(2^7)$ 的"两列间的交互作用列表",表上所有数字都是列号. 如查第 1 列和第 4 列的交互作用列,要从(1)横着向右看,从(4)竖着向上看,它们的交叉点 5,即表示第 5 列是第 1 列和第 4 列的交互作用列.

表 10.7 $L_8(2^7)$ 二列间的交互作用列表

列号\列号	1	2	3	4	5	6	7
1	(1)	3	2	5	4	7	6
2		(2)	1	6	7	4	5
3			(3)	7	6	5	4
4				(4)	1	2	3
5					(5)	3	2
6						(6)	1
7							(7)

10.3.2　表头设计和正交试验方案

一般,考虑交互作用的正交试验表头设计的步骤是:(1) 先放好考虑交互作用的两个因素;(2) 藉助两列间的交互作用列表,标好要考察的已排因素的交互作用列;(3) 再放好剩下的任一个因素.要注意一条基本的原则,它不能再放在已放因素的列,也不能放在要考察的已排因素的交互作用列上,即要避免"混杂".以下重复(2)、(3)直至把所有的因素及要考察的交互作用列标好,就完成了表头设计.

例1　为提高乙酰胺苯磺化反应的收率,因素水平表如下:

水平\因素	反应温度 A	反应时间 B	硫酸浓度 C	操作方式 D
1	50℃	1h	17%	搅拌
2	70℃	2h	27%	不搅拌

化工反应中,反应温度和反应时间之间往往有着密切的联系,需要考察这两个因素之间的交互作用 $A \times B$.但根据经验,本例其余因素的交互作用可以忽略,不必考虑.

本例采用正交表 $L_8(2^7)$.先要放因素 A 和 B.将 A 放在第 1 列,B 放在第 2 列,查出第 3 列为它们的交互作用列.这时,因素 C 或 D

就不能放在第 3 列了,否则在分析试验结果时将会产生混杂.可将 C 放在第 4 列,D 放在第 7 列,见表 10.8 的表头设计.

表 10.8　例 1 的表头设计和试验结果分析表

表头设计　列号　试验号	试验方案							试验指标
	A	B	$A\times B$	C			D	收率
	1	2	3	4	5	6	7	(%)
1	1(50℃)	1(h)	1	1(17%)	1	1	1(搅拌)	68
2	1	1	1	2(27%)	2	2	2(不搅拌)	78
3	1	2(2h)	2	1	1	2	2	78
4	1	2	2	2	2	1	1	79
5	2(70℃)	1	2	1	2	2	1	73
6	2	1	2	2	1	2	1	81
7	2	2	1	1	2	1	2	63
8	2	2	1	2	1	1	2	73
$T_1^{(j)}$	303	300	282	282	300	293	291	$n=8$
$T_2^{(j)}$	290	293	311	311	293	300	302	$T=593$
$t_1^{(j)}$	75.75	75	70.5	70.5			72.75	$\bar{y}=74.125$
$t_2^{(j)}$	72.5	73.25	77.75	77.75			75.5	
$R^{(j)}$	3.25	1.75	7.25	7.25			2.75	
S_j	21.125	6.125	105.125	105.125	6.125	6.125	15.125	$S_T=264.875$

试验方案的制定办法与 10.1 节相同,即由排了因素的列给出试验条件.本例的表头设计告诉我们,由 $L_8(2^7)$ 的第 1,2,4,7 列给出试验方案,参照不考虑交互作用时的原则执行.

10.3.3　试验结果的直观分析

按规定的方案做试验后,将试验指标 $y_1,\cdots,y_n$ 填在表 10.8 的最后一列上.

这里需指出的是,交互作用不是具体的因素,当然也就无所谓水平了.因此在确定试验方案中,交互作用列是不起作用的,但在计算分析试验结果时要用到它.计算分析时,因素间交互作用列与各因素所放的列同样对待. 表 10.8 给出例 1 的直观分析计算结果. 由表 10.8 可知"直接看"的好条件为 $A_2B_1C_2D_1$, 它的收率是 81%. "算一算"的好条件要先从极差 $R^{(j)}$ 的大小排出因素和交互作用的主次关系: 依极差从大到小的次序是 $A\times B, C; A, D, B$. 由于因素 A 与 B 的交互作用列的极差较大, 说明因素 A 与 B 的交互作用 $A\times B$ 的影响较大, 所以必须重视因素 A 与 B 的水平搭配. 为此要计算水平搭配的试验指标之和, 列成表 10.9.

表 10.9 A, B 搭配效果表

指标和　因素 B 因素 A	B_1	B_2
A_1	$68+78=146$	$78+79=157$
A_2	$73+81=154$	$63+73=136$

由表 10.9, 看出 A 与 B 的水平搭配 A_1B_2 最好, A_2B_1 亦佳; 又因 C 显著, 而 $t_2^{(4)}>t_1^{(4)}$, 故 C_2 较好; D 是次要因素, 选 D_2 可简化操作. 综合起来, 产品收率的较优生产条件是 $A_1B_2C_2D_2, A_2B_1C_2D_2$ 与 $A_2B_1C_2D_1$. 通过验证试验和下一轮试验, 可以继续寻找更好的生产条件.

三水平以上的交互作用分析较复杂, 也不便于应用极差分析法, 通常都用方差分析法.

例 1 中 2 水平四因素的完全组合试验需要 $2^4=16$ 次. 利用 $L_8(2^7)$ 安排的正交试验是部分实施. 这在某些交互作用为零的前提下, 是可以安排的. 但是, 在一般项目中, 试验前并不具备这种"交互作用为零"的经验, 而且实际项目的目标, 大多数试验是要求提高效益, 找好的水平组合条件. 所以利用正交表安排试验, 首先要多排起作用的因素, 其次是在不增加次数的前提下多分水平, 达到试验点均衡散布的目的, 从而增加出现好条件的机会, 这是实质的利益所在. 切不可出现主观上想看交互作用而少排因素或少分水平,以致漏掉重要因素或重要因素的好水平,降低试验的实际效果.

10.4　正交试验的方差分析

正交试验的直观分析法的优点是简单直观,计算工作量小.但直观分析法不能给出试验误差大小的估计,不能从定量方面判断每个因素对试验指标的影响是否显著.为了弥补这些不足,可以同时采用方差分析法.

在第 8 章中我们学习方差分析时,已经知道,方差分析法的主要思想是将数据的总变差平方和分解为因素的变差平方和与随机误差的平方和;而用各因素的变差平方和与误差平方和之比,作 F 检验,即可判断因素的作用是否显著.不过,那时的计算量太大,使用不方便.而由正交表安排的试验所得的结果,在计算各个平方和时比较方便,这就使方差分析的计算非常简单.

对一般的正交试验,方差分析的基本计算是计算各列的**变差平方和**.仍以 10.1 节中例 1 来介绍正交试验的方差分析法.

设 $y_1,\cdots,y_n$ 是 $n=9$ 次试验的指标数值,令

$$T \triangleq \sum_{i=1}^{n} y_i, \tag{10.3}$$

则**总平方和** $S_T \triangleq \sum_{i=1}^{n}(y_i-T/n)^2$ 有计算公式

$$S_T = \sum_{i=1}^{n} y_i^2 - T^2/n. \tag{10.4}$$

令　　　　$f_T \triangleq n-1,$ 　　　　　　　　　　　　(10.5)

并称 f_T 为总平方和 S_T 的**自由度**.

称

$$S_j \triangleq \sum_{i=1}^{3} 3\left(\frac{T_i^{(j)}}{3}-\frac{T}{n}\right)^2 = \sum_{i=1}^{3} \frac{[T_i^{(j)}]^2}{3} - \frac{T^2}{9}$$

为第 j 列的**变差平方和**.

在一般的情况下,设正交表的第 j 列有 t_j 个水平,则每个水平做了 $r_j = n/t_j$ 次试验.令 $T_i^{(j)}$ 表示第 j 列相应于水平 i 的 r_j 次试验指标值之和 $(i=1,\cdots,t_j)$. 称

$$S_j \triangleq \sum_{i=1}^{t_j} [T_i^{(j)}]^2/r_j - T^2/n \tag{10.6}$$

为第 j 列的**变差平方和**,并称

$$f_j \triangleq t_j - 1 \tag{10.7}$$

为 S_j 的**自由度**.

如第 j 列放有某因素,则称 S_j 为该因素的**主效应平方和**.本例中,记因素 A,B,C 的主效应平方和为 S_A,S_B,S_C,则 $S_A=S_1$, $S_B=S_2$, $S_C=S_3$.

称 $$S_E \triangleq S_T - \sum_j S_j \tag{10.8}$$

为**误差平方和**,其自由度为

$$f_E \triangleq f_T - \sum_j f_j \tag{10.9}$$

其中求和的累加号都是对那些排有因素的列号 j 进行的.

可以证明,在一些基本假设下(限于篇幅,我们不给出这些基本假设),当不等式

$$F_j \triangleq \frac{S_j/f_j}{S_E/f_E} > F_{1-\alpha}(f_j, f_E) \tag{10.10}$$

成立时,放在第 j 列的因素的作用是显著的.

在具体计算时,常用如表 10.10 的方差分析表(为了紧凑起见,已把本例的计算结果填入表内).但请注意,在表 10.10 中,我们已将均方与误差均方相差不多的因素平方和 S_B 并入 S_E,用

$$\overline{S_E'} = (S_B + S_E)/(f_B + f_E)$$

重新计算误差均方了.此时误差平方和 $S_E' = S_B + S_E$ 的自由度为 $f_B + f_E$.这样做的目的是增加误差平方和的自由度,以提高检验的灵敏度,即不至于造成对有显著影响的因素,但 F 检验却判断不了.另

外,由于正交试验的特点是试验次数 n 很小,而 f_E 更小.为此,除了在计算误差均方时作上述的改进外,在作 F 检验时可适当取稍大的显著性水平 α.

对本例,由表 10.10 及分位数 $F_{0.90}(2,4)=4.32$,可知只有因素 A 的作用是显著的.

表 10.10　10.1 节中例 1 的方差分析表

方差来源	平方和	自由度	均方	F 比
因素 A	$S_A=S_1=866$	$f_A=f_1=2$	$\overline{S_A}=S_A/f_A=433$	$F_A=\overline{S_A}/\overline{S_{E'}}=8.57$
因素 C	$S_C=S_3=158$	$f_C=f_3=2$	$\overline{S_C}=S_C/f_C=79$	$F_C=\overline{S_C}/\overline{S_{E'}}=1.56$
因素 B	$S_B=S_2=56$	$f_B=f_2=2$	$\overline{S_{E'}}=\dfrac{S_B+S_E}{f_B+f_E}=50.5$	
误差	$S_E=146$	$f_E=2$		
总和	$S_T=1226$	$f_T=n-1=8$		

公式(10.3)～(10.10)也适用于水平数不同的正交试验的方差分析.我们指出,只有正交表还有空列时才可以进行方差分析.如果没有空列,由(10.9)式算得的 $f_E=0$,故不能进行方差分析.10.2 节中例 1 所用的正交表 $L_8(4\times2^4)$ 的五列排满了因素,故不能进行方差分析.但是由直观分析法,该例子仍能找到处理污水很有价值的工艺条件.

现在我们以 10.3 节中例 1 来介绍具有交互作用的正交试验的方差分析.由(8.47)式,我们看到方差分析的优点在于能使总平方和分解成因素、交互作用与误差的平方和.正交表已将这种分解固定到每一个列上.某一列在安排试验的表头设计时赋予它什么内容,该列的平方和就反映了这个内容.因此在本例中,第 1,2,4,7 列的变差平方和,依次是放在这些列的因素 A,B,C,D 的平方和 S_A,S_B,S_C,S_D,而 S_3 就是因素 A 与 B 的交互作用 $A\times B$ 的平方和.

在考虑交互作用的场合,式(10.8)和(10.9)中的求和的累加号,除了对那些排有因素的列进行外,还对在表头设计时涉及到的交互作用列进行.这样,式(10.3)～(10.10)仍然适用.当水平数 $t>2$ 时,某两个因素的交互作用列共有 $t-1$ 列,将这 $t-1$ 列的变差平方和相加,就得到这两个因素的交互作用平方和;同时这 $t-1$ 列的变差平方和的自由度相加,就是该交互作用平方和的自由度.

表 10.11　10.3 节中例 1 的方差分析表

方差来源	平方和	自由度	均方	F 比
A	21.125	1	21.125	3.45
$A\times B$	105.125	1	105.125	17.16
C	105.125	1	105.125	17.16
D	15.125	1	15.125	2.47
B 误差	6.125 12.250	1 2	}6.125	
总和	264.875	7		

我们指出,正交试验中,正交表所有列的变差平方和之和就是总平方和 S_T;所有列的变差平方和的自由度之和就是总平方和 S_T 的自由度 f_T. 对本例,有 $S_T=S_1+S_2+\cdots+S_7=S_A+S_B+S_C+S_D+S_{A\times B}+S_E$,所以 $S_E=S_5+S_6$. 也就是说,空列的变差平方和反映了试验误差. 误差平方和 S_E 的自由度也有类似的公式 $f_E=f_5+f_6$. 因此 S_E 与 f_E 不一定通过(10.8)式、(10.9)式计算,而可以通过空列计算.

对于 2 水平的列,平方和 S_j 的计算有一个更简单的公式
$$S_j=n[R^{(j)}]^2/4,$$
其中,$R^{(j)}$ 是该列的极差.

对本例,算得各列的平方和的结果列于表 10.8 的最后一行. 方差分析表见表 10.11,其中由于因素 B 的平方和较小,故并入误差平方和.

取显著性水平 $\alpha=0.10$,查得 $F_{0.90}(1,3)=5.54$,故只有交互作用 $A\times B$ 的效应、C 的主效应对试验指标的影响是显著的.

习 题 10

1. 某厂为了摸索用 400 度真空泵代替 600 度真空泵生产合格的三巨氰胺树脂,用正交表安排试验,选用的因素及其水平如下表:

因素水平	苯酐 A	pH B	丁醇加法 C
1	0.15	6	一次
2	0.20	6.5	二次

如果把 3 个因素依次放在 $L_4(2^3)$ 的第 1,2,3 列上,所得试验结果的综合评分依次为 90 分、85 分、55 分、75 分.试分析试验结果,找出好的工艺条件.

2. 在试验用不发芽的大麦制造啤酒的过程中(简称无芽酶试验),选了 4 个因素,每个因素取 3 个水平,因素水平表如下表所列:

因素水平	底水 A (g)	浸氨时间 B (min)	920 浓度 C (%)	氨水浓度 D (%)
1	136	180	2.5	0.25
2	138	215	3.0	0.26
3	140	250	3.5	0.27

(1) 如何选择合适的正交表,如何确定试验方案?

(2) 如果将 A,B,C,D 这 4 个因素依次放在正交表 $L_9(3^4)$ 的第 1,2,3,4 列上,所得考察指标——粉状粒(%)依次为 45.5,33.0,32.5,36.5,32.0,14.5,40.5,33.0,28.0,试分析试验结果,找出使粉状粒较高的工艺条件.

3. 油泵中的柱塞组合件,是由柱塞杆和柱塞头在收口机上组合收口而成.组合件要求满足承受拉脱力不小于 9000 牛顿,某厂在组合件的生产中存在质量不稳定,拉脱力波动大的问题.为了寻找较优的工艺条件,决定进行试验以提高产品质量.根据以往的经验,选取如下表所列的 4 个因素,并各选取 3 个水平:

因素 水平	柱塞头外径 A(mm)	柱塞头高度 B(mm)	柱塞头倒角 C(mm×度)	收口油压 D(Pa)
1	14.8	11.6	$1×30°$	$1.5×10^6$
2	15.1	11.7	$1.5×30°$	$1.7×10^6$
3	15.3	11.8	$1×50°$	$2.0×10^6$

如将 A,B,C,D 这 4 个因素依次放在 $L_9(3^4)$ 的第 1,2,3,4 列上,所得 9 次试验的拉脱力依次为 8570,9510,9090,8780,9730,8990,8030,10300,9270,试分析试验结果,排出因素的主次顺序,选取较优的生产条件.

4. 某化工厂为提高苯酚的产率,选了合成工艺条件中的 5 个因素进行研究(其他条件相对固定),因素水平表为:

因素 水平	反应温度 A(℃)	反应时间 B(min)	压力 C(kPa)	催化剂 种类 D	碱液用量 E(L)
1	300	20	$2×10^4$	甲	80
2	320	30	$2.5×10^4$	乙	100

(1) 如何选择合适的正交表,试验方案如何确定?

(2) 如将 A,B,C,D,E 这 5 个因素依次放在正交表 $L_8(2^7)$ 的第 1,2,4,5,6 列上,所得苯酚的产率依次为 83.4,84.0,87.3,84.8,87.3,88.0,92.3, 94.4.试分析试验结果,排出因素的主次顺序,选取较优的工艺条件.

5. 某啤酒厂采用氨水抑制大麦发芽,进行用赤霉素来促进酶的形成新工艺的试验.选取因素及其水平如下表所列:

因素 水平	赤霉素浓度 A(mg/kg 麦重)	氨水浓度 B(%)	吸氨量 C(g)	底水 D(g)
1	3.00	0.25	2	136
2	1.50	0.26	3	138
3	0.75	0.27	4	
4	2.25	0.28	5	

如将 A,B,C,D 这 4 个因素依次放在附录中正交表 $L_{16}(4^3×2^6)$ 的第 1,2,3, 9 列上,所得的糖化酵素指标依次为 288.4,358.8,332.3,245.2,277.6,230. 9,231.4,296.3,322.2,289.6,259.1,269.8,331.1,303.3,314.8,234.8,试

分析试验结果,选取较优的工艺条件(糖化酵素指标以大者为优).

6. 某化工厂用不同矿区的矿石焙烧(每次用矿石粉 1 吨),想找出获得较高收得量的熔烧工艺条件,因素水平表如下:

因素 \ 水平	矿石品种 A	矿粉细度 B(Mesh)	熔烧温度 C(℃)	熔烧时间 D(h)	加碱量 E(kg)
1	甲	80	80	5	100
2	乙	120	60	3	150
3	丙				
4	丁				

如将 A,B,C,D,E 这 5 个因素依次放在附录中的正交表 $L_{16}(4 \times 2^{12})$ 的第 1, 2,6,11,12 列上,所得的收得量(单位:kg):依次为 704,664,714,640,650, 646,670,652,646,600,630,670,660,670,670,650.

试用极差分析指出因素影响的主次顺序,并找出最优工艺条件.

7. 对某橡胶配方进行试验,以提高弯曲次数,取因素水平表如下:

因素 \ 水平	促进剂总量 A	炭黑品种 B	硫磺重量 C
1	1.5	高耐磨	0.5
2	1.0	高耐磨与硬炭黑	2

(1) 要考虑交互作用 $A \times B, A \times C, B \times C$,如何选择合适的正交表,怎样进行表头设计?

(2) 如将 A,B,C 这 3 个因素放在 $L_8(2^7)$ 的第 1,2,4 列上,所得的 8 次试验的弯曲次数(单位:十万次)依次为 1.1,1.8,2.3,0.9,2.1,4.2,3.0,1. 9.试用极差分析指出因素影响的主次顺序及较优的配方条件.

8. 试用方差分析法对第 4 题进行分析,判断对苯酚的产率有显著影响的因素,并确定较优的工艺条件(取 $\alpha = 0.05$).

9. 对第 6 题的试验结果,试用方差分析法判断对收得量有显著影响的因素(取 $\alpha = 0.05$).

10. 陶粒混凝土抗压强度试验,选取因素水平表为

因素 水平	水泥标号 A(号)	水泥用量 B(kg)	陶粒用量 C(kg)	含砂率 D(%)	养护方式 E	搅拌时间 F(min)
1	300	180	150	38	空气	1
2	400	190	180	40	水	1.5
3	500	200	200	42	蒸气	2

如将 A,B,C,D,E,F 这 6 个因素依次放在 $L_{27}(3^{13})$ 的第 $1,2,5,9,12,13$ 列上，所得的抗压强度(单位:N/cm²)依次为 1030,980,970,950,960,990, 940,990,1010,850,820,980,850,900,850,910,890,800,730,900,770,840, 800,760,890,780,850. 要考虑交互作用 $A\times B, A\times C, B\times C$, 试用方差分析判断有显著影响的因素及交互作用(取 $\alpha=0.05$), 并找出较优的工艺条件.

11. 为了提高某塑料的延伸率(%), 进行选择加工工艺条件的试验. 取因素水平表如下:

因素 水平	温度 A(℃)	压力 B(N/cm²)	时间 C(min)	充模速度 D
1	250	500	90	快
2	270	400	60	中
3	290	300	75	慢

(1) 要考虑交互作用 $A\times B, B\times D$, 如何选取合适的正交表, 怎样进行表头设计?

(2) 如将 A,B,C,D 这 4 个因素依次放在 $L_{27}(3^{13})$ 的第 $1,2,5,9$ 列上, 交互作 $A\times B, B\times D$ 各占哪些列? 设所得的 27 次试验, 塑料的延伸率(%)依次为 54,77,48,85,48,53,61,65,54,68,48,40,46,30,68,50,56,60, 62,56,71,47,82,56,82,65,58. 试用方差分析法判断有显著影响的因素及交互作用(取水平 $\alpha=0.05$), 并找出较优的工艺条件.

附录 常用数理统计表

附表一 标准正态分布表

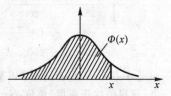

$$\Phi(x) = \int_{-\infty}^{x} \frac{1}{\sqrt{2\pi}} e^{-\frac{t^2}{2}} dt$$

x	0	1	2	3	4	5	6	7	8	9
0.0	0.5000	0.5040	0.5080	0.5120	0.5160	0.5199	0.5239	0.5279	0.5319	0.5359
0.1	0.5398	0.5438	0.5478	0.5517	0.5557	0.5596	0.5636	0.5675	0.5714	0.5753
0.2	0.5793	0.5832	0.5871	0.5910	0.5948	0.5987	0.6026	0.6064	0.6103	0.6141
0.3	0.6179	0.6217	0.6255	0.6293	0.6331	0.6368	0.6406	0.6443	0.6480	0.6517
0.4	0.6554	0.6591	0.6628	0.6664	0.6700	0.6736	0.6772	0.6808	0.6844	0.6879
0.5	0.6915	0.6950	0.6985	0.7019	0.7054	0.7088	0.7123	0.7157	0.7190	0.7224
0.6	0.7257	0.7291	0.7324	0.7357	0.7389	0.7422	0.7454	0.7486	0.7517	0.7549
0.7	0.7580	0.7611	0.7642	0.7673	0.7703	0.7734	0.7764	0.7794	0.7823	0.7852
0.8	0.7881	0.7910	0.7939	0.7967	0.7995	0.8023	0.8051	0.8078	0.8106	0.8133
0.9	0.8159	0.8186	0.8212	0.8238	0.8264	0.8289	0.8315	0.8340	0.8365	0.8389
1.0	0.8413	0.8438	0.8461	0.8485	0.8508	0.8531	0.8554	0.8577	0.8599	0.8621
1.1	0.8643	0.8665	0.8686	0.8708	0.8729	0.8749	0.8770	0.8790	0.8810	0.8830
1.2	0.8849	0.8869	0.8888	0.8907	0.8925	0.8944	0.8962	0.8980	0.8997	0.9015
1.3	0.9032	0.9049	0.9066	0.9082	0.9099	0.9115	0.9131	0.9147	0.9162	0.9177
1.4	0.9192	0.9207	0.9222	0.9236	0.9251	0.9265	0.9278	0.9292	0.9306	0.9319
1.5	0.9332	0.9345	0.9357	0.9370	0.9382	0.9394	0.9406	0.9418	0.9430	0.9441
1.6	0.9452	0.9463	0.9474	0.9484	0.9495	0.9505	0.9515	0.9525	0.9535	0.9545
1.7	0.9554	0.9564	0.9573	0.9582	0.9591	0.9599	0.9608	0.9616	0.9625	0.9633
1.8	0.9641	0.9648	0.9656	0.9664	0.9671	0.9678	0.9686	0.9693	0.9700	0.9706
1.9	0.9713	0.9719	0.9726	0.9732	0.9738	0.9744	0.9750	0.9756	0.9762	0.9767
2.0	0.9772	0.9778	0.9783	0.9788	0.9793	0.9798	0.9803	0.9808	0.9812	0.9817
2.1	0.9821	0.9826	0.9830	0.9834	0.9838	0.9842	0.9846	0.9850	0.9854	0.9857
2.2	0.9861	0.9864	0.9868	0.9871	0.9874	0.9878	0.9881	0.9884	0.9887	0.9890
2.3	0.9893	0.9896	0.9898	0.9901	0.9904	0.9906	0.9909	0.9911	0.9913	0.9916
2.4	0.9918	0.9920	0.9922	0.9925	0.9927	0.9929	0.9931	0.9932	0.9934	0.9936
2.5	0.9938	0.9940	0.9941	0.9943	0.9945	0.9946	0.9948	0.9949	0.9951	0.9952
2.6	0.9953	0.9955	0.9956	0.9957	0.9959	0.9960	0.9961	0.9962	0.9963	0.9964
2.7	0.9965	0.9966	0.9967	0.9968	0.9969	0.9970	0.9971	0.9972	0.9973	0.9974
2.8	0.9974	0.9975	0.9976	0.9977	0.9977	0.9978	0.9979	0.9979	0.9980	0.9981
2.9	0.9981	0.9982	0.9982	0.9983	0.9984	0.9984	0.9985	0.9985	0.9986	0.9986
3.0	0.9987	0.9990	0.9993	0.9995	0.9997	0.9998	0.9998	0.9999	0.9999	1.0000

注:表中末行系函数值 $\Phi(3.0), \Phi(3.1), \cdots, \Phi(3.9)$.

附表二　χ² 分布表

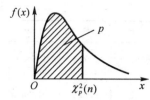

$$P\{\chi^2(n) < \chi_p^2(n)\} = p$$

n	p = 0.005	0.01	0.025	0.05	0.10	0.25
1	—	—	0.001	0.004	0.016	0.102
2	0.010	0.020	0.051	0.103	0.211	0.575
3	0.072	0.115	0.216	0.352	0.534	1.213
4	0.207	0.297	0.484	0.711	1.064	1.923
5	0.412	0.554	0.831	1.145	1.610	2.675
6	0.676	0.872	1.237	1.635	2.204	3.455
7	0.989	1.239	1.690	2.167	2.833	4.255
8	1.344	1.646	2.180	2.733	3.400	5.071
9	1.735	2.088	2.700	3.325	4.268	5.899
10	2.156	2.558	3.247	3.940	4.865	6.737
11	2.603	3.053	3.816	4.575	5.578	7.584
12	3.074	3.571	4.404	5.226	6.304	8.438
13	3.565	4.107	5.009	5.892	7.042	9.299
14	4.075	4.660	5.629	6.571	7.790	10.165
15	4.601	5.229	6.262	7.261	8.547	11.037
16	5.142	5.812	6.908	7.962	9.312	11.912
17	5.697	6.408	7.564	8.672	10.085	12.792
18	6.265	7.015	8.231	9.390	10.865	13.675
19	6.844	7.633	8.907	10.117	11.651	14.562
20	7.434	8.260	9.591	10.851	12.443	15.452
21	8.034	8.897	10.283	11.591	13.240	16.344
22	8.643	9.542	10.982	12.338	14.042	17.240
23	9.260	10.196	11.689	13.091	14.848	18.137
24	9.886	10.856	12.401	13.848	15.659	19.037
25	10.520	11.524	13.120	14.611	16.473	19.939
26	11.160	12.198	13.844	15.379	17.292	20.843
27	11.808	12.879	14.573	16.151	18.114	21.749
28	12.461	13.565	15.308	16.928	18.939	22.657
29	13.121	14.257	16.047	17.708	19.768	23.567
30	13.787	14.954	16.791	18.493	20.599	24.478
31	14.458	15.655	17.539	19.281	21.434	25.390
32	15.134	16.362	18.291	20.072	22.271	26.304
33	15.815	17.074	19.047	20.867	23.110	27.219
34	16.501	17.789	19.806	21.664	23.952	28.136
35	17.192	18.509	20.569	22.465	24.797	29.054
36	17.887	19.233	21.336	23.269	25.643	29.973
37	18.586	19.960	22.100	24.075	26.492	30.893
38	19.289	20.691	22.878	24.884	27.343	31.815
39	19.996	21.426	23.654	25.695	28.196	32.737
40	20.707	22.164	24.433	26.509	29.051	33.660
41	21.421	22.906	25.215	27.326	29.907	34.585
42	22.188	23.650	25.999	28.144	30.765	35.510
43	22.859	24.398	26.785	28.965	31.625	36.436
44	23.584	25.148	27.575	29.787	32.487	37.363
45	24.311	25.901	28.366	30.613	33.350	38.291

n	p = 0.75	0.90	0.95	0.975	0.99	0.995
1	1.323	2.706	3.841	5.024	6.635	7.879
2	2.773	4.605	5.991	7.378	9.210	10.597
3	4.108	6.251	7.815	9.348	11.345	12.838
4	5.385	7.779	9.488	11.143	13.277	14.860
5	6.626	9.236	11.071	12.833	15.086	16.750
6	7.841	10.645	12.592	14.449	16.812	18.548
7	9.037	12.017	14.067	16.013	18.475	20.278
8	10.219	13.362	15.507	17.535	20.090	21.955
9	11.389	14.684	16.919	19.023	21.666	23.589
10	12.549	15.987	18.307	20.483	23.209	25.188
11	13.701	17.275	19.675	21.920	24.725	26.757
12	14.845	18.549	21.026	23.337	26.217	28.299
13	15.984	19.812	22.362	24.736	27.688	29.819
14	17.117	21.064	23.685	26.119	29.141	31.319
15	18.245	22.307	24.996	27.488	30.578	32.801
16	19.369	23.542	26.296	28.845	32.000	34.267
17	20.489	24.769	27.587	30.191	33.409	35.718
18	21.605	25.989	28.869	31.526	34.805	37.156
19	22.718	27.204	30.144	32.852	36.191	38.582
20	23.828	28.412	31.410	34.170	37.566	39.997
21	24.935	29.615	32.671	35.479	38.932	41.401
22	26.039	30.813	33.924	36.781	40.289	42.796
23	27.141	32.007	35.172	38.076	41.638	44.181
24	28.241	33.196	36.415	39.364	42.980	45.559
25	29.339	34.382	37.652	40.646	44.314	46.928
26	30.435	35.563	38.885	41.923	45.642	48.290
27	31.528	36.741	40.113	43.194	46.963	49.645
28	32.620	37.916	41.337	44.461	48.278	50.993
29	33.711	39.087	42.557	45.772	49.588	52.336
30	34.800	40.256	43.773	46.979	50.892	53.672
31	35.887	41.422	44.985	48.232	52.191	55.003
32	36.973	42.585	46.194	49.480	53.486	56.328
33	38.058	43.745	47.400	50.725	54.776	57.648
34	39.141	44.903	48.602	51.966	56.061	58.964
35	40.223	46.059	49.802	53.203	57.342	60.275
36	41.304	47.212	50.998	54.437	58.619	61.581
37	42.383	48.363	52.192	55.668	59.892	62.883
38	43.462	49.513	53.384	56.896	61.162	64.181
39	44.539	50.660	54.572	58.120	62.428	65.476
40	45.616	51.805	55.758	59.342	63.691	66.766
41	46.692	52.949	56.942	60.561	64.950	68.053
42	47.766	54.090	58.124	61.777	66.206	69.336
43	48.840	55.230	59.304	62.990	67.459	70.616
44	49.913	56.369	60.481	64.201	68.710	71.893
45	50.985	57.505	61.656	65.410	69.957	73.166

附表三　　*t* 分布表

$$P\{t(n) < t_p(n)\} = p$$

n	α = 0.75	0.90	0.95	0.975	0.99	0.995
1	1.0000	3.0777	6.3138	12.7062	31.8207	63.6574
2	0.8165	1.8856	2.9200	4.3027	6.9646	9.9248
3	0.7649	1.6377	2.3534	3.1824	4.5407	5.8409
4	0.7407	1.5332	2.1318	2.7764	3.7469	4.6041
5	0.7267	1.4759	2.0150	2.5706	3.3649	4.0322
6	0.7176	1.4398	1.9432	2.4469	3.1427	3.7074
7	0.7111	1.4149	1.8946	2.3646	2.9980	3.4995
8	0.7064	1.3968	1.8595	2.3060	2.8965	3.3554
9	0.7027	1.3830	1.8331	2.2622	2.8214	3.2498
10	0.6998	1.3722	1.8125	2.2281	2.7638	3.1693
11	0.6974	1.3634	1.7959	2.2010	2.7181	3.1058
12	0.6955	1.3562	1.7823	2.1788	2.6810	3.0545
13	0.6938	1.3502	1.7709	2.1604	2.6503	3.0123
14	0.6924	1.3450	1.7613	2.1448	2.6245	2.9768
15	0.6912	1.3406	1.7531	2.1315	2.6025	2.9467
16	0.6901	1.3368	1.7459	2.1199	2.5835	2.9208
17	0.6892	1.3334	1.7396	2.1098	2.5669	2.8982
18	0.6884	1.3304	1.7341	2.1009	2.5524	2.8784
19	0.6876	1.3277	1.7291	2.0930	2.5395	2.8609
20	0.6870	1.3253	1.7247	2.0860	2.5280	2.8453
21	0.6864	1.3232	1.7207	2.0796	2.5177	2.8314
22	0.6858	1.3212	1.7171	2.0739	2.5083	2.8188
23	0.6853	1.3195	1.7139	2.0687	2.4999	2.8073
24	0.6848	1.3178	1.7109	2.0639	2.4922	2.7969
25	0.6844	1.3163	1.7081	2.0595	2.4851	2.7874
26	0.6840	1.3150	1.7056	2.0555	2.4786	2.7787
27	0.6837	1.3137	1.7033	2.0518	2.4727	2.7707
28	0.6834	1.3125	1.7011	2.0484	2.4671	2.7633
29	0.6830	1.3114	1.6991	2.0452	2.4620	2.7564
30	0.6828	1.3104	1.6973	2.0423	2.4573	2.7500
31	0.6825	1.3095	1.6955	2.0395	2.4528	2.7440
32	0.6822	1.3086	1.6939	2.0369	2.4487	2.7385
33	0.6820	1.3077	1.6924	2.0345	2.4448	2.7333
34	0.6818	1.3070	1.6909	2.0322	2.4411	2.7284
35	0.6816	1.3062	1.6896	2.0301	2.4377	2.7238
36	0.6814	1.3055	1.6883	2.0281	2.4345	2.7195
37	0.6812	1.3049	1.6871	2.0262	2.4314	2.7154
38	0.6810	1.3042	1.6860	2.0244	2.4286	2.7116
39	0.6808	1.3036	1.6849	2.0227	2.4258	2.7079
40	0.6807	1.3031	1.6839	2.0211	2.4233	2.7045
41	0.6805	1.3025	1.6829	2.0195	2.4208	2.7012
42	0.6804	1.3020	1.6820	2.0181	2.4185	2.6981
43	0.6802	1.3016	1.6811	2.0167	2.4163	2.6951
44	0.6801	1.3011	1.6802	2.0154	2.4141	2.6923
45	0.6800	1.3006	1.6794	2.0141	2.4121	2.6896

附表四　F 分布表

$$P\{F(n_1,n_2) < F_p(n_1,n_2)\} = p$$

$p = 0.90$

n_1 \ n_2	1	2	3	4	5	6	7	8	9	10	12	15	20	24	30	40	60	120	∞
1	39.86	49.50	53.59	55.83	57.24	58.20	58.91	59.44	59.86	60.19	60.71	61.22	61.74	62.00	62.26	62.53	62.79	63.06	63.33
2	8.53	9.00	9.16	9.24	9.29	9.33	9.35	9.37	9.38	9.39	9.41	9.42	9.44	9.45	9.46	9.47	9.47	9.48	9.49
3	5.54	5.46	5.39	5.34	5.31	5.28	5.27	5.25	5.24	5.23	5.22	5.20	5.18	5.18	5.17	5.16	5.15	5.14	5.13
4	4.54	4.32	4.19	4.11	4.05	4.01	3.98	3.95	3.94	3.92	3.90	3.87	3.84	3.83	3.82	3.80	3.79	3.78	3.76
5	4.06	3.78	3.62	3.52	3.45	3.40	3.37	3.34	3.32	3.30	3.27	3.24	3.21	3.19	3.17	3.16	3.14	3.12	3.10
6	3.78	3.46	3.29	3.18	3.11	3.05	3.01	2.98	2.96	2.94	2.90	2.87	2.84	2.82	2.80	2.78	2.76	2.74	2.72
7	3.59	3.26	3.07	2.96	2.88	2.83	2.78	2.75	2.72	2.70	2.67	2.63	2.59	2.58	2.56	2.54	2.51	2.49	2.47
8	3.46	3.11	2.92	2.81	2.73	2.67	2.62	2.59	2.56	2.54	2.50	2.46	2.42	2.40	2.38	2.36	2.34	2.32	2.29
9	3.36	3.01	2.81	2.69	2.61	2.55	2.51	2.47	2.44	2.42	2.38	2.34	2.30	2.28	2.25	2.23	2.21	2.18	2.16
10	3.29	2.92	2.73	2.61	2.52	2.46	2.41	2.38	2.35	2.32	2.28	2.24	2.20	2.18	2.16	2.13	2.11	2.08	2.06
11	3.23	2.86	2.66	2.54	2.45	2.39	2.34	2.30	2.27	2.25	2.21	2.17	2.12	2.10	2.08	2.05	2.03	2.00	1.97
12	3.18	2.81	2.61	2.48	2.39	2.33	2.28	2.24	2.21	2.19	2.15	2.10	2.06	2.04	2.01	1.99	1.96	1.93	1.90
13	3.14	2.76	2.56	2.43	2.35	2.28	2.23	2.20	2.16	2.14	2.10	2.05	2.01	1.98	1.96	1.93	1.90	1.88	1.85
14	3.10	2.73	2.52	2.39	2.31	2.24	2.19	2.15	2.12	2.10	2.05	2.01	1.96	1.94	1.91	1.89	1.86	1.83	1.80

附表四 （续）

$p = 0.90$

n_1 n_2	1	2	3	4	5	6	7	8	9	10	12	15	20	24	30	40	60	120	∞
15	3.07	2.70	2.49	2.36	2.27	2.21	2.16	2.12	2.09	2.06	2.02	1.97	1.92	1.90	1.87	1.85	1.82	1.79	1.76
16	3.05	2.67	2.46	2.33	2.24	2.18	2.13	2.09	2.06	2.03	1.99	1.94	1.89	1.87	1.84	1.81	1.78	1.75	1.72
17	3.03	2.64	2.44	2.31	2.22	2.15	2.10	2.06	2.03	2.00	1.96	1.91	1.86	1.84	1.81	1.78	1.75	1.72	1.69
18	3.01	2.62	2.42	2.29	2.20	2.13	2.08	2.04	2.00	1.98	1.93	1.89	1.84	1.81	1.78	1.75	1.72	1.69	1.66
19	2.99	2.61	2.40	2.27	2.18	2.11	2.06	2.02	1.98	1.96	1.91	1.86	1.81	1.79	1.76	1.73	1.70	1.67	1.63
20	2.97	2.59	2.38	2.25	2.16	2.09	2.04	2.00	1.96	1.94	1.89	1.84	1.79	1.77	1.74	1.71	1.68	1.64	1.61
21	2.96	2.57	2.36	2.23	2.14	2.08	2.02	1.98	1.95	1.92	1.87	1.83	1.78	1.75	1.72	1.69	1.66	1.62	1.59
22	2.95	2.56	2.35	2.22	2.13	2.06	2.01	1.97	1.93	1.90	1.86	1.81	1.76	1.73	1.70	1.67	1.64	1.60	1.57
23	2.94	2.55	2.34	2.21	2.11	2.05	1.99	1.95	1.92	1.89	1.84	1.80	1.74	1.72	1.69	1.66	1.62	1.59	1.55
24	2.93	2.54	2.33	2.19	2.10	2.04	1.98	1.94	1.91	1.88	1.83	1.78	1.73	1.70	1.67	1.64	1.61	1.57	1.53
25	2.92	2.53	2.32	2.18	2.09	2.02	1.97	1.93	1.89	1.87	1.82	1.77	1.72	1.69	1.66	1.63	1.59	1.56	1.52
26	2.91	2.52	2.31	2.17	2.08	2.01	1.96	1.92	1.88	1.86	1.81	1.76	1.71	1.68	1.65	1.61	1.58	1.54	1.50
27	2.90	2.51	2.30	2.17	2.07	2.00	1.95	1.91	1.87	1.85	1.80	1.75	1.70	1.67	1.64	1.60	1.57	1.53	1.49
28	2.89	2.50	2.29	2.16	2.06	2.00	1.94	1.90	1.87	1.84	1.79	1.74	1.69	1.66	1.63	1.59	1.56	1.52	1.48
29	2.89	2.50	2.28	2.15	2.06	1.99	1.93	1.89	1.86	1.83	1.78	1.73	1.68	1.65	1.62	1.58	1.55	1.51	1.47
30	2.88	2.49	2.28	2.14	2.05	1.98	1.93	1.88	1.85	1.82	1.77	1.72	1.67	1.64	1.61	1.57	1.54	1.50	1.46
40	2.84	2.44	2.23	2.09	2.00	1.93	1.87	1.83	1.79	1.76	1.71	1.66	1.61	1.57	1.54	1.51	1.47	1.42	1.38
60	2.79	2.39	2.18	2.04	1.95	1.87	1.82	1.77	1.74	1.71	1.66	1.60	1.54	1.51	1.48	1.44	1.40	1.35	1.29
120	2.75	2.35	2.13	1.99	1.90	1.82	1.77	1.72	1.68	1.65	1.60	1.55	1.48	1.45	1.41	1.37	1.32	1.26	1.19
∞	2.71	2.30	2.08	1.94	1.85	1.77	1.72	1.67	1.63	1.60	1.55	1.49	1.42	1.38	1.34	1.30	1.24	1.17	1.00

附表四 （续）

$p = 0.95$

n_2 \ n_1	1	2	3	4	5	6	7	8	9	10	12	15	20	24	30	40	60	120	∞
1	161.4	199.5	215.7	224.6	230.2	234.0	236.8	238.9	240.5	241.9	243.9	245.9	248.0	249.0	250.1	251.1	252.2	253.3	254.3
2	18.51	19.00	19.16	19.25	19.30	19.33	19.35	19.37	19.38	19.40	19.41	19.43	19.45	19.45	19.46	19.47	19.48	19.49	19.50
3	10.13	9.55	9.28	9.12	9.01	8.94	8.89	8.85	8.81	8.79	8.74	8.70	8.66	8.64	8.62	8.59	8.57	8.55	8.53
4	7.71	6.94	6.59	6.39	6.26	6.16	6.09	6.04	6.00	5.96	5.91	5.86	5.80	5.77	5.75	5.72	5.69	5.66	5.63
5	6.61	5.79	5.41	5.19	5.05	4.95	4.88	4.82	4.77	4.74	4.68	4.62	4.56	4.53	4.50	4.46	4.43	4.40	4.36
6	5.99	5.14	4.76	4.53	4.39	4.28	4.21	4.15	4.10	4.06	4.00	3.94	3.87	3.84	3.81	3.77	3.74	3.70	3.67
7	5.59	4.74	4.35	4.12	3.97	3.87	3.79	3.73	3.68	3.64	3.57	3.51	3.44	3.41	3.38	3.34	3.30	3.27	3.23
8	5.32	4.46	4.07	3.84	3.69	3.58	3.50	3.44	3.39	3.35	3.28	3.22	3.15	3.12	3.08	3.04	3.01	2.97	2.93
9	5.12	4.26	3.86	3.63	3.48	3.37	3.29	3.23	3.18	3.14	3.07	3.01	2.94	2.90	2.86	2.83	2.79	2.75	2.71
10	4.96	4.10	3.71	3.48	3.33	3.22	3.14	3.07	3.02	2.98	2.91	2.85	2.77	2.74	2.70	2.66	2.62	2.58	2.54
11	4.84	3.98	3.59	3.36	3.20	3.09	3.01	2.95	2.90	2.85	2.79	2.72	2.65	2.61	2.57	2.53	2.49	2.45	2.40
12	4.75	3.89	3.49	3.26	3.11	3.00	2.91	2.85	2.80	2.75	2.69	2.62	2.54	2.51	2.47	2.43	2.38	2.34	2.30
13	4.67	3.81	3.41	3.18	3.03	2.92	2.83	2.77	2.71	2.67	2.60	2.53	2.46	2.42	2.38	2.34	2.30	2.25	2.21
14	4.60	3.74	3.34	3.11	2.96	2.85	2.76	2.70	2.65	2.60	2.53	2.46	2.39	2.35	2.31	2.27	2.22	2.18	2.13
15	4.54	3.68	3.29	3.06	2.90	2.79	2.71	2.64	2.59	2.54	2.48	2.40	2.33	2.29	2.25	2.20	2.16	2.11	2.07
16	4.49	3.63	3.24	3.01	2.85	2.74	2.66	2.59	2.54	2.49	2.42	2.35	2.28	2.24	2.19	2.15	2.11	2.06	2.01
17	4.45	3.59	3.20	2.96	2.81	2.70	2.61	2.55	2.49	2.45	2.38	2.31	2.23	2.19	2.15	2.10	2.06	2.01	1.96
18	4.41	3.55	3.16	2.93	2.77	2.66	2.58	2.51	2.46	2.41	2.34	2.27	2.19	2.15	2.11	2.06	2.02	1.97	1.92
19	4.38	3.52	3.13	2.90	2.74	2.63	2.54	2.48	2.42	2.38	2.31	2.23	2.16	2.11	2.07	2.03	1.98	1.93	1.88

$p = 0.95$

n_2 \ n_1	1	2	3	4	5	6	7	8	9	10	12	15	20	24	30	40	60	120	∞
20	4.35	3.49	3.10	2.87	2.71	2.60	2.51	2.45	2.39	2.35	2.28	2.20	2.12	2.08	2.04	1.99	1.95	1.90	1.84
21	4.32	3.47	3.07	2.84	2.68	2.57	2.49	2.42	2.37	2.32	2.25	2.18	2.10	2.05	2.01	1.96	1.92	1.87	1.81
22	4.30	3.44	3.05	2.82	2.66	2.55	2.46	2.40	2.34	2.30	2.23	2.15	2.07	2.03	1.98	1.94	1.89	1.84	1.78
23	4.28	3.42	3.03	2.80	2.64	2.53	2.44	2.37	2.32	2.27	2.20	2.13	2.05	2.01	1.96	1.91	1.86	1.81	1.76
24	4.26	3.40	3.01	2.78	2.62	2.51	2.42	2.36	2.30	2.25	2.18	2.11	2.03	1.98	1.94	1.89	1.84	1.79	1.73
25	4.24	3.39	2.99	2.76	2.60	2.49	2.40	2.34	2.28	2.24	2.16	2.09	2.01	1.96	1.92	1.87	1.82	1.77	1.71
26	4.23	3.37	2.98	2.74	2.59	2.47	2.39	2.32	2.27	2.22	2.15	2.07	1.99	1.95	1.90	1.85	1.80	1.75	1.69
27	4.21	3.35	2.96	2.73	2.57	2.46	2.37	2.31	2.25	2.20	2.13	2.06	1.97	1.93	1.88	1.84	1.79	1.73	1.67
28	4.20	3.34	2.95	2.71	2.56	2.45	2.36	2.29	2.24	2.19	2.12	2.04	1.96	1.91	1.87	1.82	1.77	1.71	1.65
29	4.18	3.33	2.93	2.70	2.55	2.43	2.35	2.28	2.22	2.18	2.10	2.03	1.94	1.90	1.85	1.81	1.75	1.70	1.64
30	4.17	3.32	2.92	2.69	2.53	2.42	2.33	2.27	2.21	2.16	2.09	2.01	1.93	1.89	1.84	1.79	1.74	1.68	1.62
40	4.08	3.23	2.84	2.61	2.45	2.34	2.25	2.18	2.12	2.08	2.00	1.92	1.84	1.79	1.74	1.69	1.64	1.58	1.51
60	4.00	3.15	2.76	2.53	2.37	2.25	2.17	2.10	2.04	1.99	1.92	1.84	1.75	1.70	1.65	1.59	1.53	1.47	1.39
120	3.92	3.07	2.68	2.45	2.29	2.17	2.09	2.02	1.96	1.91	1.83	1.75	1.66	1.61	1.55	1.50	1.43	1.35	1.25
∞	3.84	3.00	2.60	2.37	2.21	2.10	2.01	1.94	1.88	1.83	1.75	1.67	1.57	1.52	1.46	1.39	1.32	1.22	1.00

附表四 （续）

$p = 0.975$

n_1 / n_2	1	2	3	4	5	6	7	8	9	10	12	15	20	24	30	40	60	120	∞
1	647.8	799.5	864.2	899.6	921.8	937.1	948.2	956.7	963.3	968.6	976.7	984.9	993.1	997.2	1001	1006	1010	1014	1018
2	38.51	39.00	39.17	39.25	39.30	39.33	39.36	39.37	39.39	39.40	39.41	39.43	39.45	39.46	39.46	39.47	39.48	39.49	39.50
3	17.44	16.04	15.44	15.10	14.88	14.73	14.62	14.54	14.47	14.42	14.34	14.25	14.17	14.12	14.08	14.04	13.99	13.95	13.90
4	12.22	10.65	9.98	9.60	9.36	9.20	9.07	8.98	8.90	8.84	8.75	8.66	8.56	8.51	8.46	8.41	8.36	8.31	8.26
5	10.01	8.43	7.76	7.39	7.15	6.98	6.85	6.76	6.68	6.62	6.52	6.43	6.33	6.28	6.23	6.18	6.12	6.07	6.02
6	8.81	7.26	6.60	6.23	5.99	5.82	5.70	5.60	5.52	5.46	5.37	5.27	5.17	5.12	5.07	5.01	4.96	4.90	4.85
7	8.07	6.54	5.89	5.52	5.29	5.12	4.99	4.90	4.82	4.76	4.67	4.57	4.47	4.42	4.36	4.31	4.25	4.20	4.14
8	7.57	6.06	5.42	5.05	4.82	4.65	4.53	4.43	4.36	4.30	4.20	4.10	4.00	3.95	3.89	3.84	3.78	3.73	3.67
9	7.21	5.71	5.08	4.72	4.48	4.32	4.20	4.10	4.03	3.96	3.87	3.77	3.67	3.61	3.56	3.51	3.45	3.39	3.33
10	6.94	5.46	4.83	4.47	4.24	4.07	3.95	3.85	3.78	3.72	3.62	3.52	3.42	3.37	3.31	3.26	3.20	3.14	3.08
11	6.72	5.26	4.63	4.28	4.04	3.88	3.76	3.66	3.59	3.53	3.43	3.33	3.23	3.17	3.12	3.06	3.00	2.94	2.88
12	6.55	5.10	4.47	4.12	3.89	3.73	3.61	3.51	3.44	3.37	3.28	3.18	3.07	3.02	2.96	2.91	2.85	2.79	2.72
13	6.41	4.97	4.35	4.00	3.77	3.60	3.48	3.39	3.31	3.25	3.15	3.05	2.95	2.89	2.84	2.78	2.72	2.66	2.60
14	6.30	4.86	4.24	3.89	3.66	3.50	3.38	3.29	3.21	3.15	3.05	2.95	2.84	2.79	2.73	2.67	2.61	2.55	2.49
15	6.20	4.77	4.15	3.80	3.58	3.41	3.29	3.20	3.12	3.06	2.96	2.86	2.76	2.70	2.64	2.59	2.52	2.46	2.40
16	6.12	4.69	4.08	3.73	3.50	3.34	3.22	3.12	3.05	2.99	2.89	2.79	2.68	2.63	2.57	2.51	2.45	2.38	2.32
17	6.04	4.62	4.01	3.66	3.44	3.28	3.16	3.06	2.98	2.92	2.82	2.72	2.62	2.56	2.50	2.44	2.38	2.32	2.25
18	5.98	4.56	3.95	3.61	3.38	3.22	3.10	3.01	2.93	2.87	2.77	2.67	2.56	2.50	2.44	2.38	2.32	2.26	2.19
19	5.92	4.51	3.90	3.56	3.33	3.17	3.05	2.96	2.88	2.82	2.72	2.62	2.51	2.45	2.39	2.33	2.27	2.20	2.13

附表四 （续）

$p = 0.975$

n_2 \ n_1	1	2	3	4	5	6	7	8	9	10	12	15	20	24	30	40	60	120	∞
20	5.87	4.46	3.86	3.51	3.29	3.13	3.01	2.91	2.84	2.77	2.68	2.57	2.46	2.41	2.35	2.29	2.22	2.16	2.09
21	5.83	4.42	3.82	3.48	3.25	3.09	2.97	2.87	2.80	2.73	2.64	2.53	2.42	2.37	2.31	2.25	2.18	2.11	2.04
22	5.79	4.38	3.78	3.44	3.22	3.05	2.93	2.84	2.76	2.70	2.60	2.50	2.39	2.33	2.27	2.21	2.14	2.08	2.00
23	5.75	4.35	3.75	3.41	3.18	3.02	2.90	2.81	2.73	2.67	2.57	2.47	2.36	2.30	2.24	2.18	2.11	2.04	1.97
24	5.72	4.32	3.72	3.38	3.15	2.99	2.87	2.78	2.70	2.64	2.54	2.44	2.33	2.27	2.21	2.15	2.08	2.01	1.94
25	5.69	4.29	3.69	3.35	3.13	2.97	2.85	2.75	2.68	2.61	2.51	2.41	2.30	2.24	2.18	2.12	2.05	1.98	1.91
26	5.66	4.27	3.67	3.33	3.10	2.94	2.82	2.73	2.65	2.59	2.49	2.39	2.28	2.22	2.16	2.09	2.03	1.95	1.88
27	5.63	4.24	3.65	3.31	3.08	2.92	2.80	2.71	2.63	2.57	2.47	2.36	2.25	2.19	2.13	2.07	2.00	1.93	1.85
28	5.61	4.22	3.63	3.29	3.06	2.90	2.78	2.69	2.61	2.55	2.45	2.34	2.23	2.17	2.11	2.05	1.98	1.91	1.83
29	5.59	4.20	3.61	3.27	3.04	2.88	2.76	2.67	2.59	2.53	2.43	2.32	2.21	2.15	2.09	2.03	1.96	1.89	1.81
30	5.57	4.18	3.59	3.25	3.03	2.87	2.75	2.65	2.57	2.51	2.41	2.31	2.20	2.14	2.07	2.01	1.94	1.87	1.79
40	5.42	4.05	3.46	3.13	2.90	2.74	2.62	2.53	2.45	2.39	2.29	2.18	2.07	2.01	1.94	1.88	1.80	1.72	1.64
60	5.29	3.93	3.34	3.01	2.79	2.63	2.51	2.41	2.33	2.27	2.17	2.06	1.94	1.88	1.82	1.74	1.67	1.58	1.48
120	5.15	3.80	3.23	2.89	2.67	2.52	2.39	2.30	2.22	2.16	2.05	1.94	1.82	1.76	1.69	1.61	1.53	1.43	1.31
∞	5.02	3.69	3.12	2.79	2.57	2.41	2.29	2.19	2.11	2.05	1.94	1.83	1.71	1.64	1.57	1.48	1.39	1.27	1.00

附表四 （续）

$p = 0.99$

$n_2 \diagdown n_1$	1	2	3	4	5	6	7	8	9	10	12	15	20	24	30	40	60	120	∞
1	4052	4999.5	5403	5625	5764	5859	5928	5981	6022	6056	6106	6157	6209	6235	6261	6287	6313	6339	6366
2	98.50	99.00	99.17	99.25	99.30	99.33	99.36	99.37	99.39	99.40	99.42	99.43	99.45	99.46	99.47	99.47	99.48	99.49	99.50
3	34.12	30.82	29.46	28.71	28.24	27.91	27.67	27.49	27.35	27.23	27.05	26.87	26.69	26.60	26.50	26.41	26.32	26.22	26.13
4	21.20	18.00	16.69	15.98	15.52	15.21	14.98	14.80	14.66	14.55	14.37	14.20	14.02	13.93	13.84	13.75	13.65	13.56	13.46
5	16.26	13.27	12.06	11.39	10.97	10.67	10.46	10.29	10.16	10.05	9.89	9.72	9.55	9.47	9.38	9.29	9.20	9.11	9.02
6	13.75	10.92	9.78	9.15	8.75	8.47	8.26	8.10	7.98	7.87	7.72	7.56	7.40	7.31	7.23	7.14	7.06	6.97	6.88
7	12.25	9.55	8.45	7.85	7.46	7.19	6.99	6.84	6.72	6.62	6.47	6.31	6.16	6.07	5.99	5.91	5.82	5.74	5.65
8	11.26	8.65	7.59	7.01	6.63	6.37	6.18	6.03	5.91	5.81	5.67	5.52	5.36	5.28	5.20	5.12	5.03	4.95	4.86
9	10.56	8.02	6.99	6.42	6.06	5.80	5.61	5.47	5.35	5.26	5.11	4.96	4.81	4.73	4.65	4.57	4.48	4.40	4.31
10	10.04	7.56	6.55	5.99	5.64	5.39	5.20	5.06	4.94	4.85	4.71	4.56	4.41	4.33	4.25	4.17	4.08	4.00	3.91
11	9.65	7.21	6.22	5.67	5.32	5.07	4.89	4.74	4.63	4.54	4.40	4.25	4.10	4.02	3.94	3.86	3.78	3.69	3.60
12	9.33	6.93	5.95	5.41	5.06	4.82	4.64	4.50	4.39	4.30	4.16	4.01	3.86	3.78	3.70	3.62	3.54	3.45	3.36
13	9.07	6.70	5.74	5.21	4.86	4.62	4.44	4.30	4.19	4.10	3.96	3.82	3.66	3.59	3.51	3.43	3.34	3.25	3.17
14	8.86	6.51	5.56	5.04	4.69	4.46	4.28	4.14	4.03	3.94	3.80	3.66	3.51	3.43	3.35	3.27	3.18	3.09	3.00
15	8.68	6.36	5.42	4.89	4.56	4.32	4.14	4.00	3.89	3.80	3.67	3.52	3.37	3.29	3.21	3.13	3.05	2.96	2.87
16	8.53	6.23	5.29	4.77	4.44	4.20	4.03	3.89	3.78	3.69	3.55	3.41	3.26	3.18	3.10	3.02	2.93	2.84	2.75
17	8.40	6.11	5.18	4.67	4.34	4.10	3.93	3.79	3.68	3.59	3.46	3.31	3.16	3.08	3.00	2.92	2.83	2.75	2.65
18	8.29	6.01	5.09	4.58	4.25	4.01	3.84	3.71	3.60	3.51	3.37	3.23	3.08	3.00	2.92	2.84	2.75	2.66	2.57
19	8.18	5.93	5.01	4.50	4.17	3.94	3.77	3.63	3.52	3.43	3.30	3.15	3.00	2.92	2.84	2.76	2.67	2.58	2.49

$p = 0.99$

n_2 \ n_1	1	2	3	4	5	6	7	8	9	10	12	15	20	24	30	40	60	120	∞
20	8.10	5.85	4.94	4.43	4.10	3.87	3.70	3.56	3.46	3.37	3.23	3.09	2.94	2.86	2.78	2.69	2.61	2.52	2.42
21	8.02	5.78	4.87	4.37	4.04	3.81	3.64	3.51	3.40	3.31	3.17	3.03	2.88	2.80	2.72	2.64	2.55	2.46	2.36
22	7.95	5.72	4.82	4.31	3.99	3.76	3.59	3.45	3.35	3.26	3.12	2.98	2.83	2.75	2.67	2.58	2.50	2.40	2.31
23	7.88	5.66	4.76	4.26	3.94	3.71	3.54	3.41	3.30	3.21	3.07	2.93	2.78	2.70	2.62	2.54	2.45	2.35	2.26
24	7.82	5.61	4.72	4.22	3.90	3.67	3.50	3.36	3.26	3.17	3.03	2.89	2.74	2.66	2.58	2.49	2.40	2.31	2.21
25	7.77	5.57	4.68	4.18	3.85	3.63	3.46	3.32	3.22	3.13	2.99	2.85	2.70	2.62	2.54	2.45	2.36	2.27	2.17
26	7.72	5.53	4.64	4.14	3.82	3.59	3.42	3.29	3.18	3.09	2.96	2.81	2.66	2.58	2.50	2.42	2.33	2.23	2.13
27	7.68	5.49	4.60	4.11	3.78	3.56	3.39	3.26	3.15	3.06	2.93	2.78	2.63	2.55	2.47	2.38	2.29	2.20	2.10
28	7.64	5.45	4.57	4.07	3.75	3.53	3.36	3.23	3.12	3.03	2.90	2.75	2.60	2.52	2.44	2.35	2.26	2.17	2.06
29	7.60	5.42	4.54	4.04	3.73	3.50	3.33	3.20	3.09	3.00	2.87	2.73	2.57	2.49	2.41	2.33	2.23	2.14	2.03
30	7.56	5.39	4.51	4.02	3.70	3.47	3.30	3.17	3.07	2.98	2.84	2.70	2.55	2.47	2.39	2.30	2.21	2.11	2.01
40	7.31	5.18	4.31	3.83	3.51	3.29	3.12	2.99	2.89	2.80	2.66	2.52	2.37	2.29	2.20	2.11	2.02	1.92	1.80
60	7.08	4.98	4.13	3.65	3.34	3.12	2.95	2.82	2.72	2.63	2.50	2.35	2.20	2.12	2.03	1.94	1.84	1.73	1.60
120	6.85	4.79	3.95	3.48	3.17	2.96	2.79	2.66	2.56	2.47	2.34	2.19	2.03	1.95	1.86	1.76	1.66	1.53	1.38
∞	6.63	4.61	3.78	3.32	3.02	2.80	2.64	2.51	2.41	2.32	2.18	2.04	1.88	1.79	1.70	1.59	1.47	1.32	1.00

附表四 （续）

$p = 0.995$

n_2 \ n_1	1	2	3	4	5	6	7	8	9	10	12	15	20	24	30	40	60	120	∞
1	16211	20000	21615	22500	23056	23437	23715	23925	24091	24224	24426	24630	24836	24940	25044	25148	25253	25359	25465
2	198.5	199.0	199.2	199.2	199.3	199.3	199.4	199.4	199.4	199.4	199.4	199.4	199.4	199.5	199.5	199.5	199.5	199.5	199.5
3	55.55	49.80	47.47	46.19	45.39	44.84	44.43	44.13	43.88	43.69	43.39	43.08	42.78	42.62	42.47	42.31	42.15	41.99	41.83
4	31.33	26.28	24.26	23.15	22.46	21.97	21.62	21.35	21.14	20.97	20.70	20.44	20.17	20.03	19.89	19.75	19.61	19.47	19.32
5	22.78	18.31	16.53	15.56	14.94	14.51	14.20	13.96	13.77	13.62	13.38	13.15	12.90	12.78	12.66	12.53	12.40	12.27	12.14
6	18.63	14.54	12.92	12.03	11.46	11.07	10.79	10.57	10.39	10.25	10.03	9.81	9.59	9.47	9.36	9.24	9.12	9.00	8.88
7	16.24	12.40	10.88	10.05	9.52	9.16	8.89	8.68	8.51	8.38	8.18	7.97	7.75	7.65	7.53	7.42	7.31	7.19	7.08
8	14.69	11.04	9.60	8.81	8.30	7.95	7.69	7.50	7.34	7.21	7.01	6.81	6.61	6.50	6.40	6.29	6.18	6.06	5.95
9	13.61	10.11	8.72	7.96	7.47	7.13	6.88	6.69	6.54	6.42	6.23	6.03	5.83	5.73	5.62	5.52	5.41	5.30	5.19
10	12.83	9.43	8.08	7.34	6.87	6.54	6.30	6.12	5.97	5.85	5.66	5.47	5.27	5.17	5.07	4.97	4.86	4.75	4.64
11	12.23	8.91	7.60	6.88	6.42	6.10	5.86	5.68	5.54	5.42	5.24	5.05	4.86	4.76	4.65	4.55	4.44	4.34	4.23
12	11.75	8.51	7.23	6.52	6.07	5.76	5.52	5.35	5.20	5.09	4.91	4.72	4.53	4.43	4.33	4.23	4.12	4.01	3.90
13	11.37	8.19	6.93	6.23	5.79	5.48	5.25	5.08	4.94	4.82	4.64	4.46	4.27	4.17	4.07	3.97	3.87	3.76	3.65
14	11.06	7.92	6.68	6.00	5.56	5.26	5.03	4.86	4.72	4.60	4.43	4.25	4.06	3.96	3.86	3.76	3.66	3.55	3.44
15	10.80	7.70	6.48	5.80	5.37	5.07	4.85	4.67	4.54	4.42	4.25	4.07	3.88	3.79	3.69	3.58	3.48	3.37	3.26
16	10.58	7.51	6.30	5.64	5.21	4.91	4.69	4.52	4.38	4.27	4.10	3.92	3.73	3.64	3.54	3.44	3.33	3.22	3.11
17	10.38	7.35	6.16	5.50	5.07	4.78	4.56	4.39	4.25	4.14	3.97	3.79	3.61	3.51	3.41	3.32	3.21	3.10	2.98
18	10.22	7.21	6.03	5.37	4.96	4.66	4.44	4.28	4.14	4.03	3.86	3.68	3.50	3.40	3.30	3.20	3.10	2.99	2.87
19	10.07	7.09	5.92	5.27	4.85	4.56	4.34	4.18	4.04	3.93	3.76	3.59	3.40	3.31	3.21	3.11	3.00	2.89	2.78

附表四 （续）

$p = 0.995$

$n_2 \backslash n_1$	1	2	3	4	5	6	7	8	9	10	12	15	20	24	30	40	60	120	∞
20	9.94	6.99	5.82	5.17	4.76	4.47	4.26	4.09	3.96	3.85	3.68	3.50	3.32	3.22	3.12	3.02	2.92	2.81	2.69
21	9.83	6.89	5.73	5.09	4.68	4.39	4.18	4.01	3.88	3.77	3.60	3.43	3.24	3.15	3.05	2.95	2.84	2.73	2.61
22	9.73	6.81	5.65	5.02	4.61	4.32	4.11	3.94	3.81	3.70	3.54	3.36	3.18	3.08	2.98	2.88	2.77	2.66	2.55
23	9.63	6.73	5.58	4.95	4.54	4.26	4.05	3.88	3.75	3.64	3.47	3.30	3.12	3.02	2.92	2.82	2.71	2.60	2.48
24	9.55	6.66	5.52	4.89	4.49	4.20	3.99	3.83	3.69	3.59	3.42	3.25	3.06	2.97	2.87	2.77	2.66	2.55	2.43
25	9.48	6.60	5.46	4.84	4.43	4.15	3.94	3.78	3.64	3.54	3.37	3.20	3.01	2.92	2.82	2.72	2.61	2.50	2.38
26	9.41	6.54	5.41	4.79	4.38	4.10	3.89	3.73	3.60	3.49	3.33	3.15	2.97	2.87	2.77	2.67	2.56	2.45	2.33
27	9.34	6.49	5.36	4.74	4.34	4.06	3.85	3.69	3.56	3.45	3.28	3.11	2.93	2.83	2.73	2.63	2.52	2.41	2.29
28	9.28	6.44	5.32	4.70	4.30	4.02	3.81	3.65	3.52	3.41	3.25	3.07	2.89	2.79	2.69	2.59	2.48	2.37	2.25
29	9.23	6.40	5.28	4.66	4.26	3.98	3.77	3.61	3.48	3.38	3.21	3.04	2.86	2.76	2.66	2.56	2.45	2.33	2.21
30	9.18	6.35	5.24	4.62	4.23	3.95	3.74	3.58	3.45	3.34	3.18	3.01	2.82	2.73	2.63	2.52	2.42	2.30	2.18
40	8.83	6.07	4.98	4.37	3.99	3.71	3.51	3.35	3.22	3.12	2.95	2.78	2.60	2.50	2.40	2.30	2.18	2.06	1.93
60	8.49	5.79	4.73	4.14	3.76	3.49	3.29	3.13	3.01	2.90	2.74	2.57	2.39	2.29	2.19	2.08	1.96	1.83	1.69
120	8.18	5.54	4.50	3.92	3.55	3.28	3.09	2.93	2.81	2.71	2.54	2.37	2.19	2.09	1.98	1.87	1.75	1.61	1.43
∞	7.88	5.30	4.28	3.72	3.35	3.09	2.90	2.74	2.62	2.52	2.36	2.19	2.00	1.90	1.79	1.67	1.53	1.36	1.00

$p = 0.999$

n_2＼n_1	1	2	3	4	5	6	7	8	9	10	12	15	20	24	30	40	60	120	∞
1	4053*	5000*	5404*	5625*	5764*	5859*	5929*	5981*	6023*	6056*	6107*	6158*	6209*	6235*	6261*	6287*	6313*	6340*	6366*
2	998.5	999.0	999.0	999.2	999.2	999.3	999.3	999.4	999.4	999.4	999.4	999.4	999.4	999.5	999.5	999.5	999.5	999.5	999.5
3	167.0	148.5	141.1	137.1	134.6	132.8	131.6	130.6	129.9	129.2	128.3	127.4	126.4	125.9	125.4	125.0	124.5	124.0	123.5
4	74.14	61.25	56.18	53.44	51.71	50.53	49.66	49.00	48.47	48.05	47.41	46.76	46.10	45.77	45.43	45.09	44.75	44.40	44.05
5	47.18	37.12	33.20	31.09	29.75	28.84	28.16	27.64	27.24	26.92	26.42	25.91	25.39	25.14	24.87	24.60	24.33	24.06	23.79
6	35.51	27.00	23.70	21.92	20.81	20.03	19.46	19.03	18.69	18.41	17.99	17.56	17.12	16.89	16.67	16.44	16.21	15.99	15.75
7	29.25	21.69	18.77	17.19	16.21	15.52	15.02	14.63	14.33	14.08	13.71	13.32	12.93	12.73	12.53	12.33	12.12	11.91	11.70
8	25.42	18.49	15.83	14.39	13.49	12.86	12.40	12.04	11.77	11.54	11.19	10.84	10.48	10.30	10.11	9.92	9.73	9.53	9.33
9	22.86	16.39	13.90	12.56	11.71	11.13	10.70	10.37	10.11	9.89	9.57	9.24	8.90	8.72	8.55	8.37	8.19	8.00	7.81
10	21.04	14.91	12.55	11.28	10.48	9.92	9.52	9.20	8.96	8.75	8.45	8.13	7.80	7.64	7.47	7.30	7.12	6.94	6.76
11	19.69	13.81	11.56	10.35	9.58	9.05	8.66	8.35	8.12	7.92	7.63	7.32	7.01	6.85	6.68	6.52	6.35	6.17	6.00
12	18.64	12.97	10.80	9.63	8.89	8.38	8.00	7.71	7.48	7.29	7.00	6.71	6.40	6.25	6.09	5.93	5.76	5.59	5.42
13	17.81	12.31	10.21	9.07	8.35	7.86	7.49	7.21	6.98	6.80	6.52	6.23	5.93	5.78	5.63	5.47	5.30	5.14	4.97
14	17.14	11.78	9.73	8.62	7.92	7.43	7.08	6.80	6.58	6.40	6.13	5.85	5.56	5.41	5.25	5.10	4.94	4.77	4.60
15	16.59	11.34	9.34	8.25	7.57	7.09	6.74	6.47	6.26	6.08	5.81	5.54	5.25	5.10	4.95	4.80	4.64	4.47	4.31
16	16.12	10.97	9.00	7.94	7.27	6.81	6.46	6.19	5.98	5.81	5.55	5.27	4.99	4.85	4.70	4.54	4.39	4.23	4.06
17	15.72	10.66	8.73	7.68	7.02	6.56	6.22	5.96	5.75	5.58	5.32	5.05	4.78	4.63	4.48	4.33	4.18	4.02	3.85
18	15.38	10.39	8.49	7.46	6.81	6.35	6.02	5.76	5.56	5.39	5.13	4.87	4.59	4.45	4.30	4.15	4.00	3.84	3.67
19	15.08	10.16	8.28	7.26	6.62	6.18	5.85	5.59	5.39	5.22	4.97	4.70	4.43	4.29	4.14	3.99	3.84	3.68	3.51

注：* 表示要将所列数乘以100。

附表四 （续）

$p = 0.999$

n_2 \ n_1	1	2	3	4	5	6	7	8	9	10	12	15	20	24	30	40	60	120	∞
20	14.82	9.95	8.10	7.10	6.46	6.02	5.69	5.44	5.24	5.08	4.82	4.56	4.29	4.15	4.00	3.86	3.70	3.54	3.38
21	14.59	9.77	7.94	6.95	6.32	5.88	5.56	5.31	5.11	4.95	4.70	4.44	4.17	4.03	3.88	3.74	3.58	3.42	3.26
22	14.38	9.61	7.80	6.81	6.19	5.76	5.44	5.19	4.99	4.83	4.58	4.33	4.06	3.92	3.78	3.63	3.48	3.32	3.15
23	14.19	9.47	7.67	6.69	6.08	5.65	5.33	5.09	4.89	4.73	4.48	4.23	3.96	3.82	3.68	3.53	3.38	3.22	3.05
24	14.03	9.34	7.55	6.59	5.98	5.55	5.23	4.99	4.80	4.64	4.39	4.14	3.87	3.74	3.59	3.45	3.29	3.14	2.97
25	13.88	9.22	7.45	6.49	5.88	5.46	5.15	4.91	4.71	4.56	4.31	4.06	3.79	3.66	3.52	3.37	3.22	3.06	2.89
26	13.74	9.12	7.36	6.41	5.80	5.38	5.07	4.83	4.64	4.48	4.24	3.99	3.72	3.59	3.44	3.30	3.15	2.99	2.82
27	13.61	9.02	7.27	6.33	5.73	5.31	5.00	4.76	4.57	4.41	4.17	3.92	3.66	3.52	3.38	3.23	3.08	2.92	2.75
28	13.50	8.93	7.19	6.25	5.66	5.24	4.93	4.69	4.50	4.35	4.11	3.86	3.60	3.46	3.32	3.18	3.02	2.86	2.69
29	13.39	8.85	7.12	6.19	5.59	5.18	4.87	4.64	4.45	4.29	4.05	3.80	3.54	3.41	3.27	3.12	2.97	2.81	2.64
30	13.29	8.77	7.05	6.12	5.53	5.12	4.82	4.58	4.39	4.24	4.00	3.75	3.49	3.36	3.22	3.07	2.92	2.76	2.59
40	12.61	8.25	6.60	5.70	5.13	4.73	4.44	4.21	4.02	3.87	3.64	3.40	3.15	3.01	2.87	2.73	2.57	2.41	2.23
60	11.97	7.76	6.17	5.31	4.76	4.37	4.09	3.87	3.69	3.54	3.31	3.08	2.83	2.69	2.55	2.41	2.25	2.08	1.89
120	11.38	7.32	5.79	4.95	4.42	4.04	3.77	3.55	3.38	3.24	3.02	2.78	2.53	2.40	2.26	2.11	1.95	1.76	1.54
∞	10.83	6.91	5.42	4.62	4.10	3.74	3.47	3.27	3.10	2.96	2.74	2.51	2.27	2.13	1.99	1.84	1.66	1.45	1.00

附表五 符号检验表

$$P\{S \leq S_{n,\alpha}\} = \alpha$$

n	α 0.01	0.05	0.10	0.25
1				
2				
3				0
4				0
5			0	0
6		0	0	1
7		0	0	1
8	0	0	1	1
9	0	1	1	2
10	0	1	1	2
11	0	1	2	3
12	1	2	2	3
13	1	2	3	3
14	1	2	3	4
15	2	3	3	4
16	2	3	4	5
17	2	4	4	5
18	3	4	5	6
19	3	4	5	6
20	3	5	5	6
21	4	5	6	7
22	4	5	6	7
23	4	6	7	8

n	α 0.01	0.05	0.10	0.25
24	5	6	7	8
25	5	7	7	9
26	6	7	8	9
27	6	7	8	10
28	6	8	9	10
29	7	8	9	10
30	7	9	10	11
31	7	9	10	11
32	8	9	10	12
33	8	10	11	12
34	9	10	11	13
35	9	11	12	13
36	9	11	12	14
37	10	12	13	14
38	10	12	13	14
39	11	12	13	15
40	11	13	14	15
41	11	13	14	16
42	12	14	15	16
43	12	14	15	17
44	13	15	16	17
45	13	15	16	18
46	13	15	16	18

n	α 0.01	0.05	0.10	0.25
47	14	16	17	19
48	14	16	17	19
49	15	17	18	19
50	15	17	18	20
51	15	18	19	20
52	16	18	19	21
53	16	18	20	21
54	17	19	20	22
55	17	19	20	22
56	17	20	21	23
57	18	20	21	23
58	18	21	22	24
59	19	21	22	24
60	19	21	23	25
61	20	22	23	25
62	20	22	24	25
63	20	23	24	26
64	21	23	24	26
65	21	24	25	27
66	22	24	25	27
67	22	25	26	28
68	22	25	26	28

n	α 0.01	0.05	0.10	0.25
69	23	25	27	29
70	23	26	27	29
71	24	26	28	30
72	24	27	28	30
73	25	27	28	31
74	25	28	29	31
75	25	28	29	32
76	26	28	30	32
77	26	29	30	32
78	27	29	31	33
79	27	30	31	33
80	28	30	32	34
81	28	31	32	34
82	28	31	33	35
83	29	32	33	35
84	29	32	33	36
85	30	32	34	36
86	30	33	34	37
87	31	33	35	37
88	31	34	35	38
89	31	34	36	38
90	32	35	36	39

附表六 秩和检验表

$$P(T_1 < T < T_2) = 1 - \alpha$$

n_1	n_2	$\alpha=0.10$ T_1	$\alpha=0.10$ T_2	$\alpha=0.20$ T_1	$\alpha=0.20$ T_2
2	4			3	11
	5	3	15	3	13
	6	3	17	4	14
	7	3	19	4	16
	8			4	18
	9	3	21	4	20
	10	4	22	5	21
3	3			6	15
	4	6	18	7	17
	5	6	21	7	20
	6	7	23	8	22
	7	8	25	9	24
	8	8	28	9	27
	9	9	30	10	29
	10	9	33	11	31
4	4	11	25	12	24
	5	12	28	13	27
	6	12	32	14	30
	7	13	35	15	33
	8	14	38	16	36
	9	15	41	17	39
	10	16	44	18	42

n_1	n_2	$\alpha=0.10$ T_1	$\alpha=0.10$ T_2	$\alpha=0.20$ T_1	$\alpha=0.20$ T_2
5	5	18	37	19	36
	6	19	41	20	40
	7	20	45	22	43
	8	21	49	23	47
	9	22	53	25	50
	10	24	56	26	54
6	6	26	52	28	50
	7	28	56	30	54
	8	29	61	32	58
	9	31	65	33	63
	10	33	69	35	67
7	7	37	68	39	66
	8	39	73	41	71
	9	41	78	43	76
	10	43	83	46	80
8	8	49	87	52	84
	9	51	93	54	90
	10	54	98	57	95
9	9	63	108	66	105
	10	68	114	69	111
10	10	79	131	83	127

附表七　W 检验法的系数表 $a_k(w)$

k \ n	3	4	5	6	7	8	9	10
1	0.7071	0.6872	0.6646	0.6431	0.6233	0.6052	0.5888	0.5739
2	—	0.1677	0.2413	0.2806	0.3031	0.3164	0.3244	0.3291
3	—	—	—	0.0875	0.1401	0.1743	0.1976	0.2141
4	—	—	—	—	—	0.0561	0.0947	0.1224
5	—	—	—	—	—	—	—	0.0399

k \ n	11	12	13	14	15	16	17	18	19	20
1	0.5601	0.5475	0.5359	0.5251	0.5150	0.5056	0.4968	0.4886	0.4808	0.4734
2	0.3315	0.3325	0.3325	0.3318	0.3306	0.3290	0.3273	0.3253	0.3232	0.3211
3	0.2260	0.2347	0.2412	0.2460	0.2495	0.2521	0.2540	0.2553	0.2561	0.2565
4	0.1429	0.1586	0.1707	0.1802	0.1878	0.1939	0.1988	0.2027	0.2059	0.2085
5	0.0695	0.0922	0.1099	0.1240	0.1353	0.1447	0.1524	0.1587	0.1641	0.1686
6	—	0.0303	0.0539	0.0727	0.0880	0.1005	0.1109	0.1197	0.1271	0.1334
7	—	—	—	0.0240	0.0433	0.0593	0.0725	0.0837	0.0932	0.1013
8	—	—	—	—	—	0.0196	0.0359	0.0496	0.0612	0.0711
9	—	—	—	—	—	—	—	0.0163	0.0303	0.0422
10	—	—	—	—	—	—	—	—	—	0.0140

附表七 （续）

k \ n	21	22	23	24	25	26	27	28	29	30
1	0.4643	0.4590	0.4542	0.4493	0.4450	0.4407	0.4366	0.4328	0.4291	0.4251
2	0.3185	0.3156	0.3126	0.3098	0.3069	0.3043	0.3018	0.2992	0.2968	0.2944
3	0.2578	0.2571	0.2563	0.2554	0.2543	0.2533	0.2522	0.2510	0.2499	0.2487
4	0.2119	0.2131	0.2139	0.2145	0.2148	0.2151	0.2152	0.2151	0.2150	0.2148
5	0.1736	0.1764	0.1787	0.1807	0.1822	0.1836	0.1848	0.1857	0.1864	0.1870
6	0.1399	0.1443	0.1480	0.1512	0.1539	0.1563	0.1584	0.1601	0.1616	0.1630
7	0.1092	0.1150	0.1201	0.1245	0.1283	0.1316	0.1346	0.1372	0.1395	0.1415
8	0.0804	0.0878	0.0941	0.0997	0.1046	0.1089	0.1128	0.1162	0.1192	0.1219
9	0.0530	0.0618	0.0696	0.0764	0.0823	0.0876	0.0923	0.0965	0.1002	0.1036
10	0.0263	0.0368	0.0459	0.0539	0.0610	0.0672	0.0728	0.0778	0.0822	0.0862
11	—	0.0122	0.0228	0.0321	0.0403	0.0476	0.0540	0.0598	0.0650	0.0667
12	—	—	—	0.0107	0.0200	0.0284	0.0358	0.0424	0.0483	0.0537
13	—	—	—	—	—	0.0094	0.0178	0.0253	0.0320	0.0381
14	—	—	—	—	—	—	—	0.0084	0.0159	0.0227
15	—	—	—	—	—	—	—	—	—	0.0076

附表七 （续）

k\n	31	32	33	34	35	36	37	38	39	40
1	0.4220	0.4188	0.4156	0.4127	0.4096	0.4068	0.4040	0.4015	0.3989	0.3964
2	0.2921	0.2898	0.2876	0.2854	0.2834	0.2813	0.2794	0.2774	0.2755	0.2737
3	0.2475	0.2463	0.2451	0.2439	0.2427	0.2415	0.2403	0.2391	0.2380	0.2368
4	0.2145	0.2141	0.2137	0.2132	0.2127	0.2121	0.2116	0.2110	0.2104	0.2098
5	0.1874	0.1878	0.1880	0.1882	0.1883	0.1883	0.1883	0.1881	0.1880	0.1878
6	0.1641	0.1651	0.1660	0.1667	0.1673	0.1678	0.1683	0.1686	0.1689	0.1691
7	0.1433	0.1449	0.1463	0.1475	0.1487	0.1496	0.1505	0.1513	0.1520	0.1526
8	0.1243	0.1265	0.1284	0.1301	0.1317	0.1331	0.1344	0.1356	0.1366	0.1376
9	0.1066	0.1093	0.1118	0.1140	0.1160	0.1179	0.1196	0.1211	0.1225	0.1237
10	0.0899	0.0931	0.0961	0.0988	0.1013	0.1036	0.1056	0.1075	0.1092	0.1108
11	0.0739	0.0777	0.0812	0.0844	0.0873	0.0900	0.0924	0.0947	0.0967	0.0986
12	0.0585	0.0629	0.0669	0.0706	0.0739	0.0770	0.0798	0.0824	0.0848	0.0870
13	0.0435	0.0485	0.0530	0.0572	0.0610	0.0645	0.0677	0.0706	0.0733	0.0759
14	0.0289	0.0344	0.0395	0.0441	0.0484	0.0523	0.0559	0.0592	0.0622	0.0651
15	0.0144	0.0206	0.0262	0.0314	0.0361	0.0404	0.0444	0.0481	0.0515	0.0546
16	—	0.0068	0.0131	0.0187	0.0239	0.0287	0.0331	0.0372	0.0409	0.0444
17	—	—	—	0.0062	0.0119	0.0172	0.0220	0.0264	0.0305	0.0343
18	—	—	—	—	—	0.0057	0.0110	0.0158	0.0203	0.0244
19	—	—	—	—	—	—	—	0.0053	0.0101	0.0146
20	—	—	—	—	—	—	—	—	—	0.0049

附表七 （续）

k \ n	41	42	43	44	45	46	47	48	49	50
1	0.3940	0.3917	0.3894	0.3872	0.3850	0.3830	0.3808	0.3789	0.3770	0.3751
2	0.2719	0.2701	0.2684	0.2667	0.2651	0.2635	0.2620	0.2604	0.2589	0.2574
3	0.2357	0.2345	0.2334	0.2323	0.2313	0.2302	0.2291	0.2281	0.2271	0.2260
4	0.2091	0.2085	0.2078	0.2072	0.2065	0.2058	0.2052	0.2045	0.2038	0.2032
5	0.1876	0.1874	0.1871	0.1868	0.1865	0.1862	0.1859	0.1855	0.1851	0.1847
6	0.1693	0.1694	0.1695	0.1695	0.1695	0.1695	0.1695	0.1693	0.1692	0.1691
7	0.1531	0.1535	0.1539	0.1542	0.1545	0.1548	0.1550	0.1551	0.1553	0.1554
8	0.1384	0.1392	0.1398	0.1405	0.1410	0.1415	0.1420	0.1423	0.1427	0.1430
9	0.1249	0.1259	0.1269	0.1278	0.1286	0.1293	0.1300	0.1306	0.1312	0.1317
10	0.1123	0.1136	0.1149	0.1160	0.1170	0.1180	0.1189	0.1197	0.1205	0.1212
11	0.1004	0.1020	0.1035	0.1049	0.1062	0.1073	0.1085	0.1095	0.1105	0.1113
12	0.0891	0.0909	0.0927	0.0943	0.0959	0.0972	0.0986	0.0998	0.1010	0.1020
13	0.0782	0.0804	0.0824	0.0842	0.0860	0.0876	0.0892	0.0906	0.0919	0.0932
14	0.0677	0.0701	0.0724	0.0745	0.0765	0.0783	0.0801	0.0817	0.0832	0.0846
15	0.0575	0.0602	0.0628	0.0651	0.0673	0.0694	0.0713	0.0731	0.0748	0.0764
16	0.0476	0.0506	0.0534	0.0560	0.0584	0.0607	0.0628	0.0648	0.0667	0.0685
17	0.0379	0.0411	0.0442	0.0471	0.0497	0.0522	0.0546	0.0568	0.0588	0.0608
18	0.0283	0.0318	0.0352	0.0383	0.0412	0.0439	0.0465	0.0489	0.0511	0.0532
19	0.0188	0.0227	0.0263	0.0296	0.0328	0.0357	0.0385	0.0411	0.0436	0.0459
20	0.0094	0.0136	0.0175	0.0211	0.0245	0.0277	0.0307	0.0335	0.0361	0.0386
21	—	0.0045	0.0087	0.0126	0.0163	0.0197	0.0229	0.0259	0.0288	0.0314
22	—	—	—	0.0042	0.0081	0.0118	0.0153	0.0185	0.0215	0.0244
23	—	—	—	—	—	0.0039	0.0076	0.0111	0.0143	0.0174
24	—	—	—	—	—	—	—	0.0037	0.0071	0.0104
25	—	—	—	—	—	—	—	—	—	0.0035

附表八　　W 检验法统计量 W 的 p 分位数 w_p

n ＼ p	0.01	0.05	0.10	n ＼ p	0.01	0.05	0.10
				26	0.891	0.920	0.933
				27	0.894	0.923	0.935
3	0.753	0.767	0.789	28	0.896	0.924	0.936
4	0.687	0.748	0.792	29	0.898	0.926	0.937
5	0.686	0.762	0.806	30	0.900	0.927	0.939
6	0.713	0.788	0.826	31	0.902	0.929	0.940
7	0.730	0.803	0.838	32	0.904	0.930	0.941
8	0.749	0.818	0.851	33	0.906	0.931	0.942
9	0.764	0.829	0.859	34	0.908	0.933	0.943
10	0.781	0.842	0.869	35	0.910	0.934	0.944
11	0.792	0.850	0.876	36	0.912	0.935	0.945
12	0.805	0.859	0.883	37	0.914	0.936	0.946
13	0.814	0.866	0.889	38	0.916	0.938	0.947
14	0.825	0.874	0.895	39	0.917	0.939	0.948
15	0.835	0.881	0.901	40	0.919	0.940	0.949
16	0.844	0.887	0.906	41	0.920	0.941	0.950
17	0.851	0.892	0.910	42	0.922	0.942	0.951
18	0.858	0.897	0.914	43	0.923	0.943	0.951
19	0.863	0.901	0.917	44	0.924	0.944	0.952
20	0.868	0.905	0.920	45	0.926	0.945	0.953
21	0.873	0.908	0.923	46	0.927	0.945	0.953
22	0.878	0.911	0.926	47	0.928	0.946	0.954
23	0.881	0.914	0.928	48	0.929	0.947	0.954
24	0.884	0.916	0.930	49	0.929	0.947	0.955
25	0.888	0.918	0.931	50	0.930	0.947	0.955

注：此处 w_p 即 w_α.

附表九　　常用正交表

1. $L_4(2^3)$ 2. $L_8(2^7)$ 3. $L_{16}(2^{15})$ 4. $L_{32}(2^{31})$ 5. $L_{12}(2^{11})$

6. $L_9(3^4)$ 7. $L_{20}(2^{19})$ 8. $L_{27}(3^{13})$

9. $L_{18}(2 \times 3^7)$ 10. $L_{16}(4 \times 2^{12})$ 11. $L_{16}(4^3 \times 2^6)$

1. $L_4(2^3)$

试验号 \ 列号	1	2	3
1	1	1	1
2	1	2	2
3	2	1	2
4	2	2	1

注:任意二列的交互作用列是另外一列.

2. $L_8(2^7)$

试验号 \ 列号	1	2	3	4	5	6	7
1	1	1	1	1	1	1	1
2	1	1	1	2	2	2	2
3	1	2	2	1	1	2	2
4	1	2	2	2	2	1	1
5	2	1	2	1	2	1	2
6	2	1	2	2	1	2	1
7	2	2	1	1	2	2	1
8	2	2	1	2	1	1	2

$L_8(2^7)$ 二列间的交互作用列表

列号 \ 列号	1	2	3	4	5	6	7
	(1)	3	2	5	4	7	6
		(2)	1	6	7	4	5
			(3)	7	6	5	4
				(4)	1	2	3
					(5)	3	2
						(6)	1
							(7)

试验号 \ 列号	1	2	3	4	5	6	7	8	9	10	11	12	13	14	15
1	1	1	1	1	1	1	1	1	1	1	1	1	1	1	1
2	1	1	1	1	1	1	1	2	2	2	2	2	2	2	2
3	1	1	1	2	2	2	2	1	1	1	1	2	2	2	2
4	1	1	1	2	2	2	2	2	2	2	2	1	1	1	1
5	1	2	2	1	1	2	2	1	1	2	2	1	1	2	2
6	1	2	2	1	1	2	2	2	2	1	1	2	2	1	1
7	1	2	2	2	2	1	1	1	1	2	2	2	2	1	1
8	1	2	2	2	2	1	1	2	2	1	1	1	1	2	2
9	2	1	2	1	2	1	2	1	2	1	2	1	2	1	2
10	2	1	2	1	2	1	2	2	1	2	1	2	1	2	1
11	2	1	2	2	1	2	1	1	2	1	2	2	1	2	1
12	2	1	2	2	1	2	1	2	1	2	1	1	2	1	2
13	2	2	1	1	2	2	1	1	2	2	1	1	2	2	1
14	2	2	1	1	2	2	1	2	1	1	2	2	1	1	2
15	2	2	1	2	1	1	2	1	2	2	1	2	1	1	2
16	2	2	1	2	1	1	2	2	1	1	2	1	2	2	1

$L_{16}(2^{15})$ 二列间交互作用列表

试验号 \ 列号	1	2	3	4	5	6	7	8	9	10	11	12	13	14	15
	(1)	3	2	5	4	7	6	9	8	11	10	13	12	15	14
		(2)	1	6	7	4	5	10	11	8	9	14	15	12	13
			(3)	7	6	5	4	11	10	9	8	15	14	13	12
				(4)	1	2	3	12	13	14	15	8	9	10	11
					(5)	3	2	13	12	15	14	9	8	11	10
						(6)	1	14	15	12	13	10	11	8	9
							(7)	15	14	13	12	11	10	9	8
								(8)	1	2	3	4	5	6	7
									(9)	3	2	5	4	7	6
										(10)	1	6	7	4	5
											(11)	7	6	5	4
												(12)	1	2	3
													(13)	3	2
														(14)	1

4. $L_{32}(2^{31})$

试验号＼列号	1	2	3	4	5	6	7	8	9	10	11	12	13	14	15	16	17	18	19	20	21	22	23	24	25	26	27	28	29	30	31
1	1	1	1	1	1	1	1	1	1	1	1	1	1	1	1	1	1	1	1	1	1	1	1	1	1	1	1	1	1	1	1
2	1	1	1	1	1	1	1	1	1	1	1	1	1	1	1	2	2	2	2	2	2	2	2	2	2	2	2	2	2	2	2
3	1	1	1	1	1	1	1	2	2	2	2	2	2	2	2	1	1	1	1	1	1	1	1	2	2	2	2	2	2	2	2
4	1	1	1	1	1	1	1	2	2	2	2	2	2	2	2	2	2	2	2	2	2	2	2	1	1	1	1	1	1	1	1
5	1	1	1	2	2	2	2	1	1	1	1	2	2	2	2	1	1	1	1	2	2	2	2	1	1	1	1	2	2	2	2
6	1	1	1	2	2	2	2	1	1	1	1	2	2	2	2	2	2	2	2	1	1	1	1	2	2	2	2	1	1	1	1
7	1	1	1	2	2	2	2	2	2	2	2	1	1	1	1	1	1	1	1	2	2	2	2	2	2	2	2	1	1	1	1
8	1	1	1	2	2	2	2	2	2	2	2	1	1	1	1	2	2	2	2	1	1	1	1	1	1	1	1	2	2	2	2
9	1	2	2	1	1	2	2	1	1	2	2	1	1	2	2	1	1	2	2	1	1	2	2	1	1	2	2	1	1	2	2
10	1	2	2	1	1	2	2	1	1	2	2	1	1	2	2	2	2	1	1	2	2	1	1	2	2	1	1	2	2	1	1
11	1	2	2	1	1	2	2	2	2	1	1	2	2	1	1	1	1	2	2	1	1	2	2	2	2	1	1	2	2	1	1
12	1	2	2	1	1	2	2	2	2	1	1	2	2	1	1	2	2	1	1	2	2	1	1	1	1	2	2	1	1	2	2
13	1	2	2	2	2	1	1	1	1	2	2	2	2	1	1	1	1	2	2	2	2	1	1	1	1	2	2	2	2	1	1
14	1	2	2	2	2	1	1	1	1	2	2	2	2	1	1	2	2	1	1	1	1	2	2	2	2	1	1	1	1	2	2
15	1	2	2	2	2	1	1	2	2	1	1	1	1	2	2	1	1	2	2	2	2	1	1	2	2	1	1	1	1	2	2
16	1	2	2	2	2	1	1	2	2	1	1	1	1	2	2	2	2	1	1	1	1	2	2	1	1	2	2	2	2	1	1

$$L_{32}(2^{31}) \quad （续）$$

列号 试验号	1	2	3	4	5	6	7	8	9	10	11	12	13	14	15	16	17	18	19	20	21	22	23	24	25	26	27	28	29	30	31
17	2	1	2	1	2	1	2	1	2	1	2	1	2	1	2	1	2	1	2	1	2	1	2	1	2	1	2	1	2	1	2
18	2	1	2	1	2	1	2	1	2	1	2	1	2	1	2	2	1	2	1	2	1	2	1	2	1	2	1	2	1	2	1
19	2	1	2	1	2	1	2	2	1	2	1	2	1	2	1	1	2	1	2	1	2	1	2	2	1	2	1	2	1	2	1
20	2	1	2	1	2	1	2	2	1	2	1	2	1	2	1	2	1	2	1	2	1	2	1	1	2	1	2	1	2	1	2
21	2	1	2	2	1	2	1	1	2	1	2	2	1	2	1	1	2	1	2	2	1	2	1	1	2	1	2	2	1	2	1
22	2	1	2	2	1	2	1	1	2	1	2	2	1	2	1	2	1	2	1	1	2	1	2	2	1	2	1	1	2	1	2
23	2	1	2	2	1	2	1	2	1	2	1	1	2	1	2	1	2	1	2	2	1	2	1	2	1	2	1	1	2	1	2
24	2	1	2	2	1	2	1	2	1	2	1	1	2	1	2	2	1	2	1	1	2	1	2	1	2	1	2	2	1	2	1
25	2	2	1	1	2	2	1	1	2	2	1	1	2	2	1	1	2	2	1	1	2	2	1	1	2	2	1	1	2	2	1
26	2	2	1	1	2	2	1	1	2	2	1	1	2	2	1	2	1	1	2	2	1	1	2	2	1	1	2	2	1	1	2
27	2	2	1	1	2	2	1	2	1	1	2	2	1	1	2	1	2	2	1	1	2	2	1	2	1	1	2	2	1	1	2
28	2	2	1	1	2	2	1	2	1	1	2	2	1	1	2	2	1	1	2	2	1	1	2	1	2	2	1	1	2	2	1
29	2	2	1	2	1	1	2	1	2	2	1	2	1	1	2	1	2	2	1	2	1	1	2	1	2	2	1	2	1	1	2
30	2	2	1	2	1	1	2	1	2	2	1	2	1	1	2	2	1	1	2	1	2	2	1	2	1	1	2	1	2	2	1
31	2	2	1	2	1	1	2	2	1	1	2	1	2	2	1	1	2	2	1	2	1	1	2	2	1	1	2	1	2	2	1
32	2	2	1	2	1	1	2	2	1	1	2	1	2	2	1	2	1	1	2	1	2	2	1	1	2	2	1	2	1	1	2

$L_{32}(2^{31})$ 二列间的交互作用列表

列号	2	3	4	5	6	7	8	9	10	11	12	13	14	15	16	17	18	19	20	21	22	23	24	25	26	27	28	29	30	31
(1)	3	2	5	4	7	6	9	8	11	10	13	12	15	14	17	16	19	18	21	20	23	22	25	24	27	26	29	28	31	30
(2)		1	6	7	4	5	10	11	8	9	14	15	12	13	18	19	16	17	22	23	20	21	26	27	24	25	30	31	28	29
(3)			7	6	5	4	11	10	9	8	15	14	13	12	19	18	17	16	23	22	21	20	27	26	25	24	31	30	29	28
(4)				1	2	3	12	13	14	15	8	9	10	11	20	21	22	23	16	17	18	19	28	29	30	31	24	25	26	27
(5)					3	2	13	12	15	14	9	8	11	10	21	20	23	22	17	16	19	18	29	28	31	30	25	24	27	26
(6)						1	14	15	12	13	10	11	8	9	22	23	20	21	18	19	16	17	30	31	28	29	26	27	24	25
(7)							15	14	13	12	11	10	9	8	23	22	21	20	19	18	17	16	31	30	29	28	27	26	25	24
(8)								1	2	3	4	5	6	7	24	25	26	27	28	29	30	31	16	17	18	19	20	21	22	23
(9)									3	2	5	4	7	6	25	24	27	26	29	28	31	30	17	16	19	18	21	20	23	22
(10)										1	6	7	4	5	26	27	24	25	30	31	28	29	18	19	16	17	22	23	20	21
(11)											7	6	5	4	27	26	25	24	31	30	29	28	19	18	17	16	23	22	21	20
(12)												1	2	3	28	29	30	31	24	25	26	27	20	21	22	23	16	17	18	19
(13)													3	2	29	28	31	30	25	24	27	26	21	20	23	22	17	16	19	18
(14)														1	30	31	28	29	26	27	24	25	22	23	20	21	18	19	16	17
(15)															31	30	29	28	27	26	25	24	23	22	21	20	19	18	17	16
(16)																1	2	3	4	5	6	7	8	9	10	11	12	13	14	15
(17)																	3	2	5	4	7	6	9	8	11	10	13	12	15	14
(18)																		1	6	7	4	5	10	11	8	9	14	15	12	13
(19)																			7	6	5	4	11	10	9	8	15	14	13	12
(20)																				1	2	3	12	13	14	15	8	9	10	11
(21)																					3	2	13	12	15	14	9	8	11	10
(22)																						1	14	15	12	13	10	11	8	9
(23)																							15	14	13	12	11	10	9	8
(24)																								1	2	3	4	5	6	7
(25)																									3	2	5	4	7	6
(26)																										1	6	7	4	5
(27)																											7	6	5	4
(28)																												1	2	3
(29)																													3	2
(30)																														1

5. $L_{12}(2^{11})$

列号 试验号	1	2	3	4	5	6	7	8	9	10	11
1	1	1	1	1	1	1	1	1	1	1	1
2	1	1	1	1	1	2	2	2	2	2	2
3	1	1	2	2	2	1	1	1	2	2	2
4	1	2	1	2	2	1	2	2	1	1	2
5	1	2	2	1	2	2	1	2	1	2	1
6	1	2	2	2	1	2	2	1	2	1	1
7	2	1	2	2	1	1	2	2	1	2	1
8	2	1	2	1	2	2	2	1	1	1	2
9	2	1	1	2	2	2	1	2	2	1	1
10	2	2	2	1	1	1	1	2	2	1	2
11	2	2	1	2	1	2	1	1	1	2	2
12	2	2	1	1	2	1	2	1	2	2	1

注:此表中任意两列的交互作用列均不在表内.

6. $L_9(3^4)$

列号 试验号	1	2	3	4
1	1	1	1	1
2	1	2	2	2
3	1	3	3	3
4	2	1	2	3
5	2	2	3	1
6	2	3	1	2
7	3	1	3	2
8	3	2	1	3
9	3	3	2	1

注:任意二列间的交互作用列为另外二列.

列号 / 试验号	1	2	3	4	5	6	7	8	9	10	11	12	13	14	15	16	17	18	19
1	1	1	1	1	1	1	1	1	1	1	1	1	1	1	1	1	1	1	1
2	2	2	1	1	2	2	2	2	1	2	1	2	1	1	1	1	2	2	1
3	2	1	1	2	2	2	2	1	2	1	2	1	1	1	1	2	2	1	2
4	1	1	2	2	2	2	1	2	1	2	1	1	1	1	2	2	1	2	2
5	1	2	2	2	2	1	2	1	2	1	1	1	1	2	2	1	2	2	1
6	2	2	2	2	1	2	1	2	1	1	1	1	2	2	1	2	2	1	1
7	2	2	2	1	2	1	2	1	1	1	1	2	2	1	2	2	1	1	2
8	2	2	1	2	1	2	1	1	1	1	2	2	1	2	2	1	1	2	2
9	2	1	2	1	2	1	1	1	1	2	2	1	2	2	1	1	2	2	2
10	1	2	1	2	1	1	1	1	2	2	1	2	2	1	1	2	2	2	2
11	2	1	2	1	1	1	1	2	2	1	2	2	1	1	2	2	2	2	1
12	1	2	1	1	1	1	2	2	1	2	2	1	1	2	2	2	2	1	2
13	2	1	1	1	1	2	2	1	2	2	1	1	2	2	2	2	1	2	1
14	1	1	1	1	2	2	1	2	2	1	1	2	2	2	2	1	2	1	2
15	1	1	1	2	2	1	2	2	1	1	2	2	2	2	1	2	1	2	1
16	1	1	2	2	1	2	2	1	1	2	2	2	2	1	2	1	2	1	1
17	1	2	2	1	2	2	1	1	2	2	2	2	1	2	1	2	1	1	1
18	2	2	1	2	2	1	1	2	2	2	2	1	2	1	2	1	1	1	1
19	2	1	2	2	1	1	2	2	2	2	1	2	1	2	1	1	1	1	2
20	1	2	2	1	1	2	2	2	2	1	2	1	2	1	1	1	1	2	2

8. $L_{27}(3^{13})$

试验号 \ 列号	1	2	3	4	5	6	7	8	9	10	11	12	13
1	1	1	1	1	1	1	1	1	1	1	1	1	1
2	1	1	1	1	2	2	2	2	2	2	2	2	2
3	1	1	1	1	3	3	3	3	3	3	3	3	3
4	1	2	2	2	1	1	1	2	2	2	3	3	3
5	1	2	2	2	2	2	2	3	3	3	1	1	1
6	1	2	2	2	3	3	3	1	1	1	2	2	2
7	1	3	3	3	1	1	1	3	3	3	2	2	2
8	1	3	3	3	2	2	2	1	1	1	3	3	3
9	1	3	3	3	3	3	3	2	2	2	1	1	1
10	2	1	2	3	1	2	3	1	2	3	1	2	3
11	2	1	2	3	2	3	1	2	3	1	2	3	1
12	2	1	2	3	3	1	2	3	1	2	3	1	2
13	2	2	3	1	1	2	3	2	3	1	3	1	2
14	2	2	3	1	2	3	1	3	1	2	1	2	3
15	2	2	3	1	3	1	2	1	2	3	2	3	1
16	2	3	1	2	1	2	3	3	1	2	2	3	1
17	2	3	1	2	2	3	1	1	2	3	3	1	2
18	2	3	1	2	3	1	2	2	3	1	1	2	3
19	3	1	3	2	1	3	2	1	3	2	1	3	2
20	3	1	3	2	2	1	3	2	1	3	2	1	3
21	3	1	3	2	3	2	1	3	2	1	3	2	1
22	3	2	1	3	1	3	2	2	1	3	3	2	1
23	3	2	1	3	2	1	3	3	2	1	1	3	2
24	3	2	1	3	3	2	1	1	3	2	2	1	3
25	3	3	2	1	1	3	2	3	2	1	2	1	3
26	3	3	2	1	2	1	3	1	3	2	3	2	1
27	3	3	2	1	3	2	1	2	1	3	1	3	2

$L_{27}(3^{13})$ 二列间的交互作用表

列号＼列号	1	2	3	4	5	6	7	8	9	10	11	12	13
(1)		3	2	2	6	5	5	9	8	8	12	11	11
		4	4	3	7	7	6	10	10	9	13	13	12
(2)			1	1	8	9	10	5	6	7	5	6	7
			4	3	11	12	13	11	12	13	8	9	10
(3)				1	9	10	8	7	5	6	6	7	5
				2	13	11	12	12	13	11	10	8	9
(4)					10	8	9	6	7	5	7	5	6
					12	13	11	13	11	12	9	10	8
(5)						1	1	2	3	4	2	4	3
						7	6	11	13	12	8	10	9
(6)							1	4	2	3	3	2	4
							5	13	12	11	10	9	8
(7)								3	4	2	4	3	2
								12	11	13	9	8	10
(8)									1	1	2	3	4
									10	9	5	7	6
(9)										1	4	2	3
										8	7	6	5
(10)											3	4	2
											6	5	7
(11)												1	1
												13	12
(12)													1
													11

9. $L_{18}(2 \times 3^7)$

试验号 \ 列号	1	2	3	4	5	6	7	8
1	1	1	1	1	1	1	1	1
2	1	1	2	2	2	2	2	2
3	1	1	3	3	3	3	3	3
4	1	2	1	1	2	2	3	3
5	1	2	2	2	3	3	1	1
6	1	2	3	3	1	1	2	2
7	1	3	1	2	1	3	2	3
8	1	3	2	3	2	1	3	1
9	1	3	3	1	3	2	1	2
10	2	1	1	3	3	2	2	1
11	2	1	2	1	1	3	3	2
12	2	1	3	2	2	1	1	3
13	2	2	1	2	3	1	3	2
14	2	2	2	3	1	2	1	3
15	2	2	3	1	2	3	2	1
16	2	3	1	3	2	3	1	2
17	2	3	2	1	3	1	2	3
18	2	3	3	2	1	2	3	1

10. $L_{16}(4 \times 2^{12})$

试验号 \ 列号	1	2	3	4	5	6	7	8	9	10	11	12	13
1	1	1	1	1	1	1	1	1	1	1	1	1	1
2	1	1	1	1	1	2	2	2	2	2	2	2	2
3	1	2	2	2	2	1	1	1	1	2	2	2	2
4	1	2	2	2	2	2	2	2	2	1	1	1	1
5	2	1	1	2	2	1	1	2	2	1	1	2	2
6	2	1	1	2	2	2	2	1	1	2	2	1	1
7	2	2	2	1	1	1	1	2	2	2	2	1	1
8	2	2	2	1	1	2	2	1	1	1	1	2	2
9	3	1	2	1	2	1	2	1	2	1	2	1	2
10	3	1	2	1	2	2	1	2	1	2	1	2	1
11	3	2	1	2	1	1	2	1	2	2	1	2	1
12	3	2	1	2	1	2	1	2	1	1	2	1	2
13	4	1	2	2	1	1	2	2	1	1	2	2	1
14	4	1	2	2	1	2	1	1	2	2	1	1	2
15	4	2	1	1	2	1	2	2	1	2	1	1	2
16	4	2	1	1	2	2	1	1	2	1	2	2	1

11. $L_{16}(4^3 \times 2^6)$

试验号 \ 列号	1	2	3	4	5	6	7	8	9
1	1	2	3	1	2	2	1	1	2
2	3	4	1	1	1	2	2	1	2
3	2	4	3	2	2	1	2	1	1
4	4	2	1	2	1	1	1	1	1
5	1	3	1	2	2	2	2	2	1
6	3	1	3	2	1	2	1	2	1
7	2	1	1	1	2	1	1	2	2
8	4	3	3	1	1	1	2	2	2
9	1	1	4	2	1	1	2	1	2
10	3	3	2	2	2	1	1	1	2
11	2	3	4	1	1	2	1	1	1
12	4	1	2	1	2	2	2	1	1
13	1	4	2	1	1	1	1	2	1
14	3	2	4	1	2	1	2	2	1
15	2	2	2	2	1	2	2	2	2
16	4	4	4	2	2	2	1	2	2

$$1 - F(x-1) = \sum_{r=x}^{\infty} \frac{\lambda^r}{r!} e^{-\lambda}$$

x	$\lambda = 0.2$	$\lambda = 0.3$	$\lambda = 0.4$	$\lambda = 0.5$	$\lambda = 0.6$	$\lambda = 0.7$	$\lambda = 0.8$
0	1.0000000	1.0000000	1.0000000	1.0000000	1.0000000	1.0000000	1.0000000
1	0.1812692	0.2591818	0.3296800	0.393469	0.451188	0.503415	0.550671
2	0.0175231	0.0369363	0.0615519	0.090204	0.121901	0.155805	0.191208
3	0.0011485	0.0035995	0.0079263	0.014388	0.023115	0.034142	0.047423
4	0.0000568	0.0002658	0.0007763	0.001752	0.003358	0.005753	0.009080
5	0.0000023	0.0000158	0.0000612	0.000172	0.000394	0.000786	0.001411
6	0.0000001	0.0000008	0.0000040	0.000014	0.000039	0.000090	0.000184
7			0.0000002	0.000001	0.000003	0.000009	0.000021
8						0.000001	0.000002

x	$\lambda = 0.9$	$\lambda = 1.0$	$\lambda = 1.2$	$\lambda = 1.4$	$\lambda = 1.6$	$\lambda = 1.8$
0	1.000000	1.000000	1.000000	1.000000	1.000000	1.000000
1	0.593430	0.632121	0.698806	0.753403	0.798103	0.834701
2	0.227518	0.264241	0.337373	0.408167	0.475069	0.537163
3	0.062857	0.080301	0.120513	0.166502	0.216642	0.269379
4	0.013459	0.018988	0.033769	0.053725	0.078813	0.108708
5	0.002344	0.003660	0.007746	0.014253	0.023682	0.036407
6	0.000343	0.000594	0.001500	0.003201	0.006040	0.010378
7	0.000043	0.000083	0.000251	0.000622	0.001336	0.002569
8	0.000005	0.000010	0.000037	0.000107	0.000260	0.000562
9		0.000001	0.000005	0.000016	0.000045	0.000110
10			0.000001	0.000002	0.000007	0.000019
11					0.000001	0.000003

附表十 （续）

$$1 - F(x-1) = \sum_{r=x}^{\infty} \frac{\lambda^r}{r!} e^{-\lambda}$$

x	$\lambda = 2.5$	$\lambda = 3.0$	$\lambda = 3.5$	$\lambda = 4.0$	$\lambda = 4.5$	$\lambda = 5.0$
0	1.000000	1.000000	1.000000	1.000000	1.000000	1.000000
1	0.917915	0.950213	0.969803	0.981684	0.988891	0.993262
2	0.712703	0.800852	0.864112	0.908422	0.938901	0.959572
3	0.456187	0.576810	0.679153	0.761897	0.826422	0.875348
4	0.242424	0.352768	0.463367	0.566530	0.657704	0.734974
5	0.108822	0.184737	0.274555	0.371163	0.467896	0.559507
6	0.042021	0.083918	0.142386	0.214870	0.297070	0.384039
7	0.014187	0.033509	0.065288	0.110674	0.168949	0.237817
8	0.004247	0.011905	0.026739	0.051134	0.086586	0.133372
9	0.001140	0.003803	0.009874	0.021363	0.040257	0.068094
10	0.000277	0.001102	0.003315	0.008132	0.017093	0.031828
11	0.000062	0.000292	0.001019	0.002840	0.006669	0.013695
12	0.000013	0.000071	0.000289	0.000915	0.002404	0.005453
13	0.000002	0.000016	0.000076	0.000274	0.000805	0.002019
14		0.000003	0.000019	0.000076	0.000252	0.000698
15		0.000001	0.000004	0.000020	0.000074	0.000226
16			0.000001	0.000005	0.000020	0.000069
17				0.000001	0.000005	0.000020
18					0.000001	0.000005
19						0.000001

附表十一　几种常用的概率分布

分布名称	参　数	分布律或概率密度	数字期望	方差
退化分布	C	$P(X=C)=1$	C	0
0-1分布（两点分布）	$0<p<1$ $q=1-p$	$P(X=k)=p^k q^{1-k}, k=0,1$	p	pq
二项分布	n 正整数 $0<p<1$ $q=1-p$	$P(X=k)=\binom{n}{k}p^k q^{n-k}$	np	npq
泊松分布	$\lambda>0$	$P(X=k)=\dfrac{e^{-\lambda}\lambda^k}{k!}$ $k=0,1,2,\cdots$	λ	λ
几何分布	$0<p<1$ $q=1-p$	$P(X=k)=q^{k-1}p$ $k=1,2,3,\cdots$	$\dfrac{1}{p}$	$\dfrac{q}{p^2}$
巴斯卡分布（负二项分布）	r 正整数 $0<p<1$ $q=1-p$	$P(X=k)=\binom{k-1}{r-1}p^r q^{k-r}$ $k=r,r+1,\cdots$	$\dfrac{r}{p}$	$\dfrac{rq}{p^2}$

附表十一 （续）

分布名称	参数	分布律或概率密度	数字期望	方差
超几何分布	N,M,n 正整数 $M\leqslant N$ $(n\leqslant N)$	$P(X=k)=\dfrac{\binom{M}{k}\binom{N-M}{n-k}}{\binom{N}{n}}$, k 整数, $\max(0,n-N+M)\leqslant k\leqslant\min(n,M)$	$\dfrac{nM}{N}$	$\dfrac{nM}{N}\left(1-\dfrac{M}{N}\right)\cdot\left(\dfrac{N-n}{N-1}\right)$
均匀分布	$a<b$	$f(x)=\begin{cases}\dfrac{1}{b-a}, & a<x<b\\ 0, & \text{其他}\end{cases}$	$\dfrac{a+b}{2}$	$\dfrac{(b-a)^2}{12}$
正态分布 （高斯分布）	$-\infty<\mu<+\infty$ $(\sigma>0)$	$f(x)=\dfrac{1}{\sqrt{2\pi}\,\sigma}e^{-\frac{(x-\mu)^2}{2\sigma^2}}$ $-\infty<x<+\infty$	μ	σ^2
指数分布	$\theta>0$	$f(x)=\begin{cases}\dfrac{1}{\theta}e^{-\frac{x}{\theta}}, & x>0\\ 0, & x\leqslant 0\end{cases}$	θ	θ^2
χ^2-分布	n 正整数	$f(x)=\begin{cases}\dfrac{1}{2^{\frac{n}{2}}\Gamma\left(\frac{n}{2}\right)}x^{\frac{n}{2}-1}e^{-\frac{x}{2}}, & x\geqslant 0\\ 0, & x<0\end{cases}$	n	$2n$

附表十一 （续）

分布名称	参数	分布律或概率密度	数学期望	方差
Γ-分布	$r>0$ $\lambda>0$	$f(x)=\begin{cases}\dfrac{\lambda^r}{\Gamma(r)}x^{r-1}e^{-\lambda x},x>0\\0,\qquad x\leqslant 0\end{cases}$	$\dfrac{r}{\lambda}$	$\dfrac{r}{\lambda^2}$
柯西分布	$\lambda>0$ $-\infty<\mu<+\infty$	$f(x)=\dfrac{1}{\pi}\cdot\dfrac{\lambda}{\lambda^2+(x-\mu)^2}$ $-\infty<x<+\infty$	不存在	不存在
t-分布	n 正整数	$f(x)=\dfrac{\Gamma\left(\dfrac{n+1}{2}\right)}{\sqrt{n\pi}\,\Gamma\left(\dfrac{n}{2}\right)}\left(1+\dfrac{x^2}{n}\right)^{-(n+1)/2}$	$0(n>1)$	$\dfrac{n}{n-2}(n>2)$
F-分布	n_1,n_2 正整数	$f(x)=\begin{cases}\dfrac{\Gamma\left(\dfrac{n_1+n_2}{2}\right)}{\Gamma\left(\dfrac{n_1}{2}\right)\Gamma\left(\dfrac{n_2}{2}\right)}\left(\dfrac{n_1}{n_2}\right)\left(\dfrac{n_1x}{n_2}\right)^{\frac{n_1}{2}-1}\\ \quad\cdot\left(1+\dfrac{n_1x}{n_2}\right)^{-(n_1+n_2)/2},x>0\\0,x\leqslant 0\end{cases}$	$\dfrac{n_2}{n_2-2}$ $(n_2>2)$	$\dfrac{2n_2^2(n_1+n_2-2)}{n_1(n_2-2)^2(n_2-4)}$ $(n_2>4)$

附表十一 （续）

分布名称	参　数	分布律或概率密度	数字期望	方差
Beta 分布 (β分布)	$a>0$, $b>0$.	$f(x)=\begin{cases}0, & x\leqslant 0\\ \dfrac{\Gamma(a+b)}{\Gamma(a)\Gamma(b)}x^{a-1}(1-x)^{b-1}, & 0<x<1\\ 0,ln & \text{其他}\end{cases}$	$\dfrac{a}{a+b}$	$\dfrac{ab}{(a+b)^2(a+b+1)}$
对数正态 分布	$-\infty<a<+\infty$ $\sigma>0$	$f(x)=\begin{cases}\dfrac{1}{\sqrt{2\pi}\,\sigma x}e^{-\frac{(\ln x-a)^2}{2\sigma^2}}, & x>0\\ 0, & x\leqslant 0\end{cases}$	$e^{a+\frac{\sigma^2}{2}}$	$e^{2a+\sigma^2}(e^{\sigma^2}-1)$
威布尔分布 (Weibull) 分布	$\eta>0$ $\beta>0$	$f(x)=\begin{cases}\dfrac{\beta}{\eta}\left(\dfrac{x}{\eta}\right)^{\beta-1}e^{-\left(\frac{x}{\eta}\right)^{\beta}}, & x>0\\ 0, & x\leqslant 0\end{cases}$	$\eta\Gamma\left(\dfrac{1}{\beta}+1\right)$	$\eta^2\left\{\Gamma\left(\dfrac{2}{\beta}+1\right)-\left[\Gamma\left(\dfrac{1}{\beta}+1\right)\right]^2\right\}$
瑞利分布	$\sigma>0$	$f(x)=\begin{cases}\dfrac{x}{\sigma^2}e^{-\frac{x^2}{2\sigma^2}}, & x>0\\ 0, & x\leqslant 0\end{cases}$	$\sqrt{\dfrac{\pi}{2}}\,\sigma$	$\dfrac{4-\pi}{2}\sigma^2$
拉普拉斯 分布	$\lambda>0$ $-\infty<\mu<+\infty$	$f(x)=\dfrac{1}{2\lambda}e^{-\frac{|x-\mu|}{\lambda}}$	μ	$2\lambda^2$

习 题 答 案

第 1 章

1. (1) $S = \{0,1,2,\cdots,10\}$； (2) $S = \{0,1,2,3,\cdots\}$；

   (3) $S = \{0,1,2,\cdots,10\}$；

   (4) $S = \{111,110,101,011,100,010,001,000\}$. 其中 1 表示正品，0 表示次品；

   (5) $S = \{(x,y,z) \mid x^2 + y^2 + z^2 < 1\}$；

   (6) $S = \{\surd, \times\surd, \times\times\surd, \times\times\times\surd, \cdots\}$，其中 $\surd$ 表示命中，$\times$ 表示未命中；

   (7) $S = \{00,100,010,1111,0111,1011,1101,1110,1010,1100,0110\}$，其中 0 表示次品，1 表示正品.

2. (1) ABC； (2) $AB\overline{C}$； (3) $\overline{A}\,\overline{B}\,\overline{C}$； (4) $(A\bigcup B)\overline{C}$； (5) $A\bigcup B\bigcup C$；
   (6) $\overline{A}\,\overline{B}\bigcup \overline{A}\,\overline{C}\bigcup \overline{B}\,\overline{C}$； (7) $\overline{A}\bigcup \overline{B}\bigcup \overline{C}$； (8) $AB\overline{C}\bigcup A\overline{B}C\bigcup \overline{A}BC$.

3. $A = \{(1,4),(2,3),(3,2),(4,1)\}$；

   $B = \{(1,4),(4,1),(2,5),(5,2),(3,6),(6,3)\}$；

   $C = \{(1,1),(1,2),(1,3),(1,4),(2,1),(2,2),(3,1),(4,1)\}$；

   $A\bigcup B = \{(1,4),(2,3),(3,2),(4,1)(2,5),(5,2),(3,6),(6,3)\}$；

   $A\overline{C} = \{(2,3),(3,2)\}$；

   $BC = \{(1,4),(4,1)\}$.

4. (1) ①0.9， ②0.1， ③0.9；

   (2) 最大值为 $\min(\alpha + \beta,1)$，最小值为 $\max(\alpha,\beta)$.

5. (1) $\dfrac{1}{6}$； (2) $\dfrac{5}{18}$； (3) $\dfrac{23}{36}$.

6. (1) $\dbinom{5}{1}\dbinom{6}{2}\dbinom{7}{3} \Big/ \dbinom{18}{6}$； (2) $\displaystyle\sum_{k=0}^{3}\dbinom{5}{k}\dbinom{6}{k}\dbinom{7}{6-2k} \Big/ \dbinom{18}{6}$.

7. (1) $\dfrac{1}{3}$； (2) $\dfrac{1}{14}$； (3) $4/21$； (4) $11/12$.

8. (1) $\dfrac{1}{10}$； (2) $\dfrac{1}{5}$； (3) $\dfrac{1}{6}$.

9. (1) $1 - \binom{39}{13} \Big/ \binom{52}{13}$;   (2) $\binom{39}{13} \Big/ \binom{52}{13}$;

    (3) $\left[2\binom{39}{13} - \binom{26}{13} \right] \Big/ \binom{52}{13}$;   (4) $\left[\binom{26}{13} - \binom{13}{13} \right] \Big/ \binom{52}{13}$.

10. (1) $\dfrac{2}{3}$;   (2) $\dfrac{1}{2}$;   (3) $\dfrac{4}{5}$;   (4) $\dfrac{3}{5}$.

11. (1) $\dfrac{7}{9}$;   (2) $\dfrac{2}{9}$;   (3) $\dfrac{5}{8}$.

12. (1) $\dfrac{1}{5}$;   (2) $\dfrac{5}{7}$.

13. 0.016.   14. (1) $\dfrac{1}{5}$;   (2) $\dfrac{4}{5}$.

15. (1) 0.69;   (2) $\dfrac{2}{23}$.

16. (1) 0.02625;   (2) $\dfrac{20}{21}$.

17. (1) 0.865;   (2) 0.7283.

18. $\dfrac{\binom{n}{0}\binom{m}{2}}{\binom{n+m}{2}} \times \dfrac{a}{a+b+2} + \dfrac{\binom{n}{1}\binom{m}{1}}{\binom{n+m}{2}} \times \dfrac{a+1}{a+b+2} + \dfrac{\binom{n}{2}\binom{m}{0}}{\binom{n+m}{2}} \times \dfrac{a+2}{a+b+2}$.

19. (1) 0.4;   (2) 0.4856.

20. (1) 0.4;   (2) 0.9;   (3) 0.1;   (4) $\dfrac{5}{9}$.

22. 0.902.

23. $3p^2 - p^3 - 2p^4 + p^5$.

24. (1) 0.268;   (2) 0.976.

25. (1) $P(\text{甲获胜}) = \dfrac{6}{11}$, $P(\text{乙获胜}) = \dfrac{5}{11}$;

    (2) $\left(\dfrac{5}{6}\right)^{i-1} \dfrac{1}{6} \Big/ \left[1 - \left(\dfrac{5}{6}\right)^k \right]$, $i = 1, 2, \cdots, k$.

26. $p = 1 - \dfrac{1}{2!} + \dfrac{1}{3!} - \dfrac{1}{4!} + \cdots + (-1)^{N-1} \dfrac{1}{N!}$.

第 2 章

1.

X	2	3	4	5	6	7	8
p_k	$\dfrac{7}{84}$	$\dfrac{12}{84}$	$\dfrac{15}{84}$	$\dfrac{16}{84}$	$\dfrac{15}{84}$	$\dfrac{12}{84}$	$\dfrac{7}{84}$

2.

X	0	1	2	3
p_k	0.168	0.436	0.324	0.072

3. $P(X=k) = \dbinom{4}{k}\dbinom{48}{13-k} \Big/ \dbinom{52}{13}, \quad k=0,1,2,3,4.$

4. (1) $P(X=k)=0.7^k \times 0.3, (k=0,1,2,\cdots,9), P(X=10)=0.7^{10};$

   (2) $\dbinom{10}{4}0.3^4 \times 0.7^6.$

5. (1) $\left(\dfrac{1}{4}\right)^{30}$; (2) $1-\left(\dfrac{3}{4}\right)^{30}-\dbinom{30}{1}\left(\dfrac{1}{4}\right)\left(\dfrac{3}{4}\right)^{29}$;

   (3) $\dbinom{30}{15}\left(\dfrac{1}{2}\right)^{30}$; (4) $4\times\left(\dfrac{3}{4}\right)^{30}-6\times\left(\dfrac{2}{4}\right)^{30}+4\times\left(\dfrac{1}{4}\right)^{30}.$

6. 0.9774;

7. $\dbinom{10}{6}\left(\dfrac{1}{4}\right)^6\left(\dfrac{3}{4}\right)^4.$

8. (1) $a_1 p^2 + a_2\left[\dbinom{3}{2}p^2 q + p^3\right] + a_3\left[\dbinom{4}{3}p^3 q + p^4\right]$;

   (2) $\dfrac{a_2\left[\dbinom{3}{2}p^2 q + p^3\right]}{a_1 p^2 + a_2\left[\dbinom{3}{2}p^2 q + p^3\right] + a_3\left[\dbinom{4}{3}p^3 q + p^4\right]}.$

9. $P(\text{甲获胜})=0.297432, P(\text{乙获胜})=0.490672, P(\text{平局})=0.211896.$

10. (1) $\dfrac{37}{2}e^{-5}$; (2) 0.013695.

11. (1) $e^{-10\lambda}$; (2) $\displaystyle\sum_{k=0}^{+\infty}\dfrac{e^{-10\lambda}(10\lambda)^{2k+1}}{(2k+1)!}$;

(3) $F_Y(y) = \begin{cases} 1 - e^{-\lambda y}, & y > 0, \\ 0, & y \leqslant 0, \end{cases}$

$\qquad f_Y(y) = \begin{cases} \lambda e^{-\lambda y}, & y > 0, \\ 0, & y \leqslant 0, \end{cases}$

12. $P(X \leqslant -3) = 0$, $P\left(X \leqslant \dfrac{1}{2}\right) = \dfrac{1}{8}$, $P\left(\dfrac{1}{3} < X \leqslant \dfrac{1}{2}\right) = \dfrac{19}{216}$,

$\qquad P\left(X > \dfrac{1}{2} \,\middle|\, X \leqslant \dfrac{2}{3}\right) = \dfrac{37}{64}$.

13. $F(x) = \begin{cases} 0, & x < 1, \\ 0.3, & 1 \leqslant x < 2, \\ 0.5, & 2 \leqslant x < 3, \\ 0.9, & 3 \leqslant x < 4, \\ 1, & x \geqslant 4. \end{cases}$

14. $f(x) = \begin{cases} \dfrac{3}{8}(x-2)^2, & 2 < x < 4, \\ 0, & \text{其他}. \end{cases}$

15. (1) $A = 4$;　(2) $F(x) = \begin{cases} 0, & x < 0, \\ 2x^2 - x^4, & 0 \leqslant x < 1, \\ 1, & x \geqslant 1; \end{cases}$　(3) $\dfrac{295}{1296}$.

16. $F(x) = \begin{cases} 0, & x < 0, \\ \dfrac{x}{4}, & 0 \leqslant x < 2, \\ \dfrac{1}{2}, & 2 \leqslant x < 3, \\ \dfrac{x-1}{4}, & 3 \leqslant x < 5, \\ 1, & x \geqslant 5; \end{cases}$

17. (1) $\dfrac{3}{14}$

$\qquad$ (2) $F(x) = \begin{cases} 0, & x < 0, \\ \dfrac{1}{14}x^3, & 0 \leqslant x < 2, \\ -\dfrac{3}{28}x^2 + \dfrac{12}{14}x - \dfrac{10}{14}, & 2 \leqslant x < 4, \\ 1, & x \geqslant 4; \end{cases}$

(3) $\dfrac{23}{28}$;　(4) $\dfrac{23}{25}$.

18. $P(X > 5) = \dfrac{1}{2}$, $P(3 < X < 6) = 0.5328$, $P(3 < X < 7) = 0.6826$,

    $P(|X| > 1) = 0.9785$, $C \geqslant 5.16$.

19. $\sigma \leqslant 31.25$.

20. (1) 0.1587;   (2) 0.9544;   (3) $\dbinom{5}{2}(0.1587)^2(0.8413)^3$;   (4) 0.0228;

    (5) $n \geqslant 200$.

21. $\dfrac{1}{8}$.

22. $\dfrac{4}{5}$.

23.

X	0	1	4	9	16	25
p_k	0.17	0.18	0.07	0.28	0.16	0.14

24. (1) $F_Y(y) = \begin{cases} 2\left[1 - \varPhi\left(\dfrac{\sqrt{100 - y}}{4}\right)\right], & y < 100, \\ 1, & y \geqslant 100; \end{cases}$

    (2) 0.0124.

25. (1) $f_Y(y) = \begin{cases} \dfrac{1}{y}, & 1 < y < \mathrm{e}, \\ 0, & \text{其他}; \end{cases}$ (2) $f_Z(z) = \begin{cases} \dfrac{1}{2}\mathrm{e}^{-\frac{z}{2}}, & z > 0, \\ 0, & z \leqslant 0. \end{cases}$

26. (1) $f_Y(y) = \begin{cases} \dfrac{1}{b - a} \cdot \dfrac{1}{2\sqrt{6y}}, & 6a^2 < y < 6b^2, \\ 0, & \text{其他}; \end{cases}$

    (2) $f_Z(z) = \begin{cases} \dfrac{1}{b - a} \cdot \dfrac{1}{3}z^{-\frac{2}{3}}, & a^3 < z < b^3, \\ 0, & \text{其他}; \end{cases}$

27. $f_Y(y) = \begin{cases} \dfrac{1}{\sqrt{2\pi}\sigma y}\mathrm{e}^{-\frac{(\ln y - \mu)^2}{2\sigma^2}}, & y > 0, \\ 0, & y < 0. \end{cases}$

28. (1) 0.11295;   (2) 0.9835.

29. $f_Y(y) = \begin{cases} \dfrac{1}{2\sqrt{y}}, & 0 \leqslant y < 1, \\ 0, & \text{其他}. \end{cases}$

第 3 章

1. 放回抽样的情况　　　　　　不放回抽样的情况

Y X	1	2	3	4
1	$\frac{1}{16}$	$\frac{1}{16}$	$\frac{1}{16}$	$\frac{1}{16}$
2	$\frac{1}{16}$	$\frac{1}{16}$	$\frac{1}{16}$	$\frac{1}{16}$
3	$\frac{1}{16}$	$\frac{1}{16}$	$\frac{1}{16}$	$\frac{1}{16}$
4	$\frac{1}{16}$	$\frac{1}{16}$	$\frac{1}{16}$	$\frac{1}{16}$

Y X	1	2	3	4
1	0	$\frac{1}{12}$	$\frac{1}{12}$	$\frac{1}{12}$
2	$\frac{1}{12}$	0	$\frac{1}{12}$	$\frac{1}{12}$
3	$\frac{1}{12}$	$\frac{1}{12}$	0	$\frac{1}{12}$
4	$\frac{1}{12}$	$\frac{1}{12}$	$\frac{1}{12}$	0

2. $P(X=k, Y=i) = \dfrac{e^{-\lambda}\lambda^k}{k!} \times \dbinom{k}{i} p^i (1-p)^{k-i}, \ k=0,1,\cdots, i=0,1,\cdots,k.$

3. $P(X=i, Y=j) = \dbinom{13}{i}\dbinom{13}{j}\dbinom{26}{13-i-j} \Big/ \dbinom{52}{13},$

　　$i \geqslant 0, j \geqslant 0, i+j \leqslant 13.$

4. $P(X=i, Y=j) = \dfrac{10!}{i!j!(10-i-j)!}\left(\dfrac{1}{5}\right)^i\left(\dfrac{2}{5}\right)^j\left(\dfrac{2}{5}\right)^{10-i-j},$

　　$i \geqslant 0, j \geqslant 0, i+j \leqslant 10.$

5. (1)

X	1	2	3	4
p_k	0.18	0.20	0.18	0.44

Y	3	6	9	12	15	18
p_k	0.11	0.18	0.12	0.22	0.19	0.18

(2)

k	1	2	3	4
$P(X=k\mid Y=9)$	$\frac{2}{12}$	$\frac{1}{12}$	$\frac{3}{12}$	$\frac{6}{12}$

6. (1) $f_X(x) = \begin{cases} 4x(1-x^2), & 0 < x < 1, \\ 0, & \text{其他}; \end{cases}$

(2) $f_Y(y) = \begin{cases} 4y^3, & 0 < y < 1, \\ 0, & \text{其他}; \end{cases}$ (3) $\dfrac{1}{6}$;

(4) $f_{Y|X}\left(y \mid \dfrac{1}{3}\right) = \begin{cases} \dfrac{9}{4}y, & \dfrac{1}{3} < y < 1, \\ 0, & \text{其他}. \end{cases}$

7. (1) $f(x,y) = \begin{cases} \lambda x e^{-x(\lambda+y)}, & x > 0, y > 0, \\ 0, & \text{其他}; \end{cases}$

(2) $f_Y(y) = \begin{cases} \dfrac{\lambda}{(\lambda+y)^2}, & y > 0, \\ 0, & \text{其他}; \end{cases}$

(3) $f_{X|Y}(x|2) = \begin{cases} (\lambda+2)^2 x e^{-x(\lambda+2)}, & x > 0, \\ 0, & \text{其他}. \end{cases}$

8. 当 $0 < x < 1$ 时 $f_{Y|X}(y|x) = \begin{cases} \dfrac{1}{2x}, & |y| < x, \\ 0, & y \text{ 的其他值}; \end{cases}$

当 $-1 < y < 1$ 时 $f_{X|Y}(x|y) = \begin{cases} \dfrac{1}{1-|y|}, & |y| < x < 1, \\ 0, & x \text{ 的其他值}; \end{cases}$

9. 9.

10. (1) $\dfrac{3}{2}$;   (2) $f_X(x) = \begin{cases} \dfrac{3}{2}x^2, & -1 < x < 1, \\ 0, & \text{其他}; \end{cases}$

$f_Y(y) = \begin{cases} e^{-y}, & y > 0, \\ 0, & y \leqslant 0; \end{cases}$ (3) 独立.

11. (1) $\dfrac{15}{16}$;   (2) $f_X(x) = \begin{cases} \dfrac{15}{32}(-3x^4 + 2x^2 + 1), & -1 < x < 1, \\ 0, & \text{其他}; \end{cases}$

$f_Y(y) = \begin{cases} \dfrac{5}{2}y^{\frac{3}{2}}, & 0 < y < 1, \\ 0, & \text{其他}; \end{cases}$ (3) 不相互独立;   (4) $\dfrac{7}{64}$.

12. (1)

X \ Y	1	2	3
1	0.1	0.06	0.04
2	0.15	0.09	0.06
3	0.2	0.12	0.08
4	0.05	0.03	0.02

(2) 0.64；

(3)

Z	2	3	4	5	6	7
p_k	0.1	0.21	0.33	0.23	0.11	0.02

15. $f_Z(z) = \begin{cases} 2(\mathrm{e}^{-z} - \mathrm{e}^{-2z}), & z > 0, \\ 0, & z \leqslant 0. \end{cases}$

16. $f_Z(z) = \dfrac{1}{30}\left[\Phi\left(\dfrac{z-70}{4}\right) - \Phi\left(\dfrac{z-100}{4}\right) \right].$

17.

Z	1	2	3	4	5	6
p_k	0.01	0.03	0.14	0.34	0.31	0.17

V	1	2	3	4
p_k	0.35	0.26	0.15	0.24

18. $f_Y(y) = \begin{cases} 5(1 - y\mathrm{e}^{-y} - \mathrm{e}^{-y})^4 y\mathrm{e}^{-y}, & y > 0, \\ 0, & y \leqslant 0; \end{cases}$

$f_Z(y) = \begin{cases} 5(z+1)^4 z\mathrm{e}^{-5z}, & z > 0, \\ 0, & z \leqslant 0. \end{cases}$

20. $N(3500, 225)$.

第 4 章

1. $E(X) = 0.4, E(X^2 + 5) = 7.2, E(|X|) = 1.2.$

2.

X	2	3	4	5
p_k	$\dfrac{1}{10}$	$\dfrac{2}{10}$	$\dfrac{3}{10}$	$\dfrac{4}{10}$

$E(X) = 4$.

3. $E(X) = \dfrac{2n+1}{3}$.

4.

Y	1500	2000	2500	3000
p_k	$1 - \mathrm{e}^{-0.1}$	$\mathrm{e}^{-0.1} - \mathrm{e}^{-0.2}$	$\mathrm{e}^{-0.2} - \mathrm{e}^{-0.3}$	$\mathrm{e}^{-0.3}$

$E(Y) = 1500 + 500(\mathrm{e}^{-0.1} + \mathrm{e}^{-0.2} + \mathrm{e}^{-0.3})$.

5. (1) $A = \dfrac{\mathrm{e}}{2}$; (2) $E(X) = \dfrac{4}{3}$.

6. $E(3X) = 6$, $E(-2X+5) = 1$, $E(\mathrm{e}^{-3X}) = \dfrac{1}{16}$.

7. $E(X) = \dfrac{2a}{\sqrt{\pi}}$, $E\left(\dfrac{1}{2}mX^2\right) = \dfrac{3}{4}ma^2$.

8. $E(S) = \dfrac{\pi(a^2 + ab + b^2)}{3}$, $E(V) = \dfrac{\pi(b^3 + b^2a + ba^2 + a^3)}{24}$.

9. $E(X) = \dfrac{195}{256}$. 10. $E(Y) = k\left(\dfrac{k-1}{k}\right)^n$.

11. (1) np; (2) $n(p + a - pa)$.

12. (1) $E(Y) = 10^4 - 10^6 \times p$; (2) $2\,\overline{\text{元}}$.

13. 8.85735.

14. $E(X) = 0.1$, $E(Y) = 2.65$, $E(XY) = 0$.

15. $E(X) = \dfrac{3}{4}$, $E(Y) = 0$, $E(XY^2) = \dfrac{1}{6}$, $E(X + 3Y) = \dfrac{3}{4}$.

16. $E(2X + 5Y) = 8$, $E(X^2Y) = \dfrac{2}{3}$.

17. (1) $D(X) = 2.04$; (2) $D(X) = 2.59$.

19. $E(X) = \theta + \mu$, $D(X) = \theta^2$.

20. $E(X) = \sqrt{\dfrac{\pi}{2}}\sigma$, $D(X) = \dfrac{4-\pi}{2}\sigma^2$.

21. (1) $f_X(x) = \begin{cases} 1 - |x|, & |x| < 1, \\ 0, & \text{其他}; \end{cases}$

(2) $f_Y(y) = \begin{cases} 1 - |y|, & |y| < 1, \\ 0, & |y| \geqslant 1; \end{cases}$

(3) $E(X) = 0, D(X) = \dfrac{1}{6}$;　(4) $E(Y) = 0, D(Y) = \dfrac{1}{6}$;

(5) X 与 Y 不相关；　(6) X 与 Y 不相互独立.

23. (1) $E(X) = \dfrac{2}{3}$;　(2) $E(Y) = \dfrac{5}{3}$;

(3) $D(X) = \dfrac{1}{18}$;　(4) $D(Y) = \dfrac{7}{18}$;

(5) $\text{Cov}(X, Y) = \dfrac{5}{36}$;　(6) $\rho_{XY} = 0.9449$.

24. (1) 6；　(2) 19；　(3) 10.

25. $\dfrac{3}{4}$.

26. 0.9430.

27. 0.1492.

28. 62.

29. 0.1587.

30. 0.1894.

第 5 章

1. 除 $\dfrac{1}{\sigma^2} \sum\limits_{i=1}^{3} X_i^2$ 外都是统计量.

2. 0.8293.

3. 0.6744.

4. 0.2628.

5. 0.1.

6. 0.99；$2\sigma^4/15$.

7. λ；λ/n.

8. 0.43；2.50；8.75.

10. -0.423.

第 6 章

1. $\hat{\mu} = 74.002$，$\hat{\sigma}^2 = 6 \times 10^{-6}$.

2. $\hat{m} = \dfrac{A_1^2}{A_1 + A_1^2 - A_2}$, $\hat{p} = \dfrac{A_1 + A_1^2 - A_2}{A_1}$.

3. (1) $\hat{\theta} = \left(\dfrac{\overline{X}}{1 - \overline{X}} \right)^2$, (2) $\hat{\theta} = \dfrac{\overline{X}}{\overline{X} - C}$, (3) $\hat{\mu} = \overline{X} - \sqrt{M_2}$, $\hat{\theta} = \sqrt{M_2}$.

4. (1) $\hat{\theta}_L = \dfrac{n^2}{(\sum\limits_{i=1}^{n} \ln X_i)^2}$, (2) $\hat{\theta}_L = \dfrac{n}{\sum\limits_{i=1}^{n} \ln X_i - n \ln C}$,

   (3) $\hat{\mu}_L = X_1^* = \min(X_1, \cdots, X_n)$, $\hat{\theta}_L = \overline{X} - X_1^*$.

5. $\hat{p}_L = f/n = 0.23$.

6. $\hat{p}_L = 1/\bar{x}$.

7. $C = \dfrac{1}{2(n-1)}$.

9. T_3.

10. $a = \dfrac{n_1 - 1}{n_1 + n_2 - 2}$, $b = \dfrac{n_2 - 1}{n_1 + n_2 - 2}$.

11. (1) $(5.608, 6.392)$; (2) $(5.558, 6.442)$.

12. 40526.

13. $n \geqslant 4u_{1-\alpha/2}^2 \sigma^2 / L^2$.

14. $(7.4, 21.1)$.

15. $(0.085, 0.161)$.

16. $(-0.002, 0.006)$.

17. $(0.222, 3.601)$.

18. $(0.223, 0.279)$.

第7章

1. 认为采用新工艺能显著提高化纤的抗拉强度.

2. 接受 H_0.

3. 不能认为这批钢索的质量有显著提高.

4. 认为革新方法可推广.

5. 认为纤度的方差无显著变化.

6. 接受 H_0.

7. 认为无显著差异.

8. 拒绝 H_0,认为 A 比 B 耐穿.

9. 接受 H_0.

10. 认为第二台铣床产品内槽深度的方差比第一台的小.

11. 认为正常成年男性、女性的血红细胞数有显著差异.

12. 拒绝 H_0.

13. 接受 H_0, H_0'.

14. 接受 H_0.

15. 认为两种工艺对该项性能无显著的影响.

16. 认为这种血清对白血病有显著的抑制作用.

17. 认为饲料的影响不显著.

18. 认为总体服从泊松分布.

19. 接受 H_0.

20. 认为总体服从正态分布.

21. 认为抗压强度服从正态分布.

22. 认为总体服从均匀分布的假设不可信.

第 8 章

1. 认为各台机器生产的薄板厚度有显著的差异,$\hat{\sigma}^2 = 1.6 \times 10^{-5}$,$\hat{\mu}_1 = 0.242$,$\hat{\mu}_2 = 0.256$,$\hat{\mu}_3 = 0.262$. 拒绝均值两两相等的假设.

2. 认为无显著差异.

3. 不同的工艺对副产物含量有显著的影响.

4. 认为这些百分比有显著差异.

5. 认为猪的品种对猪的月增重有显著影响,而饲料不同无显著影响.

6. 均无显著影响.

7. 认为时间对强度的影响不显著,而温度的影响显著,且交互作用的影响显著.

8. 认为促进剂种类和氧化锌含量对定强都有显著的影响,而认为它们没有交互作用.

9. 只有浓度的影响是显著的.

第 9 章

1. $\hat{\beta}_0 = -11.3$,$\hat{\beta}_1 = 36.95$,认为 β_1 不为零.

2. (2) $y = 6.284 + 0.018x$; (3) 拒绝 H_0; (4) (0.0175, 0.0191); (5) (9.0, 9.3).

3. (1) $y = 35.9768 + 0.4646x$；（2）拒绝 H_0；（3）$(0.3885, 0.5407)$.

4. (1) $y = 0.04 + 0.339x$；（2）$\hat{\sigma} = 0.044$；（3）$= 0.97$.

5. $y = -15.936 + 0.522x_1 + 0.474x_2$.

6. (1) $y = -42.549 + 0.496x_1 + 0.0092x_2$；（2）拒绝 H_0.

7. (1) $24.0b_1 = -16.6, 7350b_2 = 164.5$；

   （2）$y = 95.57 - 0.69x_1 + 0.022x_2$；（3）$u = 15.073$；

   （4）$R = 0.94$；（5）$S_y = 0.49$；（6）拒绝 H_0；

   （7）$V_1 = 11.43, V_2 = 3.56$；（8）拒绝 H_{01}, H_{02}.

8. $y = 257.46 - 12.63x + 0.156x^2$，使 $E(Y)$ 为最小的成分和 x 的估计值为 40.45.

9. $y = 1.7292e^{-0.1459/x}$，$R = 0.998$，$S_y = 0.029$.

11. $Q = 613.3632e^{0.0206t}L^{0.6063}K^{0.3937}$.

12. $y = 23.44 + 0.34x_1 - 53.26/x_2$.

13. (1) x_2；$F_2^{(1)} = 36.20 > F_{0.90}(1,14) = 3.10$；

   （2）x_2, x_3；到此结束；$F_2^i = 45.9034 > F_3^i = 3.4330 > F_{0.90}(1,13) = 3.14$；$V_1^i = 0.0051 < V_4^i = 0.026, F_4^i = 1.6057 < 3.18$；

   （3）$y = 0.9557 - 0.7057x_2 + 0.1831x_3$，$S_y = 0.0705$，$R = 0.8828$.

14. (1) x_4；$F_4^{(1)} = 22.7986 > F_{0.95}(1,11) = 4.84$；

   （2）剔除 x_4；$V_4^{(3)} = \max\{V_1^{(3)}, V_2^{(3)}, V_4^{(3)}\}$，

   $F_{24}^{(3)} = 1.863 < F_{0.95}(1,9) = 5.12$；

   （3）$y = 52.5773 + 1.4683x_1 + 0.6623x_2$，$S_y = 2.4064$，$R = 0.989$.

第 10 章

1. $A_1B_2C_1$.

2. $A_1B_1C_3D_1$.

3. $B; D, C; A$. $A_3B_2C_1D_3$.

4. $A; B; E; D, C$. $A_2B_2E_1D_1C_2$（由于 C, D 两因素较次要，可从节约、方便的原则任意确定水平，如可选较低的 2×10^4kPa，选便宜的催化剂）.

5. $A_1B_4C_2D_2$.

6. $A; C; D; E; B$. $A_1B_2C_1D_2E_2$.

7. $B \times C$，$A; A \times B, A \times C; B; C$. $A_2B_1C_2$.

8. 因素 A, B 有显著影响，取 $A_2B_2E_1$，C 和 D 的水平可从另外的原则选取.

9. A 有显著影响.

10. 因素 A, D, E, B 及交互作用 $B \times C, A \times B$ 有显著的影响. $A_1 B_3 C_1 D_1 E_1 F_1$（因素 F 无显著影响,取 F_1 使搅拌时间短,节约能源）.

11. $A \times B$ 占 3,4 列; $B \times D$ 占 6,12 列;

$A, D, B \times D$ 有显著的影响, $A_3 B_2 C_2 D_2$（因素 C 影响不显著,可选 C_2 节省时间）.

参 考 文 献

［1］复旦大学编. 概率论. 北京：高等教育出版社,1984
［2］盛骤,谢式千,潘承毅编. 概率论与数理统计. 北京：高等教育出版社,1989
［3］张尧庭,方开泰,多元统计分析引论. 北京：科学出版社,1982
［4］项可凤,吴启光著. 试验设计与数据分析. 上海：上海科学技术出版社,1989
［5］方开泰等著. 实用回归分析. 北京：科学出版社,1988
［6］陈希孺,王松桂著. 近代实用回归分析. 南宁：广西人民出版社,1988
［7］陈永华等编著. 化工企业质量管理. 北京：化学工业出版社,1988
［8］中国科学院数学研究所概率统计室普及组. 介绍几种简易的数理统计方法. 数字的实践与认识,1972(5)

图书在版编目（CIP）数据

概率论与数理统计 / 范大茵，陈永华编. —2 版. —杭州：浙江大学出版社，2003.6（2016.7 重印）
ISBN 978-7-308-03323-7

Ⅰ.概… Ⅱ.①范…②陈… Ⅲ.①概率论－高等学校－教材②数理统计－高等学校－教材 Ⅳ.O21

中国版本图书馆 CIP 数据核字（2003）第 039253 号

概率论与数理统计

范大茵　陈永华　编

责任编辑	何　瑜
出版发行	浙江大学出版社
	（杭州市天目山路 148 号　邮政编码 310007）
	（网址：http://www.zjupress.com）
排　　版	杭州中大图文设计有限公司
印　　刷	杭州丰源印刷有限公司
开　　本	850mm×1168mm　1/32
印　　张	11.5
字　　数	309 千
版印次	2003 年 6 月第 2 版　2016 年 7 月第 20 次印刷
书　　号	ISBN 978-7-308-03323-7
定　　价	24.00 元